図解
砥粒加工技術のすべて

(社)砥粒加工学会 編

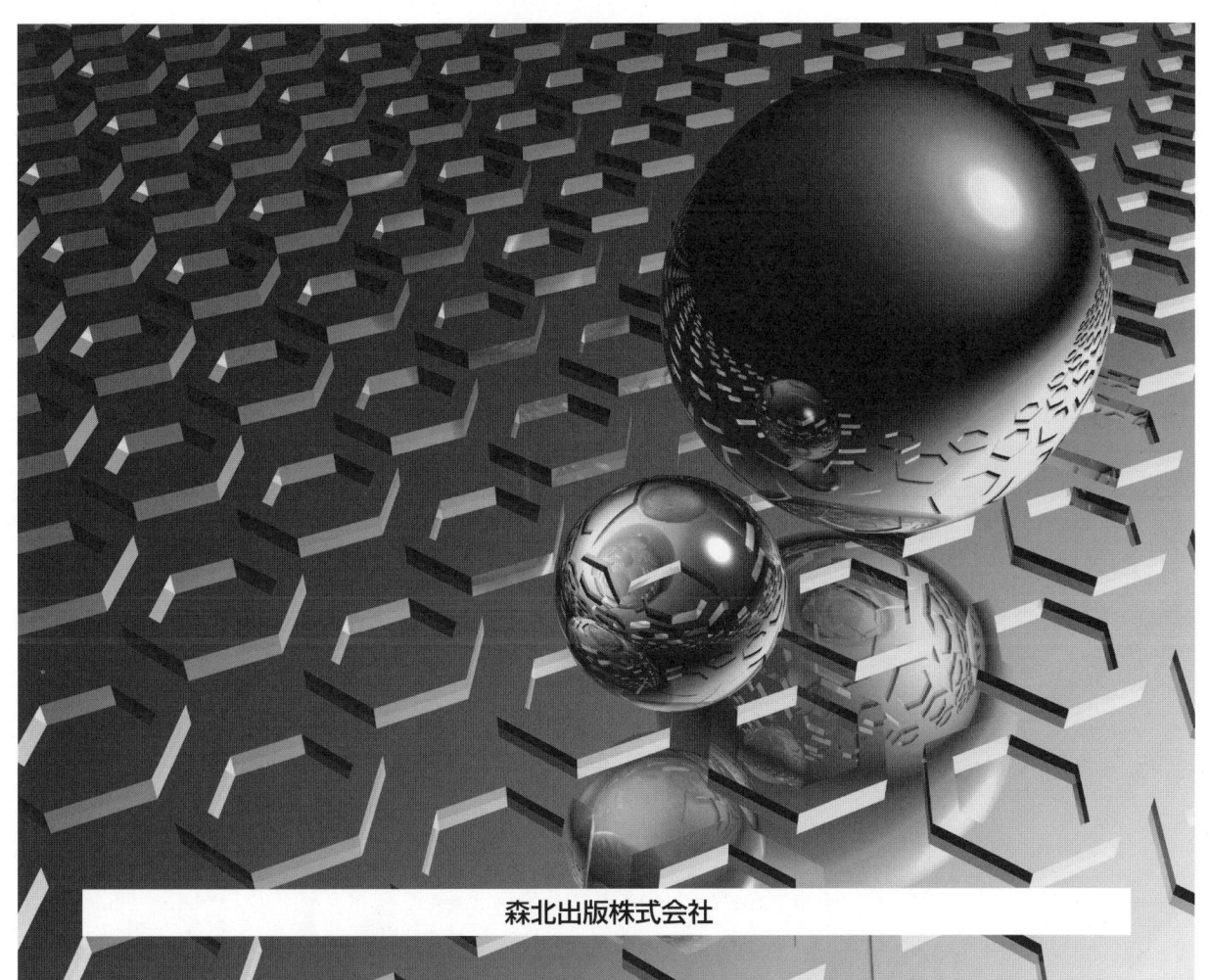

森北出版株式会社

●本書のサポート情報をホームページに掲載する場合があります．下記のアドレスにアクセスし，ご確認ください．

http://www.morikita.co.jp/support/

●本書の内容に関するご質問は，森北出版 出版部「(書名を明記)」係宛に書面にて，もしくは下記の e-mail アドレスまでお願いします．なお，電話でのご質問には応じかねますので，あらかじめご了承ください．

editor@morikita.co.jp

●本書により得られた情報の使用から生じるいかなる損害についても，当社および本書の著者は責任を負わないものとします．

■本書に記載している製品名，商標および登録商標は，各権利者に帰属します．

■本書を無断で複写複製（電子化を含む）することは，著作権法上での例外を除き，禁じられています．複写される場合は，そのつど事前に(社)出版者著作権管理機構（電話 03-3513-6969，FAX 03-3513-6979，e-mail：info@jcopy.or.jp）の許諾を得てください．また本書を代行業者等の第三者に依頼してスキャンやデジタル化することは，たとえ個人や家庭内での利用であっても一切認められておりません．

はじめに

　砥粒加工技術は，新たな産業革命を引き起こす先端科学技術の基盤加工技術としてこれまで確固たる地位を築いてきました．IT，バイオ，環境，エネルギー，材料のあらゆる分野に変革する根幹技術としての砥粒加工技術の進展には目を見張るものがあります．

　1956 年，東京と大阪において砥粒加工研究会がほぼ同時に発足して以来，本年でちょうど半世紀を迎えることになります．これまでの 50 年に亘る日本の産業の飛躍的な発展の基礎を支えてきた砥粒加工研究会，関西砥粒加工研究会さらには（社）砥粒加工学会は，諸先輩方の労苦によって発展，充実してまいりました．

　（社）砥粒加工学会は昨年法人化 10 周年を迎え，その記念事業の一環として記念出版を計画し，砥粒加工学会誌に連載してきた「研究室紹介」を先端加工技術のデータベースとして冊子にまとめてすでに刊行し，技術シーズの発掘や産学官連携へのかけ橋の役割として会員諸氏に有効に活用していただけたものと確信しております．それに続く記念出版として本書を刊行することになりました．

　昨今のものづくり技術を継承すべき若年層の人たちは，砥粒加工技術を泥臭い技能との認識からその関心が薄れる傾向にあり，一方ではわが国がものづくり教育の重要性を提唱しながらも，大学等の教育機関において加工関連カリキュラムの削減や研究室の統廃合が進みつつある現状にあります．このような状況下において，砥粒加工技術が身近な先端的製品に活用されている実情を知ることはもちろんのこと，砥粒加工技術およびその周辺技術のすべてを若手技術者や専門外の技術者をはじめ学生諸氏にも学んでいただくため，その手引書として本書を企画，編集いたしました．

　本書は，「使う」，「研ぐ」，「磨く」，「断つ」などの砥粒加工技術の手段の観点から大きく分類し，「削る」，「支える」，「はかる」などの切削加工技術，工作機械技術，計測技術をも広く包含し，「その技術で何ができるのか」に主眼を置いて平易な文章，豊富な図表を駆使してその概要を理解できるように心掛けました．これによって，次世代技術者の育成に活用していただくとともに砥粒加工技術，しいては（社）砥粒加工学会がさらなる発展に繋がることを期待するものであります．

　なお，本書の刊行に際し，取りまとめをいただいた（社）砥粒加工学会不定期刊行物委員長である中川平三郎滋賀県立大学教授のご努力に感謝申し上げるとともに，執筆をいただいた関係各位に深く謝意を表します．

2006 年 8 月

（社）砥粒加工学会　会長　北嶋弘一

【追補】

　本書は，2006 年 9 月に工業調査会から発行したものを，このたび森北出版から継続して発行する運びとなったことを付記いたします．

2011 年 7 月

公益社団法人砥粒加工学会　会長　大下秀男

執筆者一覧（執筆順）　　　※2006年8月現在

北嶋　弘一（関西大学）	樋口　静一（千葉大学）	原田　泰典（兵庫県立大学）
河西　敏雄（東京電機大学）	上田　隆司（金沢大学）	高木純一郎（横浜国立大学）
岡田昭次郎（(株)日本グレーン研究所）	国木　稔智（トーヨーエイテック(株)）	岩部　洋育（新潟大学）
鈴木　数夫（トーメイダイヤ(株)）	鬼鞍　宏猷（九州大学）	森田　昇（富山大学）
冨田　幸男（クレノートン(株)）	大森　整（理化学研究所）	社本　英二（名古屋大学）
竹内　恵三（(株)ノリタケスーパーアブレーシブ）	厨川　常元（東北大学）	大西　修（九州大学）
田中　武司（立命館大学）	海野　邦昭（職業能力開発総合大学校）	山根八洲男（広島大学）
田牧　純一（北見工業大学）	鈴木　浩文（神戸大学）	北條　正浩（(株)バーテック）
東江　真一（ものつくり大学）	堀尾健一郎（埼玉大学）	中野　修（(株)プライオリティ）
松森　昇（(株)ミズホ）	榎本　俊之（大阪大学）	西田　信雄（(株)スギノマシン）
恩地　好晶（(株)ミズホ）	渡邉　純二（熊本大学）	宇根　篤暢（防衛大学校）
池野　順一（埼玉大学）	北川　幹根（(株)チップトン）	下村新一郎（フジエンジニアリング）
柴田　順二（芝浦工業大学）	進村　武男（宇都宮大学）	月岡　徹（カネテック(株)）
堅尾　吉明（ニッタ・ハース(株)）	山口ひとみ（宇都宮大学）	大矢　昌宏（ユシロ化学工業(株)）
安齋　正博（理化学研究所）	宇野　義幸（岡山大学）	中村　隆（名古屋工業大学）
鳴瀧　則彦（広島大学名誉教授）	岡田　晃（岡山大学）	二ノ宮進一（青森職業能力開発短期大学校）
村上　良彦（オーエスジー(株)）	三村　秀和（大阪大学）	友田　英幸（(株)ネオス）
田中　裕介（三菱マテリアル(株)）	山内　和人（大阪大学）	清家　善之（旭サナック(株)）
新谷　一博（金沢工業大学）	森　勇藏（大阪大学）	森合　主悦（森合精機(株)）
深谷　朋弘（住友電工ハードメタル(株)）	清宮　紘一（産業技術総合研究所）	松村　繁廣（森合精機(株)）
安永　暢男（東海大学）	土肥　俊郎（埼玉大学）	高谷　裕浩（大阪大学）
東　喜万（松下電工(株)）	石川　憲一（金沢工業大学）	柳　和久（長岡技術科学大学）
小原　治樹（富山大学）	水野　雅裕（岩手大学）	野村　俊（富山県立大学）
宮本　岩男（東京理科大学）	諏訪部　仁（金沢工業大学）	高橋　哲（東京大学）
庄司　克雄（東北大学名誉教授）	武沢　英樹（工学院大学）	望月　清明（日本キスラー(株)）
由井　明紀（防衛大学校）	寺崎　尚嗣（(株)スギノマシン）	大橋　一仁（岡山大学）
太田　稔（日産自動車(株)）	鈴木　清（日本工業大学）	中川平三郎（滋賀県立大学）
塚本　真也（岡山大学）	藤原　順介（大阪大学）	栗田　裕（滋賀県立大学）
呉　勇波（秋田県立大学）	伊澤　守康（新東ブレーター(株)）	清水　伸二（上智大学）
松尾　哲夫（熊本大学名誉教授）	堀内　宰（豊橋技術科学大学）	田中　克敏（東芝機械(株)）
	當舎　勝次（明治大学）	松原　厚（京都大学）

編集委員会構成

委員長	中川平三郎	委員	當舎　勝次	事務	長谷川史江
幹　事	森田　昇		池野　順一		
副幹事	北嶋　孝之		榎本　俊之		
委　員	北嶋　弘一		厨川　常元		
	高木純一郎		田中　武司		
	田牧　純一		塚本　真也		

はじめに ………………………………………………………………………… 1
執筆者一覧・編集委員会構成 ………………………………………………… 2

総　論

砥粒加工とは何か ……………………………………………………………… 10

砥粒加工技術の世界

1　使うⅠ

砥粒総論——一般砥粒		16
砥　　　粒	超砥粒 ……………………………………………………	20
研 削 工 具	普通砥石 …………………………………………………	22
	超砥粒ホイール …………………………………………	24
	新しい砥石——紫外線硬化樹脂を用いた砥石 ………	26
砥 石 調 整	ドレッシング ……………………………………………	28
	ツルーイング ……………………………………………	30
研 磨 工 具	超仕上げ砥石 ……………………………………………	32
	新しい研磨砥石——EPD 砥石 …………………………	34
	研磨布紙 …………………………………………………	36
	ラッピングフィルム ……………………………………	38
	研磨パッド ………………………………………………	40
	磁気研磨用工具 …………………………………………	42

2　使うⅡ

切削工具総論		44
切 削 工 具	コーテッド工具 …………………………………………	48
	CVD 法によるコーテッド工具 …………………………	50
	PVD 法によるコーテッド工具 …………………………	52
	cBN 工具 …………………………………………………	54
	ダイヤモンド工具 ………………………………………	56
ビ ー ム 工 具	レーザ加工 ………………………………………………	58
	金属光造形法 ……………………………………………	60
	放電加工 …………………………………………………	62
	イオンビーム加工 ………………………………………	64

3 研ぐ

研削加工総論 …………………………………………………………… *66*

研 削 方 式　　平面研削 …………………………………………… *70*

円筒研削 …………………………………………… *72*

内面研削 …………………………………………… *74*

センタレス研削 …………………………………… *76*

クリープフィード研削 …………………………… *78*

ベルト研削 ………………………………………… *80*

複合研削方式　　超仕上げ法 ………………………………………… *82*

ホーニング加工 …………………………………… *84*

超音波振動援用研削 ……………………………… *86*

ELID 研削加工 …………………………………… *88*

研 削 技 術　　高能率研削法 ……………………………………… *90*

セラミックスの研削 ……………………………… *92*

レンズ金型の研削 ………………………………… *94*

4 磨く

研磨加工総論 …………………………………………………………… *96*

研 磨 方 式　　ラッピング ………………………………………… *100*

ポリシング ………………………………………… *102*

フィルム研磨 ……………………………………… *104*

バレル研磨 ………………………………………… *106*

磁気研磨 …………………………………………… *108*

ブラスト研磨 ……………………………………… *110*

電子ビーム（EB）ポリシング …………………… *112*

複合研磨方式　　EEM（Elastic Emission Machining） …………… *114*

電解砥粒研磨 ……………………………………… *116*

複合研磨技術とその方式 ………………………… *118*

5 断つ

切断加工総論 …………………………………………………………… *120*

切 断 方 式　　砥石スライシング ………………………………… *124*

ワイヤスライシング ……………………………… *126*

ワイヤ放電加工 …………………………………… *128*

切 断 技 術	ウォータージェット加工	130
	ガラスの切断／割断	132
	複合材料の切断	134

6 叩く

噴射加工総論 ………………………………………………………… 136

噴射加工方式	マイクロブラスト加工	140
	液体ホーニング	142
	ショットピーニング加工	144
	ショットピーニング加工技術	146
	ショットブラスト接合	148

7 削る

切削加工総論 ………………………………………………………… 150

切削加工方式	エンドミル加工	154
	超精密切削加工	156
	楕円振動切削加工	158
	超音波振動穴加工	160
	超耐熱合金の切削加工	162

8 除く

バリ取り・エッジ仕上げ総論 ………………………………………… 164

バリ取り・エッジ仕上げ方式	ブラシによるバリ取り・仕上げ加工	168
	磁気バレル加工	170
	アイスジェット加工	172

9 掴む

チャック方式	ピンチャック	174
	真空チャック	176
	磁気チャック	178

10 助ける・洗う

クーラント総論 ………………………………………………………… *180*

クーラント供給技術
- セミドライ加工 ………………………………………………… *184*
- メガソニッククーラント法 …………………………………… *186*
- フローティングノズル法 ……………………………………… *188*

クーラント処理技術
- 廃液処理 ………………………………………………………… *190*

洗浄技術
- CMPパッド洗浄 ………………………………………………… *192*
- 機械加工部品洗浄と清浄度 …………………………………… *194*

11 はかる

計測工学総論 …………………………………………………………… *196*

加工表面性状をみる
- サーフェス・インテグリティ ………………………………… *200*

寸法・形状・粗さを測る
- 触針を用いた計測手法 ………………………………………… *202*
- 光の干渉性を利用した形状計測法 …………………………… *204*
- 光を用いた計測手法 …………………………………………… *206*

加工力を測る
- 水晶圧電式動力計による測定 ………………………………… *208*
- ひずみゲージによる測定 ……………………………………… *210*

加工温度を測る
- 赤外線輻射法による測定 ……………………………………… *212*

振動を測る
- レーザドップラ振動計による測定 …………………………… *214*
- 加速度ピックアップ …………………………………………… *216*

サーフェス・インテグリティを測る
- 残留応力の測定 ………………………………………………… *218*
- 加工変質層 ……………………………………………………… *220*

12 支える

加工精度設計総論 ……………………………………………………… *222*

高精度工作機械
- 制御 ……………………………………………………………… *226*

*

砥粒加工学会の概要 …………………………………………………… *229*
索引 ……………………………………………………………………… *230*

総論

　砥粒とは、物を削ったり、磨いたりするために利用する粒のこと。この粒を使った砥粒加工技術は、「磨製石器」という言葉からもわかるように人類は古くから実用化していました。
　いまや砥粒加工技術は、高硬度材料の高能率・高精度加工の基盤技術として、またシリコンウェハなどの超精密加工のナノテクノロジーとして、幅広いニーズに応えています。

● 総　論 ●

砥粒加工とは何か

東京電機大学　河西　敏雄

　本書を手にとられた読者の中には，「砥粒加工」という名称をはじめて見かけた方も多いのではないかと思います。この「砥粒」とは，物を削ったり，磨いたりするために使用する切刃となる粒のことで，炭化珪素やアルミナ，ダイヤモンドなど多くの種類があり，砥粒を用いた加工法の総称として，1950年代に小林　昭氏（元埼玉大学教授）によって名付けられました。

　砥粒加工の目的は，工作物を所定の形状寸法，表面品質に仕上げていくことで，切削加工とともに機械加工法を代表する，なくてはならない重要な加工法の1つです。砥粒は，前述したように概して硬い鉱物質の粒子からなり，天然物と人造物があります。その粒径は，大きいものでミリメータオーダ，小さいものになるとナノメータオーダのナノテク粒子です。大きな砥粒を用いれば，加工量が大きく，表面は曇りますが効率よく形状創成ができます。一方，小さな砥粒を用いれば，加工量が小さくなり，滑らかな光沢面に仕上げることができます。通常，部品加工では砥粒の大きさを段階的に変えて仕上げていきます。

固定砥粒と遊離砥粒

　砥粒加工には，固定砥粒加工法と遊離砥粒加工法に大別されます。前者は砥粒を結合剤などで固定して用いる加工法であり，その代表格が「砥石」です。砥石には，砥粒をガラス質，金属，レジン，ゴム……などの結合剤で固めた人造砥石があり，このほかに天然砥石があります。この砥石を用いる代表的な加工が研削加工で，その他にもホーニング，超仕上げ，砥石研磨などを挙げることができます。従来，固定砥粒加工法は，切削では刃が立たない硬い材料をバリバリ削って形状を仕上げるために主に使用された加工法でしたが，最近は，高能率を活かして鏡面創成に利用しようとする試みが盛んです。

　一方，遊離砥粒加工法は，砂や埃のような互いに遊離状態の砥粒を用いる加工法です。砥粒を水などに分散して研磨剤にし，材料と研磨板（工具）の間に散布して加工します。遊離砥粒加工法の中には，硬い工具に材料を擦りつける「ラッピング」と，比較的軟質の布や樹脂からなる工具（パッド）に材料を擦りつける「ポリシング」があります。前者は形状を整えるのが主な目的で，後者はダメージのないナノレベルの鏡面を創成することが主な目的です。この他にもバレル研磨，サンドブラスト，超音波加工など多くの加工法があり，本書でわかりやすい解説がなされています。

砥粒加工は古代からある

　さて，人類はいつごろ砥粒加工メカニズムに気づき実用化したのでしょうか。磨製石器時代という名称は小学校の社会の時間に習ったことがあるでしょう。磨くという砥粒加工を施した物で時代を表現していることに我々砥粒加工に関係する技術者・研究者は大いに誇りを感じています。ここで，砥粒加工の歴史を振り返ってみましょう。

　砥粒加工は，古くは人類が他の動物と分化して猿人，原人，旧人，新人と進化していく350万年あるいは600万年といわれる生活行動のなかで比較的早期に芽生えた加工法のようです。たとえば，原始時代の人々も何かと擦れて怪我をしたり，擦れることが物を除去することを経験として知っていたでしょう。この擦り合わせるという動作は，砥粒と工作物の間の相対運動を行う加工の基本的な動作です。獲物を捕るための斧に黒曜石のよう

な劈開性の高いものを用いれば，刃は容易に形成できます。しかし身の回りにあるありふれた石で斧を作ろうとすれば，より硬い物と擦り合わせることで，刃先を削り出すしかありません。これが時代を表す指標ともなった磨製石器です。

装飾品の製作にも砥粒加工が使われた形跡が認められます。ほんの数年まで装飾品の最古級のものは今から4万年前の貝のビーズであるとされてきました。しかし昨今の新聞によれば，2004年には南アフリカの7万5千年前の地層から同様なものが出土しており，さらに2006年になってからイスラエル北部の10万年～13万5千年前の遺跡から出土したものが最古であると報じられています。いずれも細めの棒と砂を用い，揉み付けによるいわゆる穴あけラッピングが適用されたようです。よく知られているように木片と棒による火おこしの際に木片側に凹みや穴が生じる経験を活かしたものと考えられます。この頃は現代人に通じる「新人」の時代です。

生活様式が狩猟生活から農耕生活に移行すると人々が集まり，組織的な行動をとるようになりました。この頃，砥粒加工を使ってモノを作る専門職が生まれています。瑪瑙の勾玉や管玉など装飾品に光沢を与え，天日とり用の水晶レンズも加工しています。梨地面加工のラッピングや砥石研磨から順次鏡面加工のポリシングを身に付け，高精度とはいえませんが形状加工も可能にし，研磨加工の高度化の道をたどることになりました。

砥粒加工の進展と超精密加工

砥粒加工の進展を**下図**に示します。鉄鉱石や銅鉱石の還元によって金属を入手し，続いて合金技術を手にするようになると，石器時代から青銅器・鉄器時代に移行し，生活などにも大きな変化

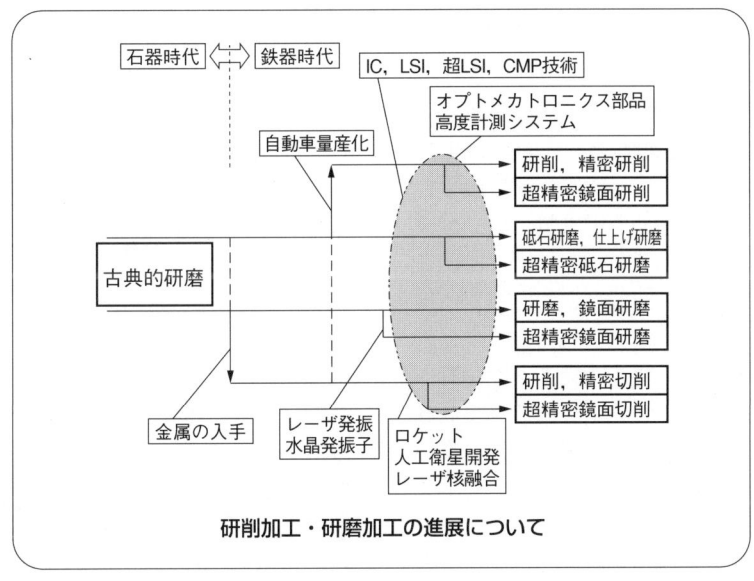

研削加工・研磨加工の進展について

がありました。当然，金属には，鋳造や曲げなど変形加工が適用できました。しかし，研磨加工は材料除去に時間を要するので，ここに新たに切削加工が生まれました。高速回転する砥石による研削加工の普及は，米国の自動車産業が急速に拡大したときになされました。自動車の主要部の軸類やクランク軸などの加工は，それまで単一刃先工具の切削加工で進められてきましたが，工具摩耗や焼入れした高硬度面の加工の問題を線接触工具あるいは面接触工具の砥石を用いることで解決しました。米国では，この頃に，人造砥粒の炭化珪素やアルミナの需要に応えるべく供給体制を整えています。

このようにニーズが明確になり，また，インパクトがあるとそれに応えるべくさまざまな対処・改善が行われました。超精密加工の萌しは，1960年のメイマンによるルビーロッドを用いるレーザ発振があった頃です。その後，さまざまなレーザの出現やその応用が多岐にわたり，研削加工や研磨加工を必要とする光学部品の登場も数え切れないほどです。また，海底同軸ケーブルの中継器用のポリシングで仕上げた板厚 35μm の平行平面板の水晶発振子も，周波数換算で厚さ精度と平行度の要求は，ナノメータ台あるいはサブナノメータ台と厳しいものでした。これらの技術が，現在の電算機や携帯電話などのクロックや圧電フィルタの加工に結びついています。

米国でロケットや人工衛星を開発する過程で，宇宙飛行士が確実に帰還できるようにロケットなどの重要部分の加工の高度化が必須の条件となりました。たとえば，鋭利に研磨したダイヤモンドバイトを用いる超精密鏡面切削やダイヤモンド砥石を用いる超精密鏡面研削によれば，ポリシング相当の鏡面加工が可能であるという目標を打ち出し，超精密加工システムが盛んに検討されました。米国では，これらの技術応用を軍需産業やレーザ核融合に置きましたが，わが国では，磁気ディスク基板，VTR 用回転ヘッド，ポリゴンミラー，感光ドラム，各種レーザミラー，X 線反射ミラー，レンズ金型などの製作に利用して民生用に応用分野を求めてきました。

半導体デバイスについては，プレーナ技術による IC から始まり，現在では ULSI として集積化が進み，シリコンウェハ口径も 300 mm に達しています。半導体デバイスロードマップによれば，数年後には 400 mm を越えることが予想されており，ウェハ加工のための研削加工，研磨加工の見直しが行われています。また，急速に展開した半導体デバイス CMP 技術は，電算機の高速作動を支える層間絶縁膜が当初予想された 8 層を越え，銅配線のデュアルダマシン構造で low-k 層間絶縁膜の研磨加工が始まっています。

以上，砥粒加工を適用したいくつかの部品類に触れました。ややもすると高精度を追求する砥粒加工ばかりに注目が集まって粗面加工は話題にならない場合が多いように思えます。しかし，砥粒加工にとって粗面加工も得意な分野です。ラフなラッピングがあり，砥石研磨があり，研削加工もあり，さまざまな部品・システムの製作要請に応えることができます。新素材，半導体，精密機械，自動車，航空，宇宙，エネルギー，原子力，環境，医療，電気，通信，光……と，その対象分野の幅は広いのです。

運動転写加工と圧力転写加工

超精密加工の概念が一般化するまでは，鏡面仕

上げが可能な加工法はポリシングだけでした。今では，研削加工や切削加工でも条件が整うならば鏡面仕上げが可能です。加工変質層深さも小さくできます。高精度の鏡面研削を実施する場合，砥石にはできるだけ小さい砥粒と，摩耗した砥粒や切りくずの排出，目づまり回避の可能な結合剤で構成したものが望まれます。また，高精度の研削装置が必要です。砥石を用いる研削加工の加工精度や表面品質は，砥石の回転精度，所定の切込みを与えた砥石面の運動精度，同様に工作物の運動精度によって支配されます。ここに「運動転写加工」と言われる理由があります。

一方，ポリシングのような研磨加工になると，切込みを与えることなく加圧によって加工していきます。「圧力転写加工」と言われる所以です。台所の包丁などの刃物研磨は，工具に砥石を用いますが，研削加工とは異なり，ラッピングのような圧力転写形加工になります。なお，研削加工と研磨加工が国語辞書や加工現場で混同されていることが多いようです。研削加工は運動転写形加工であり，研磨加工は圧力転写形加工です。

本書は，書名の『図解 砥粒加工技術のすべて』で表現されるように，砥粒加工を幅広くとらえました。すなわち，研削加工・研磨加工・切削加工・切断加工例などの加工技術，砥粒・砥石などの工具技術，研削装置・研磨装置などの加工機械技術，制御を含むシステム技術，計測技術，マイクロ・ナノ技術も扱っています。

また，加工の目的で大きく分け，続く項目で周辺技術を含む研削技術など個々の技術を記述しており，砥粒加工を身に付けようとする技術者にとって，大変わかりやすく身近に置ける技術書になっています。歴史からみて，古来からの技法である砥粒加工は，加工が高度化すればするほど進化を遂げて最先端加工技術となっています。したがって，ますます重要な加工法となっていくことは間違いありません。是非，モノづくりの神髄を本書で実感して頂ければ幸いです。

砥粒加工技術の世界

1. 使うⅠ ……………………… 16
2. 使うⅡ ……………………… 44
3. 研ぐ ………………………… 66
4. 磨く ………………………… 96
5. 断つ ………………………… 120
6. 叩く ………………………… 136
7. 削る ………………………… 150
8. 除く ………………………… 164
9. 掴む ………………………… 174
10. 助ける・洗う ……………… 180
11. はかる ……………………… 196
12. 支える ……………………… 222

使う I

砥粒総論
——一般砥粒

株式会社　日本グレーン研究所　岡田　昭次郎

　地殻は地球の 1% 以下ですが，卵の殻に相当する部分であり，我々はその構成元素を利用してものづくりを行っています。**表 1** に示すように地殻の 98% は酸素 O，珪素 Si，アルミニウム Al など 8 元素で占められています。砥粒としては硬いということがもっとも重要なため，酸化物あるいは珪酸塩が使用されてきました。地殻内での存在割合は低いですが，硬質化する元素として炭素 C，窒素 N，硼素 B があり，酸素と結合した酸化物よりも硬い物質が作られます。これらの硬質物質のうち硬度がずば抜けて高い砥粒を超砥粒（super abrasive grain）と称して一般砥粒と差別していますが，価格的にまた性能的にも"超"の字にふさわしいとされています。

いろいろな砥粒

　天然砥粒としてはシリカ SiO_2 が主体でしたが，それより硬度の高い天然ダイヤモンド，天然コランダム，エメリー，柘榴石（ガーネット）は貴重なものでした。19 世紀末に相次いで炭化珪素や溶融アルミナの製造が始まり，いくつかの改良を経て今日に至っています。その中で 1953 年頃，アメリカをはじめとして同時発生的に製造が開始された人造ダイヤモンドはもっとも革新的でした。cBN はほとんど同時期に開発されましたが，ダイヤモンドより硬度が低かったため，金属の研削に適していることがわかるまで約 10 年間かかりました。現在ではダイヤモンドと cBN を用いた研削・切削工具製品の売り上げ額は年間約 900 億円で，一般砥粒使用製品の販売額を大きく凌駕しています。これらの砥粒の価格には大きな差はありますが，それなりに見合った用途を見出して使用されています。先述したように，硬度は砥粒としての必要条件の第一であり，菱形のダイヤモンド圧子を用いたヌープ硬さ HK が採用されています。ただし，お互いに引っ掻いて傷を観察し硬度を比較判定するモース硬さの方が実際的とも考えられます。

　破砕性はじん性の逆の性質と考えられています。破砕性の良い砥粒は自生発刃性に優れ，研削中，絶えず新しい切刃が出現して目づまりや刃先の鈍化を防ぐ効果はありますが，砥粒の摩耗は大きくなります。最近，じん性は高いが微小破砕することによって自生発刃性に優れ，砥粒が永持ちするようなアルミナの焼結製品が発売されています。**図 1** にゾルゲル法によるアルミナ焼結砥粒の電子顕微鏡写真を示します。個々の結晶粒は約 0.2

表 1　地殻における元素の存在度

元素	重量%	元素	重量%	元素	重量%
O	46.60	H	0.140	Cl	0.0130
Si	27.72	P	0.105	Cr	0.0100
Al	8.13	Mn	0.095	Ni	0.0075
Fe	5.00	Fe	0.0625	Zn	0.0070
Ca	3.63	Ba	0.0425	Ce	0.0060
Na	2.83	Sr	0.0375	Cu	0.0055
K	2.59	S	0.0260	Co	0.0025
Mg	2.09	C	0.0200	N	0.0020
Ti	0.44	Zr	0.0165	B	0.0010

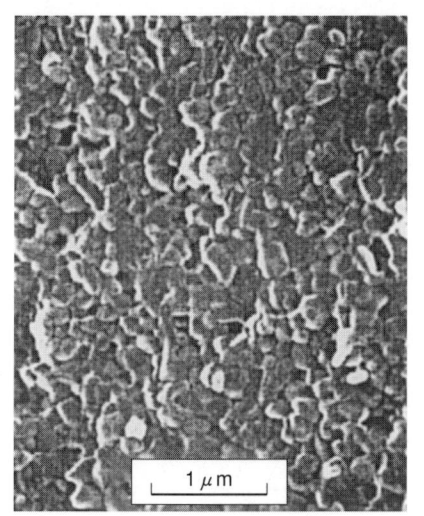

図1 ゾルゲル法焼結砥粒

μmです。また，被加工物との間の化学的反応によって加工速度や面粗さを向上させるメカノケミカル研削・研磨が注目され普及してきました。ガラスなどに最高の研磨性を示す酸化セリウム CeO_2 は730 HKでありメカノの要素を持った化学研磨材であるといえます。これに対し，合成雲母は100 HKでメカノの要素の少ない化学研磨材と思われます。

表2に超砥粒を含む各種砥粒の価格比率と利用状況に関する概要を示します。最近，生産コストやエネルギー問題で日本国内での生産をあきらめ海外生産を推進し，砥粒の種類も統一ないしは単一化する動きがあり，加工技術の向上と相容れない傾向が出ています。生産効率が至上主義の日本では，環境や健康を無視した砥粒加工が蔓延し，後世代になって後悔しない加工方法の確立が必要です。

昔の砥粒

被加工物は石器時代から100年前ごろまで，金属としては鋼や鋳物あるいは銅のように易削性であり，また天然のセラミックスとしては石材や鉱物が対象でした。このような被加工物はシリカを切刃とする天然砥石で加工できました。天然産の砥粒としては珪砂がほとんどでしたが，より硬い砥粒であるエメリーや柘榴石はきわめて貴重な存在でした。わが国では奈良県の金剛山北部，二上山近辺が柘榴石など天然砥粒の産地であったため，人造砥粒の時代になっても砥粒のことを金剛砂という風習があります。柘榴石の研削性についてはその化学組成によって異なり，金属に対してはかなり研削力があり仕上げ面も良いが，石材に対しては加工性が低くなります。

次に温故知新の観点から石器の材質について述べておきます。石器時代には石英質のものが多く使用されていました。水晶は石英の単結晶で，珪砂は石英の多結晶です。シリカは堆積や変成などの作用を受けて硬密な微細結晶の集合体となりチャート（chert）とよばれ，石器時代の主役でした。また，玉髄はチャートと同様な熱水変質作用により，石英が細かい繊維状の集合体になったもので，成因上，多少含水化しており，石英より硬度は低いが強靭で，これもまた石器として使用されていました。これらのうち火打石として使用されたものはフリント（flint）とよばれ，サヌカイト

表2 砥粒の価格と利用状況

砥粒の種類	砥粒価格比率	砥石部分	砥粒の混合	被削材	研削のタイプ	性能判定
ダイヤモンド	2000	限定部分	補助砥粒	難削（硬脆）	研削，切断	寿命
cBN	2800	限定部分	補助砥粒	難削（金属）	精密研削	寿命
ゾルゲル焼結	12	全域	一般砥粒混合	金属（含難削）	精研，自由研	ドレス間隔
アルミナジルコニア	4	全域	一般砥粒混合	鉄系，ステンレス	自由研削	切味，寿命
炭化珪素	1.6	全域	単独（混粒）	硬脆，非鉄	精研，自由研	切味，寿命
WA	1.4	全域	単独（混粒）	鋼，金属	精密研削	切味，寿命
A	1	全域	単独（混粒）	鋼，金属	自由研削	研削比

表3 各種鉱物の硬度と加工性

鉱物名	主要組成	比重	HK	研削性（大理石）	研削性（鋼）
天然水晶	SiO_2	2.65	1000	75	8
石英ガラス	SiO_2	2.65	960	40	7
玉髄	SiO_2	2.53	730	52	5.5
黒曜石	SiO_2質ガラス	2.35	860	43	2.5
サヌカイト	古銅輝石安山岩	3.33	680	69	1.5
柘榴石	$Fe_3Al_2(SiO_4)_3$	4.20	1320	143	6.5
セリア	CeO_2	7.30	730	68	2.5
シリコン	Si	2.33	930	124	5

（研削性は比較値）

は最高の石器として使用され，黒曜石も随所で使われていました。また，溶融工程を経た石英ガラスは近代の石器であろうと思われます。表3にこれらの鉱物粒子の加工能力についての資料を記します。

アルミナ質砥粒

一般砥粒ではアルミナ質砥粒が大半を占めています。ボーキサイトというアルミニウム分の多い粘土を電弧炉で溶かして不純物を除去したもので，褐色を示しA砥粒と称されます。これは巨大な研削関係の総合メーカーであったNorton社の商品名が一般化し，アランダムと通称されています。もう一種はボーキサイトを苛性ソーダNaOHで処理して，アルミン酸ナトリウムとして溶かし他の不純物を分離します。この溶液を加水分解して$Al(OH)_3$とし，焼成によってアルミナとします。これを電弧炉で溶融して再結晶させたものをWAといい，ホワイトアランダムに由来する名称です。砥粒メーカーが嫌う問題として，WA中にナトリウムNaが残存するということがあります。現在ではインゴット（砥粒を溶かした塊り）にヘアクラックが発生して砥粒が作れないような事態はありませんが，少量のNa_2Oの残存が砥粒の研削性能に影響するため，砥粒メーカーは神経質になっています。このようにWA砥粒は少量の添加物が研削性能に大きく影響します。このなかで，酸化クロムの効果は早くから知られて実用化されており，さらに使用範囲が伸びる傾向にあります。酸化クロム入りの砥粒はその添加量でルビー色から淡紅色のものがあり，JISでは淡紅色アルミナ砥粒PAといわれています。この種の砥粒は種類によっては高硬度，高破砕性，cool cut性などに特徴があり，特に欧州で人気があります。

酸化チタンTi_2O_3の場合，A砥粒の範疇でなく純粋な添加物として考えると興味ある性能のものが製造できると思われます。表4にアルミナ質砥粒の発展の経過を示します。表の中ほどにある単結晶砥粒はわが国で好んで使用されています。これは1個の砥粒が成長した単結晶のため，はじめは単（mono）の意味からMAと称され，また非粉砕アルミナ砥粒といわれたこともありました。また，硫黄を添加して，水でほぐして取り出していたため，水砕形砥粒といわれたことから今でもJIS記号ではHA（hydrocrushed）と規定されています。硫黄による公害が発生し実際にはほぐすだけの製法のものも現れたため，用語としては解砕形砥粒といわれています。この種の砥粒は相対的に硬度が高くまるっこい形状で，強い粉砕工程を経ていないため，砥粒にクラックが入ってないという特徴があります。また結晶の成長が外縁部に向かっているため，切れ味が良いという特徴があります。

表の最下段の焼結砥粒については先に言及していますが，現在世界的にもっとも注目されている砥粒です。高価であるのが難点で低価格で高性能の砥粒の開発が望まれています。

炭化珪素砥粒

一般砥粒のもう1つのグループは炭化珪素

表4　アルミナ質砥粒の発展の経過[4]

種　　類	開発年	開　発　者	内　　　　　容
人造ルビー	1837	Gaudin	酸化クロムを添加して宝石用ルビーを研究
人造コランダム	1894	Hasslacher	天然エメリーから酸化鉄を還元してコランダムを精製
人造コランダム	1895	Werleines	ボーキサイトを溶融してコランダムを精製
A（Alundum）	1897	Jacobs	ボーキサイトを4本アーク炉でコランダム（A）を精製（Norton社）
A	1901	Hall	タップ式の電気炉を開発
A	1904	Higgins	水冷式の鋼製炉を開発
WA	1910	Jeppson, Saunders	バイヤ法アルミナを溶融して高純度アルミナを精製（Norton社38A）
アルミナ・ジルコニア	1917	Saunders, White	ZrO_2を添加して靭性増大
A	1919	熊谷直次郎	日本で初めて溶融アルミナを試作
単結晶	1920	Haglund	硫化物を添加したアルミナ融液からアルミナ粒子を生成
A	1931	尾関ら	日本で工業的生産開始
RWT	1945	（Exolon社）	結合剤との親和性を上げるためセラミック被覆砥粒開発
単結晶	1946	Ridgeway	Norton社で単結晶砥粒32A製造開始
AE	1950	（宇治電化学）	わが国で人造エメリーの製造開始
44A	1954	（Norton社）	重研削用集品形砥粒市販
AZ	1957	（Exolon社）	$ZrO_2$40%のジルコニア・アルミナ砥粒開発
75A	1959	（Norton社）	ボーキサイト源の焼結砥粒市販
R-62	1962	（Carborundum社）	円柱状焼結砥粒市販
PA	1962	（Carborundum社）	少量のCr_2O_3を含む淡紅色砥粒市販
MA	1970	（日本研磨材）	硫黄を使用しない単結晶砥粒開発
SG	1983	（Norton社）	サブミクロン粒子の焼結砥粒開発

（SiC）で，人類の希望であったダイヤモンドの製造を目指して作ったものです。これまでは天然には存在しないとされてきました。天然珪砂とコークスが主原料で，2,500℃以上に加熱する方法で作られ，電力の塊といわれています。研削関係の大メーカーのCarborundum社の商品名からカーボランダムと通称され，黒色のものはC，緑色のものはGCといわれています。GCの方がCより硬度がやや高く，破砕性も高いので，GCの方が精密研削用，Cの方が粗取り用とされてきましたが，最近では考え方が変わってきたようです。また，高級な原料を使った新しい製法で，合成モアッサナイトが研究され，宝石や高性能の半導体としての用途が出てき始めました。

また，炭化珪素砥粒は研削砥石の中では10%程度しか占めていませんが，研磨布紙・ブラスト・スライシング・バフ研磨などに広く使用されています。

これからの砥粒

自由研削とくに重研削がマーケットの方向であった時代にはアルミナ焼結砥粒（サブミクロンタイプでない，たとえばボーキサイト源のもの）やアルミナ・ジルコニア砥粒が大きく伸びました。アルミナ・ジルコニア砥粒は現在でも各方面で使用されています。最近では，仕上げ面粗さやスクラッチが問題となることが多く，メカノケミカル作用を念頭に置いた砥粒が開発されています。シリコンのCMP加工では，セリアCeO_2に含まれるNd_2O_3などの不純物が問題となり，人工雲母では主成分のアルミニウムAlを含まないものが試作されています。

また鏡面が重要視される時代を迎え，植物研磨材が注目されています。比較的軟質の砥粒は固定砥粒と遊離砥粒加工の双方の場合に緩衝材として作用します。これらはこれから大いに注目される砥粒でしょう。

筆者はいくつかの解説記事[1),2),3),4)]で砥粒の変遷について述べており，本稿ではこれらに書き洩れたことについて記しました。読者各位の御参考になれば幸いです。

参考文献

1) 砥粒・砥石よもやまばなし第5部　砥粒思いつくまま，砥粒加工学会誌，39，2，80-85（1995）
2) 新しい砥粒の模索，挑戦的砥粒加工技術専門委員会第1回オープンシンポジウムテキスト，p.1-20（2003）
3) 砥粒の変遷，砥粒加工学会誌，48，6，2-5（2004）
4) 岡田昭次郎，材料技術，10，7（1992）

使う I

● 砥粒 ●

超砥粒

トーメイダイヤ株式会社　鈴木　数夫

超砥粒とは，ダイヤモンドやcBNがもっている硬度とか耐摩耗性といった研磨材特性が，一般研磨材に比べて格段に高い値を示すところから，作り出された「super abrasives」という造語を日本語に訳したものです。

分類

ダイヤモンド砥粒とcBN砥粒とはおよそ同じ分類法で，大きな相違はありません。図1は超砥粒をいろいろな項目に従って分類したときの相互の関係を示したものです。矢印は，合成法を出発点としています。また，矢印を逆にたどるとどんな超砥粒を使ったら良いかという設計の目安にもなります。

ダイヤモンド砥粒には天然ダイヤモンドと合成ダイヤモンドとがありますが，cBN砥粒は合成砥粒しかありません。ダイヤモンド砥粒の市場では90数％合成ダイヤモンドが使われており，天然ダイヤモンドはわずかの数量しか消費されていません。超砥粒の合成は静的超高圧法で作られる単結晶が基本結晶となっており，使用目的に合わせてさまざまな結晶が作られています。この合成方法は1955年にGE社がNature誌に発表したのが最初といわれています。日本では，1961年に石塚研究所が合成に成功し，1963年にダイヤモンドの製造販売会社が設立されたのが最初となりました。超高圧の発生装置と合成手法には各製造会社独自のものがあり，製造会社毎に特徴をもった結晶が作られています。動的合成法というのは，当初爆発法といわれていたように火薬の爆発によって生ずる衝撃波により原料黒鉛を圧縮してダイヤモンド結晶に変換させる方法です。加圧時間がきわめて短いので20～50 nmの構成粒子を持った多結晶体として取り出されます。同じ火薬を爆発させる方法ですが，密閉容器のなかで高性能火薬を酸素欠乏状態で燃焼させる方法があります。これは爆轟法とよばれています。爆轟法では発生するススの中に2～5 nmのダイヤモンド粒子が含有されており，ススの中からダイヤモンドを精製して取り出します。低圧法は，気相法ともCVD法ともいわれています。この方法で作った砥粒粒子は市場にありません。

その次は粒子径によって区分されます。ソーサイズ，メッシュサイズというのは，ふるい網を使って分級したものです。たとえば60/80という粒度の砥粒は，60メッシュ（目開き250μm）より小さく80メッシュ（180μm）より大きい粒子径

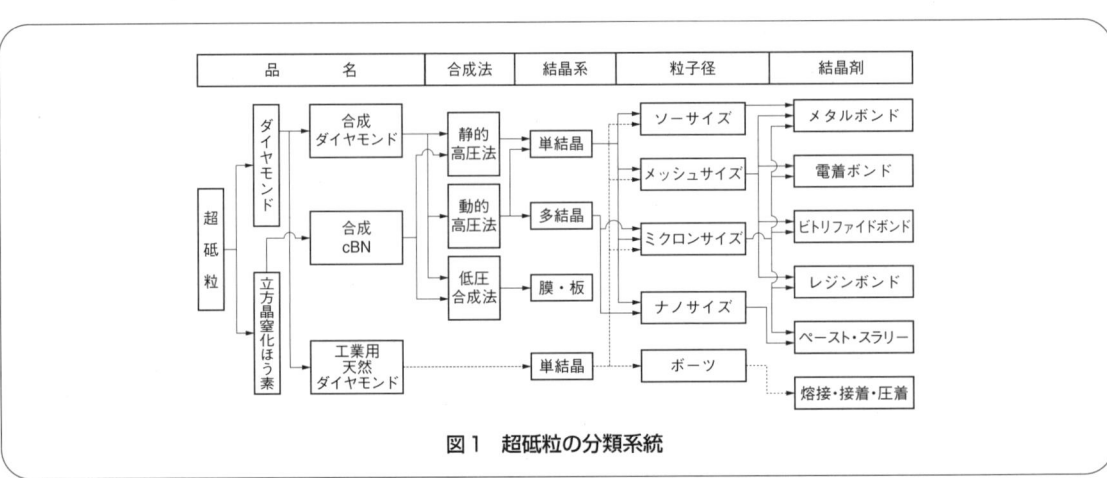

図1　超砥粒の分類系統

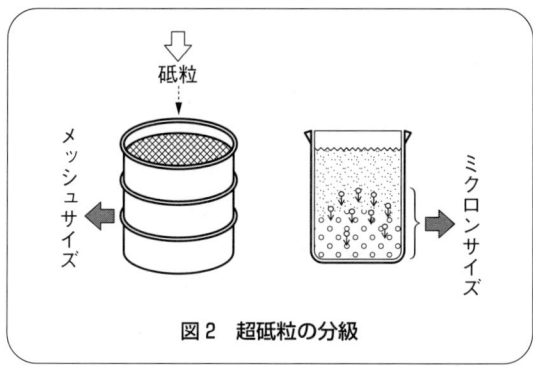

図2 超砥粒の分級

の粒子群という意味です。ミクロンサイズ超砥粒は，ふるい分級以外の分級法で分級されたものです。粒度表示は 30/40 のように書かれますが，数字は粒子径を直接ミクロン寸法で示しています。ナノサイズダイヤモンド砥粒の場合は，100 とか 150 とかの単数字で呼称します。この場合は粒度分布の 50% 径が 100 nm であるとか 150 nm であるという意味になります。

次は結合剤によって区分します。

超砥粒を工具に使う場合は結合剤によって砥粒を固定させたり結合剤の中に分散させたりします。超砥粒を固定する結合剤には，メタル，レジン，ビトリファイド，電着（めっき）があります。超砥粒を遊離状態で使う場合は水性や油性の溶媒に分散させたものをスラリーといい，ワセリンのような半固体中に分散させたものをペーストといっています。

性質および品種

超砥粒メーカーが砥粒の品種を区分する基準は結晶粒子の物性値によります。必要とする物性値をもった結晶を得るには超砥粒の合成方法にまで遡ることになります。ここでは用途区分のために利用する物性値について説明しますが，合成条件までは遡らないことにしました。砥粒物性値によって品種区分をするのは主としてメッシュサイズ超砥粒です。対象とする物性値は，「粒子形状」と「粒子強度」です。この2つは互いに関係する部分を持っていて，それぞれを単独にコントロールすることはできません。粒子形状がブロッキーのもの（六・八面体結晶）ほど強度が強くなります。粒子形状係数の公式な測定方法は確立されていませんが，粉体粒子形状の評価によく用いられるアスペクト比よりも，一般研磨材と同様に砥粒の嵩密度を測定することが粒子形状と概略リンクしていて便利です。

超砥粒の粒子強度は，衝撃に対する強度と静的な圧壊強度との2つがよく用いられていますが，一般的には衝撃強度の大小によって分類されています。衝撃強度というのは，内径 12.5 mm，深さ 26 mm のスチール製円筒容器に直径 7.9 mm のスチール製ボールを1個入れ，測定試料の超砥粒と一緒に一定時間振動した後，試料の粒度分布の変化から求めます。衝撃強度は超砥粒の破砕性ともいわれ，レジンボンド用超砥粒が超砥粒の中でもっとも破砕性の高い砥粒です。

超砥粒を使用するときは，品種の選択をしてから粒度の選択をします。メッシュサイズは，ISO 6106–2005 の粒度呼称ならびに粒度分布規定に従った商品です。これに対してミクロンサイズの粒度呼称および粒度分布規定は世界統一規定がありません。主として超砥粒の製造メーカー固有の規格で市場が動いています。

ダイヤモンド砥粒の特徴の1つに金属被覆ダイヤモンド砥粒があります。被覆金属として Ni，Cu，Ti，Cr などが知られていますがもっとも多く使われているのはレジンボンド用ダイヤモンド砥粒に Ni 被覆をした砥粒です。

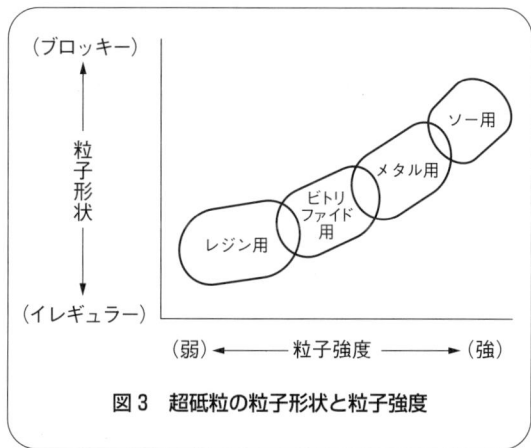

図3 超砥粒の粒子形状と粒子強度

使うI

● 研削工具 ●
普通砥石

クレノートン株式会社　冨田　幸男

普通砥石とはアルミナ（Al_2O_3）系砥粒および炭化珪素（SiC）系砥粒を使用した砥石を指します。研削加工を理解するには，まず工具である砥石の構成や表示内容についての理解が必要です。

図1に示すように砥石は砥粒，ボンドおよび気孔の3要素で構成され，砥粒は工作物を加工するときの切刃，ボンドはその砥粒の保持，気孔は切りくずを排出するための空隙の働きがあります。砥石の表示は砥粒，粒度，結合度，組織，ボンドで表します。これらの表示方法を図2に示します。

切削工具の場合は刃先が摩耗すると交換する必要がありますが，研削砥石の場合は研削の進行に伴い無数の刃先である砥粒が適度に破砕・脱落するため，新しい切刃が次から次へと出てくることが特長です。このことを自生作用とよんでいます。砥石表面に摩耗した砥粒が多く存在すると，研削抵抗が高くなり研削焼けや研削割れおよびびびりの発生要因となります。また，軟質材料の場合には砥石の気孔部に切りくずが詰まったりします。逆に，活発な自生作用が起こると，仕上げ面粗さが粗くなります。このような現象をそれぞれ目つぶれ，目づまり，目こぼれとよんでいます（図3）。

砥石の選択

研削作業を効率よく行うには，工具である砥石の仕様を適切に選び使用することが重要です。砥石の各要素の選択方法に関して簡単に記述すると次のようになります。

切刃である砥粒種類の選択は，被削材の材質や硬度によって決定します。一般的に鋼類の研削にはA系砥粒，非鉄・非金属にはC系砥粒を使用します。切削工具と同じように，切刃の砥粒が硬く靭性が高いほど，砥石の性能は向上し，高能率研削に適しています。

粒度は被削材の仕上げ面粗さによって選択します。粒度を細目にする（砥粒径を小さくする）と仕上げ面は良くなりますが，砥粒保持力が低下す

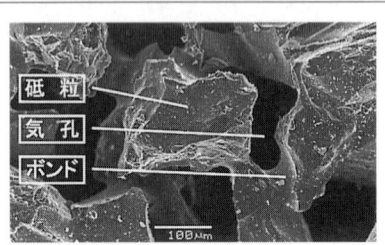

図1　砥石の3要素

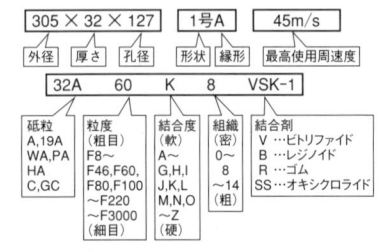

図2　砥石の表示方法

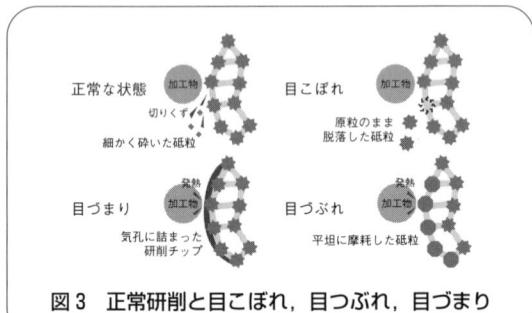

図3　正常研削と目こぼれ，目つぶれ，目づまり

表1　粒度と仕上げ面粗さの目安

単位：R_z（μm）

	プランジ研削	トラバース研削
F 46	5～10	4～8
F 60	4～6	3～6
F 80	3～5	1.6～3
F 100	2～4	1～2
F 120	1.6～3	0.8～1.6
F 150	1.0～2.5	0.8～1.6
F 220	0.8～1.6	0.8 以下
F 320	0.8 以下	0.8 以下

表2 研削砥石の標準選定

被削材材質		円筒研削	平面研削	内面研削	センタレス研削
普通炭素鋼 (SS, S-C)	生・調質材	19 A 60 L 8 V / WA 60 L 8 V	19 A 46 J 8 V / WA 60 J 8 V	19 A 60 L 8 V / WA 60 L 8 V	A/HA 60 L 8 V
	焼入れ材	WA 80 K 8 V / HA 80 K 8 V	WA 60 H 8 V / HA 60 H 8 V	WA 80 K 8 V / HA 80 K 8 V	HA 80 K 8 V
合金鋼 (SUJ, SCM, SCr, SNCM, SACM)	55 HRC 未満	WA 60 K 8 V / HA 60 K 8 V	WA 46 I 8 V / HA 46 I 8 V	WA 60 K 8 V / HA 60 K 8 V	A/HA 60 L 8 V / HA 60 L 8 V
	55 HRC 以上	HA 80 J 8 V / 3 SG 80 J 8 V	HA 60 H 12 V / 3 SG 60 H 12 V	HA 80 K 8 V / 3 SG 80 K 8 V	HA 80 K 8 V / 3 SG 80 K 8 V
工具鋼 (SK, SKD, SKH)	60 HRC 未満	HA 80 K 8 V / 3 SG 80 K 8 V	HA 60 I 12 V / 3 SG 60 I 12 V	HA 60 L 8 V / 3 SG 60 L 8 V	A/HA 60 L 8 V / 3 SG 60 K 8 V
	60 HRC 以上	HA 80 J 8 V / 3 SG 80 J 8 V	HA 60 H 12 V / 3 SG 60 H 12 V	HA 80 J 8 V / 3 SG 80 J 8 V	HA 80 K 8 V / 3 SG 80 K 8 V
ステンレス鋼	SUS 400 系	HA 60 J 8 V / 3 SG 60 J 8 V	HA 60 H 8 V / 3 SG 60 H 8 V	HA 80 K 8 V / 3 SG 80 K 8 V	HA 60 K 8 V / 3 SG 60 K 8 V
	SUS 300 系	GC 60 K 6 V	GC 46 J 6 V	GC 60 J 6 V	GC 60 K 6 V
鋳鉄 (FC, FCD)		GC 60 K 6 V / HA 60 K 8 V	GC 46 H 6 V / HA 46 H 8 V	GC 60 I 6 V / HA 80 I 8 V	GC 60 K 6 V / HA 60 K 8 V

注）3 SG, 5 SG：セラミック砥粒

るため形状ダレが発生し，高能率研削は困難になります。目安として粒度と仕上げ面粗さの関係は**表1**の通りです。もう1つの粒度選択の要因は，加工物の形状です。微細な加工を必要とする場合は細目粒度を使用します。たとえば，0.3 R を加工する場合は砥粒径 100 μm 程度が適しています。

結合度は砥粒の保持力，言い換えるとボンドの量を示します。研削方式，被削材の硬さ，被削材の剛性，切込み速度などを考慮して選択します。砥石と被削材の接触面積が大きく，被削材の硬さが硬いほど軟らかい結合度を選択します。例を挙げると，横軸平面研削盤で焼入れ材を研削する場合は結合度 H，生材を研削する場合は J，円筒研削盤で焼入れ材を研削する場合は J といった選択をします。

組織は一般的に 7～8 の普通組織のものを使用します。特に，研削熱の発生を防止したい，研削抵抗を低くしたいときは，組織 10～12 の多気孔砥石を使用します。樹脂やゴムの研削では気孔に切りくずが詰まりやすいので，さらに多気孔な砥石が使用されます。

ビトリファイドボンドは砥粒保持力が高く精密研削に幅広く用いられています。一方，レジノイドボンドはビトリファイドに比べ自生作用が活発で安定しており，この利点を生かした用途に使われます。

研削方式と工作物に対する標準的な砥石の選定を**表2**に示します。

セラミック砥石

近年，砥石の性能を大幅に高めたのはセラミック砥粒（**図4**）の出現です。セラミック砥粒は硬くかつじん性が高いのが特長です。

図5にセラミック砥石と WA 砥石を用い研削能率 1, 2, 4 mm³/mm·s の条件のもとで，円筒プランジ研削したときの研削比の比較を示します。セラミック砥石の研削比は WA 砥石より高く，WA 砥石で見られる研削能率の増大に伴う研削比の急激な低下は見られません。これはセラミック砥粒が WA 砥粒に比べ高じん性のため，研削時における砥粒の破砕が少ないためと考えられます。

このことから，高能率研削分野へのセラミック砥石の適用が期待されます。

図4 セラミック砥粒とその結晶粒子

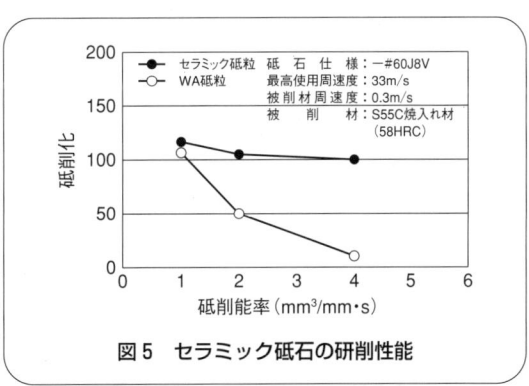

図5 セラミック砥石の研削性能

使うⅠ

●研削工具●
超砥粒ホイール

株式会社　ノリタケスーパーアブレーシブ　竹内　恵三

超砥粒ホイールは超砥粒（ダイヤモンド，cBN）のきわめて高い硬度，耐摩耗特性を最大の特長とし，超硬，セラミックスなどの高硬度難削材はもとより，土木建築材料や鉄系材料の高能率加工から半導体，光学部品などの超精密加工まで幅広い産業において必要不可欠の工具となっています。

超砥粒ホイールはまず使用されている砥粒により，ダイヤモンドホイールとcBNホイールに分類されます。ダイヤモンドホイールは超硬，セラミックスをはじめとする高硬度脆性材料に使われてきましたが，近年はシリコン半導体やサファイヤ，水晶などの電子部品の高精度微細加工にも不可欠なものとなっています。cBNホイールは工具鋼をはじめとする鉄系材料の研削加工に使用されていますが，その切れ味と高耐摩耗特性からますますニーズは高まっています。超砥粒ホイール全体としては，土木建築，自動車，機械，光学，電子部品，航空機産業分野まで非常に幅広い産業分野において必要不可欠な加工工具となっています。超砥粒ホイールの代表的な用途分類を図1に示します。

（1）ホイール形状による分類

超砥粒ホイールはさまざまな被削材（材料，部品）の加工に使用され，必要な形状，精度，品位を作り出します。当然，加工部位や形状などに適合した形状のホイールが使用され，最適な研削方式が採用されます。図2には代表的なホイール形状，表1には研削方式とホイール形状の関係を示します。

（2）構造，ボンドによる分類

超砥粒ホイールはその構成，砥粒層構造によっても分類されます。図3には代表的なホイール構成と砥粒層構造を示します。ホイールの構成としては母材（台金）と砥粒層から成り立ち，場合によってはその中間層が設けられる場合があります。また，砥粒層は大きくは多層と単層に分類され，多層は気孔の有無により分類されます。

砥粒層構造では砥粒を保持するボンド（結合剤）

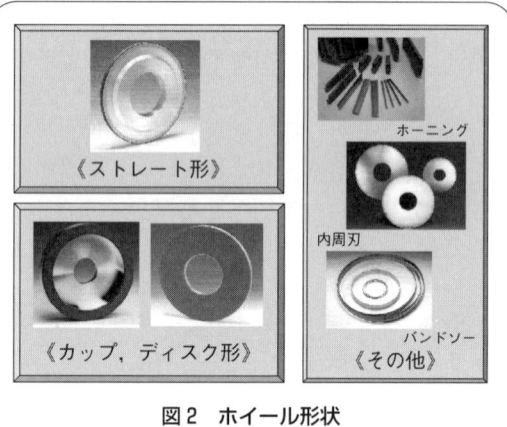

図2　ホイール形状

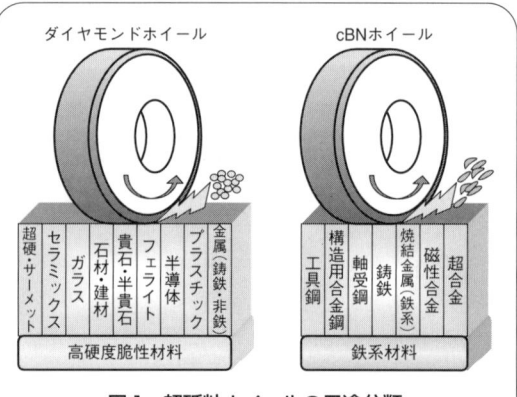

図1　超砥粒ホイールの用途分類

表1　研削方式とホイール形状

ホイール形状	研削方式(加工形態)					
	平面	円筒面	切断	総形	その他
①ストレート形	○	○	○	○	
②カップ形，ディスク形	○	○		○	
③その他	○ 超仕上げ	○ ホーニング 超仕上げ	○ 内周刃 バンドソー ワイヤーソー		○ コアドリル

表2 ボンド種類・製法と砥粒層特性

ボンド種類・製法	砥粒層構造 単層・多層	砥粒層構造 気孔有・無	砥粒層(ボンド)特性 砥粒保持力	砥粒層(ボンド)特性 耐摩耗性(硬度,強度)	弾性率	耐熱性
レジン	多層	無	△	△	低	△
ビトリファイド	多層	有	△	△	高	○
メタル	多層	無	○	○	高	○
メッキ(電着),ロー材	単層	無	○	○	高	○

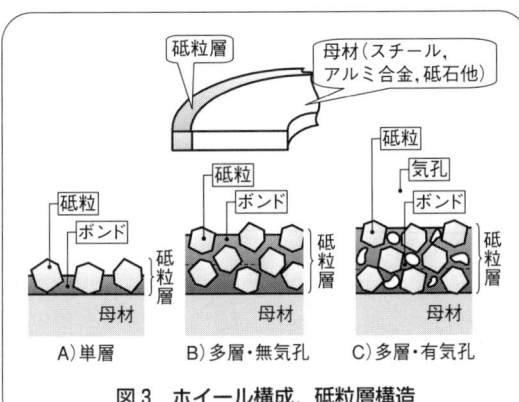

図3 ホイール構成，砥粒層構造

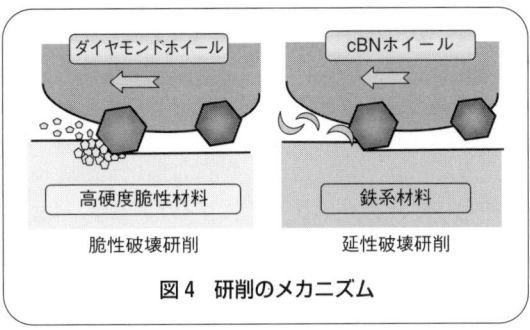

図4 研削のメカニズム

の種類，製法が砥粒層特性を決定し，研削性能に多大な影響を与えます。表2にはボンド種類・製法と砥粒層特性の関係を示しました。

超砥粒ホイールによる研削のメカニズム

砥粒加工は基本的に多数の切刃作用により，微少な除去単位を積み重ね，被削材を所定目的に沿って除去します。

超砥粒ホイールによる研削メカニズムは，被削材の除去形態により脆性モード研削と延性モード研削に大別することができます。脆性モード研削では，砥粒が被削材へ食い込むと同時に被加工材表面に微細なき裂を発生させ，つづいて叩き割りながら切込み深さ分を掘り起こして粉状切りくずとして排出させます。ダイヤモンドホイールによるガラスやセラミックスの研削が脆性モード研削の代表例です。一方，延性モード研削では砥粒が粘土を引っかく如く，カール状の切りくずを排出しながら材料除去が進行する場合であり，鉄系材料をcBNホイールで研削する場合がこれに当たります。ただし，最近のセラミックス，ガラス，シリコン半導体などの超精密研削などにおいて，これら脆性材料に対しても安定した極微小切込みが可能な場合は延性モード研削が可能と報告されています[1]。これも超砥粒の被削材に比べきわめて高い硬度，耐摩耗性を有することにより実現できることと理解されます。図4に研削メカニズムの概略図を示します。

参考文献

1) 宮下政和：脆性材料の延性モード研削加工技術，精密工学会誌, 56, 5, 782 (1990)

使うI

● 研削工具 ●

新しい砥石
——紫外線硬化樹脂を用いた砥石

立命館大学　田中　武司

紫外線硬化樹脂にはアクリル系,エポキシ系など多くの種類があり,高い粘度や低い粘度の2種類を混合してもよく,紫外線硬化樹脂を用いれば,非常にバラエティに富む種類のレジンボンド砥石/ホイールを短時間で容易に作ることができます。

光造形とは,紫外線硬化樹脂の光化学硬化反応を利用して三次元形状を作製するRP&M(Rapid Prototyping & Manufacturing)技術の1つです[1]。

光造形技術の特長をレジンボンド砥石の作製に活かすことができないかと考えてみました[2),3)]。砥石結合剤に紫外線硬化樹脂を用い,光造形と同様に積層造形によって砥石作製を行うことができるのではないかと思われます。これにより,従来のレジノイド法で必要としていた成形・焼成という砥石作製プロセスの簡易化,短時間化が行えます。また,金型を必要としないため,形状の変更が容易に行えます。さらに,結合剤が液体樹脂であるため,樹脂と砥粒を十分混合攪拌することにより,砥粒表面を樹脂で覆うことができ,砥粒の表面エネルギーによるその凝集を抑えることができます。この新しいレジンボンド砥石をResin-Piled砥石と名づけています(以降,RP砥石と略記)。

砥石自動作製用光造形装置

砥石性能のばらつき,および手作業による時間ロスの発生を防ぐため,砥石自動作製用の光造形装置(SLA)を開発しました[3)]。創成した輪帯状の硬化層を連続積層する光造形型の装置をSL(Stereolithography)機(図1),コーターのように樹脂を巻きつけながら硬化させていく装置をRC(Roll Coater)機(図2)と名づけています。SL機では砥石円周面が積層方向に対して垂直面となり,RC機では平行面となります。

図1に示すSL機の装置の概要および造形プロセスは次のようです。露光方式はメタルハライドランプを用いた一括露光方式です。砥石のような単純形状の作製には,ガルバノミラー光走査方式よりも,一括露光方式のほうが作製時間の面から有利です。また,光走査機構を必要としないため,装置の小形化が可能です。

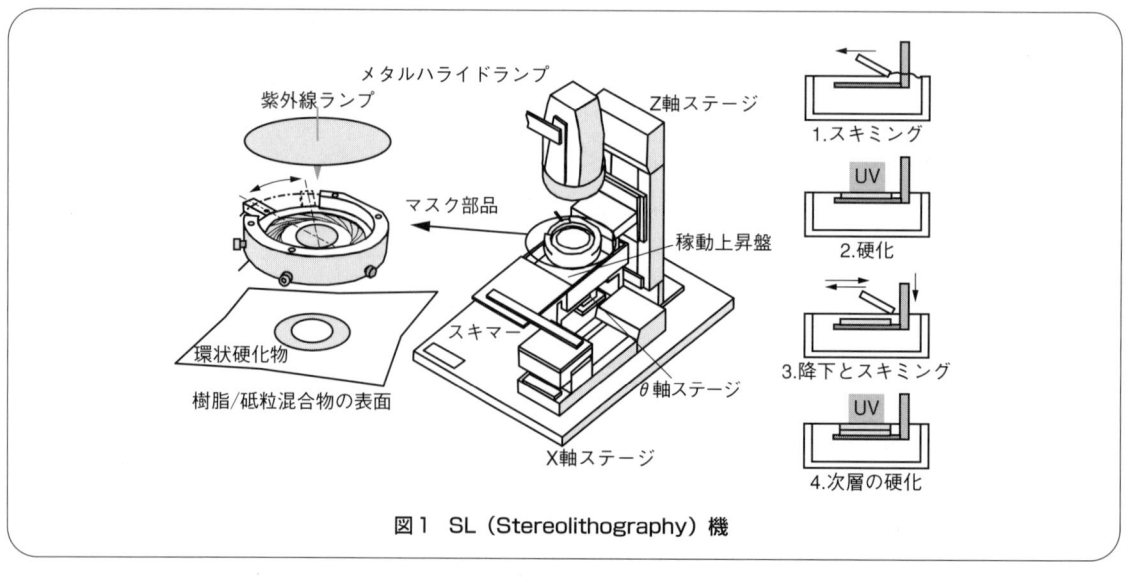

図1　SL(Stereolithography)機

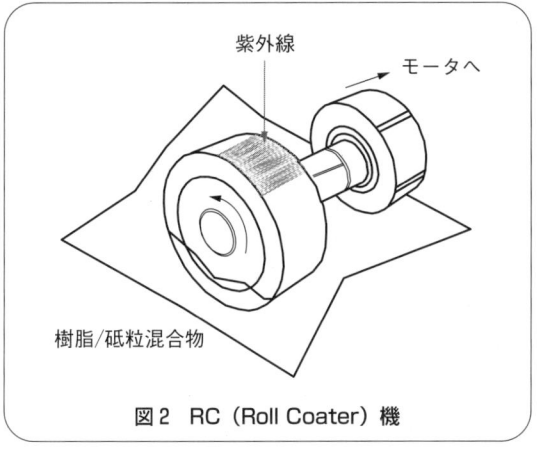

図2 RC（Roll Coater）機

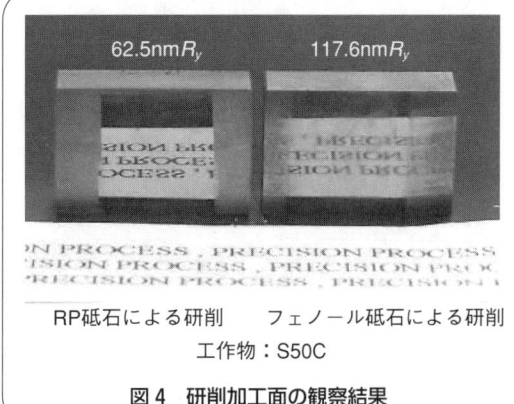

図4 研削加工面の観察結果

図3 砥石製作状況

　積層方式には，装置の小形化および構造の単純化のために自由液面法を採用しています．十分に攪拌した砥粒混合樹脂を樹脂容器に満たした後，エレベータープレートを砥粒混合樹脂の液面より1層分下に配置し，スキマーを走査させることで液面を水平に整えます（スキミング）．その後，1回目の紫外線照射を行います．第1層はエレベータープレートに接着します．照射終了後，エレベータープレートをさらに1層分沈めます．再度スキミングおよび紫外線照射を施し，第2層目を得ます．これを所定寸法まで繰返すことで，砥石を完成させます．本装置では，ランプより照射された紫外線はマスクにより照射範囲を絞られて樹脂液面に達します．硬化形状を決定するマスクはアイリスとその中央を覆うラバーマスクで構成しており，これを通過した光による硬化層は同心円の輪帯状となります．この輪帯状の硬化層を連続的に積層することにより，1A1形研削砥石を得ます．
　図3に砥石製作状況を示します．作製時間は約10分と非常に短時間です．この短時間作製と，成形工程などを必要としない簡易な作製プロセスはRP砥石が有する優位性の1つです．光造形での作製時間は積層回数（積層厚さ）に比例するため，切断砥石や研磨テープといった薄形工具の作製にこの方法を応用すれば，さらにこの優位性を活かすことができると思われます．試作したスティック状砥石により高炭素鋼を研削した加工面を図4に示します．$62.5\,nm\,R_y$の粗さを得ることができ，その優秀性が見られます．

参考文献

1) D. Deitz, Stereolithography Automates Prototyping, Mechanical Engineering, 34, (1990)
2) 田中武司，磯野吉正，進藤寛英，石崎陽介，光造形法による砥石の開発と特性評価，砥粒加工学会誌，**42**, 8, 344-350 (1998)
3) 奥島賢一，田中武司，光造形技術を応用したレジンボンド砥石の創製，精密工学会誌，**69**, 10, 1459-1463 (2003)

使うⅠ

●砥石調整●
ドレッシング

北見工業大学　田牧　純一

　ドレッシング（dressing）は，本来，髪を整えるとか表面をきれいに仕上げるという意味ですが，研削では砥石の切れ味を回復する作業を指します。日本語ではドレッシングを「目直し」と訳していますが，これは切れなくなった鋸ぎりの目（鋸刃）を直す作業に似ているからです。

　研削砥石も鋸ぎりが切れなくなるのも同じような現象が起きています。要因として，鋸刃の間に切りくずが堆積する目づまり，鋸刃の先端が摩滅する目つぶれ，鋸刃が破壊してしまう目こぼれの3現象があります。このような状態になると，鋸ぎりの「目」の形を整え直すことが必要となり，この作業を「目直し」と呼んでいます。

　図1(a)に，メタルボンド砥石やレジンボンド砥石のような無気孔砥石の場合について，砥石の摩耗状態を示します。この場合，個々の「砥粒」が，鋸ぎりの「目」に相当し，鋸ぎりの場合と同様の摩耗形態が存在します。ただし，砥石の場合，大きな研削力が作用すると砥粒が結合剤から脱落することがあります。そこで，研削では砥粒の大破砕と脱落をあわせて「目こぼれ」とよんでいます。

ドレッシングの方法

　このように，鋸ぎりと砥石の摩耗状態に相違はありませんが，ドレッシング（目直し）方法とそのメカニズムはまったく異なります。砥石の場合には，さまざまな形状を有する砥粒が結合剤の中にばらばらの状態で埋まっているので，鋸ぎりのようにひとつひとつの「目」を直すことは不可能です。そこで，摩耗した砥粒層を除去し新しい砥粒層を露出させるという方法でドレッシングを行います。

　ドレッシング後の砥石表面の理想的な状態を図1(b)に示します。砥粒は，切りくずの排出を容易にするために，結合剤から十分に突き出ていることが必要ですが，あまり突き出ていると脱落しやすくなるので，砥粒径の1/3程度の突き出し高さにするのが目安とされています。結合剤から露出した砥粒切刃は砥石最外周面に揃っていなければなりません。また，砥粒切刃先端に微細な切刃を創成することによって，よりいっそうの切れ味が得られます。有気孔のビトリファイド砥石の場合にも同様のことが言えます。

　理想的なドレッシングを実現するために結合剤や砥粒の種類，砥粒のサイズに応じて多くのドレッシング法が採用されていますが，使用するエネルギーによって機械エネルギー法，化学エネルギー法，熱エネルギー法の3種類に分類されます。

　機械エネルギー法には，ダイヤモンド工具を用いる方法と固定砥粒（砥石）や遊離砥粒を用いる方法の2つがあります。前者はビトリファイドボンドの普通砥石・超砥粒ホイールに使用され，砥粒と結合剤の両方が除去対象となります。後者はもっぱら超砥粒ホイールに使用され，結合剤の除去作用が主体ですが，砥粒先端の形状修正作用もわずかながら持っています。固定砥粒をドレッサとして使用する場合，ドレッサと砥石の接触領域にはドレッサから脱落した砥粒あるいは破砕した砥粒が遊離砥粒として存在しますから，現象的には半固定状態の遊離砥粒加工と考えることができます。

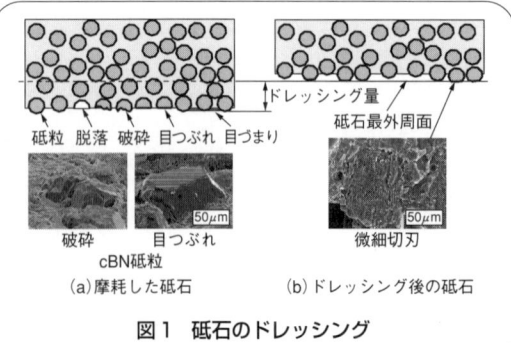

図1　砥石のドレッシング

化学エネルギー法は電気分解によって導電性結合剤を除去する方法です。研削加工のインプロセスで使用されるため、ELID（Electrolytic In-process Dressing）とよばれており、超微粒ホイールのドレッシングに使用されます。熱エネルギー法には放電ドレッシングとレーザドレッシングがあります。放電ドレッシングでは放電の際に発生する熱エネルギーによって導電性結合剤を溶融除去しますが、レーザドレッシングでは結合材の溶融除去のほかに砥粒を成形あるいは破砕することができます。

ダイヤモンド工具によるドレッシング

ダイヤモンド工具でドレッシングする場合について、その幾何学的作用を**図2**に説明します。単石ドレッサ（図2(a)）は切削バイトのように砥石と連続的に接触するので、ドレッサ送り量を変化させることによって砥石作業面を一様にドレッシングすることができます。一方、ロータリドレッサ（図2(b)）はフライス工具のように砥石と断続的に接触し、その接触軌跡はドレッサ回転速度 V_d の砥石回転速度 V_g に対する速度比 S によって変化するので、ドレッシング機構は単石ドレッサよりも複雑になります。

ダイヤモンド工具を使用する場合、幾何学的作用のほかに、**図3**に示す力学的作用を理解しておくことが必要です。図には、ロータリドレッサが

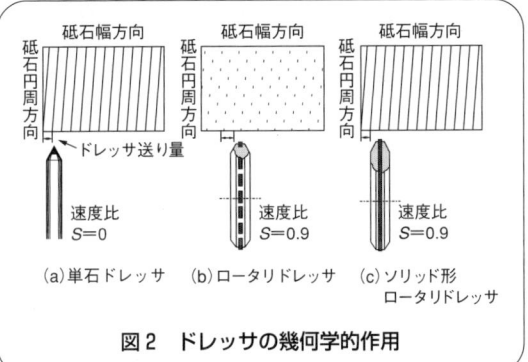

図2　ドレッサの幾何学的作用

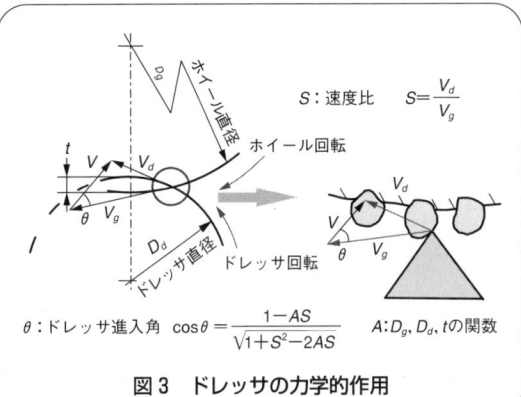

図3　ドレッサの力学的作用

砥粒と干渉する際の砥粒に対する進入角 θ が記述されています。速度比が $S=0$、すなわちドレッサが回転しない場合は単石ドレッサを使用する場合に相当し、進入角は0°になります。また、砥粒にはせん断力が作用します。速度比が $S=1$、すなわちロータリドレッサと砥石が等速運動になると進入角はほぼ90°になり、砥粒には圧縮力が作用します。結合剤で保持されている砥粒に作用する力の方向によって砥粒の破砕形態は異なりますから、速度比 S は重要なドレッシングパラメータであることがわかります。

このように、ダイヤモンドロータリドレッサを使用する場合、速度比 S によって幾何学的作用と力学的作用の両方が変化します。これがドレッシング条件の選定を複雑にしています。そこで、円周の全面がダイヤモンドで構成されたソリッド形ロータリドレッサ（図2(c)）が開発されています[1]。このドレッサは単石ドレッサと同じように砥石と連続的に接触しますから、幾何学的作用が単純になり、力学的作用に主点をおいたドレッシング条件を選択することができます。

参考文献

1) 久保明彦他，CVDダイヤモンド厚膜を用いたソリッド型ロータリダイヤモンドドレッサの開発，精密工学会春季大会講演論文集，226（2006）

使うⅠ

● 砥石調整 ●

ツルーイング

ものつくり大学　東江　真一

砥石を研削盤に取付けてから，砥石の回転振れを取り除くことや砥石外周を総形成形することをツルーイング（truing），または形直しと言います。

ツルーイングには，2つの意味合いがあります。1つは研削盤主軸と同軸にすること，もう1つは工作物の仕上げ断面形状などと合同な輪郭形状にすることです。普通砥石と超砥粒ホイールとでは，ツルーイング方法は異なります。また超砥粒ホイールの場合には，作業面形状を平坦にして振れ取りするだけの作業と複雑形状に成形するのとでは，作業方法は随分と異なります。

普通砥石のツルーイング

普通砥石の場合には，砥石より5倍近く硬いダイヤモンド工具を用いれば，いろいろな形状に修正することができ，技術的にも確立したツルーイング方法が多数あります。また目直しを意味するドレッシングも同時に行うことになります。

超砥粒ホイールのツルーイング

一方，超砥粒ホイールの場合は，平坦な作業面を単に振れ取りするだけなら，比較的容易にツルーイングができるようになりましたが，それでも普通砥石に比べれば面倒な作業です。曲線を含む

（a）角度ドレッサ
(榮製機(株)カタログより
http://www.sakae-seiki.co.jp/corp_top.htm)

（b）両面ドレッサ
(榮製機(株)カタログより
http://www.sakae-seiki.co.jp/corp_top.htm)

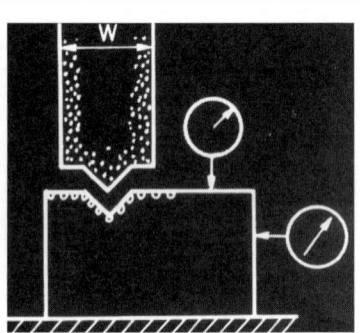
（c）ブロックドレッサ
(旭ダイヤモンド工業(株)カタログより)

（d）ロータリドレッサ
(旭ダイヤモンド工業(株)カタログより)

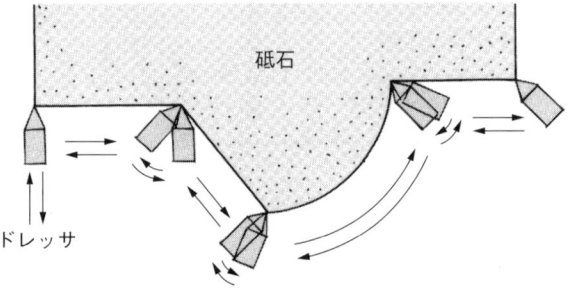
（e）研削盤のNC装置を利用した成形
((株)テクノワシノカタログより)

図1　普通砥石のためのツルーイング工具とその方法

砥石調整

（a）軟質金属研削法
（ステンレス，ニオブなどが使われ，レジノイドボンドなどに対して有効です）

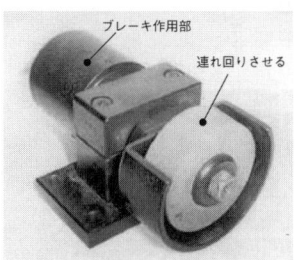
（b）ブレーキドレッサ
（剛性が無いと振れが良く取れません。C系の砥石が良く使われます）

（c）立形ロータリドレッサ
（等速条件でもっとも効率がよくなります。前後送りで使うので平面度も良くなります）

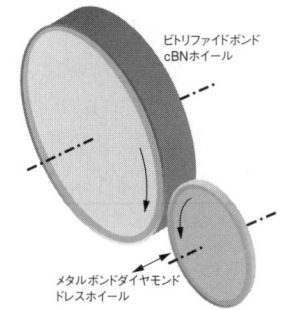
（d）横形ロータリドレッサ
（ビトリファイドボンドcBNホイールに対して良く使われます。速度比とドレスホイール幅がポイントです）

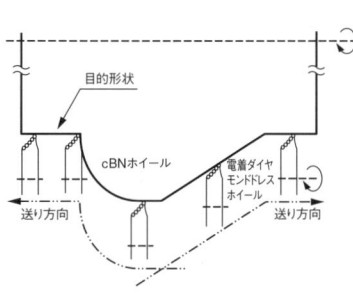
（e）総形成形法
（cBNホイールに対して有効な方法です。ダイヤモンドホイールに対しては使えません）

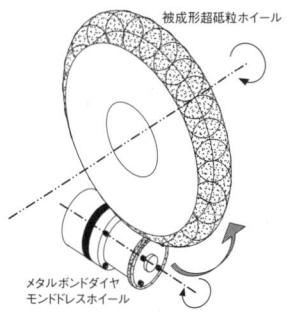
（f）R成形法
（結合度を低くしたビトリファイドボンドダイヤモンドまでのホイールに有効な方法です）

図2　超砥粒ホイール用ツルアとその方法

複雑な形状ともなれば普通砥石ほど技術的に確立していません。cBN砥粒の硬さはダイヤモンドの約1/2なので，ダイヤモンドロータリドレッサで形状修正が可能です。一方，ダイヤモンドホイールをダイヤモンド工具で形状修正するには，低結合度のビトリファイドボンドにするなどの条件が必要です。

超砥粒ホイールのツルーイングを複雑にしている要因を列挙すると次のようになります。

① 普通砥石のツルーイングに使われるダイヤモンド工具の硬さは，対象とする超砥粒ホイールのそれと拮抗している。
② ツルーイングとドレッシングとでは作業目的と最適作業条件が異なる場合があり，それぞれの評価項目が異なります。
③ 超砥粒ホイールの耐摩耗性の改善とツルーイング比の向上は技術的に矛盾します。
④ レジノイド，ビトリファイドおよびメタルなど，それぞれ結合剤に対してツルーイング方法が異なります。
⑤ ドレッシングに比べて，ツルーイングはより困難です。
⑥ 電子部品や光学部品に要求される形状や粗さの精度やコストが年々厳しくなっています。

なお，ツルーイングが不要な砥石として，台金に超砥粒を1層だけ付着させた電着砥石があります。電着砥石を研削盤に取付ける時は，回転振れが生じないように取付けなければなりません。

使うI

● 研磨工具 ●

超仕上げ砥石

株式会社 ミズホ 松森 昇・恩地 好晶

超仕上げ（Superfinishing）はアメリカの自動車会社クライスラーで発明された加工方法です。自動車部品の軸受のレース面を油砥石で仕上げると非常に滑らかな表面が得られ，耐摩耗性が向上することがわかりました。その後航空機会社でも広く使われるようになりました。

最近では，一般砥粒（Al_2O_3，SiC系）とともに超（硬）砥粒（cBN，SD系）を使用した超仕上げ砥石が多用されています。結合剤は，砥粒支持力の大きいビトリファイドボンドを使用し，砥石固有気孔のほかに人工気孔で，より多孔体を強調した多孔性砥石とすることによって，微細切りくずの排出を容易にします。両者の切削機構について，図1に示します。

超仕上げでは，前加工で生じた切削疵あるいは加工変質層（軟化層，非結晶層など）を除去するため，前加工面粗さの約2倍の切削量が必要です（図2）。

超仕上げで砥石圧力を増加してゆくとき，ある圧力以上で砥石損耗量 W が急増します。このときの圧力を臨界圧力（P_c）とよび，砥石選択の目安とします（図3）。一般に超砥粒砥石は，アルミナ質系砥石に比較して P_c が大きく高寿命で，W は加工物当たり1μm以下と僅少です。

最新技術のジルコニアフェルール（光ケーブル接続部）端面の超仕上げで，高能率・高寿命を特徴とする群小形ビトリファイド砥石[1]（図4）は，サブミクロン（1μm以下）の砥粒径に対応した面粗度（5nmR_a以下）と高精度が可能です。

将来技術では，より細粒度の選択でも目づまりのない複合（硬，軟質）砥粒による高切削性ビト

砥石性能の変化	アルミナ系 砥石	cBN系 砥石
加工前	砥石／加工物 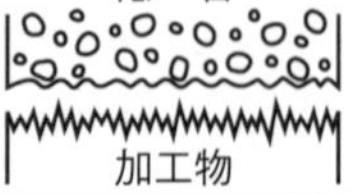	砥石／加工物 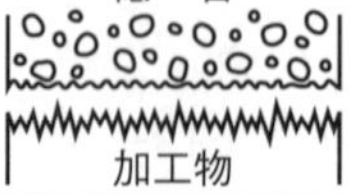
粗仕上げ 目直し期（ドレッシング作用）	 目直し切削	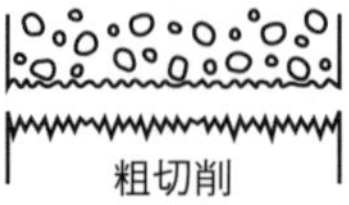 粗切削
中仕上げ 定常切削期	 微少量切削（やや目づまり）	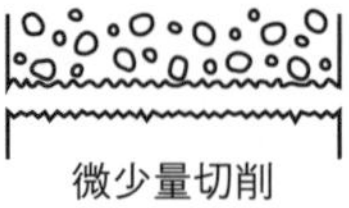 微少量切削
仕上げ 琢磨期（バニッシング作用）	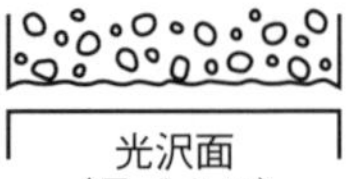 光沢面（目づまり）	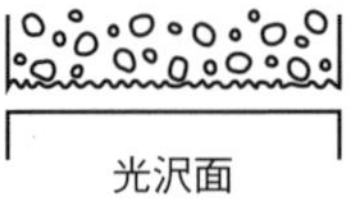 光沢面
相違点	切削量は，前加工面粗さによって強く影響されます。	砥粒の大きさ，圧力の変化で切削を制御します。

図1 切削機構の比較概念図

図2 砥石作用面状態と超仕上げ量

- $t_0(Rt)$：粗さ曲線，最大断面高さ
- t：好ましい超仕上げ量
- $t = 2t_0$ （前加工面）
- 目つぶれ・目づまり形
- t_1：実際の超仕上げ量（光沢面）前加工面，目残り
- $t_0 > t_1$
- 目こぼれ・切削形
- $t_0 > t_1$ （白色面）
- 正常切削形
- $t_1 = 2t_0$ （鏡面）

図3 臨界圧力 P_n 付近における仕上げ特性曲線

- 砥石損耗量　W
- 切削量　T
- 仕上げ比　T/W
- 仕上げ面粗さ　R_z
- 砥石面圧力 P_n

図4 群小形多孔性砥石

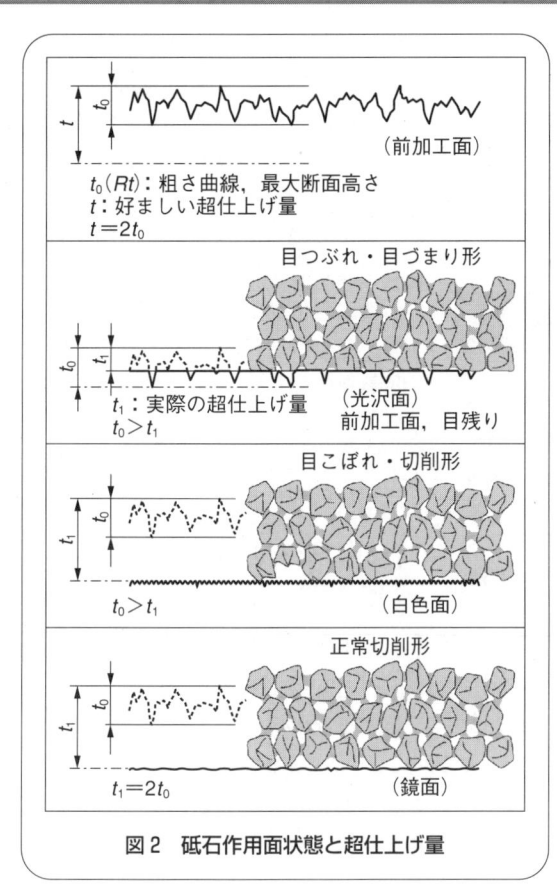

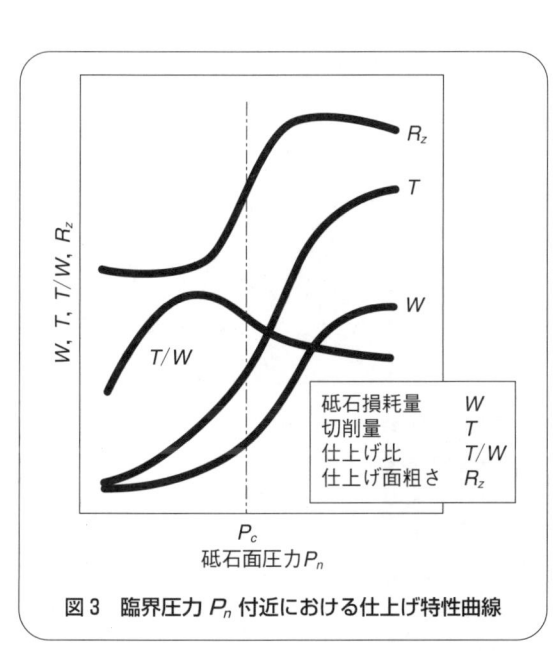

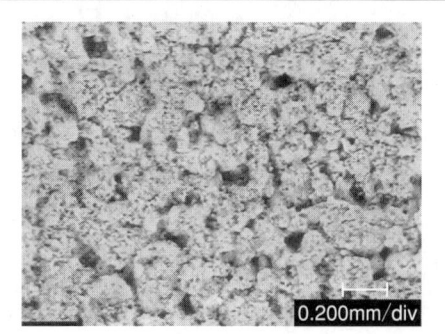

(A) SD-12000-L/C120-V
ダイヤモンド（SD）砥粒径
0.25μm（12000メッシュ）
群小砥石径　0.130～0.135mm

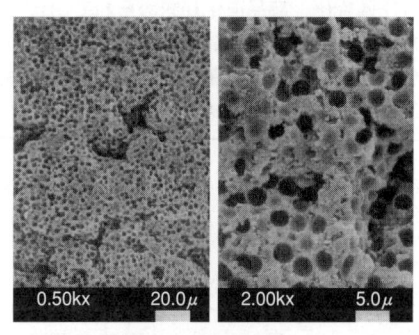

(B) SD-16000-K/C105-V
ダイヤモンド（SD）砥粒径
0.125μm（16000メッシュ）
群小砥石径　0.025mm～0.030mm
細孔径　0.0025mm

リファイド超仕上げ砥石[2]，あるいは各種ガラス部品（電子，光学，光通信，情報など）の超仕上げで，好ましい砥石硬度・強度を維持しながら砥粒支持力を制御し表面欠陥を解消した軟質砥粒固定，結晶性ビトリファイド砥石[3]の実用化などがあります。

参考文献

1) 特許公開　2002-331461　超仕上げ砥石
2) 3) 特許出願中

使う I

● 研磨工具 ●

新しい研磨砥石
——EPD 砥石

埼玉大学　池野　順一

IT製品の部品には，半導体結晶材料のシリコンや電子・光学材料である水晶，サファイア，ガラスなど硬脆材料が多用されています。今後，部品の高性能化にともなって，ナノレベルの鏡面化はもとより，薄片化，高品質化が求められています。さらに，環境に配慮したクリーン化や加工能率の向上が求められています。ここでは従来の遊離砥粒を用いた研磨加工に代わる，固定砥粒（砥石）を用いた新しい技術について紹介します。

鏡面創成において環境に配慮しながら品質と能率を満足できれば市場で競争力を高めることができます。ここではそのキーテクノロジーになるであろう"EPD砥石"について紹介します。

EPD砥石のEPDとは電気泳動吸着（＝Electro Phoretic Deposition）の略で，EPD砥石とは電気泳動吸着現象を利用して作製された砥石を指します。図1にEPD砥石作製プロセスの概略を示します。まず，砥粒の選択ですが鏡面加工を施そうとする硬脆材料と擦過することで機械的もしくは化学的に硬脆材料を除去可能な微粒子を選択します。次に，これらの砥粒を結合させるボンド剤（主に高分子）とよく混ぜ合わせてコロイド状態にします。このとき，砥粒とボンド剤は電気的，もしくは物理的にペアとなり，正負いずれかに帯電し分散します。次にこのコロイド液に電場を与えることで対極となる側に砥粒とボンド剤のペアが電気泳動していき，電極表面に吸着します。このとき，砥粒は単純立方格子を形成するように積み上げられて吸着層を形成していきます。たとえば棒状の電極には，シャーベット状に吸着していきます。その後，図に示すように切断して自然乾燥させます。このとき砥粒間の水分が蒸発し，吸着層は硬く締まってペレットとなります。最後に，いくつかのペレットを台金に貼付けてカップ形EPD砥石が完成します。

EPD砥石の特性

このように作製されたEPD砥石は以下の特性を有しており，硬脆材料の鏡面創成に威力を発揮します。

① 単純立方格子を形成するように均質に砥粒が配列し，均一な結合力を有している。
② 高分子の選択で結合力を調整し，適度な結合力を有している。

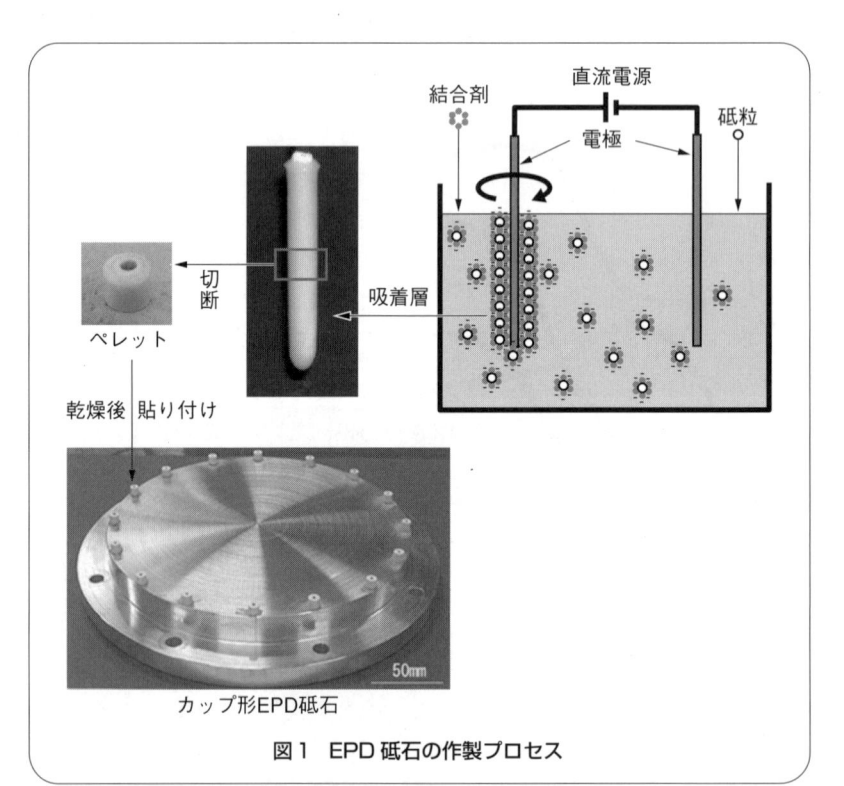

図1　EPD砥石の作製プロセス

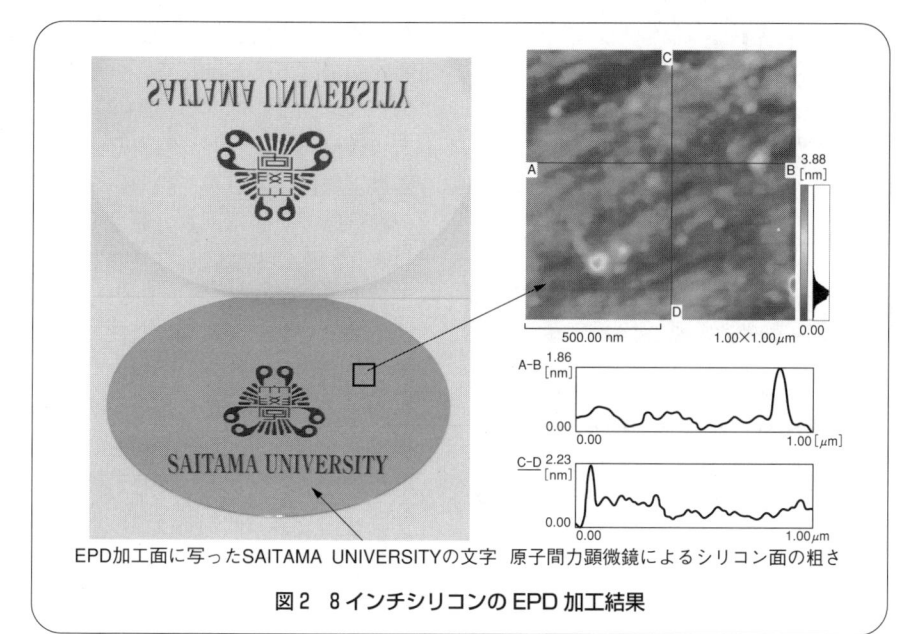

EPD加工面に写ったSAITAMA UNIVERSITYの文字　原子間力顕微鏡によるシリコン面の粗さ

図2　8インチシリコンのEPD加工結果

では，目視でシリコン表面に加工痕が見えますが，EPD砥石ではそのような加工痕は見えません。表面粗さは原子間力顕微鏡で2nmR_zを測定しています。乾式加工にも係わらず，きわめてダメージも小さい加工が実現できています。

もう1つの理由は，EPD砥石のもう1つの特徴である，"メカノケミカル砥石"だからです。従来の砥粒は機械的に引っ掻いて材料を除去するメカニズムを想定しているため，硬くて脆い物質を"砥粒"にエントリーしています。バリバリ削り取るのが従来砥石の使命でしたのでやむを得ません。これに対して，メカノケミカル反応に基づく除去メカニズムは，硬さや脆さは砥粒の条件には入りません。したがって，まだ発見されていない"砥粒"を捜すこともこれからの大切な研究テーマです。たとえば我々は今までにレントゲン検査で使用される"硫酸バリウム"をシリコンウェハのEPD加工に用いたことがあります。硫酸バリウムは図2に示すような鏡面創成能力を十分有していました。ただし，鏡面が創成されるときには，必ず温泉の臭いがしました。この臭いをイオンクロマトグラフィで分析すると硫化ガスが検出されました。脱落したバリウムからはシリコンとの化合物が確認され，以下の化学反応が明らかになりました。

$$BaSO_4 + SiO_2 \rightarrow BaSiO_3 + SO_3$$

今後，各被加工物と反応性の高い物質を創成する研究や，加工雰囲気の研究が進めば，より効率的でオングストロームオーダの鏡面創成も夢ではありません。砥石の研究は大いなる可能性を秘めて日々躍進を続けています。

すなわち，加工時には被加工物と砥石間では大きな摩擦力が生じています。このとき，構造的に不均質な砥石の場合，複数の砥粒が大きな塊となって脱落してしまいます。塊部分は固いので，巨大砥粒で材料を引っ掻いてしまったことと同じになります。また，結合力が大きければ，塊の脱落は避けられますが，切りくずが砥石表面にこびり付いて"目づまり"現象が発生し砥石としての機能を失います。結果として，加工面は傷だらけになってしまいます。

一方，EPD砥石では均質で適度な結合力を有しているため，塊を作らず，砥粒が個々に作用するようになります。作用し終えた砥粒は，砥石表面でむやみに頑張らず，さらさらと脱落していきます。これによって，新鮮な砥粒が次々と出現し切れ味を維持できます。また脱落後は遊離した砥粒として鏡面化を促進させる役割を担います。したがって，"目づまり"現象は発生せず，鏡面創成が実現できるのです。

図2に8インチシリコンウェハのEPD加工結果を示します。砥粒にシリカ，ボンド剤に食品であるアルギン酸ナトリウムを適用したものを用いました。従来のダイヤモンド砥石による鏡面研削

使うⅠ

● 研磨工具 ●

研磨布紙

芝浦工業大学　柴田　順二

「研磨布紙」といっても，実はその種類や形体には多種多様なものがありますが，一般的にはサンドペーパが「研磨布紙」の別称のごとく使われております。ご存知のとおりサンドペーパはしなやかなシート状の研磨工具であり，日常生活の中で広く用いられており，どなたでも一度は手にしたことのある身近な日用の製品です。

研磨布紙の歴史

「研磨布紙」は家庭での日曜大工の磨き工具に止まらず，製鉄や造船，自動車などの重工業からITや光学などの精密産業に至る多くの製造業の現場でも，大きな役割を担っていることについては意外に知られていません。そこで，「研磨布紙」について技術的側面から，その概要を紹介いたします。

磨製石器に見るようにモノを磨くことは，技術史の出発点といえます。この磨き工具は当初，自然界のものが活用されました。天然砥石はつとに有名で，アルカンサスの砥石などは今でも最高の砥石として，人工砥石の及ばない性能を誇っています。一方，鮫皮や木賊（トクサ）も天然の研磨工具として珍重されていますが，これらは「研磨布紙」の原型に当たります。このようにしなやかな研磨工具が人為的に作られたのは，13世紀羊皮紙に貝殻粉やガラス粉を接着したのが始まりといわれています。紙や布に砥粒を接着した今日の形の研磨布紙は，18世紀にヨーロッパで売り出されたことが知られています。今日では，研磨布紙はJIS（R6251～6259）やISOによって規格化され，多様な形態の研磨工具として，世界中で流通しています（図1）。

研磨布紙の構造と製法

研磨布紙の基本構造は，図2に示すように3つの構成要素（①砥材，②接着剤，③基材）からできています。このうち，砥材と接着剤は砥石とも共通する構成要素ですから，研磨布紙の特徴は基材にあるといえます。すなわち，基材の柔軟で，しなやかなことこそが，研磨布紙の特徴そのものといえます。基材としては紙（クラフト紙）と布（平織，太織などの綿布）が用いられてきました。

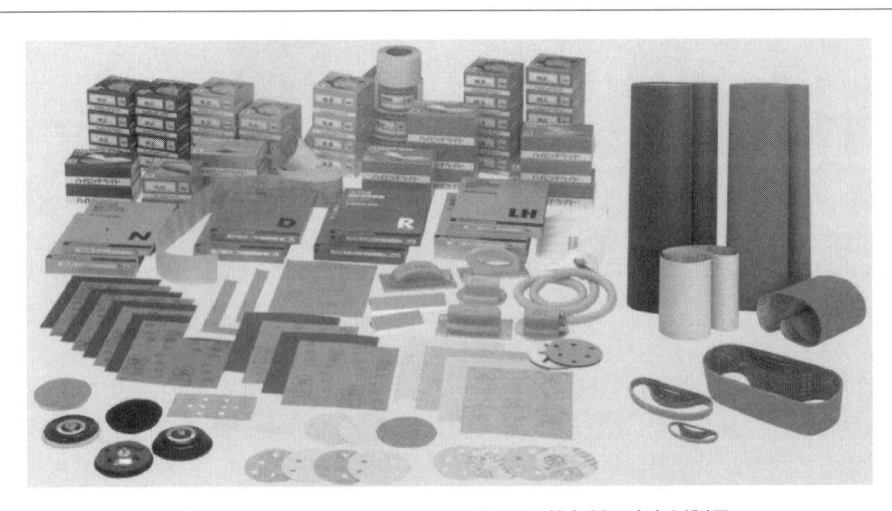

図1　シート・ロール・ベルト・ディスク状各種研磨布紙製品

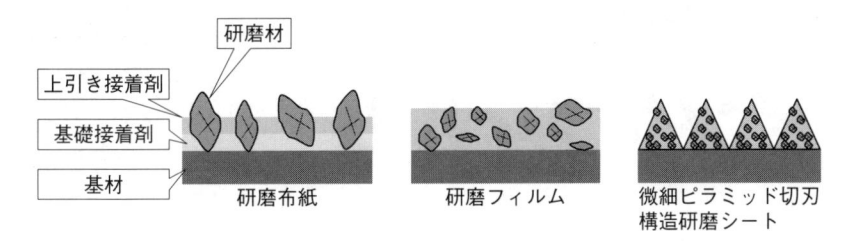

図2　シート状研磨工具の構造と分類

サンドペーパやエメリーペーパという呼称は，ペーパ（紙）基材上に砂（天然砥材：エメリーやガーネットなど）をグルー＜膠＞で接着した昔の研磨布紙が，日常生活の中で磨き工具として馴染まれて来たことを象徴しています。一方，現代の研磨布紙は，クロス（綿布）基材と人造接着剤（レジノイドボンド：フェノールなど）が主体となっています。昨今では，ポリエステルフィルムを基材とする研磨フィルム（俗称）が精密研磨工具として賞用されるようになって来ました。そのほか，不織布や網目布に砥粒を浸漬塗装した研磨工具も，研磨布紙の仲間とされています。

研磨布紙の用途と製造業における役割

　サンドペーパは安価な使い捨て工具として家庭で重用されているのはもちろん，ビルの階段などの滑り止め（アンチスキッドテープ），爪磨きセット，汚れ落とし（最近では，環境問題から洗剤を使わない不織布タワシなどのような研磨布紙を利用した商品も売られています）など，日常生活の中に深く入り込んでいます。しかし一方，シート状（サンドペーパ）やディスク状研磨布紙は，製造現場においても，金属部品や木工製品の磨き，塗膜の磨き，塗装はがしやさび取り，バリや傷取りなどの手仕上げ工具として，欠くことのできない存在であり，広く利用されています。特に，ベルト研磨機（図3）とよばれる各種の研磨機に装着して用いるベルト状，ロール状あるいはディスク状研磨布紙の利用が，研削技術の中できわめて

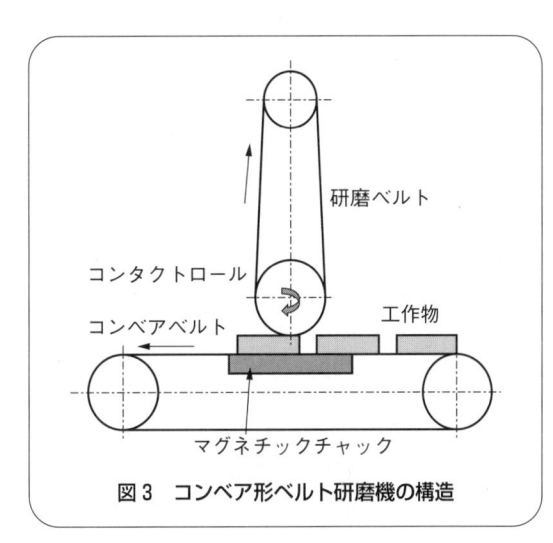

図3　コンベア形ベルト研磨機の構造

重要な存在価値を示しています。なぜなら，研磨布紙は工具寸法を随意に選べ（2mくらいまでの広幅も可能），あらゆる材料（金属はもとより，木材，紙，プラスチック，ゴム，そしてガラスなどの無機材料にいたるまで）に対して高い研削能力を有しているからです。ただし，工具コストが割高になるのが欠点とされています。主たる用途としては，製鉄所の圧延ラインのヘアライン仕上げ・キズ取り・メカニカルデスケーリング，自動車クランクシャフトの自動研磨，金型や光ファイバコネクタの精密研磨，プリント基板の荒し研磨，木工・家具研磨仕上げなどが挙げられます。今やベルト研削は工業製品の大量生産に欠かせない砥粒工具であり，特に研磨工程の自動化にとってのキーテクノロジーの1つとなっています。

使うI

●研磨工具●
ラッピングフィルム

関西大学　北嶋　弘一

　ラッピングフィルムは，フィルム状の基材上に微細砥粒を接着剤でコーティングした弾性・固定砥粒工具の一種です。研磨工具の特性として，研磨量は研磨砥石＞ラッピングフィルム＞遊離砥粒（スラリー）の順に低くなり，仕上げ面粗さは研磨砥石＜ラッピングフィルム＜遊離砥粒（スラリー）の順に精密になります。したがって，ラッピングフィルムは両特性を満足する研磨工具として機械部品からエレクトロニクス部品に至るまでの研磨加工に広く用いられています。

ラッピングフィルムの構成因子

　ラッピングフィルムには，図1に示すように多くの構成因子があり，これらの因子の組み合わせがフィルムメーカーのノウハウとなっています。また，工作物の材質の多様化や加工形状の複雑化によって研磨システムも独自のものが開発されています。研磨粒子の材質としては，GC(SiC)，WA(Al_2O_3)，SD（人造ダイヤモンド），K(Cr_2O_3)，Fe_2O_3，ZrO_2，CeO_2，SiO_2，$BaCO_3$などが研磨目的によって選定され，粒径は16μm以下の微粒サイズが大半を占め，粒径分布もJISより分布幅を狭小にして粒径管理を厳密に行っています。基材の材質としては，強度や厚さの均一性からポリエステルフィルム（厚さ3〜100μm）が基本的に用いられており，より弾力性を必要とする場合にはテトロンタフタ，ナイロン繊維植毛，発泡ウレタンなどの基材が用いられています。接着剤には，研磨粒子の保持のために親和性を必要とし，また基材との密着性を保ちながら適度な柔軟性や弾力性を必要とすることから，共重合ポリエステル樹脂，ポリウレタン樹脂，塩ビ・酢ビ共重合樹脂，塩ビ・アクリル共重合樹脂などが用途に応じて選択されています。塗装法は，塗布技術の進歩によって厚味や均一性が向上しており，図2に示すように静電塗装法によるものとローラコート法によるものに大別されますが，多様な模様の塗布パターンのものも開発されており，塗布密度も均一塗布形から粗な分布に塗布したものまであります。

　それらの表面写真を図3に示します。静電塗装法は，粒径9〜60μmの研磨粒子を静電気によって配列，塗装したものであり，砥粒が突き出した表面構造となっており，仕上げ面粗さより研磨量にポイントを置いた研磨加工に使用されます。一方，ローラコート法は粒径0.1〜12μmの研磨粒子を接着剤と混合したスラリーをロールでフラットに塗装したものであり，砥粒切刃が比較的揃っ

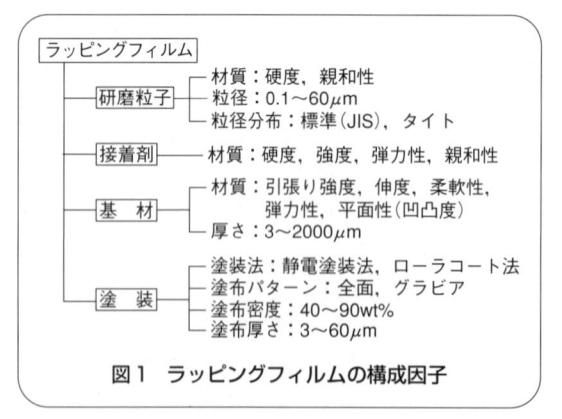

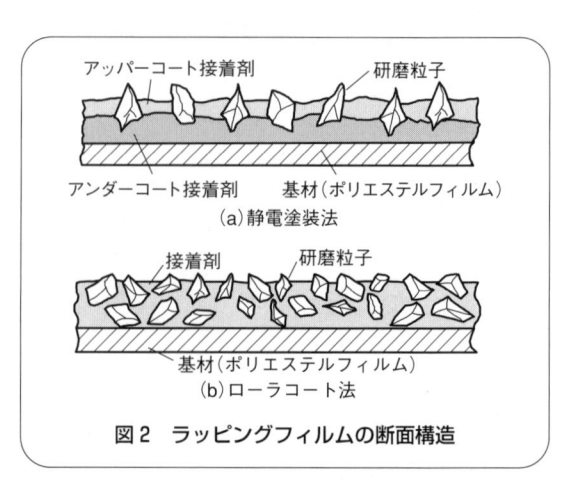

図1　ラッピングフィルムの構成因子

- ラッピングフィルム
  - 研磨粒子
    - 材質：硬度，親和性
    - 粒径：0.1〜60μm
    - 粒径分布：標準(JIS)，タイト
  - 接着剤
    - 材質：硬度，強度，弾力性，親和性
  - 基材
    - 材質：引張り強度，伸度，柔軟性，弾力性，平面性(凹凸度)
    - 厚さ：3〜2000μm
  - 塗装
    - 塗装法：静電塗装法，ローラコート法
    - 塗布パターン：全面，グラビア
    - 塗布密度：40〜90wt%
    - 塗布厚さ：3〜60μm

図2　ラッピングフィルムの断面構造
(a) 静電塗装法 — アッパーコート接着剤／研磨粒子／アンダーコート接着剤／基材(ポリエステルフィルム)
(b) ローラコート法 — 接着剤／研磨粒子／基材(ポリエステルフィルム)

た表面構造を呈しており，研磨量よりも仕上げ面粗さを重視した研磨加工に適用されます。

ラッピングフィルムの特質

研磨工具としての特質をまとめると，次のようになります。

（1） 基材厚さが均一であるため，研磨粒子の高さ分布を狭小にすることができ，均質な仕上げ面を得ることができ，図4に示すように研磨粒子径の選択により，ほぼ所定の仕上げ面粗さを得ることができます。

図3 ラッピングフィルムの表面
(a) 静電塗装法
(b) ローラコート法

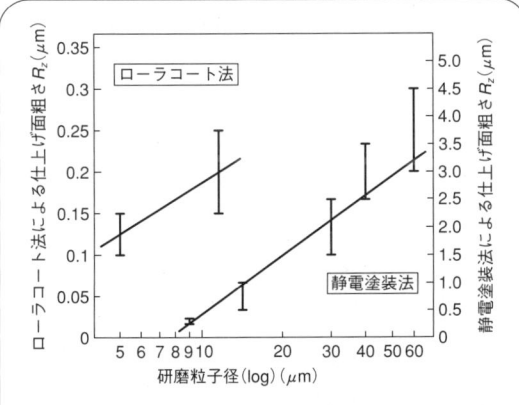

図4 ラッピングフィルムの研磨砥粒子径と仕上げ面粗さ

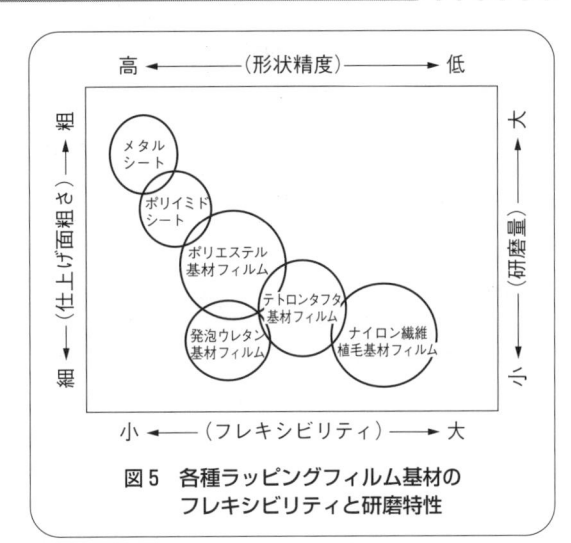

図5 各種ラッピングフィルム基材のフレキシビリティと研磨特性

（2） ラッピングフィルムの厚さが薄く，基材の材質によってそのフレキシビリティが図5のように異なるため，要求する研磨特性に応じて選択することができ，フレキシビリティの大きいものは曲面研磨に適しています。

（3） 基材の強度や寸法安定性が良く，ロール状で連続供給が可能であるため，フィルムインデックスによって仕上げ面粗さの経時変化がなく，研磨工程の自動化が容易です。ラッピングフィルムの幅を最大2mから最小2mm程度にまで自由に設定できることから，広幅研磨から極所研磨にまで対応できます。

（4） 遊離砥粒（スラリー）を用いた研磨加工に比べて製品の汚れが少なく，研磨後の洗浄工程を省略できるなど，作業環境をクリーンに保つとともに地球環境負荷の低い研磨工具です。

ラッピングフィルムによる研磨加工は，固定砥粒の弾性工具による圧力研磨機構によって研磨が進行するため，基材の材質によってラッピングフィルムの柔軟性や弾力性が異なることになり，研磨特性が大きく相違します。

参考文献

1) 北嶋弘一，ラッピングフィルムはどのような精密研磨に活用できるのか，機械技術，**46**, 1, 66-70 (1998)
2) 北嶋弘一，ラッピングフィルムの利用技術，砥粒加工学会誌，**43**, 9, 383-386 (1999)
3) 研磨布紙加工技術研究会論，実務のための新しい研磨技術，オーム社 (1992)

使うI

● 研磨工具 ●

研磨パッド

ニッタ・ハース株式会社　堅尾　吉明

半導体デバイス，液晶用ガラス，ハードディスク，磁気ヘッド，レンズなどはハイテク部品とよばれていますが，これらの製品を作り出すのに研磨加工が用いられています。これに使用されるパッドが非常に重要な役割を果たしています。製品の硬さや形状，研磨目的，使用する遊離砥粒によってさまざまな種類のパッドが開発されています。

研磨パッドの用途

研磨パッドは，レンズや液晶用ガラス，シリコンウェハ，ハードディスクなどの基板材料の精密研磨加工のほかに，近年ではシリコンウェハデバイスの研磨にも用いられるようになってきました。スエードや不織布，微小空孔を含むウレタンパッドなどの粘弾性体が用いられ，図1にそれぞれの表面と断面のSEM写真を，表1に各種研磨パッドの代表的物性値と主な用途を示します。研磨パッド表面には円形または不定形の開口部が無数にあり，ウレタン材料を主体とする研磨パッドの骨格部分で砥粒の保持を行うとともに，開口部ではスラリーの供給や研磨くずの排出などを行います。スラリーの供給や排出を効率的に行うために，研磨パッドに貫通孔をあけたり，研磨パッド表面に格子状や同心円状の溝加工を施したりすることもあります。研磨する材料や研磨仕上げ面の表面粗さ・平面度などで最適な研磨布を選定します。基板材料の研磨では，不織布や微小空孔を含むウレタンなどの硬い研磨パッドで一次・二次研磨を実施した後で，柔らかいスエードタイプの研磨パッドで仕上げ研磨を実施します。研磨パッドの磨耗や開口部への研磨くずの目づまりなどで研磨速度などの研磨性能が劣化した場合には，スエードや不織布タイプのパッド表面をブ

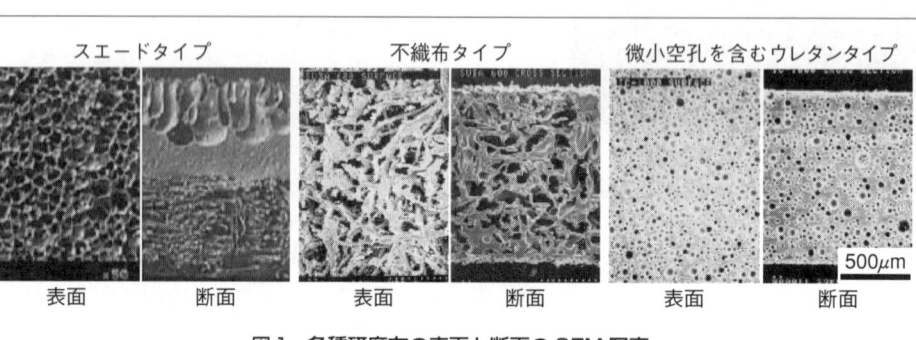

図1　各種研磨布の表面と断面のSEM写真

表1　各種研磨布の代表的物性値と用途

研磨布の種類	圧縮率	硬度(JIS-A)	用途
スエードタイプ	10〜15	30〜40	ガラス，シリコンウェハ，ハードディスクなどの基板材料の仕上げ研磨 半導体デバイスの配線材料・層間絶縁膜の仕上げ研磨
不織布タイプ	3〜8	60〜80	シリコンウェハの一次研磨および二次研磨
微小空孔を含む ウレタンパッド	1〜3	85〜95	ガラス，シリコンウェハ，ハードディスクなどの基板材料の一次研磨 半導体デバイスの配線材料や層間絶縁膜の研磨全般

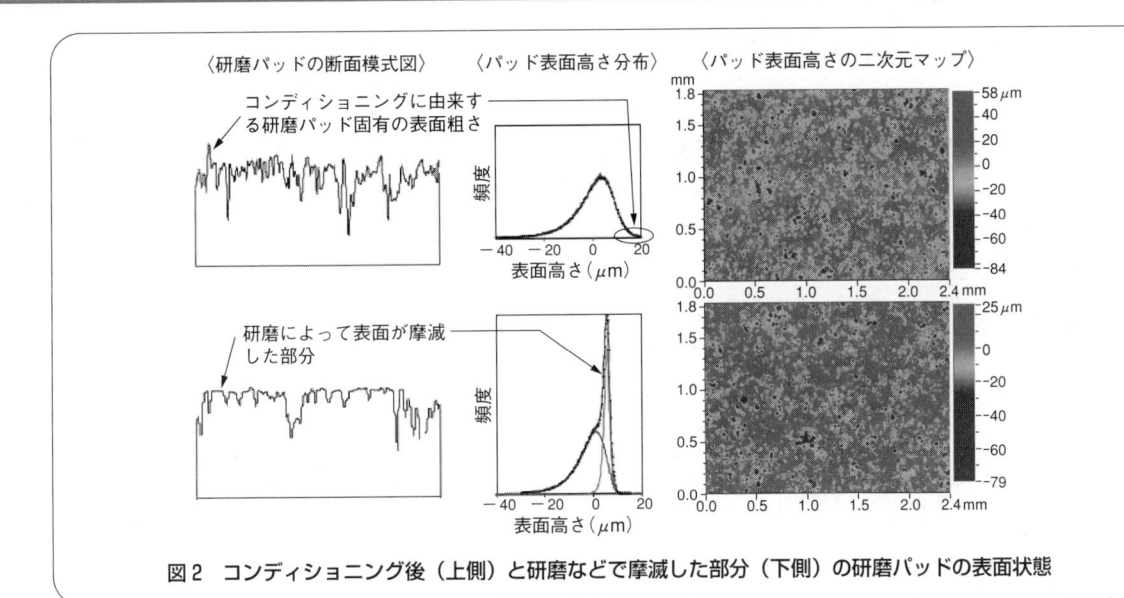

図2 コンディショニング後（上側）と研磨などで摩滅した部分（下側）の研磨パッドの表面状態

ラシやウォータジェットなどで開口部の研磨くずを除去します。また，微小空孔を含むウレタンパッドではコンディショナと称されるダイヤモンド砥粒などを用いた砥石でパッド表面を研削（コンディショニング）して研磨性能を回復することができます。

CMP工程における研磨パッド

近年，特にシリコンウェハを中心とする半導体デバイスの高集積・高速度化では，CMP（Chemical Mechanical Polishing）と称される化学的機械研磨工程が多層配線工程で不可欠となっています。配線やその上に堆積した絶縁膜の凹凸を1 μm 未満の研磨量で短時間に平坦化を行いつつ，ウェハ全面での平坦性を確保すること，ならびに，ウェハ上に形成されたWやCuなどの配線材料や酸化シリコンなどの絶縁膜などの異種材料を均一に研磨することが要求されています。前者を実現するために，微小空孔を含むウレタンパッドを上層の研磨布にして，それよりも柔らかい不織布パッドやフォームシートなどのクッション性のある材料を下地にして，ローカルには硬くてグローバルには柔らかい複合研磨パッドが用いられています。また，実際に研磨の仕事を支える微小空孔を含むウレタンパッドの表面状態も研磨性能を決める非常に重要な因子になっています。図2には研磨パッド表面状態を二次元的に観察した結果を示します。パッド表面の高さの分布は，コンディショニング後ではガウス分布になりますが，ウェハの研磨に伴ってパッド表面の高さが大きい部分が摩滅することによって生じるガウス分布を重ねた分布になり，研磨速度が低下します。後者の配線パターン部の研磨では，図3に示したエロージョンやディッシング，リセスなどの局所的な配線パターンの過剰研磨によって，研磨面の平坦性が得られない場合があります。半導体デバイスのデザインルールの微細化に伴って，このような配線パターンの平坦性確保は非常に重要になり，研磨パッドの粘弾性的性質改善などの材料開発をはじめとして，スラリーの砥粒や化学的性質改善などの材料開発，研磨荷重やコンディショニングでの研磨パッド表面性状最適化などの研磨プロセスなどの総合的なアプローチが求められています。

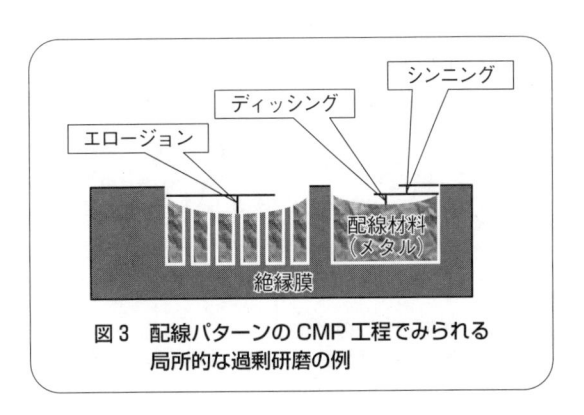

図3 配線パターンのCMP工程でみられる局所的な過剰研磨の例

使うI

● 研磨工具 ●

磁気研磨用工具

理化学研究所　安齋　正博

磁気研磨は磁石（電磁石または永久磁石）と磁性砥粒を用い，磁力を研磨圧力として用いるユニークな研磨法です。磁性砥粒は大別すると，固体磁性砥粒と液状の研磨材スラリーと強磁性粉とのコンパウンドを用いる2通りがあります。

磁気研磨工具の構成

図1に磁気研磨工具を構成する主な要素を示します。鉄粉と研磨材スラリーを用いた際の研磨原理図ですが，固体磁性砥粒を用いた場合も同様です。磁石鉄芯と被研磨材（以下ワーク）には間隙が存在し，この空間に磁性砥粒が充填され研磨されます。磁気研磨法の特徴はどのような磁石を使用するか（鉄芯形状も含めて），どのような砥粒を使用するかで大別できます。ワークの形状に応じた磁気回路の設計と要求される表面機能に応じた磁性砥粒の調製が重要です。

磁性砥粒は大別すると，固体磁性砥粒と液状の研磨材スラリーと強磁性粉とのコンパウンドを用いる2通りがあります。前者はたとえば強磁性粉である鉄粉と研磨材であるアルミナの焼結品を粉砕・分級したものや炭化物と鉄粉の混合粉を直接溶融させて得られたビードを粉砕・分級したものなどがあります。図2に固体磁性砥粒の外観を示します。(A)，(B)は焼結により製作した鉄ベースの砥粒，(C)はプラズマ熱により溶融して製作した砥粒，(D)はメカニカルアロイング法により製作した砥粒を示します。

一方後者は，強磁性粉である鉄粉に研磨材スラリーを混合したものや磁性流体を使用するものなどがあります。いずれの場合も研磨材の成分と磁石に吸引される強磁性の成分が複合されていることが不可欠です。

このほかにもコーティングやめっき技術を用いたりして磁性砥粒を製作することは可能です。

電磁石はコイルとヨーク（鉄芯）と電源から構成されます。コイルの磁界の強さは単位長さ当たりの巻き数と電流に比例しますが，コイルの重量や発熱の問題でせいぜい得られる磁束密度は1.5T程度です。現在永久磁石で得られる最高はFe-Nd-B系で1T程度です。ワーク形状に応じてヨークの形状を設計し，いかに磁束密度を低下させないかが重要です。

研磨工具のヨーク先端形状ですが，ワークを回転させる場合とヨークを回転させる2種で大別で

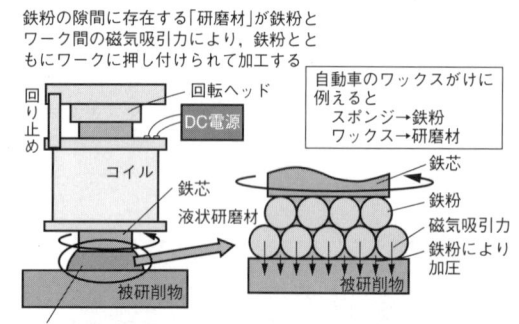

図1　磁気研磨工具の構成
（強磁性粉と研磨材スラリーを使用した場合）

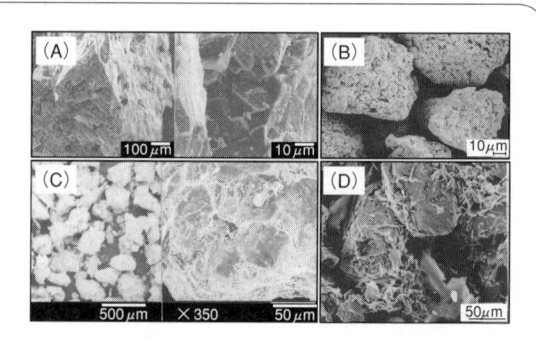

(A)：焼結フェライト−ダイヤモンド，(B)：焼結cBN−鉄，(C)：プラズマ溶融NbC−鉄，(D)：SiCウィスカ−鉄メカニカルアロイング
図2　各種固体磁性砥粒の概観

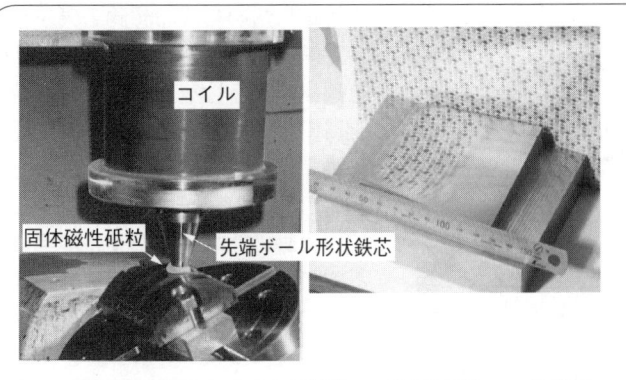

図3 固体磁性砥粒を用いて5軸制御して磁気研磨している様子。強磁性粉と研磨材スラリーを使用して研磨した自由曲面事例

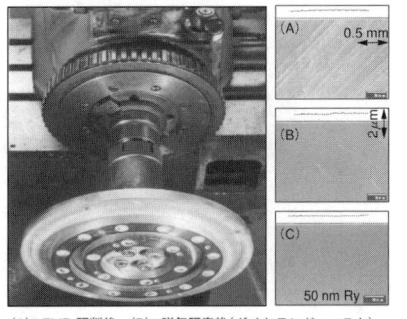

(A)：ELID研削後，(B)：磁気研磨後（ダイヤモンドペースト），
(C)：磁気研磨後（CeO₂スラリー）N：500rpm，F：30mm/min，
ギャップ：1mm，1.1T，鉄粉径：22〜38μm

図5 永久磁石を用いた大面積用磁気研磨工具

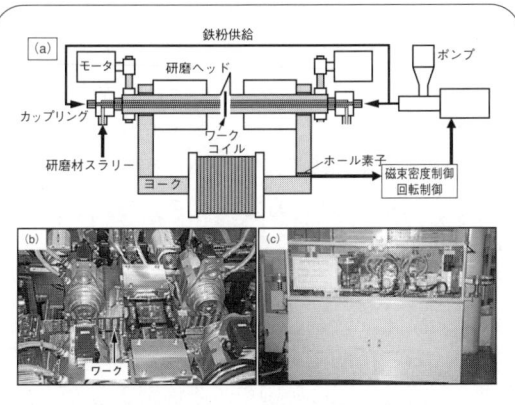

図4 実用化されたフープ材の研磨とバリ取りを同時に行う磁気研磨工具の構成と装置概観

を切削データと同じNCデータをオフセットし，鉄粉と研磨材スラリーを用いて研磨したサンプルを示します。$0.3\mu m R_y$以下の良好な鏡面が得られています。なお，この際に使用する回転鉄芯の先端は曲面を研磨するためにボール形状になっています。

図4は，フープ（帯状）材を片面はミクロンサイズのバリ取り，片面は$0.1\mu m R_y$以下の鏡面に同時研磨する機械の構成と研磨工具部および外観を示します（電気カミソリ刃用に開発されたもの）。フープ材の両面を異なる加工をするために鉄芯先端は対峙させてあります。鉄芯中心からテスラメーターの変動に応じて鉄粉が供給されて一定の磁束密度になるように工夫されています。さまざまな自動化技術を駆使して24時間無人で操業できます。これを基に，立形にして片面のバリ取り仕様にした装置もあります。プレス用製品に開発したものでプレス速度に合わせて高効率化が図られています。

図5は，永久磁石（Sm-Co）を用いて大面積鏡面研磨用に製作した磁気研磨工具を示します。数十$nm R_y$オーダの鏡面に仕上げられているのが確認できます。

磁気研磨法は，ワーク表面の形状に倣って砥粒集合体自体が形状を変化させて鏡面加工，マイクロデバリングを可能にするユニークな研磨法です。ワークに応じた研磨工具の設計と砥粒の調整でさらに応用範囲が広がるものと期待されます。

きます。ワークを回転させる場合は当然ワーク自体が回転対称になり，磁気回路は閉回路になります。ヨークを回転させる（往復運動でも可）場合は，どのようなワーク形状にも対応できます。閉回路が設計しにくく磁力が低下する傾向があります。

磁気研磨工具の特徴

以下に，磁気研磨装置を例に挙げて磁気研磨用工具の特徴を述べます。

図3（左）は，プラズマ溶融法により製作した65% NbC-Fe系固体磁性砥粒を用いて5軸制御により切削加工面を研磨している様子を示します。同図（右）は，5軸制御により製作した切削曲面

使うⅡ

切削工具総論

広島大学名誉教授　鳴瀧　則彦

切削工具は機械加工における重要な要素の1つであり，目的に応じて砥粒，砥石，切削工具などが用いられています。これらの工具の性能は製品の品位や生産性に大きな影響を与えることから，高性能工具の開発には多くの研究者や企業が力を注いできました。**図1**は鋼材を切削するときの常用切削速度が時代とともにどのように変化してきたかを示していますが，新しい工具材料の出現によって切削速度が飛躍的に増大してきたことがわかります。

20世紀初頭には高速度鋼工具が開発されましたが，これによって切削速度を従来の高炭素鋼工具の2倍以上に高速化できるようになりました。この画期的な出来事は工具の第一次革命といわれています。1920年代にはWC粒子をCo結合剤で焼結したいわゆる超硬工具がドイツで開発されました。この工具は機械部品の生産性をそれまでの3倍以上に向上させましたが，同時に武器の生産性も大幅に向上したことから，当時のドイツ総統ヒトラーが第二次世界大戦の開戦を決意するに至ったとされています。この工具の開発は工具の第二次革命といわれています。

さらに，1950年代にはセラミック工具が開発されました。この工具はアルミナの焼結体でしたが金属結合剤を使用していないので高硬度で耐熱性が高く，鋼材を300 m/min以上の高速で切削できる夢の工具として注目されました。しかしじん性が低くて欠損しやすいため，その普及は限定的なものとなっています。1970年代になると工具の製造に超高圧技術が用いられるようになり，cBN工具や焼結ダイヤモンド工具が実用化されました。

切削工具の特性

上記のように切削工具は高速化や長寿命化の観点から，できるだけ硬い粒子を活用するという方向で開発が進められてきました。砥粒加工や研削加工では多数の粒子が順次作用して加工を行うのでその形状はランダムでも差し支えないのですが，切削加工では工具の切刃形状が加工物の表面に転写されるため，切削工具は加工中も正確な切刃形状を長時間維持することが必要です。したがって，切削工具には硬さ（耐摩耗性）だけでなくじん性（耐欠損性）が高いことも要求されることになります。しかしこの2つは物質にとって互いに相反する特性であるために，これらを両立させることはきわめて困難です。**図2**は現在実用されている各種切削工具材料の硬さとじん性の関係を示したものですが，図のように単一材料の工具は双曲線状に分布していることがわかります。

硬さとじん性を兼備した工具は，複合材料を用いることによってある程度実現されています。その1つはコーテッド工具で，これはじん性の高い超硬工具や高速度鋼工具の表面を厚さ数μm～十

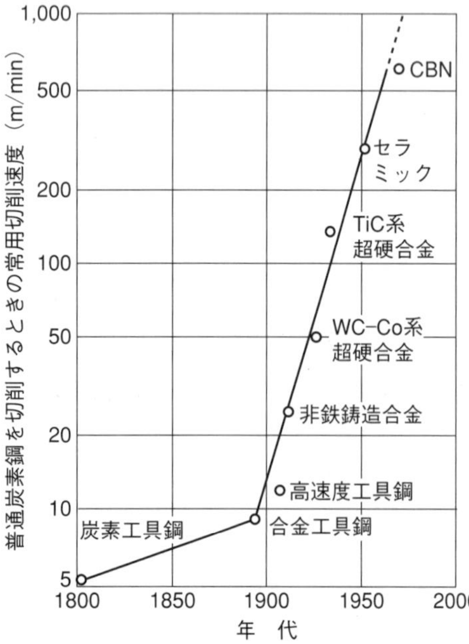

図1　切削工具の開発に伴う切削速度の変遷

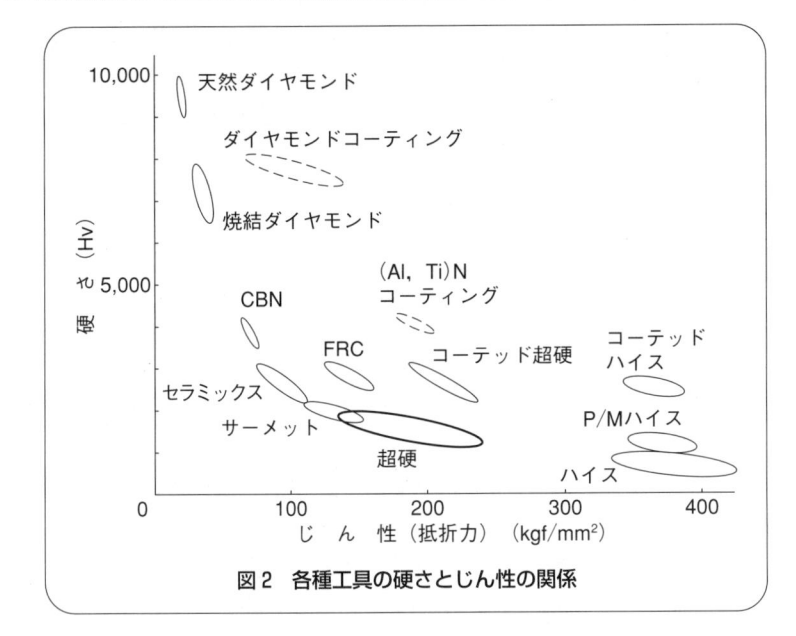

図2　各種工具の硬さとじん性の関係

工具刃先が直面する環境

　切削工具は20世紀中に長足の進歩を遂げましたが、これに伴って切削条件はますます高速重切削化し、工具にとって厳しいものとなっています。ここで、切削中の工具刃先が直面する環境を少し検討してみましょう。図3は工具すくい面上の応力分布を示したもので、金属切削で流れ形切りくずを生成する場合にはおおむね図のようになることが実験によって確かめられています。図中で垂直応力 σ は、双曲線状の分布をしていて工具切刃部で最大となることがわかります。一般の鋼材を切削するときの比切削抵抗はこの垂直応力の平均値と考えられますがこれが大体 150〜400 kg/mm² ですから、工具切刃の近くでは 500 kg/mm² 以上すなわち5万気圧以上の圧力が作用している可能性があります。

　つぎに図4は、工具表面の切削温度分布を示したものです。温度分布のパターンは工具すくい面、

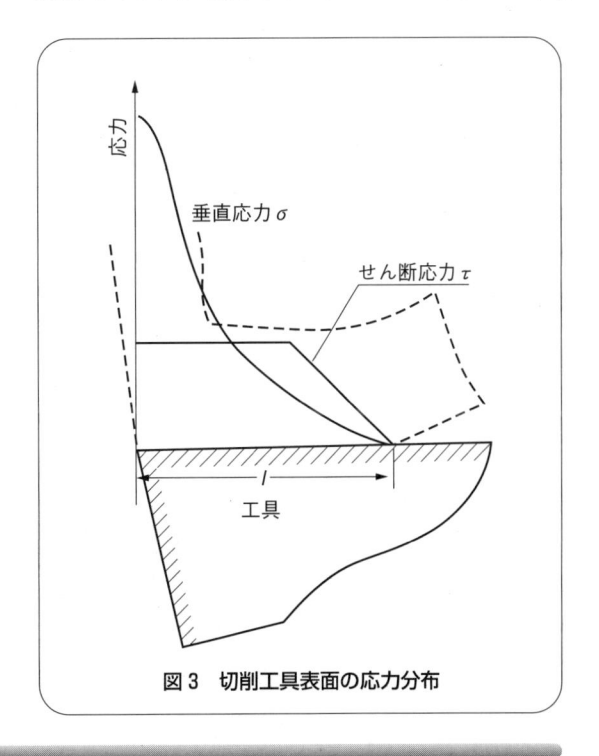

　数μmの高硬度セラミック物質で被覆したものです。被覆される物質は初期にはTiC，TiCN，Al_2O_3，TiNなどが単独あるいは複合して用いられましたが、これらは現在でも旋削用工具に多用されており、超硬工具の大部分がコーテッド工具に置き換えられたといわれています。その後、ダイヤモンドコーティングが気相合成法によって実用化され、非鉄金属や非金属材料に重用されています。さらに、断続切削用工具に対しては（Al, Ti）N系のコーティング材が開発されました。これにはAlNとTiNを混合して被覆するもの（ミラクルコーティングなど）と極薄のAlN層とTiN層を交互に1,000層以上積層するもの（超格子コーティング）とがありますが、いずれのコーティング被膜もcBNに近い硬さをもっています。したがってこれらの工具を用いれば焼入れ鋼を直接に切削することも可能となり、各種金型などの生産性が格段に向上しました。

　もう1つの複合材料工具は、繊維強化セラミック工具（FRC）です。これはアルミナセラミック工具をSiCウイスカで強化したもので、直径1μm、長さ十数μm程度のウイスカが約50％混入されています。この工具は鋳鉄の断続切削や重切削、一部の超耐熱合金の切削などに使われています。

図3　切削工具表面の応力分布

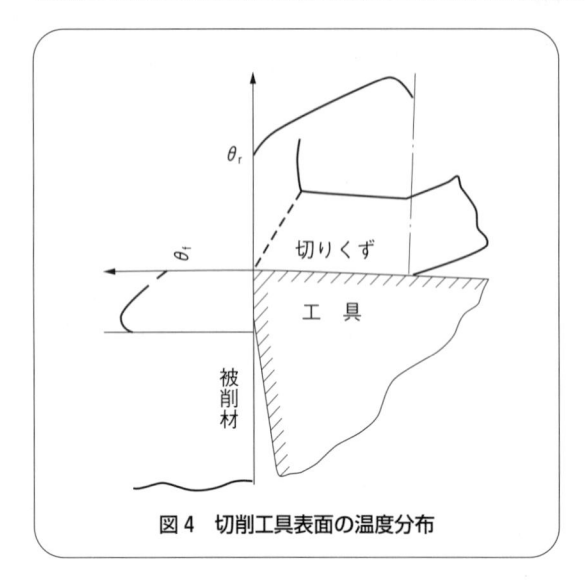

図4 切削工具表面の温度分布

逃げ面とも同様ですが，絶対値としてはすくい面の方が高温になります。一般に工具―被削材熱電対法で測定されている切削温度はこのすくい面および逃げ面の平均温度であり，最近のような高速重切削の条件下ではこれが約1,000～1,200℃に達することもめずらしくありません。また最高温度はこの平均温度のさらに1.3倍になるともいわれており，たとえばセラミック工具で鋼材を高速切削した場合には局所的に約1,600℃にも達したことが報告されています。

この5万気圧以上1,200℃以上という条件はちょうどcBNやダイヤモンドを超高圧で合成する条件に匹敵します。そこでこれを利用して実際にダイヤモンドを合成しようという試みがなされ，切削加工はダイヤモンドを製造する新しい手法になるかも知れないという報告が行われました。実験方法は図5のとおりで，表面にNiとCを交互にスパッタコートした超硬合金製の半球を同図(a)のようにアルミニウム製の円板に取付け，焼入れしたベアリング鋼（61 HRC）を周速約1,800 m/minで断続切削します。切込み25μm，送り2.5 mm/minで250回切削すると，超硬球は摩耗して図(b)のように平坦な部分ができますが，この平坦部外周をAの方向から観察すると直径約1μmのダイヤモンドの核が多数観察されたというものです。合成された核が本当にダイヤモンドであったかどうかは確認されていませんが，条件的には十分可能性があると考えられます。

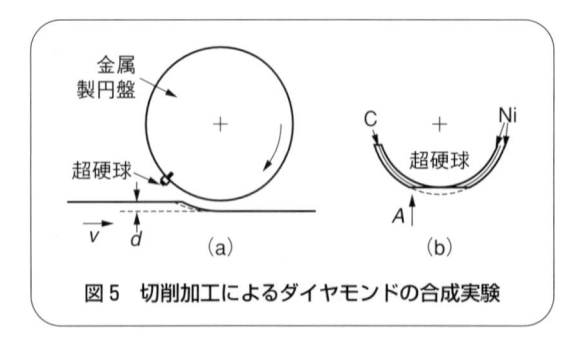

工具の損傷と原因

切削工具はこのように過酷な条件にさらされていますので，どのような工具であっても使用中には種々な損傷を受けます。切削工具の損傷の種類とその原因を分類して示すと表1のようになります。通常は表中のいくつかの原因が関与して工具損傷が進行し，ついには工具が寿命に達しますが，どの損傷が主体となるかは工具と被削材との組み合わせ，切削方法，切削条件などによって異なってきます。

図6は一定の時間切削したときの工具摩耗量とその摩耗原因が，切削温度（切削速度）によってどのように変わるのかを示した概念図です。切削温度が低い領域では機械的摩耗や構成刃先の生成脱落を引き起こす凝着摩耗などが主体ですが，切削速度が高くなるにしたがって拡散や酸化（化学反応）などの熱的摩耗が急増することがわかります。このことから特に高速切削では，組み合わさ

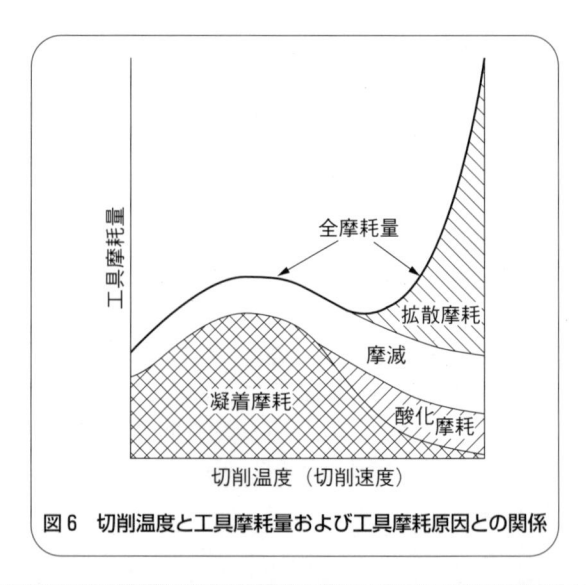

図5 切削加工によるダイヤモンドの合成実験

図6 切削温度と工具摩耗量および工具摩耗原因との関係

表1 切削工具の損傷とその原因

- 工具損傷
  - 破損
    - 初期破損：切削条件，工具形状，切削系の剛性などの不適切
    - 突発的破損：工具の内部欠陥，切削状態の急変
    - 終期破損：工具摩耗，工具の表面および内部き裂の進展，表面の劣化
  - 摩耗
    - 機械的摩耗
      - 掘り起し：工具表面の微小な凹凸の機械的破壊
      - 摩　滅：工具粒子のすり減り
      - チッピング：微小な欠けの集積
    - 熱的摩耗
      - 塑性変形：熱による工具の軟化と切削力
      - 組織変化：工具の焼戻り，工具成分の変化
      - 化学反応：酸化，切削油との反応
      - 電気化学的反応：熱起電力，熱電流
      - 溶着・凝着：工具と被削材との親和性
      - 拡　散：高温高圧下での固体反応，工具成分の熱分解
      - 熱き裂：工具表面での急激な温度勾配による熱応力

表2 切削工具材料に要求される諸特性

（望ましい特性）	（工具性能）
高硬度（常温および高温）	耐摩耗性
じん性（抗折力）が高い	耐チッピング性，耐破損性
耐熱性が高い	耐塑性変形性
熱伝導性が良好	耐熱衝撃性，耐熱き裂性
化学的安定性	耐酸化性，耐拡散性
低親和性	耐溶着・凝着性
切刃が鋭利である	切れ味が良好，仕上げ面品位が高い，微小切削が可能

れた工具と被削材間でどのような元素が拡散して工具を弱体化させるのかを解明し理解しておくことが重要であるといえます。

一般的には被削材が工具に溶着すると上記の拡散などによって工具損傷が激しくなるのですが，被削材中の非金属介在物などが選択的に工具表面に溶着して工具摩耗を抑制する場合もあります。たとえば通常の鋼材には不純物として微量のAl_2O_3やSiO_2が含まれていて，単独ではこれらの非金属介在物は工具摩耗を増大させる働きを持っています。しかし鋼材を製造するときの脱酸法を調整して微量のCaOも残留させておくと，これら3つの酸化物が工具表面で低融点の混合化合物を生成して薄膜状に溶着し，工具と被削材（切りくず）間の元素の拡散を防止します。その結果ある切削速度範囲（鋼材に対しては約150～300 m/min）では工具摩耗が激減して工具寿命が20倍以上も長くなることが発見されました。この鋼材は脱酸調整快削鋼（カルシウム脱酸鋼）と名付けられ，新しい高速対応形の快削鋼として広く普及しています。このように切削作業中の工具と被削材との接触部界面では，その特異な環境条件のため種々な現象が生じる可能性があることから，これらを十分に解明して正しく対処することが必要です。

機械加工では常に高速，高能率，高精度という過酷な条件が要求されていますので，加工工具としても上記のように単に耐摩耗性とじん性だけでなく，耐熱性，耐反応性，熱伝導性が高いこと，被削材との親和性が低いことなどの特性が必要となってきます。切削工具に要求される諸特性と工具性能をまとめると**表2**のようになりますが，1つの工具材料でこれらの特性をすべて備えることは困難なので，いろいろと工夫をしてできるだけ多くの特性を持たせるように努力が続けられています。今後ともさらに硬い粒子，高性能なコーティングなどの開発が期待されます。

使う II

● 切削工具 ●

コーテッド工具

オーエスジー株式会社　村上　良彦

切削工具の性能を高めるために，一般に硬くて化学的に安定な膜を工具表面にコーティングします。コーティング膜は安価に切削性能を向上させると同時に，新たな機能を引き出しています。膜の厚さはたかだか数μmですが大変重要な役割を演じています。現在も新たな膜質の研究開発が活発に行われています。

コーティングの方法

コーティングの方法としては化学蒸着法（CVD）と物理蒸着法（PVD）に大別され，PVD，CVDもいくつかの方式に分けられます。このうちCVD法は処理温度が高いので，素材の組織変化および熱による寸法変化が生じるため，インサートチップやパンチといった，シャープエッジを有さない工具には適用可能ですが，研削仕上げされた工具には適用を避けるべきです。以上の理由で切削工具のコーティングにはPVD法が広く採用されています。そもそもPVD法は米国航空宇宙局（NASA）が固体潤滑を目的に開発した技術で，日本国内に普及したのは1980年代後半でした。最初はTiC，TiNといったチタン化合物のみでしたが，その後TiCN，CrNおよびTiAlNなどチタン以外の化合物や複合化合物のコーティングが次々に開発され切削工具の性能向上に大きく寄与しています。表1に現在切削工具に適用されているコーティングと主な特性を一覧表にして示します。工具母材のハイスおよび超硬合金のビッカース硬さはそれぞれ900 HV，1500 HVですから，コーティング膜はいずれもさらに高硬度を有しており，耐摩耗性に優れていることがわかります。さらにコーティング膜の摩擦係数が低いことと耐酸化温度が高いことから切削中に発生する熱が少なく，さらに高温での酸化摩耗が抑制されるので高速切削および乾式切削に適しています。CVDのうちプラズマCVDは処理温度を下げることができますので，切削工具にも適用可能です。表1のコーティングのうち，DLCおよびダイヤモンドコーティングはプラズマCVDが主に用いられます。

コーティング切削工具の性能

（1） PVDコーティング工具

図1はTiN，TiCN，TiAlNの3種類のコーティングを施したコーティング超硬エンドミルを用いて冷間ダイス鋼SKD 11を切削した結果ですが，無処理エンドミルに比べて2倍，3倍，5倍の耐久力であることがわかります。コーティング切削工具の性能を向上させるためには，コーティング膜自体の改良に加えて，母材および工具形状の最適化も重要です。

（2） プラズマCVDコーティング工具

最近環境対応加工のため，切削油剤を極力使わない加工の要求が高まっています。鋼材のエンドミル加工ではPVDコーティングエンドミルを用いて，その目的はほぼ達成できていますが，アルミニウム材においてはエンドミル加工および穴加工の両者とも無給油切削は困難なのが現状です。アルミニウムは軟質で活性度が高いため，無給油切削中に切りくずが工具に凝着して工具寿命を低下させます。コーティング被膜

表1　各種コーティングの特性

コーティング	色　相	被膜硬さ (HV)	摩擦係数	酸化開始温度 (℃)	コーティング方法
TiN	金　色	2000	0.4	500	PVD
TiCN	青紫色	2700	0.3	400	PVD
TiAlN	黒紫色	2800	0.3	850	PVD
CrN	灰　色	1800	0.25	700	PVD
ダイヤモンド	黒　色	9000	0.15	600	CVD
DLC	黒紫色	3000	0.1	300	CVD

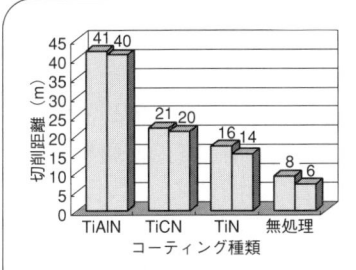

のうちダイヤモンド状炭素膜(ダイヤモンドライクカーボン(DLC)とダイヤモンドコーティング被膜はアルミニウムに対する摩擦係数および反応性が低いため，これらを用いれば，従来不可能であったアルミニウムの無給油切削が可能になります。アルミニウム合金のうち，A5052，A7075などのジュラルミン展伸材にはDLCが有効です。図2は超ジュラルミンA5052を超硬エンドミルによる切削において，無処理エンドミルとDLCコーティング品との溶着の違いを見たものです。無処理エンドミルは3.5m切削時点で溝にアルミニウムの切りくずが詰まって，これ以上の切削は不可能であるのに対して，DLCコーティングエンドミルには何の損傷も見られず継続使用が可能であることがわかります。ダイカストや鋳物などの高シリコンアルミニウム合金および金属基複合材料(MMC)の切削にはダイヤモンドコーティング工具が高性能を発揮します。図3はダイヤモンドコーティング超硬ドリルφ6により高シリコンのADC12の穴加工において，無処理ドリルとダイヤモンドコーティングドリルの切削耐久力をエアブローおよびMQL（極微量潤滑）下で比較したものです。無処理ドリルはエアブロー下では数十穴，MQL下でも数百穴の耐久性ですが，ダイヤモンドコーティングドリルはエアブロー下でも3,000穴程度，MQL下であれば9,000穴以上の耐久力があるのがわかります。図4に寿命時のドリルの被削材凝着状況を示します。

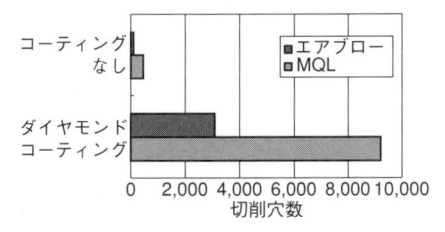

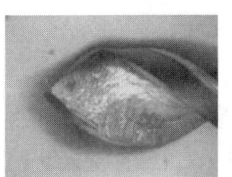

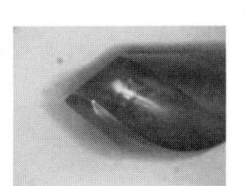

工具におけるコーティング膜の役割は当初の目的である耐摩耗性の向上のみならず，その摩擦係数の低いことおよび酸化開始温度が高いことから高速切削に適した界面を創造することがわかってきて，用途が急速に拡大しています。今後もいろいろな切削条件に適したコーティング工具の開発が続けられて行くでしょう。

使うⅡ

● 切削工具 ●
CVD法によるコーテッド工具

三菱マテリアル株式会社　田中　裕介

工具に高性能な膜を付ける方法にCVD法（Chemical Vapor Deposition）があります。高速切削したときに切削熱に耐える工具材種としてTiCN，アルミナなどをCVDコーティングしたものが多く使われています。化学反応をさせながら成膜する方法で，基板の温度が高くなるプロセスの制約がありますが，耐熱性のある膜をコーティングするのに適しています。

機械加工の現場では，つねに高能率加工を実現して生産性向上を図ろうとする取組みが追求され，送り速度に加え，切削速度を高く設定する取組みが行われています。高速切削は単位時間当たりの工具刃先の仕事量が増えることにより刃先部分で熱が大量に発生します。熱的な負荷に耐えうる工具材種として最新のCVDコーテッド工具の特徴と切削事例について紹介します。

CVDコーティング技術の進化

工具用CVDコーティングの変遷を図1に示します。CVDコーテッド工具は1960年代後半にTiCを被覆層として商品化されたのが始まりで，その後，TiC-Al_2O_3積層系が商品化され広く採用されています。この系は，高硬度なTiCが持つ優れた耐摩耗性とAl_2O_3が持つ耐熱性，すなわち低い生成自由エネルギーを複合化させた材料で，現在のCVDコーテッド工具の基本形といえます。

1990年代には，コーティング温度を100℃以上低く抑制し，なおかつ強靭な柱状結晶TiCN層を被覆する技術が実用化され，CVDコーテッド工具は飛躍的な性能向上を遂げました。さらに同時期，高能率加工に対応するためのAl_2O_3層厚膜化技術が急速に進歩し，CVD工具はより高速加工に対応できるようになりました。

一方で，Al_2O_3層の厚膜化にともない表面粗さが増加するという課題が発生しました。そこで，工具表面粗さを低減する目的で，CVDコーティング時に特殊表面処理を施す手法が開発され，溶着しやすい合金鋼の切削でも安定した寿命が発揮できるようになりました。図2に従来コーティング層と特殊表面処理を施したコーティング層の切削切刃の表面粗さおよび切削後の切刃損傷状態を示します。従来コーテッド工具は切刃稜線部にコーティング層の剥離が認められますが，特殊表面処理を施したCVDコーティングは正常な状態を示しています。

このように耐熱性と耐摩耗性に優れた材料を，用途に応じて最適化したコーティング技術を用いることにより，CVDコーテッド工具は切削加工の高能率化に寄与しています。

鋼加工用CVDコーティングの特性

現在市場で使用されているCVDコーティング材種は，ステンレス鋼などの難削材や偏肉部材の

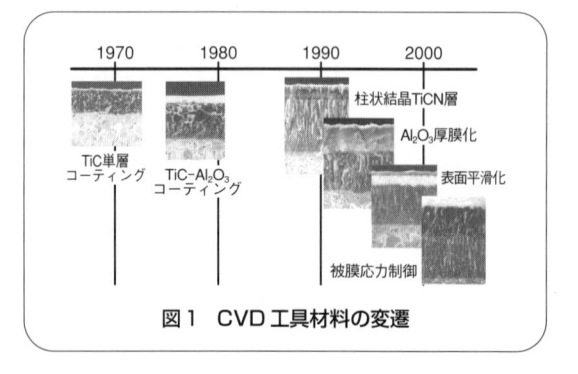

図1　CVD工具材料の変遷

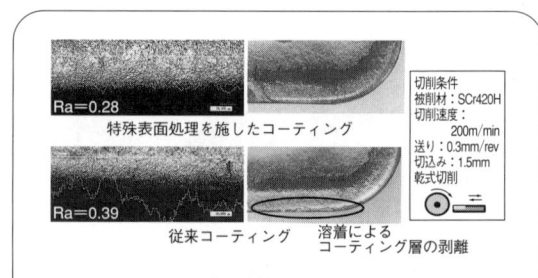

図2　レーザ顕微鏡による切刃稜線部の表面粗さと切削時の切刃損傷状態

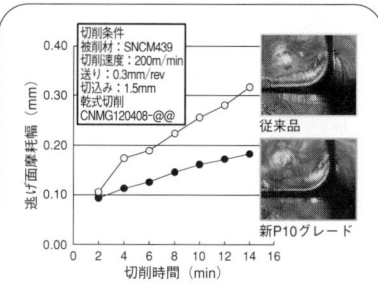

図3 合金鋼の連続切削による摩耗進行

図4 新開発鋳鉄加工用インサートの外観

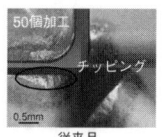

図6 鋳鉄加工事例

加工などの不安定加工に用いられる材種を除いて，柱状結晶 TiCN 層と Al_2O_3 層の組み合わせのコーティング構造を有するものが主流です。柱状結晶 TiCN 層の主な特徴は，高純度結晶体ゆえに発揮できる TiCN 本来の高硬度，および硬質物質としては他に類のない高じん性です。一方，Al_2O_3 層の主な特徴は，高い高温硬さ，高い熱遮蔽性，および化学的安定性で，これらの特徴が組み合わされたとき，まさに鉄系材料の切削加工に求められる工具表面特性が満足されることになります。

図3に合金鋼を一般的な切削条件で乾式加工した場合の事例を示します。切削速度は 200 m/min，送りは 0.3 mm/rev，切込みは 1.5 mm です。コーティング構造を最適化した新 P10 グレードは，従来品に比べ耐摩耗性が大幅に向上し，摩耗面も平滑な状態を示しています。

鋳鉄加工用 CVD コーティングの特性

近年，自動車産業においては燃費向上，排出ガス削減の観点から部品の小形軽量化が進み，エンジン，足回りなどの構成部品材料の1つである鋳鉄はより強靭なものが使用されています。高効率加工，生産コスト削減の要求から加工条件は高速化にシフトし，さらなる耐摩耗性が要求されるとともに，溶着チッピングによる損傷が発生しやすいダクタイル鋳鉄を安定して加工するなど，強靭化傾向にある鋳鉄部品の高速加工というニーズに対応可能な CVD コーテッド工具が開発されています。

図4に新開発鋳鉄加工用インサートの外観を示します。従来 CVD コーティング材種では，使用切刃識別の目的で金色を有する TiN を最外層に施すのが一般的でしたが，新開発品では TiN より熱的安定性に優れ，かつ被削材との親和性がきわめて低い Al_2O_3 層を露出させることにより耐溶着性の向上を図り，鋳鉄加工に飛躍的な高性能を発揮できる構成となっています。

図5に従来 CVD コーティング材種と新開発コーティング表面の粗さ曲線を示しますが，新開発品は，従来品に比べ表面平滑性に優れ，この平滑コーティングが溶着チッピングなどの異常損傷抑制に効果を発揮します。

図6は，FCD 500 の自動車部品の外径・端面加工に，新開発鋳鉄加工用インサートを使用した例を示します。従来品には，ダクタイル鋳鉄加工特有のコーティング層の剥離やチッピングが見られるのに対し，新開発品は切刃の異常損傷なく従来品と同数ワーク50個まで安定した加工ができ，更なる寿命延長が可能となりました。

最新の CVD コーティングの特徴と切削工具への適用事例について述べました。加工コストを低減するために，工具寿命の延長や高能率加工の要求はこれからも高まることが考えられます。多様化するユーザーニーズに応えるために，高機能なコーティング膜の役割はますます重要となってくると考えられます。

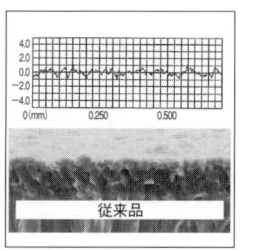

図5 コーティング表面性状の比較

使うⅡ

● 切削工具 ●
PVD法によるコーテッド工具

三菱マテリアル株式会社　田中　裕介

　母材の特性を生かしながら，耐摩耗性や耐欠損性を高める技術として，PVD法（Physical Vapor Deposition）によるコーティングが目覚しく発展しています。1990年代に（Al,Ti）Nコーティングが実用化されて以来，高硬度材の高速加工が普及するなど，機械加工の分野で革新的な変化がありました。

　機械加工の進展に伴い，高速高能率，微細高精度や環境対応など，加工に対する要求はますます厳しくなっています。1990年代に（Al,Ti）Nコーテッド工具が実用化されて以来，種々の用途に応じたコーテッド工具が開発されています。
　高能率加工に対応する最新のPVDコーテッド工具の特徴と切削事例について述べます。

PVDコーティングの原理と特徴

　CVD法が高温の化学反応を用いるのに対し，PVD法はイオンエネルギーを用いることにより500℃以下の低温でコーティングできることが最大の特徴です。このため，ハイス工具に焼戻し温度以下で適用できるとともに，超硬工具に対しても母材の劣化や変形が生じにくいコーティング方法として普及しています。
　図1にアークイオンプレーティング法の概念図を示します。本法はPVD法の中で（Ti,Al）Nなど多成分窒化膜のコーティングにもっとも広く応用されています。真空炉内に設置したTiAl合金をカソードとしたアーク放電によりTi,Alを固体より直接蒸発イオン化し，同時に炉内に導入したN$_2$ガスも発生したプラズマ内でイオン化します。一方，基板にはバイアス電源により負の電荷を与え，生成したTi,AlおよびNイオンを電気的な吸引力をもって基板上にプレーティングさせ（Ti,Al）N皮膜が密着力良く形成されます。アークイオンプレーティングでは，イオン化率が80％以上と高く，コーティング膜組成の制御性に優れ，PVD法の中で生産性に優れたコーティング方法といえます。
　CVD法ではTiCNやAl$_2$O$_3$がコーティング材料として用いられますが，これらは超硬母材より熱膨張係数が大きいため，高温で被覆された状態から常温に冷却される過程でコーティング材料がより大きく収縮することにより，コーティング膜には引張りの残留応力が生じます。これに対しPVD法では，基板にバイアス電位を与え，イオンを打込みながら成膜するため，圧縮の残留応力が生じます。このためPVDコーテッド工具の耐欠損性はCVDコーティングよりも優れ，硬質皮膜を用いることにより耐摩耗性が向上するとともに，上述の母材を劣化させない低温プロセスとあいまって，被覆物の耐欠損性を改善する効果があります。

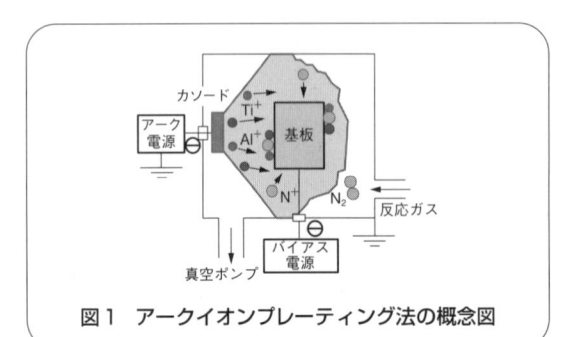

（Al,Ti）Nコーティングの特性

　超硬工具のコーティングといえばTi–Al–Nが主流となっています。TiN結晶のチタンを原子半径がより小さいアルミに置換することにより硬さや耐酸化性が向上します。図2にアークイオンプレーティング法により，種々の組成のTiAlカソードを用いて生成したTi–Al–N膜の硬さの変化を示しますが，TiNにAlを添加することにより，およそ70 at%AlNまでは立方晶の結晶構造を保ち硬さが向上することがわかります。さらにAl量が増えるとAlNと同じ六方晶の結晶構造が現

図1　アークイオンプレーティング法の概念図

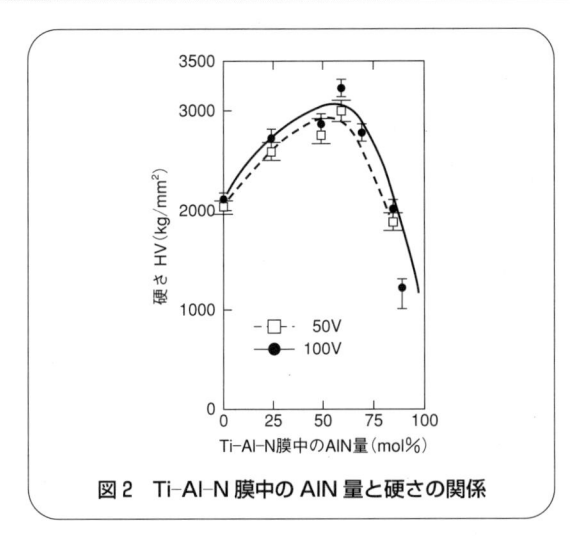

図2 Ti-Al-N膜中のAlN量と硬さの関係

われ硬さが低下します。硬さを増すためには立方晶Ti-Al-Nの状態を保ちながら，いかに多くのアルミを添加できるかがポイントです。

硬さに加え高速加工において重要となるTi-Al-N膜の耐酸化性は，組成により決まり，Al量が多いほど高くなります。近年の高速ドライ切削では800℃以上の耐酸化性が要求される場合もあり，アルミが主成分である（Al,Ti）Nは，高速加工やドライカットに不可欠な耐熱性も向上させた皮膜といえます。

硬さと耐酸化性を兼ね備えた（Al,Ti）Nコーティングは金型やステンレス，Ni合金，Ti合金など難削材の高速切削化や切削工具の長寿命化にも寄与してきました。

（Al, Ti, Si）Nコーティングの特性

金型材の高硬度化，コストダウンや工程短縮のためのダイレクトミーリング化が進む中，50HRC以上の高硬度材の高速高能率加工ニーズが高まっています。これに対応するため，Ti-Al-Nに第3元素を添加してその特性を高めたコーティングが適用されています。

（Al,Ti,Si）N膜は（Al,Ti）Nに，さらに原子半径の小さいSi元素を添加し，ナノレベルの結晶を混在させ，高硬度材の高速加工のために開発されたものです。表1に（Al,Ti,Si）Nの硬さと酸化開始温度を示しますが，（Al,Ti）Nよりいずれも大幅に向上していることがわかります。

SKD61・52HRC焼入れ材を2枚刃の超硬ボー

表1 （Al,Ti,Si）Nコーティングの特性

	（Al,Ti,Si）N	（Al,Ti）N	TiN
硬さ（HV）	3,200	2,800	1,900
酸化開始温度（℃）	1,100	840	620
密着力（N）	80	80	60

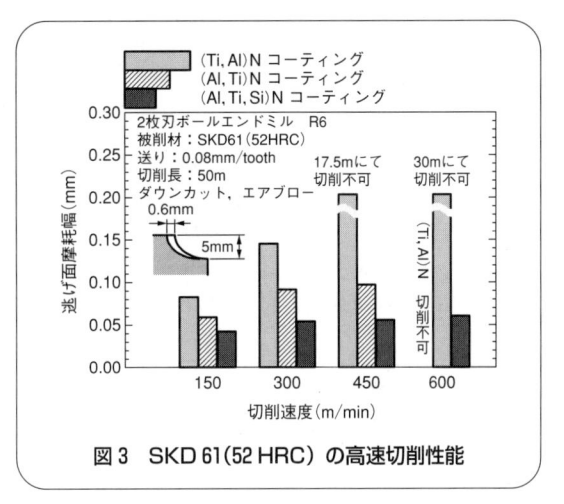

図3 SKD 61（52 HRC）の高速切削性能

ルエンドミルを用いて加工した場合の工具摩耗量の変化を図3に示します。（Al,Ti,Si）Nコーティングを用いた場合は，600 m/minの高速でも切削加工が可能であり，高速ほどその優位性が顕著です。被削材硬さが高くなると，その優位性はさらに増し，本皮膜を用いたエンドミルはSKD 11・60 HRC焼入れ材を200 m/minの速度でも実用レベルで切削可能です。さらに硬い粉末ハイス69 HRC焼入れ材も30 m/minで切削可能であり（Al, Ti, Si）Nコーティングにより，従来放電加工でしか加工ができなかった高硬度材が切削により加工できることがわかります。

高硬度材のダイレクトミーリングのニーズはますます高まっており，（Al,Ti,Si）Nのような高硬度材加工用コーティングの適用範囲は今後も広がるものと考えます。

最新のPVDコーティングの特徴と切削工具への適用事例について述べました。これら高機能なコーティング膜が加工分野に新たな付加価値を与えられることを期待します。

使うⅡ

● 切削工具 ●
cBN工具

金沢工業大学　新谷　一博

切削工具が持っていなければならない重要な性質の1つに硬度があります。たとえば工具の硬度が被削材より低いと切削が成り立たなくなります。もちろん一番硬い物質としては単結晶ダイヤモンドが知られていますが，cBNはダイヤモンドに次いで2番目に硬く，ダイヤモンドが鉄系材料と比較的低温で反応することを考えると，耐熱性の高熱伝導率とのバランスからもっとも工具材料として優れたものの1つと考えることができるでしょう。

■ cBN工具の構造と基礎的性質

cBNは超高温・高圧条件で人工合成され，主に数μmから数百μmサイズの粒子として市販されています。これは図1に示すようにダイヤモンドと類似の立方晶形結晶構造を示し，硬度が4000 HVから5000 HVと高いことから天然に存在する六方晶系結晶構造とは性質が大きく異なります。切削工具としてのcBN焼結体は，アルカリ金属やアルカリ土類金属またそれらの窒化物の触媒を用いて5.5 GPa，1,820 Kの条件でhBNをcBNに変換した後，セラミックバインダ成分とともに焼結して得られます。これの微視的構造は図2(a)TEM像と(b)のモデル図に見られるようにcBN粒子が骨格をなすように配置され，その回りをセラミックバインダが取巻くような構造となっています。一方近年作り出されたバインダレスcBN焼結体材料は，cBN粒子がネックグロスした構造が同図(c)TEM像と(d)モデル図から見てとることができます。これは前述したような触媒を使用せずに7.7 GPa，2,550 Kの高圧高温条件下でhBNからcBNへ直接変換すると同時に焼結する方法により得られます。このため，cBN粒内に介在物を含む可能性が少なく，バインダ複合形cBN焼結体との比較において，機械的硬度は室温で約1.4倍の5100 HV，高温硬度(1,273 K)で約1.7倍の2000 HVときわめて高い値を示し，1,273 Kでの高温曲げ強度においても約2倍の1.6 GPaを示します。しかし，cBN材料は切削工具として使用する場合には，大きなものが得にくいことから形状からくる制約が大きく，一般的には超硬合金製バルクの上にこの焼結体が張付いた形で使用されることが多いようです。用途はcBN粒子径や配合率，そしてバインダの種類により異なります。一般的に炭窒化チタニウム＋アルミニウム系セラミックスをバインダとして用いたものは，鉄系被削材の加工用として用いられ，特に硬度の高さを生かして焼入れ鋼の加工には優れた性能を示します。また，炭化タングステン，コバルト系セラミックスを主としてバイン

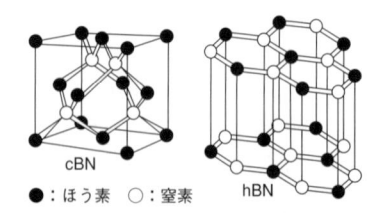

●：ほう素　○：窒素

図1　窒化ほう素の結晶構造

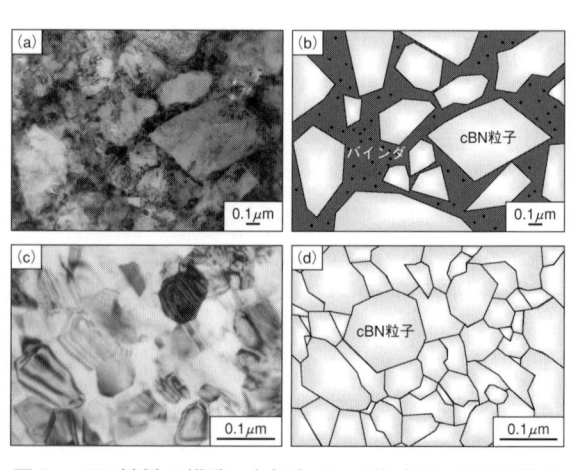

図2　cBN材料の構造；(a)バインダ複合形cBN材料のTEM像，(b)図(a)のモデル図，(c)バインダレスcBN材料のTEM像，(d)図(c)のモデル図

ダに用いたものは Ni 基や Co 基といった耐熱合金材料の加工用として使用されています。また，特徴的な使用法としてはねずみ鋳鉄系被削材との組み合わせによっては桁違いの高速度条件での使用や切刃の長寿命化も実現されています。

高切削速度条件で発揮される自己修復機能

cBN工具の高速条件で使用した場合の優位例[1]としては，ねずみ鋳鉄を切削速度 V：500〜2,000 m/min の条件でドライ加工すると，著しく工具寿命は延長されます[2]。図3は加工後の切刃とその部分を X 線回折した結果ですが，図(a)の切刃は薄いベラーグに覆われており，工具と被削材が接触しづらいため著しい工具の長寿命化が達成されます。このベラーグは被削材中の不可避不純物であるアルミニウムが酸化されて摩擦部に生成されるので（同図(b)参照），脱落しても再び被削材中から供給されます。この現象は傷ついた工具摩耗部をアルミナベラーグが連続的に修復するため，あたかも"自己修復機能"が働くごときと考えることができます。

これはバインダ複合形 cBN 工具でも生じますが（1,000〜1,500 m/min の切削速度条件），安定的な作用と速度範囲の大きさを考えるとバインダレス cBN の方が有利です。また，この作用を有効に生かすには被削材中のアルミニウム含有率に注意する必要があり，故意にアルミニウム量を減らした材料ではこの作用は激減するため注意が必要です。

精度向上が期待できるサーマルクラック抑制効果

通常ミーリング加工のように不連続加工をすると，刃先は過熱と冷却が繰返されます。通常焼結切削工具材料は複合材料であることが多く，その複合物質の線膨張係数の違いから，高切削速度条件でこのような断続加工を行うと，熱疲労によりサーマルクラックを発生する場合も少なくありません。図4はバインダを含んだ cBN 工具（cBN 高含有率でバインダを含むタイプで熱伝導率が100〜150 W/m·K のもの）と，バインダレス cBN 工具（熱伝導率が 400〜500 W/m·K とバインダ入りのものに比し4倍ほど高い）を切削速度 2,000 m/min のドライ条件で比較した結果[3]です。図より，バインダ複合形 cBN 工具においては実切削距離 16 km 時に切刃稜線に垂直方向に延びたサーマルクラックが多数観察され（同図(a)）ますが，バインダレス cBN 工具では切削距離が60 km に達しても摩耗部は薄い溶着物に覆われている程度であり（同図(b)），切刃稜線はシャープな形状に保持されていることが明らかです。このように長時間にわたって切刃を鋭利な状態のまま切削工具として使用することは，今後ますます増加すると予測される高能率・高精度化に対して必要であり，さらに環境問題も含めた総合的加工法の構築と仕上げ用途への期待が大きくなっています。

参考文献
1) 新谷一博 他，砥粒加工学会誌，47, 8 (2003)
2) 新谷一博 他，精密工学会誌，68, 576 (2002)
3) H. Kato, K. Shintani and H. Sumiya, : "Cutting Performance of a Binder-less Sintered Cubic Boron Nitride Tool in the High—Speed Milling of Gray Cast Iron", Journal of Materials Processing Technology, Vol. 127, (2002), pp. 217-221

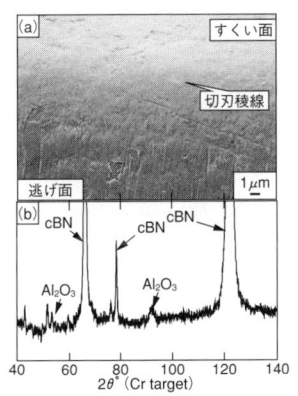

図3 バインダレス cBN 工具で V＝2,000 m/min の条件で加工した時に生じた逃げ面摩耗部；(a)切刃二次電子像，(b)工具摩耗部 X 線回折

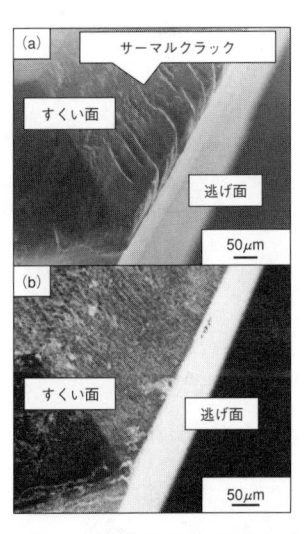

図4 バインダ複合形 cBN 工具とバインダレス cBN 工具における刃先損傷状態の比較；(a)バインダ複合形 cBN 工具（L_n＝16 km），(b)バインダレス cBN 工具（L_n＝60 km）

使うⅡ

●切削工具●
ダイヤモンド工具

住友電工ハードメタル株式会社　深谷　朋弘

ダイヤモンドは地球上でもっとも硬く、さらに熱伝導率も高いという優れた特性を有し、切削工具材料として利用されています。工具としては耐熱性が低いことが大きな欠点です。融点の低いアルミニウム合金，硬くてもろいセラミックスの加工に多く使用されています。

ダイヤモンド工具には、図1に示すように、焼結ダイヤモンド工具と単結晶ダイヤモンド工具があります。焼結ダイヤモンド工具の刃先には、図2に示すような、ダイヤモンドの微粒子をCoなどの金属結合剤で焼結したダイヤモンド焼結体が用いられています。

図3に焼結ダイヤモンド工具の製法を示します。原料となるダイヤモンド粒子と結合剤をともにカプセルに充填し、超高圧高温を発生させる特殊なプレスで焼結することにより、円盤状のダイヤモンド焼結体が得られます。焼結には天然のダイヤモンドが生成する地球の内部と同じ5GPaの超高圧と1,500℃の高温が必要であり、この環境を特殊なプレスにより人工的に作りだしています。得られた円盤状のダイヤモンド焼結体はワイヤ放電加工で切断されたあと、超硬の台金に接合され、研磨により刃先が鋭利に仕上げ加工され、完成品工具となります。

焼結ダイヤモンド工具は最初に述べたダイヤモンドの特性が反映され、もっとも硬く、熱伝導率も高い優れた工具材料です。表1に示すように、焼結ダイヤモンド工具はアルミ合金などの非鉄金属や木材などの非金属の加工に使われます。これら材料の加工では焼結ダイヤモンド工具はハイスや超硬と比較して優れた耐摩耗性を発揮します。しかし、鉄系材料の切削には焼結ダイヤモンド工具は適しておらず、cBN工具など、他の工具材料が用いられます。これはダイヤモンド自体が鉄系材料と反応して摩耗が進行するためです。

焼結ダイヤモンド工具は一般的にダイヤモンド粒子の粒径により、強度と耐摩耗性が変化します。ダイヤモンドの粒径が1μm以下の微粒のものは強度が高くなり、50～100μmの粗粒のものは焼結体中のダイヤモンドの含有量が高くなり、耐摩耗性が良くなります。近年、微粒のダイヤモンド粒子を用いながら、焼結体中のダイヤモンド含有量を向上させることが可能になり、強度と耐摩耗性を兼ね備えた焼結ダイヤモンド工具が開発され

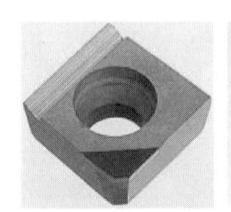

焼結ダイヤモンド工具　単結晶ダイヤモンド工具

図1　ダイヤモンド工具

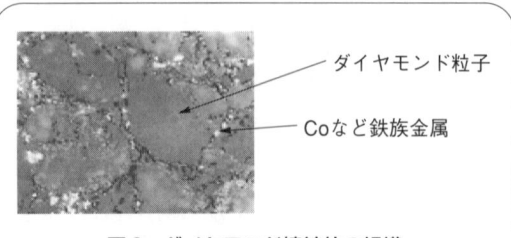

――ダイヤモンド粒子
――Coなど鉄族金属

図2　ダイヤモンド焼結体の組織

表1　焼結ダイヤモンド工具の用途

用途	被削材	材質名
切削工具	非鉄金属	アルミニウム，アルミニウム合金，銅，銅合金，マグネシウム，亜鉛合金など
	超硬合金	半焼結品，焼結品
	セラミックス	半焼結品，焼結品
	非金属	プラスチック，硬質ゴム，カーボン，木材，その他

図3 焼結ダイヤモンド工具の製造工程

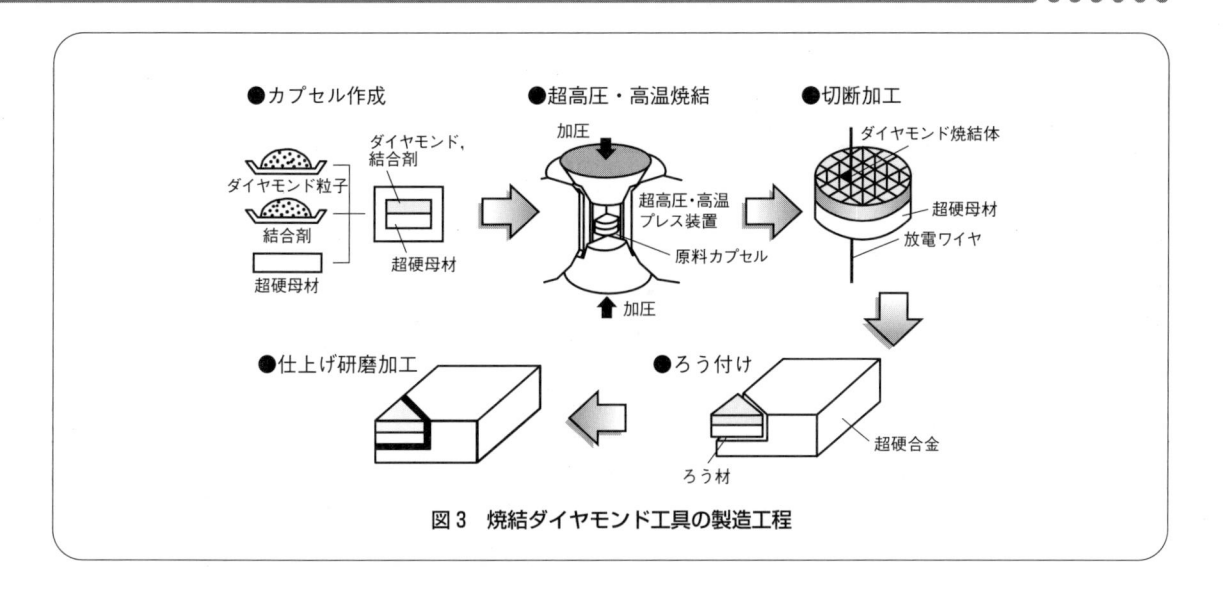

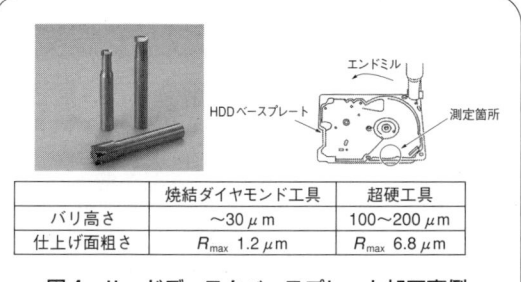

図4 ハードディスクベースプレート加工事例

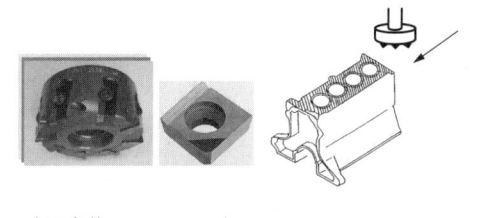

	焼結ダイヤモンド工具	超硬工具
バリ高さ	〜30μm	100〜200μm
仕上げ面粗さ	R_{max} 1.2μm	R_{max} 6.8μm

加工条件：V＝3,000m/min, d＝0.5mm, f＝0.15mm/rev, WET

加工数：5万台

図5 エンジンブロック加工事例

ています[1]。

　このような焼結ダイヤモンド工具は自動車や電子部品などのさまざまな産業で活用されていますが，近年，部品の高精度化に対応する工具として，また環境問題の対策として，その重要性が増しています。

　図4にハードディスクのベースプレートの高精度の加工の事例を示します。超硬工具では面粗度やバリが問題となりますが，焼結ダイヤモンド工具では優れた面粗度が得られ，バリも抑制することができ，製品性能の向上に役立っています[2]。

　環境問題ではCO_2排出量の削減のためにエネルギー消費量を低減する必要があります。金属加工業ではこのための方策として高速加工により1サイクル加工時間を短縮して総消費電力量を低減することが図られています。図5に自動車のアルミエンジンブロック高速加工の事例を示します。焼結ダイヤモンド工具は超硬工具などと比較して耐摩耗性に優れ，切削速度が3,000m/min以上の高速加工が可能です。

　このような優れた性能を発揮するダイヤモンド工具は今後も開発が進み，その適用領域を拡げ，いろいろな産業分野で新たな付加価値を生み出して行くと考えられます。

参考文献

1) 金田泰幸他，高強度ダイヤモンド焼結体工具スミダイヤDA 2200の開発，SEIテクニカルレビュー第151号，p.119，1997年9月
2) 阿部誠他，ハードディスクドライブベースプレート加工用スミダイヤエンドミル「DFE」型の開発，SEIテクニカルレビュー第153号，p.108，1998年9月

使うⅡ

●ビーム工具●
レーザ加工

東海大学　安永　暢男

「レーザ」という特殊な光が初めて発振されたのは1960年で，爾来半世紀近い研究開発を通じて，通信，情報処理，医療，エネルギー，化学，生産加工などきわめて広範な分野で利用されるようになり，今や産業・社会に不可欠な基幹技術として定着しつつあります。

レーザ加工の特徴

「レーザ」とは，"Light Amplification by Stimulated Emission of Radiation"（輻射の誘導放出による光増幅）という特異な光放出現象を利用して得られる人工光のことで，この英文の頭文字を並べてLASERと略称されています。レーザは，①波長が単一である（単色性），②ビームが一方向へ進み拡がりが小さい（指向性），③位相が揃っている（可干渉性），という特徴を持っており，この光をレンズなどの光学系を通して集光すると図1のようにすべての光が焦点位置に収束し，容易に$10^9 W/cm^2$以上にも達する高密度パワー（あるいはエネルギー）が得られます。したがってほとんどあらゆる材料を瞬時に溶融もしくは蒸発させることができます。エネルギー密度や集光面積を調整することにより，局所的な微細加工から広い領域の表面処理まで多種多様な加工に応用できるので，きわめてフレキシビリティーの高い

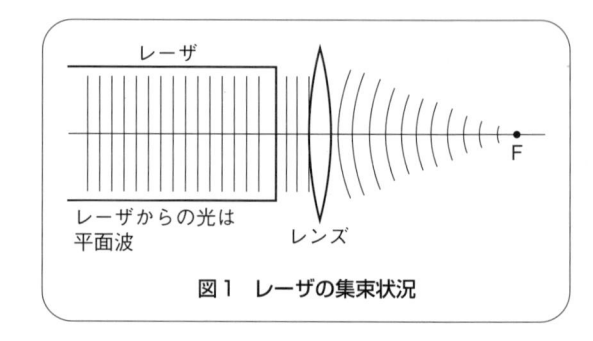

図1　レーザの集束状況

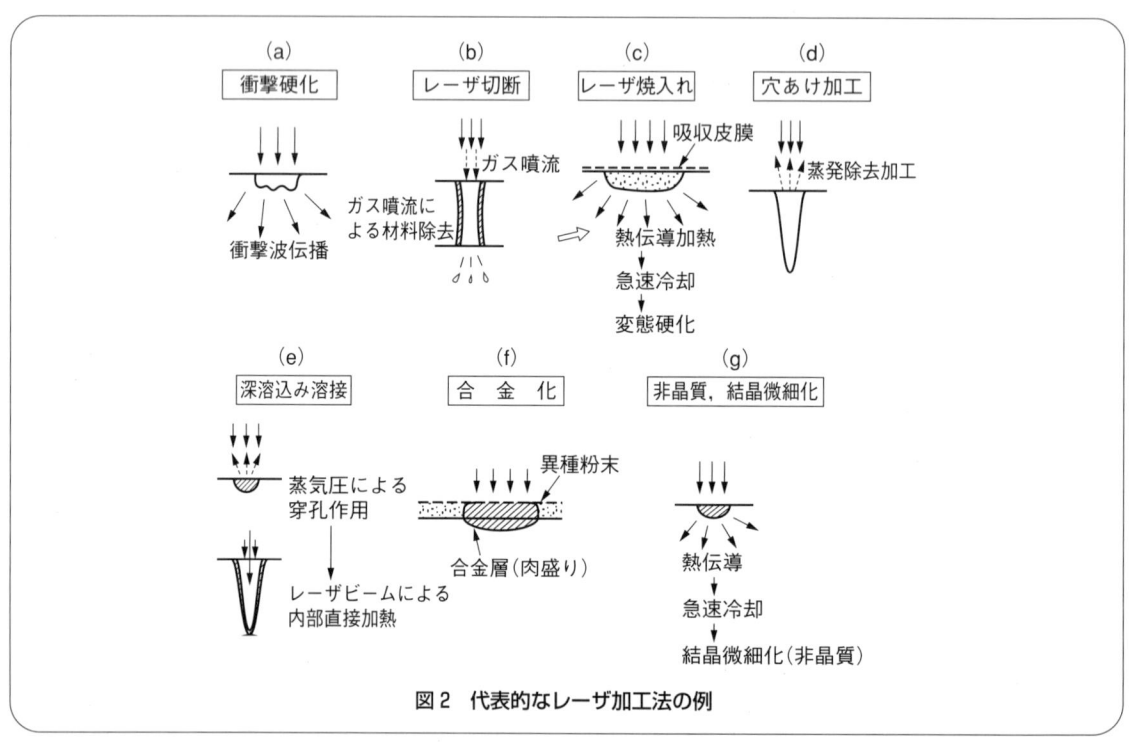

図2　代表的なレーザ加工法の例

加工手段といえます。具体的にどのようなレーザ加工法があるのか，数例を図2に示します。

一口に「レーザ」と言ってもさまざまな波長，発振形式，出力のレーザがあります。材料加工に利用されている主なレーザに限っても表1[1]のようにたくさんの種類があります。機械・電気・電子分野の生産工程では従来からCO₂レーザやYAGレーザが多用されています。CO₂レーザは連続波での大出力発振が容易なために，板金の高速穴あけ・切断・溶接を中心に広く普及しています。一方YAGレーザは連続から高速パルスまで多様な発振が可能で，さらにCO₂レーザよりも波長が短いためにより小さいスポット径に集光できるので，電子部品などの切断，溶接，トリミング，マーキングなどの精密微細加工にたくさん使われています。

新しい加工用レーザ

最近の新しい加工用レーザとして，エキシマレーザや高調波YAGレーザなどの短波長紫外レーザとフェムト秒レーザとよばれる極短パルスレーザとが注目されています。前者は波長200 nm前後の紫外レーザで，①原子・分子間結合を直接切断できるために熱影響のない「非熱的」加工が可能，②解像度の高い超微細加工が可能，という特徴を持っており，LSI製造用ステッパや微細加工用装置の光源として不可欠な装置となりつつあります。一方後者は，たとえばTi-サファイヤレーザのようにわずか100フェムト秒（1フェムトは10^{-15}）前後の発振時間しかない超短パルスのレーザで，赤外波長のために基本的には熱加工ですが，伝熱する間もなく発熱が終了してしまう「断熱的」加工のためにやはり熱影響のない高精度加工が可能とされ，今後の発展が期待されています。図3(a)はYAGレーザ第5高調波（波長213 nm）でサファイヤ基板上に形成した方形溝，また同図(b)はTi-サファイヤレーザ（パルス幅70 fs）で形成した微細溝の加工例です。

表1 代表的な加工用レーザの特徴

相状態		レーザ媒質		波長 (nm)	発振形態	出　力
気体	混合ガス	CO₂レーザ		10.6 (μm)	cw, pulse	20 kW
		COレーザ		5 (μm)	cw	5 kW
		Arイオンレーザ		約500	cw	数10 W
		色素レーザ		320〜1,260		
		エキシマレーザ	ArF	193	pulse	
			KrF	248	pulse	0.1〜1 kJ
			XeCl	308	pulse	
固体	結晶体	Nd³⁺：YAGレーザ		1,064	cw pulse	6 kW $P_{ave}=600$ W
		Nd³⁺：YVO₄レーザ		1,064	cw pulse	$P_{ave}=400$ W
		Ti：サファイヤレーザ		800	pulse	1〜2 W
		ルビーレーザ		684	pulse	<MW
	非晶体	Nd³⁺：ガラスレーザ		1064	pulse	MW〜TW
	ファイバ	ファイバレーザ	Nd³⁺：	1064	cw	1 kW
			Er³⁺：	1540	cw	数100 W
			Yb³⁺：	1,030〜2,200	cw	1〜10 kW
	半導体	半導体レーザ	AlGaAsP	700〜900	cw	mW
			InGaAsP	1,000〜1,600	cw	
			ZnSe	490	cw	
液体	有機系	色素レーザ（色素＋溶剤）		320〜1,260	cw pulse	数10 W <数100 J

(a) 300μm角の方形溝
（YAGレーザ第5高調波）

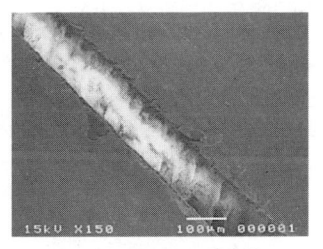

(b) 100μm幅の直線溝
（Ti-サファイヤフェムト秒レーザ）

図3 紫外レーザと超短パルスレーザによるサファイヤの微細加工

参考文献
1) 新井武二，はじめてのレーザプロセス，38，工業調査会（2004）

使うⅡ

●ビーム工具●
金属光造形法

松下電工株式会社　東　喜万

　ラピッドプロトタイピング（積層造形法）は，三次元CADでモデリングした形状データを立体形状として作製する方法です。その基本原理は，まず三次元ソリッドモデルを等ピッチでスライスし，断面輪郭線形状を求めます。次に，求めた輪郭線形状に対して，スライスした厚みと同じになるように固化層を形成し，これを順次積み重ねることにより立体形状を作製します。

　ラピッドプロトタイピングは，次のような方法が実用化されています。
① 紫外線硬化性樹脂をレーザで硬化・積層する光造形法。
② 粉末材料をレーザで焼結・積層する粉末積層造形法。
③ 加熱溶融した樹脂材料やワックスをノズルから吐き出しながら積層する方法。
④ 紙などのシート材を接着積層していく方法。
⑤ 硬化性の樹脂や接着材をプリントアウトするように吐き出し，断面形状を積層する方法。

　これらのラピッドプロトタイピングでは，デザイン確認用モデルや機能評価用モデル，組立性評価用モデルなどの作製が可能であり，新商品開発のツールとしてなくてはならないものになっています。特に，粉末積層造形法のうち，金属系粉末材料を焼結・積層する方法が「金属光造形法」とよばれています。

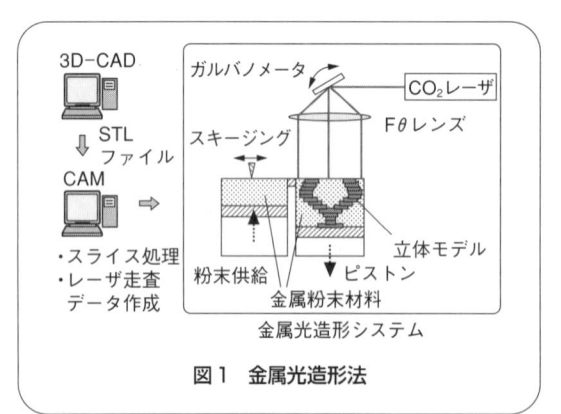

金属光造形法の概要

　金属光造形法の装置は**図1**のように，上下に移動可能なピストン構造の複数のタンクと粉末層を形成するためのブレード，粉末を焼結するためのレーザと光学系から構成されています。タンクは，粉末材料を蓄えておくタンク（材料用タンク）と焼結層を積層していくタンク（造形用タンク）から構成されます。焼結用レーザは赤外線レーザが用いられています。加工工程は，まず，CAM処理により求めたスライスデータに基づき造形用タンクの上面と粉末層を形成するブレードとの隙間が積層する厚みにセットされます。材料タンクが少し上昇した後，粉末層形成用ブレードが造形用タンクへ移動し，造形用タンクの最上面に所定厚みの粉末層を形成します。次に形成された粉末層に断面輪郭線形状内をハッチングするように赤外線レーザを照射することで焼結層が形成されます。その後，粉末層の形成と焼結層の形成を順次繰返し積層することにより，立体形状が作製されます。

　金属光造形法には，用いる粉末材料により，以下の2種類の方法に分類できます。
① 樹脂系材料でコーティングされた金属系粉末材料を焼結して積層する方法。
② 金属系粉末材料を直接焼結して積層する方法。

　樹脂系材料でコーティングされた金属系粉末材料を用いる方法は，まず，低いレーザ出力にてコーティングした樹脂材を溶融して結合させます。しかし，金属粉末同士が焼結しているわけではありませんので，造形後にコーティングした樹脂成分の脱脂と金属粉末の焼結および隙間を埋めるための含浸処理が必要です。その処理は，造形物と銅などの含浸材を一緒に炉に入れて，含浸材が溶融する温度まで高温に加熱することで行います。この方法は，金属部品の作製などに使われていま

図1　金属光造形法

す。

金属粉末材料を直接レーザで焼結して積層する方法は，金型の作製によく使われています。樹脂系材料は含まれておらず，高いレーザ出力にて銅系や鉄系などの粉末材料を直接焼結します。材料の種類によっては，高密度な焼結ができないために，造形後に樹脂を含浸する工程を必要とするものもあります。金属粉末は，粒径が10～30μm程度であり，積層する1層当たりの厚みは20～50μm程度です。金属粉末を直接焼結するためには，ベースプレートとよばれる金属板の上に焼結・積層する必要があります。

表面粗さと加工精度

金属光造形法の課題として，造形物の表面粗さがあります。図2に示すように造形物は，レーザ焼結時の熱影響により表面に粉末が付着し，表面粗さが数十～数百μmR_z程度と粗い状態になります。また，マシニングセンタなどの工作機械で加工した物と比較して寸法精度も悪いため，金型などに使用するには後加工が必要となります。

この表面粗さと加工精度を改善する方法として，金属光造形と切削を組み合わせた金属光造形複合加工法が開発されています。この方法は，図3に示すように，まず所定厚み（工具の有効刃長）まで金属光造形法にて焼結・積層します。次に，エンドミルなどの工具で製品の最終表面となる部分の切削仕上げ加工を行います。その後，焼結・積層工程と切削仕上げ工程を順次繰返し立体形状を作製します。

金属光造形法および金属光造形複合加工法は，その製造方法の特徴から，造形物内部にフレキシブルな冷却水管を配置することが可能です。この特徴を金型に利用すると，従来加工法では作製できない冷却効率の高い金型を作製することができます。射出成形金型にとって，ハイサイクル成形や成形品質の向上には冷却が重要な要素であることから，今後の応用展開が期待されます。

参考文献

1) 東 喜万，光造形装置の概要と最近の動向，オプトニューズ，4，31-33（2004）

図2 金属光造形法による造形物
(a) 金属光造形法による造形物　(b) 金属光造形複合加工法による造形物

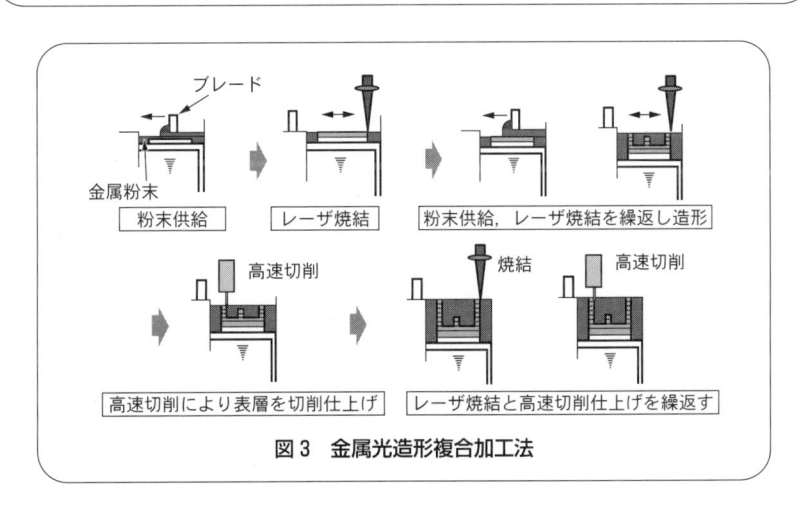

図3 金属光造形複合加工法
粉末供給　レーザ焼結　粉末供給，レーザ焼結を繰返し造形
高速切削により表層を切削仕上げ　レーザ焼結と高速切削仕上げを繰返す

使うⅡ

●ビーム工具●
放電加工

富山大学　小原　治樹

放電加工は1万度程度の放電の熱を直接加工に用いる方法です。導電性の材料であれば，どんなに硬い材料でも加工可能であり，工具電極と被加工物の間にほとんど力が作用せず，加工形状についての制限が他の加工法に較べて少ないために，金型加工の分野で広く用いられています。

放電加工では，図1のように油などの液体中で工具となる電極を被加工物（ワーク）に近づけて火花放電を発生させ，放電の熱により局部的にワークを溶融，気化させ，これを繰返して少しずつ加工します。液体は放電の爆発で脈動し，加工くずを除去し，放電部分を冷却します。

放電加工法で広く用いられているのは形彫り放電加工とワイヤ放電加工です。通常は放電加工後に加工面を研磨します。したがって，砥粒加工と放電加工は互いにその特徴を生かして補完する立場にあります。

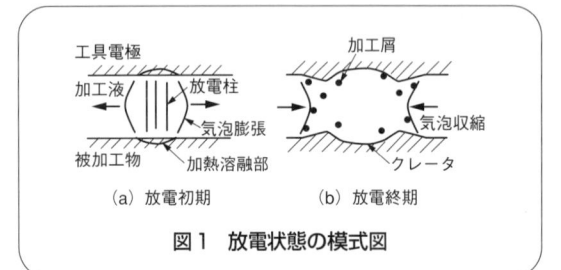

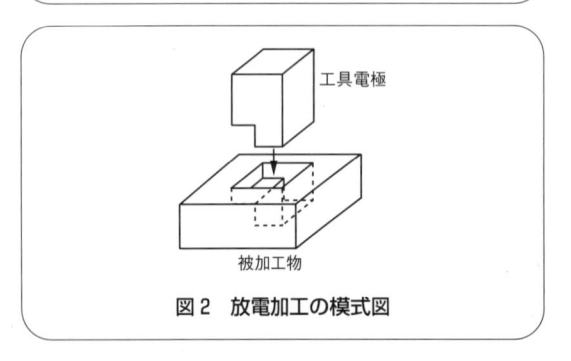

図1　放電状態の模式図

図2　放電加工の模式図

形彫り放電加工

形彫り放電加工は図2のように，電極形状を被加工物に転写する加工法なので，加工形状に合わせた工具電極を用意します。鉄系材料の放電加工には銅電極，大形形状の加工には軽いグラファイト電極，超硬などの高融点被加工物には銅タングステン電極などを用います。電流のピーク値とパルス幅を大きくすると粗加工，小さくすると仕上げ加工になります。

放電の状況は加工深さとともに変化するため，一般のNC機のように加工速度をあらかじめプログラムで指定することはできません。加工状況に応じて常に電極送り速度を調整する必要があります。通常，平均加工電圧が指令電圧になるように送り速度を定めます。これをサーボ送りといいます。

放電すると，工具電極も消耗するはずですが，鉄系材料を加工する場合，電流パルス幅／ピーク値を大きくすると，熱分解した油のカーボンが付着して工具電極を保護するため，ほとんど電極消耗のない加工が可能になります。

形彫り放電加工は，切削など他の加工法では困難な加工が可能です。たとえば4角穴の加工や斜面に穴を開ける加工，幅が狭く深いプラスチック金型のリブ溝加工，1mm以下の直径で数十mm以上の深穴をあけるなどの加工も容易です。

ダイヤモンドやサファイヤなどの小さな非導電性の材料に対しては，図3(a)のように電解液中で加工する方法があります。セラミックスやガラスに対しては，同図(b)のように油中で補助電極などを用いて加工する方法が福澤教授らにより開発されています[1]。セラミック表面に油の分解したカーボンが付着して導通するため，放電加工が可能になります。

形彫り放電加工の加工精度は5μm程度です。近年，金型加工の多くが切削加工に移行しつつあります。しかし，工具費の増大，放電加工でなければ加工できない形状などがあるため，依然として金型加工には不可欠の加工法です。

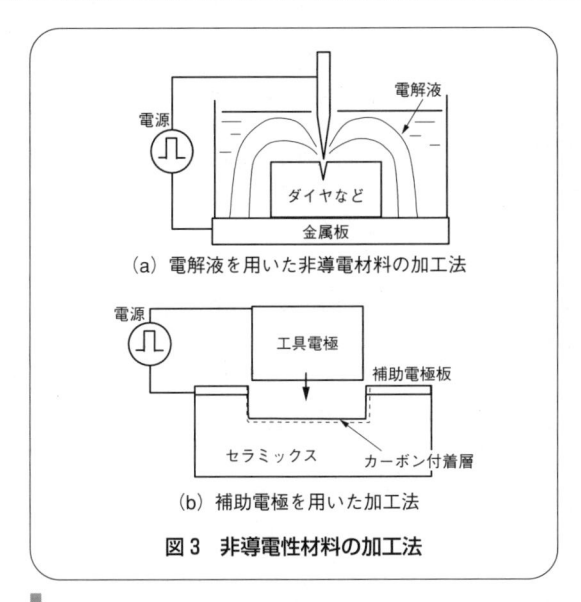

(a) 電解液を用いた非導電材料の加工法

(b) 補助電極を用いた加工法

図3 非導電性材料の加工法

ワイヤ放電加工

ワイヤ放電加工は**図4**のように金属線を用い，放電加工により非加工物をくりぬく加工方法です。φ0.03mm〜0.1mmの金属線にはモリブデンやタングステン線，0.1mm〜0.35mmの金属線には主に黄銅線が用いられます。図のU，V軸を駆動することにより，ワイヤを傾斜させ，傾斜面を加工することもできます。

加工速度は一般に面積加工速度（直線加工速度×板厚）で評価します。加工中に常に新しい金属線が送られるため，電極消耗はほとんど問題になりません。SKD 11の場合，φ0.3mmワイヤで300〜400 mm²/min程度の加工速度が得られています。

通常，加工液には水を用います。水はワイヤを

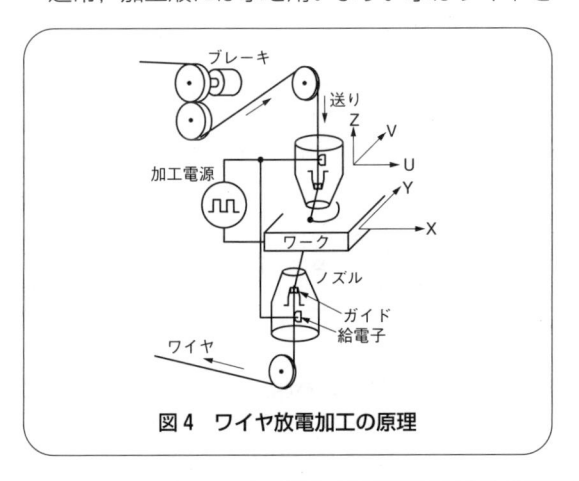

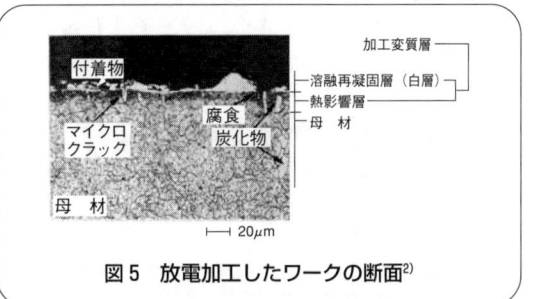

図4 ワイヤ放電加工の原理

図5 放電加工したワークの断面[2]

冷却しますが，冷却が不十分で放電による発生熱が大きいとワイヤは断線します。通常はワイヤを（−），被加工物を（＋）極にしますが，水中で加工すると超硬は，電解により表面がもろくなります。またチタンは表面が変色します。そのため，最近は正負の電圧を交互にかける交流電源が用いられています。総合的な形状精度は2μm程度，最良面粗さはR_zで0.5μm程度です。

形彫り放電加工，ワイヤ放電加工とも，加工面には**図5**（増井氏提供[2]）のように白層とよばれる溶融再凝固層，熱影響層，多数の微少なクラックが残ります。そのため，磨き仕上げが必要となります。鉄系材料の形彫り放電加工では分解カーボンの固溶により加工表面は硬化しますが，ワイヤ放電加工では軟化します。

マイクロ加工

微細穴加工のため，WEDGとよばれる加工法が東京大学の増沢教授らによって開発されています[3]。この方法ではワイヤを用いて電極を成形し，電極をそのまま用いて機上で穴加工するため，位置決めの問題が無く，高精度の加工が可能です。5μm程度の電極や，穴形状が得られています。またこの技術を応用し，微小な金型の製作や，マイクロ旋盤中ぐり加工なども行われています。

参考文献

1) 谷貴幸，福沢康，古谷克司，毛利尚武，絶縁性セラミックスの放電加工プロセス，精密工学会誌，63，9，1310-1314（1997）
2) 増井清徳：金型鋼のワイヤ放電加工面性状とその高品位化に関する研究，東京大学博士論文21（1993）
3) 増沢隆久，藤野正俊：高精度微細軸加工の研究（第1報）ワイヤ放電研削法の開発，電気加工学会誌，24，48，14-23（1991）

使うⅡ

●ビーム工具●
イオンビーム加工

東京理科大学　宮本　岩男

固体電子素子の超微細化あるいは光学素子や精密機器部品の微細化,さらには精密機器の超精密化に伴って,イオンビームを用いた各種デバイスの超精密・超微細加工の必要性が高まってきています。そこで,本稿では,イオンビーム加工法の概要とその固体電子素子や精密機器部品の超精密・微細加工への応用について述べます。

イオンビーム加工(IBM)[1〜3]は,数百eVから数十keVの運動エネルギーを持つAr^+イオンなどの不活性ガスイオンを固体試料表面に照射したときに,試料原子が固体試料表面より真空中に放出される,いわゆるスパッタリング(Sputtering)現象を利用して固体表面を原子・分子の単位で除去する加工法です。なお,リアクティブイオンビーム加工(RIBM)の場合には,ダイヤモンドに対しては活性な酸素イオンビーム(O^+, O_2^+イオン)が用いられます。以下ではダイヤモンド工具[4〜7]とダイヤモンド製電界電子放出素子[8]およびEUVL多層膜基板[9〜10]のイオンビーム加工例について述べます。

イオンビーム加工例

先端部分が正四角錐台形状をした触針(先端幅:約5μm)に上方よりAr^+イオンを入射させて1.4時間加工すると,図1(b)に示すように,その先端幅を2μm程度まで狭くすることができます。これは,探針先端の頂上ではイオン入射角が0°であり,触針側面のイオン入射角が45°くらいであるので,側面の加工速度が頂上のそれより十分速いため,側面が速く加工され先端が細くなるからです。さらに,図1において,Lの紙面に垂直な方向よりイオンを入射させて1.8時間加工すると,片側だけが鋭い(100nm程度)斧状の触針を作ることができます。

固体表面に強電界を印加することにより電子を真空中に放出させる電界電子放出素子[8](以下フィールドエミッタ)は,フィールドエミッションディスプレイのキーデバイスとして活発に研究されています。そこで,ドット状にパターンニングしたSOGをマスクにして酸素リアクティブイオンビームエッチングによりボロンドープ単結晶ダイヤモンドを加工し,曲率半径30nm,高さ5.86μm,直径2.58μmのエミッタアレイを作製したので,その作製工程を図2に示します。また,作製したSOGマスクとそれをダイヤモンドに転

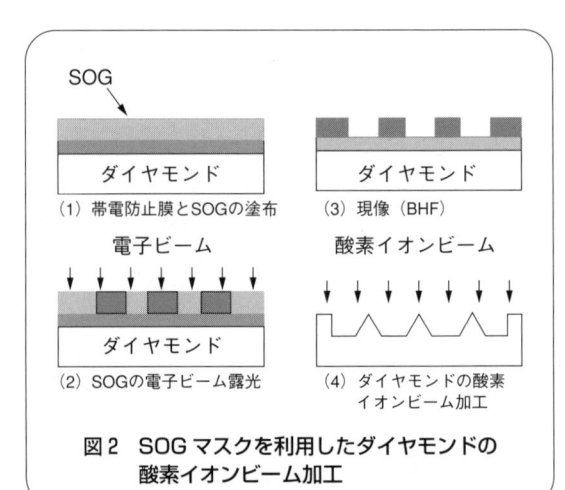

図1　ダイヤモンド触針の加工例
(斧形触針:2μm×0.1μm)

図2　SOGマスクを利用したダイヤモンドの酸素イオンビーム加工

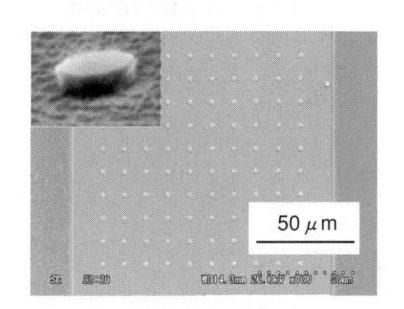

図3 SOG マスクの SEM 写真

図4 ダイヤモンドエミッタの SEM 写真

写したエミッタアレイをそれぞれ図3と図4に示します。

近年，固体電子素子の高密度化・高速度化は著しく，将来の ULSI 世代（たとえば，256 Gb-DRAM：設計ルール：50 nm 程度）製造においては，5 nm 以下の加工精度が要求されるようになります。この時代になると，EUVL（Extreme Ultra Violet Lithography；波長 13 nm 程度を利用）がリソグラフィ技術の世界的な標準になる可能性が高い。EUVL のための投影光学系では，形状精度：250 pm RMS，うねり：200 pm RMS，そして表面粗さ：100 pm RMS の非球面ミラー基板（基板上には多層膜を形成する）が必要となり，高精度機械的研磨によりこの値を得る努力がなされていますが，この方法より得られる形状精度は PV 値で 20 nm（数 nm RMS）です。そこで，イオンビームのラスター走査による停留時間制御で非球面ミラー基板の形状修正を行った例を図5に示します。この例では，80 mm×150 mm の大きさの加工物（Zerodur）で 1 nm 以下の形状精度が得られています。

精密機器部品や光学部品の超精密加工や超微細加工にはイオンビームを利用した加工法が特に適していると思いますが，実用例はまだほとんどありません。しかし，これらの要求精度や微細度の向上に伴い，イオンを利用した IBM や RIBM が精密機器部品や光学部品の超精密加工や超微細加工への適用も増えていくものと思われます。

参考文献

1) 宮本岩男，谷口紀男，精密機械，**47**，5，105（1981）
2) 宮本岩男，谷口淳，機械の研究，**57**，9，913（2005）
3) 宮本岩男，谷口淳，機械の研究，**55**，8，841（2003）
4) 宮本岩男，谷口紀男，精密機械，**46**，8，1021（1980）
5) 宮本岩男，谷口紀男，精密機械，**48**，9，1226（1982）
6) Iwao Miyamoto et al：Nanotechnology，**2**，1，52（1991）
7) Iwao Miyamoto et al：Nanotechnology，**1**，1，44（1990）
8) 荒木真，谷口淳，宮本岩男，精密工学会誌，**71**，8，1015（2005）
9) 宮本岩男，谷口淳，O plus E，**22**，5，559（2000）
10) A. Schindler et al, IOM-250402 Preprint

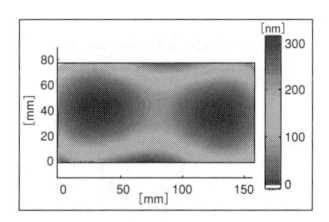

(a) イオンビーム加工前
PV値：315.5nm
RMS値：69.1nm

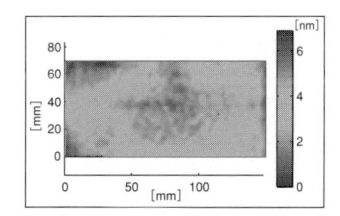

(b) イオンビーム加工後
PV値：6.9nm
RMS値：0.90nm
（1.0keVのArイオンで加工）

図5　イオンビーム加工前後の面形状精度[10]

研削加工総論

東北大学名誉教授　庄司　克雄

砥粒を金属やガラス，樹脂などで固定した工具（砥石または研削ベルトなど）を用いる加工法を，広い意味で研削加工とよびますが，この中で特に砥石車を高速で回転して行う加工法を狭い意味での研削加工とよぶこともあります。

研削加工は，いろいろな意味で切削加工と研磨加工の中間に位置づけられます。したがって，両翼にある切削加工や研磨加工と共通の特長を持ちながら，同時に研削加工固有の優れた特長も兼ね備えています。

近年，ダイヤモンドやcBN砥粒など超砥粒の登場によって，研削加工の性能は飛躍的に向上し，加工能率の点では切削加工に，鏡面加工の点でも研磨加工に匹敵するほどになりました。しかし同時に，これまでの砥石（一般砥石）と違った使用技術も要求されるようになりました。

研削加工の魅力

研削加工は，基本的には，きわめて微小な切刃（砥粒切刃とよびます）による切削の集まりで，この点では切削加工といえます。しかし砥粒切刃は，一般の切削工具と異なり，破砕性の高い高硬度の鉱物質であるため，研削加工は切削加工や研磨加工にはない優れた特徴を持っています。次に，その代表的なものを上げてみます。

（1）自生作用がある

切削工具では，切刃が摩滅・鈍化すると，再研削をしなければ使用できません。しかし砥粒切刃は，図1に示したように，摩滅・鈍化して大きな切削抵抗が発生すると破砕してシャープな切刃ができて，切れ味が再生するという特長を持っています。これは砥粒が適度の破砕性を持つからです。したがって，砥粒にとって破砕性は重要な性質です。

（2）砥石の切れ味（研削性能）をコントロールできる

砥石が研削工具として非常に優れている点は，操作可能な因子が多数あり，これらを操作することによって，砥石の研削性能を自在にコントロールすることができることです。

たとえば，図2(a)，(b)，(c)は，それぞれ結合度C，J，Pの3種の砥石作業面の電子顕微鏡写真です。結合度が低いほどドレッシングで削り落とされる部分が少ないので，切刃がシャープになります。研削では，"高硬度の難研削材には軟らかい（低結合度の）砥石を，低硬度の易削材には硬い（高結合度の）砥石を"というのが原則ですが，これは軟らかい砥石ほどシャープな切刃が形成されるからです。

そのほか，組織やドレッシング条件によっても砥石の研削性能を変えることができます。また研削される材料や加工目的，すなわち重研削か精密研削かなどに応じて，適当な砥粒の種類や粒度（砥粒の粒径），結合剤の種類を選択することができます。一方，これはまた，「研削は難しい」と言って敬遠される原因にもなっています。正しい研削を行うためには，適正な砥石と最適の研削条

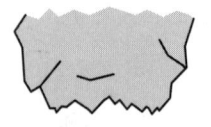

図1　砥粒の破砕による自生作用

砥粒切刃　　摩滅・鈍化　　破砕による再生

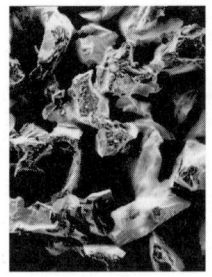

(a) WA60C7V　　　(b) WA60J7V　　　(c) WA60P7V

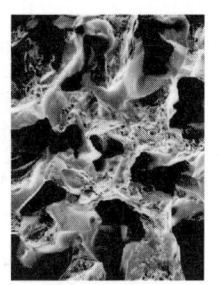

図2　結合度の異なる砥石作業面の比較

件を選択する必要があります。そのためには，研削加工に関する正しい知識を身につけることが不可欠です。

（3）　形直し，目直しが容易である

これも良く知られた研削加工の特性です。代表的な切削工具であるフライスでは，工作機械の回転軸に取付けたとき偏心があっても機上で外周を研削して振れを取ることはできません。これは，フライスのそれぞれの刃先には，"逃げ"があるからです。しかし砥石では，砥粒の破砕によって切刃が形成されるので，自動的に"逃げ"が形成されます。したがって，ダイヤモンドドレッサを用いることによって，機上で形直し[*]や目立て[**]が容易にできます。

ただし，超砥粒の場合は一般砥石に比べやや高度の技術を要しますが，この場合も機上で形直しや目立てを行うことができます。この特性は，非常に精密な加工をしようとする場合には，非常に重要です。すなわち，非常に精密な加工では工具切込み量をきわめて小さくする必要があります。したがって，工具の刃の高さが揃っていないと，個々の切刃の切込み量が不揃いになってしまいます。そのような場合，機上で形直しや目直しができれば，切刃の高さを高精度で揃えることができます。

（4）　切刃のすくい角が負である

金属の切削加工では，せん断変形によって流れ形の切りくずが形成されますが，単結晶シリコンのような脆性の大きな材料では，せん断変形する以前に引張り破壊するので，流れ形の切りくずは形成されません。しかし工具すくい角を負にして，切込み量（正確には，切取り厚さ）をきわめて小さくすると，刃先直下の応力場に静水圧が加わるため，単結晶シリコンであっても金属のようにせん断変形による切りくず形成が可能になります。すなわち，"延性モード"切削となり，仕上げ面は鏡面になります。

このことは，以前から良く知られておりました。そして，このように切削モードが脆性から延性に変わるときの臨界切取り厚さ d_c は延性・脆性遷移点とよばれております。そこで筆者らは，工具すくい角と延性・脆性遷移点 d_c との関係を求めました[1]。図3は，その結果です。従来は，工具すくい角は負の方向で大きければ大きいほど d_c が大きく，すなわち延性モード切削になりやすい

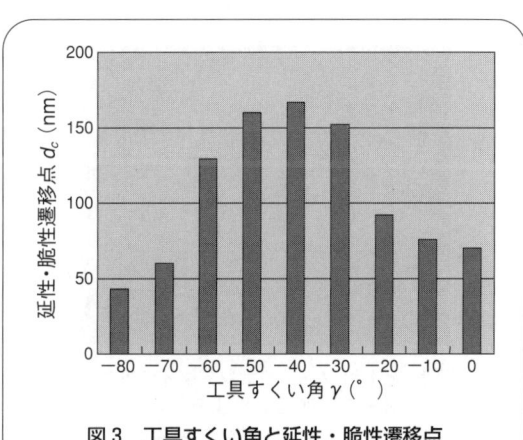

図3　工具すくい角と延性・脆性遷移点

[*]　砥石の場合，ツルーイングといいます。
[**]　同じく，ドレッシングといいます。

図4 砥粒の粒径とすくい角

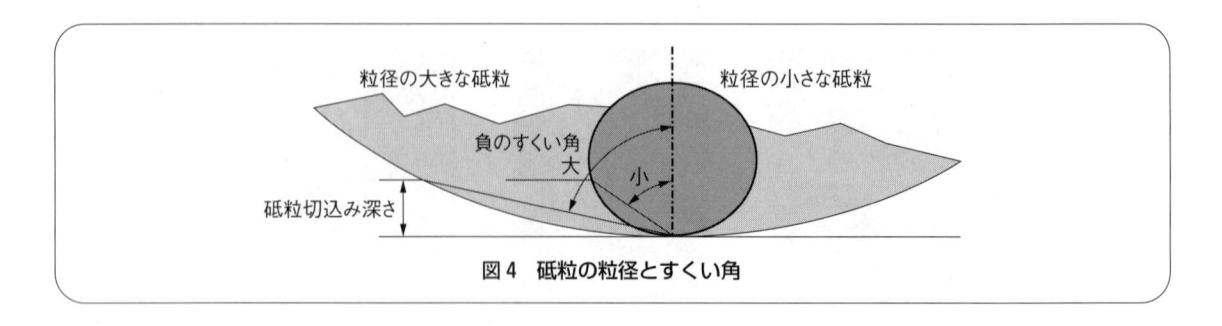

と考えられていましたが，$-30°\sim-60°$の範囲に最適値があり，それ以上になるとむしろ脆性モード切削になり易いということがわかりました。

砥粒切刃はシャープな状態で，すくい角がこの最適値の範囲にあります。すなわち研削加工では，砥粒切刃はシャープな状態が維持されれば延性モード切削に適した状態にあり，砥粒切込み深さを延性・脆性遷移点d_c以下にすることはきわめて容易ですから，脆性の高い材料でも鏡面加工が可能であるということになります。また硬脆材料の鏡面加工には，砥粒切刃の先端を丸めるよりもシャープな状態にした方が有利であるということも，論理的に裏付けられました。

そして注意しなければならないことは，粒度の選択です。砥粒切込み深さが小さくなると粒径の大きな砥粒では負のすくい角が大きくなり（**図4**参照），延性モード切削の最適値の範囲を超えてしまいます。したがって微粒もしくはごく微粒の砥粒を使用せざるを得ません。ただし，粒度が小さく（粒度番号が大きく）なるほど，砥石の製作技術も使用技術も難しくなります。したがって，いたずらに粒度を小さくすれば良いというものではありません。図3の最適すくい角の領域に対応して砥粒の粒径が決まりますので，それと要求される仕上げ面粗さを考慮して，できるだけ大きな粒度の砥石を選択するのが得策です。

なお＃3000や＃4000というごく微粒砥石を用いた場合，果たして砥粒切刃による切削が行われるのかという心配もあるでしょう。**図5**は，ビトリファイドボンドのダイヤモンド砥石SD 8000 Vで，ジルコニアセラミックスを平面ホーニング法で研削した仕上げ面のAFM写真の例です。砥粒切刃による切削痕がはっきりと認められます。このように数十nm以下の切込み深さであっても，切刃がシャープに保たれていれば，正常な切削が可能なのです。

（5） 工具剛性の操作が可能

平面と球面は摺り合わせ（あるいは圧力転写）加工で創成することができますが，通常の加工は工具の運動軌跡を転写することによって行われます。**図6**は，その転写性[2]をスケールにして，各種の加工法を筆者の勝手な主観で並べたものです[3]。形状精度の高い加工を達成しようとする場

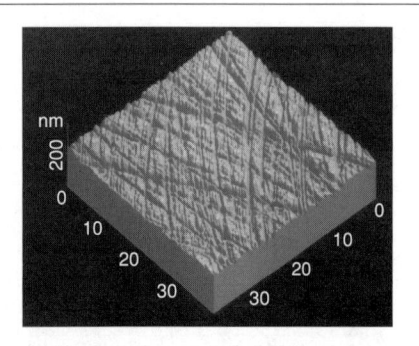

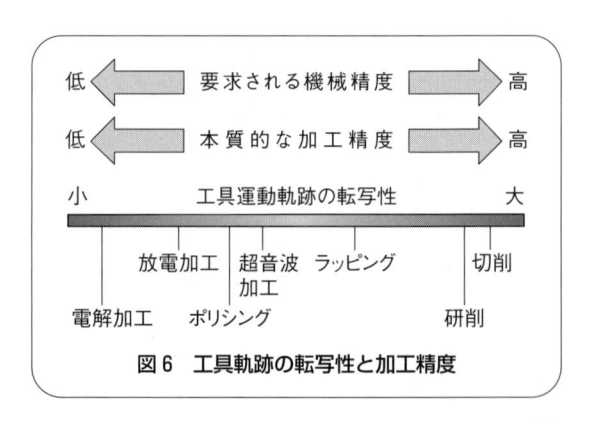

図5 ビトリファイドボンドダイヤモンド砥石SD 8000 Vによるジルコニアセラミックス研削面のAFM写真

図6 工具軌跡の転写性と加工精度

合には，基本的に工具軌跡の転写性が高い加工法を選ぶべきであり，転写性の高い加工法ほど，高精度の工作機械が不可欠となります。ここで，機械加工では，転写性は工具剛性に置き換えて考えることができます。すなわち工具剛性が高いほど，転写性が良くなります。

一方，平滑な面を作るという点では，逆に工具剛性が低い方が有利です。たとえば，単結晶ダイヤモンドバイトによる超精密切削のように工具剛性がきわめて高い加工法では，工作機械の微小な振動なども転写されます。したがって表面粗さのオーダで工具軌跡を保証する，すなわち微小振動のきわめて小さな工作機械が要求されることになります。しかしポリシングのように工具剛性の低い加工では，工作物や工具が多少振動しても，それが加工面に転写されることはありません。すなわち，工具軌跡の転写性に関して，加工精度と仕上げ面粗さは互いに背反の関係にあります。

しかし研削加工では，たとえばレジンボンドの砥石を使うことによって工具剛性をわずかに低くして，粗さを改善することができます。これは鏡面加工を行う際には，非常に好都合です。

超砥粒の効果

ダイヤモンドとcBNという耐摩耗性のきわめて高い砥粒の登場によって，研削加工の性能は飛躍的に向上しました。その第一は，もちろん通常砥石では研削不能であった高硬度材の研削が可能になったことです。特に，超硬合金や半導体，セラミックスなどはダイヤモンド砥石の登場によって，初めて日の目を見ることができたといっても過言ではないでしょう。そしてさらに，耐摩耗性のきわめて高いcBN砥石の使用によって，ドレッシング間寿命が格段に長くなり，研削の自動化が容易になりました。この効果は非常に大きく，現在でも一般砥石のcBN化が急速に進んでおります。

第二は，金属コアの砥石が可能になり，切削加工に匹敵するような高能率研削が可能になったことです。研削加工では，砥石周速にほぼ比例して，加工能率が向上します。このことは，昔から知られておりましたが，一般砥石は回転破壊強度が低いため，砥石周速は長い間，ほとんど1,800 m/min（30 m/s）のままでした。しかし金属コアの砥石が可能になり，いまでは砥石周速350 m/sでの実験も可能になりました[4]。その結果，切削加工にも十分対抗できるような高能率研削が可能になったのです[5]。

そして第三は，きわめて微粒の砥粒が研削に使用可能になったということです。超仕上げでは，一般砥粒でも#500～#800程度の微粒の砥石が使用されています。しかし砥石周速の高い研削加工では，このような微粒の一般砥石は耐摩耗性が低いために，ほとんど使用できません。しかし耐摩耗性のきわめて高いダイヤモンド砥粒の登場で，#1500～#3000のごく微粒あるいはそれ以上の超微粒砥石も研削に使用できるようになりました。これは，超精密研削を可能にしたという点で，非常に大きな効果です。このようなごく微粒のダイヤモンド砥石を研削に使用することによって，仕上げ面粗さの点でも従来の研磨加工に対抗できるようになりました。

前にも述べたように，研削加工は操作可能な変数が多いため，とかく敬遠されがちです。しかし，研削ではある系統だった考えが可能です。研削加工の基本的な考え方については，与えられた紙数の関係で割愛しました。この点に関しては，拙著「研削加工学」[6]を参考にして頂きたい。

参考文献

1) 閻紀旺，庄司克雄，厨川常元，大きな負のすくい角工具による延性・ぜい性遷移，精密工学会誌，**66**，7，2000（1999）
2) 庄司克雄，平面ホーニング加工と技術課題，機械と工具，**36**，6，73（1992）
3) 庄司克雄，研削・研磨の接点を考える，機械と工具，**38**，8，18（1994）
4) 山崎繁一，庄司克雄，厨川常元，岡西幸緒，小倉養三，福西利夫，三宅雅也，周速300 m/s用超高速研削切断ブレードの開発，超高速研削切断に関する研究（第3報），砥粒加工学会誌，**49**，9，506（2005）
5) 庄司克雄，山崎信之，渡辺良平，厨川常元，研削抵抗に及ぼす砥石周速の影響について，超高速研削に関する研究（第2報），精密工学会誌，**66**，7，1145（2000）
6) 庄司克雄：研削加工学，養賢堂（2004）

3 研ぐ

●研削方式●
平面研削

防衛大学校　由井　明紀

　機械部品や製品の平面を精密加工する工作機械が平面研削盤です。平面研削盤は汎用性が高いため，目的に応じて，プランジ研削，トラバース研削，コンタリング研削などさまざまな加工方法を選択することができます。

平面研削の種類

　「プランジ研削」は，**図1**に示すように工作物を砥石接線方向に往復運動させながらテーブルストローク毎に砥石切込みを与え，研削を行う方法です。研削砥石の切込みは，テーブルストロークの片側で行う場合と両側で行う場合があります。所定の形状に成形された砥石を用いて「成形研削」することもできます。

　「トラバース研削」は，**図2**に示すように工作物を砥石軸方向に平行移動させながらテーブルストロークを繰返す方法で，砥石切込みは前後の移動端で行います。工作物を砥石軸直角方向に連続的に平行移動させる方法を「バイアス送り」，テーブルストローク毎に間欠的に平行移動させる方法を「ステップ送り」といいます。ステップ送りでは，平行移動量がテーブルストローク長さの影響を受けないため，加工条件が一定となり仕上げ面性状を制御しやすくなります。一方，バイアス送りでは加工条件が常に変化するために，目的や状況に応じて注意して送り速度を選定する必要があります。

　一般に，トラバース研削はプランジ研削と比べて加工時間が長くなりますが，表面粗さが小さくなる利点があります。一方，プランジ研削は表面粗さが大きくなりますが，加工能率は高くなります。そこで粗加工段階では，**図3**に示すように研削位置をシフトしながらプランジ研削を繰返す「シフトプランジ研削」を行い，仕上げ加工段階ではトラバース研削を行う「複合加工サイクル」が実用化されています。

　「コンタリング研削」は，R形状または縁形で鋭利な形状の研削砥石を用い，プログラムされた経路に沿ってトラバース研削する方法で，**図4**に

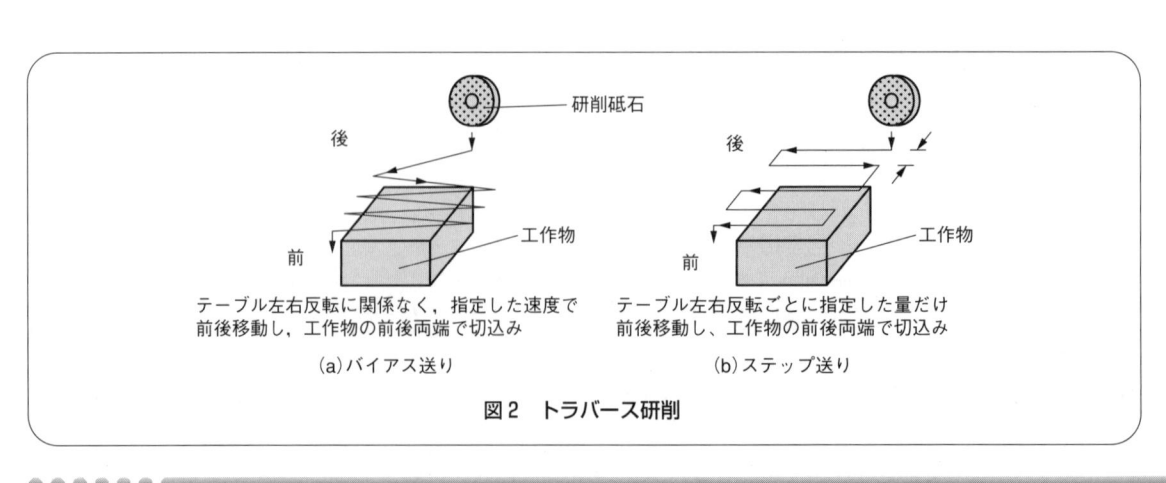

図1　プランジ研削
(a)片側切込み　(b)両側切込み

図2　トラバース研削
(a)バイアス送り　テーブル左右反転に関係なく，指定した速度で前後移動し，工作物の前後両端で切込み
(b)ステップ送り　テーブル左右反転ごとに指定した量だけ前後移動し，工作物の前後両端で切込み

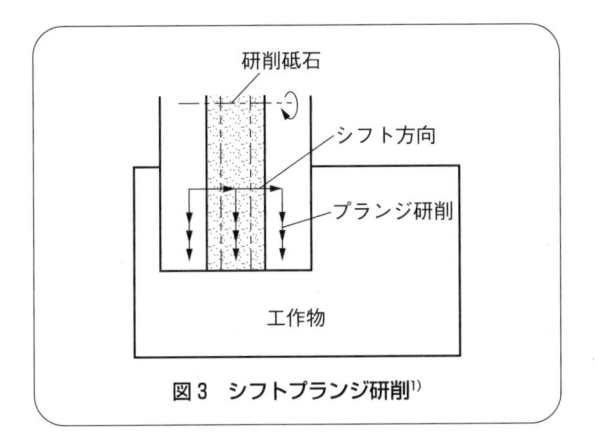

図3 シフトプランジ研削[1]

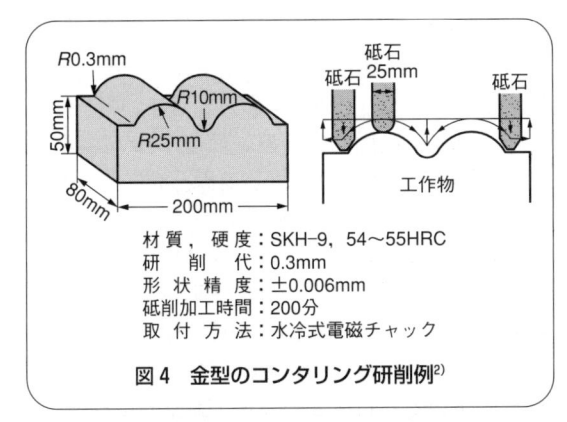

図4 金型のコンタリング研削例[2]

材質，硬度：SKH-9，54〜55HRC
研　削　代：0.3mm
形 状 精 度：±0.006mm
砥削加工時間：200分
取 付 方 法：水冷式電磁チャック

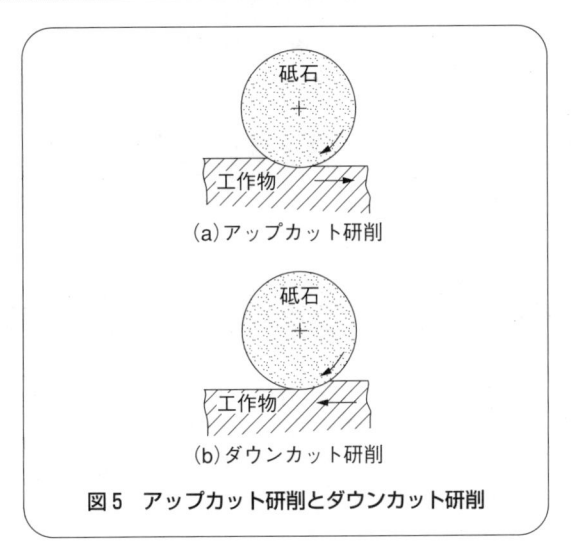

図5 アップカット研削とダウンカット研削
(a) アップカット研削
(b) ダウンカット研削

示すように砥石幅より広い工作物を成形研削することができます。コンタリング形状は，プログラムにより自由に変更できるので，その都度研削砥石を変更する必要もなく，多品種少量生産に適しています。ただし，工作物の形状精度を保つためには，常に砥石形状を厳密に維持する必要があります。

研削特性は，砥石の回転方向と工作物の送り方向によっても変わります。図5に示すように，研削砥石の回転ベクトルと工作物の送りまたは回転ベクトルが反対方向になる研削方式を「アップカット研削」といいます。アップカット研削では，工作物に対する砥粒切刃の切込み角が小さくなるため，上滑りが起こりやすくなり研削抵抗も大きくなります。一方，ベクトルが同一方向になる「ダウンカット研削」では，テーブル送り系の剛性が低い場合や送り系にバックラッシュがある場合にスティックスリップが起こりやすくなります。円筒研削盤や内面研削盤では，工作物と研削砥石の相対速度を高くして表面粗さを小さくするためにアップカット研削が一般的ですが，センタレス研削盤では支持刃に工作物を押付けて安定的に案内するために，ダウンカット研削で加工します。一方，横軸平面研削盤ではテーブルストロークごとにアップカット研削とダウンカット研削を繰返すことになります。

研削サイクルの最終段階に研削砥石に切込みを与えずに加工する方法を「スパークアウト研削（ゼロ研削）」といいます。これは，加工中の研削抵抗により弾性変形した研削盤の弾性回復を利用した方法であり，表面粗さと寸法精度の向上を図ることができます。

参考文献
1) 由井ほか，使いやすさと高能率・高精度そして環境を考慮したNC平面研削盤，ツールエンジニア，41，2，30-35（2002）
2) 岡本工作機械カタログ

研ぐ

● 研削方式 ●
円筒研削

日産自動車株式会社　太田　稔

　円筒研削盤は，円筒工作物の主として外面を研削する研削盤で，ベッド，テーブル，主軸台，心押台，砥石台などから構成されています。基本的には，回転する工作物に対して回転している砥石を相対的に運動させることによって工作物の外面を研削するものです。

　研削盤の種類は図1に示す通り，大きく3種類に分けられます。(a)円筒研削盤はもっとも一般的な研削盤で，工作物はテーブル上の主軸と心押軸の間に把持され左右方向に移動します。砥石軸が搭載された砥石台はベッドの案内面によって工作物の軸中心に対して直角方向に運動します。(b)アンギュラ研削盤は砥石台の案内面が工作物の軸中心に対して斜めに設けられたものです。(c)万能研削盤は旋回形砥石台に円筒研削用砥石軸と内面研削用砥石軸を持ち，各種の研削作業を1台で行うことができます。図2に円筒研削盤の例を示します。

円筒研削作業の諸形式

　円筒研削作業の諸形式を図3に示します。(a)プランジ研削は工作物の半径方向に砥石を切込む方式で，大面積の外周面や数か所の加工部を同時に研削するときに用いられます。(b)トラバース研削は工作物を軸方向にトラバースさせ工作物の両端で切込みを与える方式で，工作物を高精度に仕上げるのに適しています。(c)アンギュラ研削は外周面と端面を同時に研削することができるため，直角度の要求が厳しい工作物や多段工作物に適用されます。(d)総形研削はプランジ研削の1つであり，砥石をドレッシングによって所望の形状に整形して，プランジ研削で工作物を整形研削する方式です。曲面や多段工作物などの研削に適用されます。(e)テーパ研削は心押軸を前後方向に移動してテーブル移動方向に対して工作物をテーパ角度分だけ斜めにして研削する方式です。高精度なテーパ研削に適用されます。(f)コンタリング研削は工作物の外周形状に沿って砥石を送ることによって多段工作物などの外周面を研削する方式です。砥石には主にcBNホイールが用いられ，工程複合化やフレキシブル生産に適した方式です。図4にcBNホイールによる円筒研削作業の様子を示します。また，円筒研削作業における工作物の把持方法には，両センタ中心で工作物を回転さ

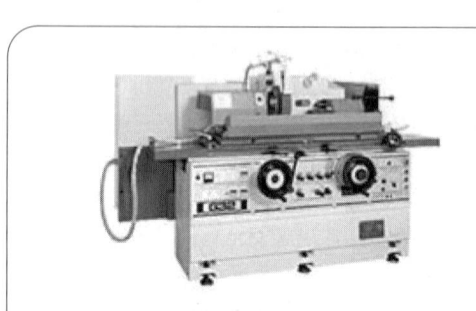

図2　汎用円筒研削盤（(株)ジェイテクト）

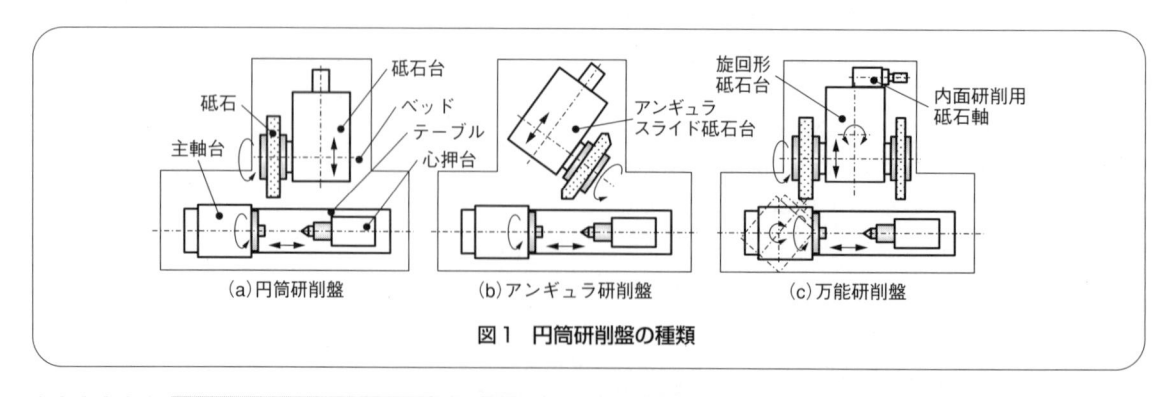

図1　円筒研削盤の種類

(a) プランジ研削　(b) トラバース研削　(c) アンギュラ研削
(d) 総形研削　(e) テーパ研削　(f) コンタリング研削

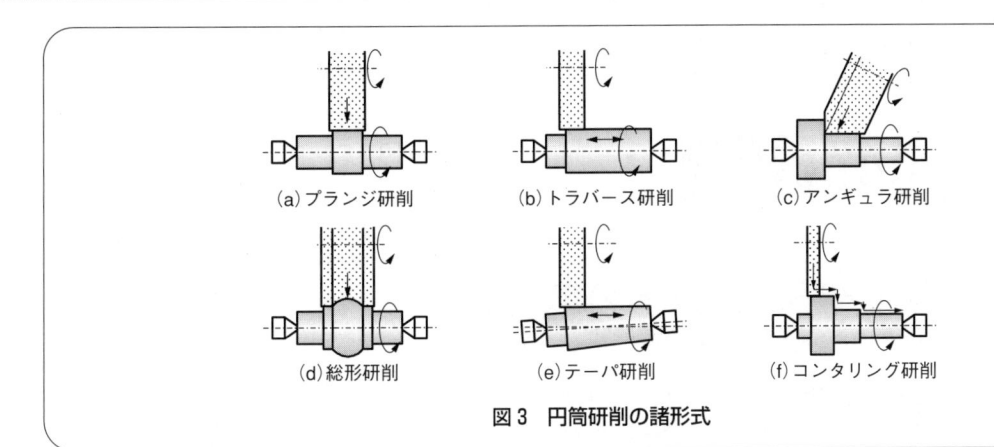

図3　円筒研削の諸形式

図4　cBNホイールによる円筒研削作業

せるケレー方式と，工作物の把持に四爪チャックなどを用いるチャッキング方式があります。

円筒研削と加工精度

ここでは円筒研削盤の精度に影響を及ぼす主要因子である，(1) 案内面，(2) 送り機構，(3) 砥石軸，(4) 主軸および心押軸について述べます。(1) 案内面は一般的にはすべり案内が用いられますが，より高精度な機械では静圧案内が用いられます。案内面の精度は形状精度を左右する重要な要素です。(2) 送り機構の代表的な方式はボールねじ駆動方式ですが，最近ではより高速高精度化が可能なリニアモータ駆動方式が発表されています。(3) 砥石軸には，転がり軸受，流体軸受（油軸受，空気軸受など），磁気軸受などの各種方式があります。砥石の回転精度が工作物の真円度を左右するため，砥石軸構造はもっとも重要な要素の1つです。(4) 主軸および心押軸は，工作物の回転精度や剛性を左右する要素であり，所望の作業に合った構造を選択する必要があります。

円筒研削の新しい技術

円筒研削技術の方向性として，高速高能率化，複合化，高精度化，環境対応化などがあげられます。そのため，超砥粒ホイールによる超高速研削，環境対応形微量クーラント研削などが実用化されています。代表的な例として図5にクランクシャフトの研削の2つの形態を示します。高能率研削法として従来から行われていた (a) マルチホイール研削に対して，(b) C-X軸同時制御を用いたフレキシブル研削法が実用化されています。今後は，さらに高能率でフレキシブルかつ環境にやさしい円筒研削技術が望まれます。

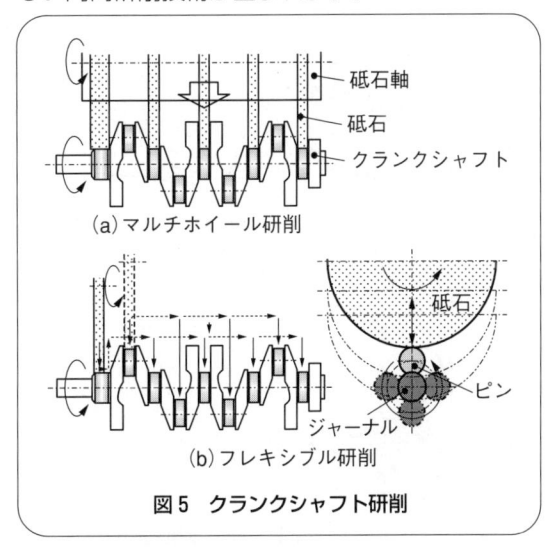

(a) マルチホイール研削
(b) フレキシブル研削

図5　クランクシャフト研削

研ぐ

● 研削方式 ●

内面研削

岡山大学　塚本　真也

内面研削の最大の特徴は，軸剛性の低い小径砥石で工作物内面を加工するために加工中の砥石と工作物がともに顕著な熱変形を呈し，さらに工作物内面は極端なテーパ状に形成されることです。この結果，研削後の工作物内面は大きな中凹状のテーパ形状誤差が発生しやすくなります。ここでは，内面研削の基礎である工作物と砥石の熱変形挙動から中凹形状誤差の発生原因を解明します。

中凹形状誤差の発生原因

図1に，内面研削後の工作物断面形状と砥石断面形状の実測データを示します。

図からわかるように，工作物の熱変形量が収縮した後でも，工作物内面には無視できない凹状のテーパ形状誤差が残っています。当然，この凹状のテーパ形状は熱膨張した砥石面によって研削されて形成されたものと推測できます。ところが，図示の砥石断面では砥石摩耗 d_0 は確認できるものの，砥石の熱変形量は確認できません。なぜなら，この断面形状は冷却後の砥石を測定したものであるため，すでに熱変形は収縮しているからです。

図2に，内面研削中の砥石断面形状の実測データを示します。冷却後と研削中の形状の差から計測に使用したアクリル板の熱変形量 $d_{\theta p}(b)$ を取り除くことで，砥石の熱変形量 $d_{\theta s}(b)$ を決定することが可能となります。図から一目瞭然のように，熱変形のために砥石面は極端な太鼓状に膨張することがわかります。これは，砥石両端部は冷却されやすいのに対し，中央部には冷却液が入りにくいためであるのは明白です。

図3に，1サイクル中の砥石熱変形量 $d_{\theta s}(b)$ と砥石摩耗量 d_0 の変化を示します。このデータは，2段プランジ研削方式で加工したものです。図の砥石摩耗量 d_0 の変化からわかるように，摩耗は砥石幅方向で均一に進行しているのに対し，砥石熱変形量 $d_{\theta s}(b)$ は中凸形状を呈し，特に図上の網掛け領域では砥石摩耗位置よりも砥石面が突き出した状態で熱変形していることになります。その結果，図中のモデル図で示すように，その砥石熱変形量が転写される形態で研削加工中の工作物断面形状は顕著な中凹形状で研削されていることがわかります。

当然，工作物中央部で最大の熱変形量を有するものと考えられるので，研削中の工作物断面の中凹形状は工作物熱変形が収縮すると，さらに形状誤差が増幅された極端な中凹形状となるものと推測されますが，実際は図1のように中凹形状は逆

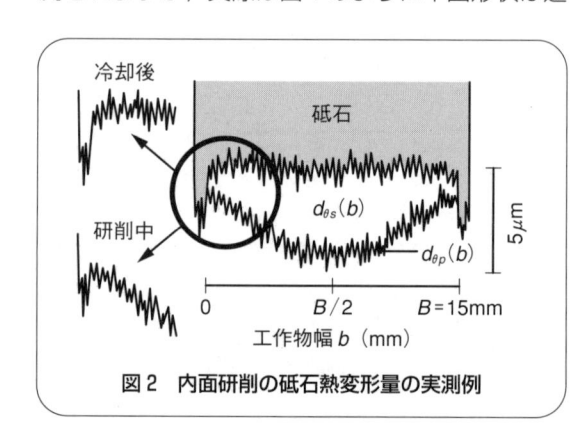

図1　内面研削の工作物断面形状と砥石断面形状

SA100L6V
SUJ-2
K_V=0.0224
V_S=41.7m/s
Q=8.8L/min

図2　内面研削の砥石熱変形量の実測例

図3 内面研削1サイクル中の砥石熱変形量の変化

図4 内面研削における工作物熱変形量の計測方法

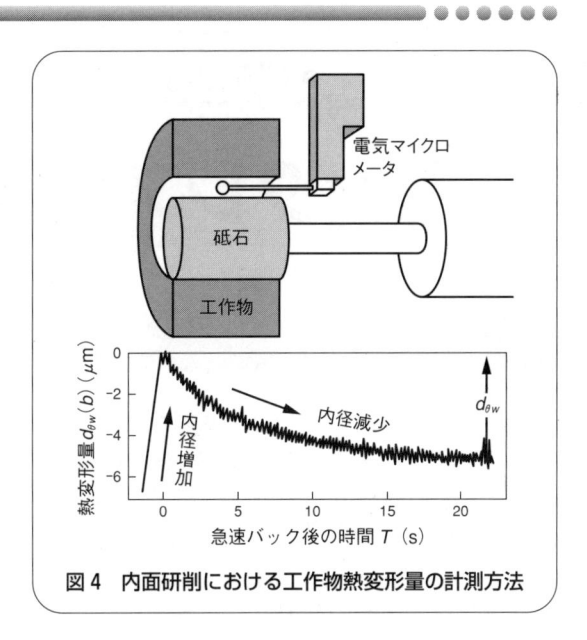

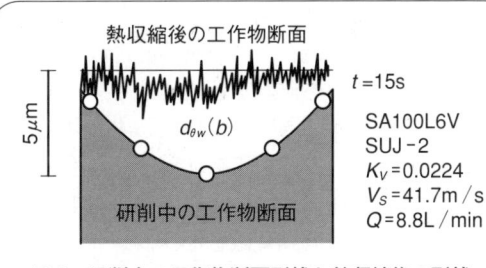

図5 研削中の工作物断面形状と熱収縮後の形状

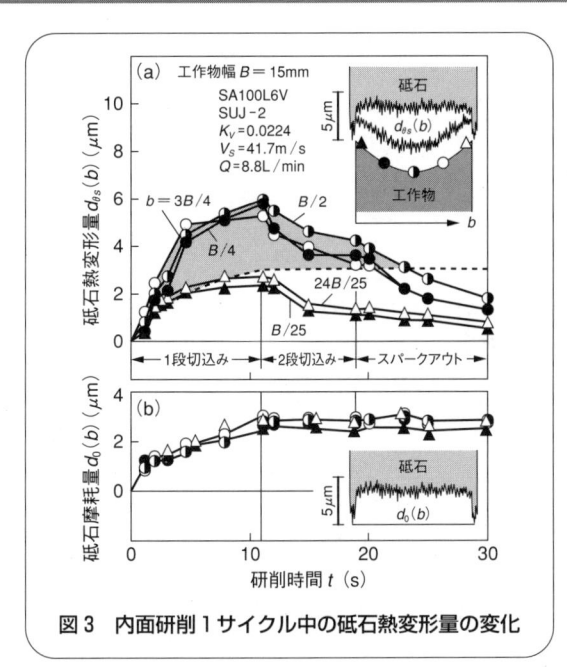

に軽減されています。これは，内面研削における工作物の熱変形量の不思議な挙動です。以下，この内面研削における工作物の熱変形現象を説明しましょう。

工作物の熱変形現象

図4では，工作物の熱変形量 $d_{\theta w}$ を計測する方法を示しています。研削中に砥石台を急速バックさせた後，工作物内面に設置した電気マイクロメータは工作物の熱収縮量を計測することが可能となります。すると，研削中には工作物内径は当然増加する方向へ移動していますが，研削を途絶して工作物が収縮に転じると，工作物内径が減少する方向へ移動しているのです。すなわち図から，工作物の熱収縮過程では工作物内面は砥石面へ近づく方向へ移動しているのです。これは直感的には理解しがたい現象ですが，実測データはその解釈が正しいことを明示しています。

以上のことから，内面研削の加工中には工作物は砥石面から離れる（工作物内径が増加する）方向へ熱膨張し，熱収縮時には逆に砥石へ近づく（工作物内径が減少する）方向へ移動することとなります。この現象のために，上述の一見不思議な挙動が明白に理解できるようになります。

それを，図5に示します。図のプロット点で示す曲線が，研削中の工作物の断面形状です。この時点で研削を途絶させると，熱変形量が収縮し始め，その収縮方向は前述のように工作物内径を減少させる方向ですから，図では上方へ熱収縮する結果，研削中の顕著な中凹形状は軽減されることがわかります。

研ぐ

●研削方式●
センタレス研削

秋田県立大学　呉　勇波

センタレス研削は，ベアリングの内外レースやピストンピン，そしてエンジンのバルブやカムシャフトなどの高精度高効率加工，直径が小さくて長い工作物の円筒面を仕上げる加工に適しています。工作物を把持する必要がありませんので大量生産にも適しています。

センタレス研削の特徴

センタレス研削は，図1に示すように1軸回転体の加工物を研削砥石と調整砥石およびブレードの3面で支えながら研削する加工法です。この方法では，円筒研削において見られるような主軸センタと心押しセンタに加工物を着脱する手間が省けるため，作業能率が高められます。また，加工物が全長にわたって調整砥石とブレードによって支持されるため，高精度かつ高負荷加工が可能です。

円筒研削においては，原理的に所定の切込み量を与え加工物をセンタ基準で1回転させて半径が一定な円を形成する機構ですが，センタレス研削においては，加工物上のひずみが研削に伴い一定の割合で次第に減少し，やがて真円に限りなく近づく機構です[1]。この減少率を示す「造円係数 K」[2]は，図2の幾何学的関係より次のように求められます。

$$K = \frac{\Delta_2}{\Delta} = \frac{\Delta_1 \sin(\alpha-\beta)}{\Delta}$$
$$= \frac{(\Delta/\sin(\alpha+\gamma))\sin(\alpha-\beta)}{\Delta}$$
$$= \frac{\sin(\alpha-\beta)}{\sin(\alpha+\gamma)}$$

ここで，α, β, γ, Δ, Δ_1, Δ_2 はそれぞれブレード頂角，研削砥石や調整砥石に対する加工物の心高角，加工物の初期ひずみ，加工物がブレード上を移動する量と研削される量です。たとえば $\alpha=60°$，$\beta=2°$，$\gamma=4°$ を上式に代入して $K=0.9435$ が得られた場合は，加工物1回転当たり5.65%ずつひずみ量が減少し，すなわち5.65%ずつ真円に改善されます。研削中加工物が100回転したとすれば $0.9435^{100} \approx 0.003$ となり，すなわち初期真円度が0.1mmの加工物であってもほぼ0.3μmの真円度に仕上げられます。

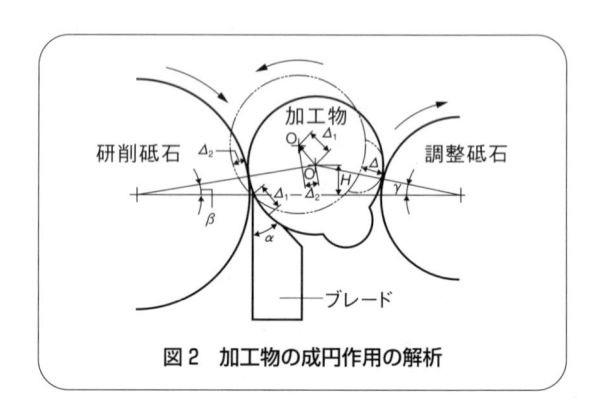

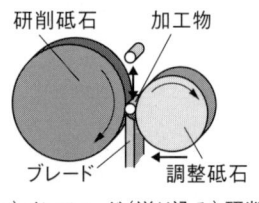

図2　加工物の成円作用の解析

(a) インフィード（送り込み）研削
(b) スルーフィード（通し送り）研削
(c) タンジェンシャルフィード（接線送り）研削

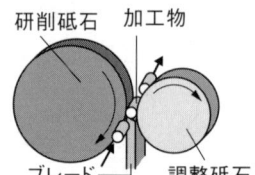

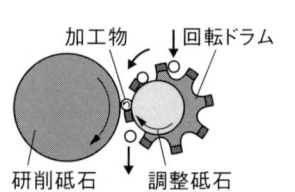

図1　センタレス研削の作業様式

センタレス研削の作業様式

センタレス研削はその作業様式によって次の3つの方式があります。

（1） インフィード（送り込み）研削（図1(a)）

加工物に軸方向の送りを与えないで加工面に砥石を同時接触させ一気に研削するプランジ研削方式です。加工物の支持にその形状に見合ったプロファイルをもつブレードと調整砥石を用いれば，総形，段付き，テーパなどの加工物に適用できます。

（2） スルーフィード（通し送り）研削（図1(b)）

調整砥石の軸を垂直面内にやや傾ける（1°～4°程度）ことによって生じた調整砥石周速の軸方向成分によって加工物を両砥石の間に軸方向に通過させながら研削する方式です。この方式では，軸方向に規制がなく，加工物を連続的に供給できるのできわめて高い生産能率が確保できます。特にピストンピン，マイクロシャフト，ロッド材，ベアリング外輪およびニードルバルブなどの高精度高能率加工に有効です。

（3） タンジェンシャルフィード（接線送り）研削（図1(c)）

加工物は，ブレードに相当するエッジを多数設けられている回転ドラムに格納されたまま，研削砥石と調整砥石の間をその接線方向に通過させながら研削する方式です。その際加工物長さが砥石幅より短いものに限られますが，円筒に限らず，総形，段付き，テーパ状加工物の研削が可能です。

以上のように，センタレス研削は作業能率では優れていますが，反面，成円機構上真円を得にくく，奇数個の等径ひずみ円を形成しがちとなります。この抑制対策として，心高の調整が有効ですが，調整砥石の真円誤差とその軸の回転誤差のため，加工精度の向上に限界があります。また，微小部品加工における部品の大きさに見合って加工機を小形・軽量化しようとする動きが顕著になっている昨今ですが，調整砥石やその駆動装置および成形装置などがセンタレス研削盤の小形・軽量化の障碍となります。そこで，調整砥石の代わりに超音波楕円振動シューを用いて加工物を支持・回転制御する新しいセンタレス研削法が提案されています（**図3参照**）[3]。超音波楕円振動シューは，金属弾性体上に4極に分極された圧電素子（PZT）を接着剤により貼り付けた構造になっています。いま互いに90°の位相差をもつ超音波域（20 kHz以上）の交流信号を電力増幅器によって増幅したのち，圧電素子に印加しますと，金属弾性体には波打ちと伸縮といった2種類の超音波振動が同時に発生し，金属弾性体端面ではそれら2つの振動変位が合成され，楕円運動になります。したがってブレード頂面上の加工物は，摩擦力によって楕円運動速度とほぼ同じ周速で回転制御され，高速回転する研削砥石によって研削されます。

図3 超音波楕円振動シューを用いたセンタレス研削法の概要

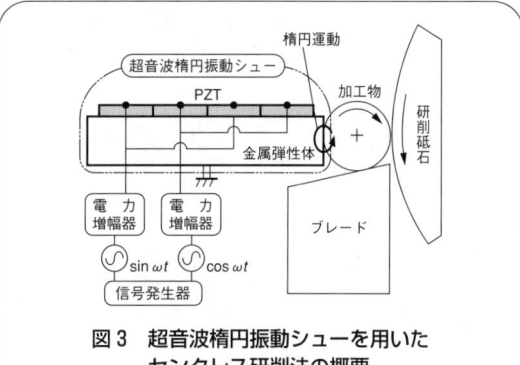

参考文献

1) 呉 勇波，庄司克雄，厨川常元，立花 亨，センタレス研削に関する研究（第3報）―加工条件の評価関数について―，精密工学会誌，**65**，6，862-866（1999）
2) 竹内徳文，芯無し研削盤のカタログの読み方，機械と工具，**37**，4，1-12（1993）
3) 呉 勇波，庄司克雄，加藤正名，厨川常元，立花 亨，調整車を用いないセンタレス研削法の開発―実験装置の試作と二，三の研削テスト―，砥粒加工学会誌，**46**，10，510-514（2002）

研ぐ

●研削方式●
クリープフィード研削

熊本大学名誉教授　松尾　哲夫

　クリープフィード研削は所望の寸法と表面粗さを1ないし2パスで仕上げを行う研削方法です。一般的には，砥石切込み量は1〜10mm，工作物の送り速度は毎分10〜1,000mmで加工されます。大量の研削液を必要とし，砥石としては気孔率の高いものを選びます。また，cBNホイールの使用により高速高能率のクリープフィード研削が達成されます。

クリープフィード研削の特徴

　横フライス盤による種々の形状の溝加工を，横軸形平面研削盤を用いて砥石で行う加工法をクリープフィード研削とよびます。この加工法によって，耐熱合金製タービンブレードの溝部や油圧部品，金型，工具などのほか，超硬やセラミック部品の成形加工が能率よく行われています。

　クリープフィード研削とは，高砥石切込み深さと低工作物速度のもとに一定の断面形状を持つ溝を1パスあるいは2パスで総形成形研削するものです。通常，平面研削方式で十分な剛性を備えた研削盤により行われますが，一方，クリープ回転円筒研削方式のものもあり，ここでは工作物に低速回転（たとえば毎分5回転かそれ以下）を与え1回の回転で加工が終了します。種々のクリープフィード研削方法を図1に示します。通常の平面研削での切込みは，せいぜい0.02〜0.03mmであるのに対し，クリープフィード平面研削では砥石切込みが10〜30mm（500〜1,000倍）にも及ぶことがあり，逆に工作物送り速度は通常平面研削の1/100〜1/1000と，低く抑えられています。

　ここでクリープフィード研削における切りくずの大きさについて考えてみましょう[1]。砥石切込み深さを t，工作物送り速度を v，砥石直径を D，そして砥石周速度を V とすると，1個の切りくずの長さ l，および平均厚さ h は理論的に式(1)，(2)により求められます。

$$l = \sqrt{Dt} \quad (1)$$
$$h = \sqrt{(4v/rcV)}\sqrt{t/D} \quad (2)$$

　ただし，r はスクラッチの幅対深さ比，C は砥石表面単位面積当たりの切刃の数です。

　式(1)によって切込み t の大きいクリープフィード研削では当然のことながら，接触弧長さ l は $t^{1/2}$ に比例して大きくなります。一方，切りくず厚さ h は $v^{1/2}・t^{1/4}$ に比例して変わるので同一の削除率，すなわち $v・t$ ＝一定の場合，h は $t^{-1/4}$ に比例することになり，切込みの増加につれ h は減少します。たとえば，t を 10^3 倍大きくし v を逆に 10^3 分の1に小さくすることにより，接触弧の長さ l は32倍長くなり，平均切りくず厚さは3.6分の1に減少します。

　このように，クリープフィード研削の特長は接触弧が長く，その代わりに1個の切りくずの平均厚さが小さくなります。このことは砥粒切刃1個にかかる力が小さいことを意味し，この研削方式が重要な特長です。その結果加工物が多少硬い材料であっても，比較的研削しやすくて砥粒刃先の摩耗は少なくなります。それゆえ本研削方式では砥石のコーナ摩耗が少なく，優れた砥石の形状保持性が保たれ，寸法精度が良くなるわけです。

　クリープフィード研削のもう1つの特長は実削除率が高いということです。通常の平面研削でもクリープフィード研削でも，実際の工程では工作物を削らない反転のための余分な時間（オーバラ

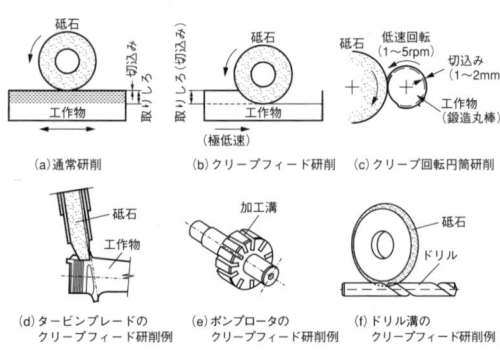

図1　各種クリープフィード研削法による加工例

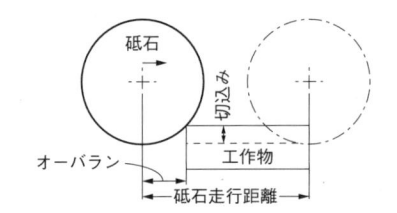

図2 クリープフィード平面研削における砥石・工作物の接触位置

ン）があります（**図2**）。通常研削ではこのタイムロスがかなり大きいのに対し，クリープフィード研削ではほとんど無視できる値です。このような真実の削除を行わない時間を含む全作業時間を基準に算出した削除率を実削除率とよびますが，実削除率が高くなることからもクリープフィード研削が通常平面研削より有利であるといえます。

クリープフィード研削の留意点

① 研削温度の抑制と冷却方法

クリープフィード研削では接触弧が長いため砥石1回転中の砥粒の接触時間，すなわち摩擦時間が長くなり研削抵抗も急速に上昇するので，結果として発熱が多く研削温度の上昇が避けられません。そして，工作物表面に焼けや熱変形が発生します。削除率一定として切込みを増し，逆に工作物送り速度を低下させた場合の研削抵抗の測定結果によると，切込みを高くすることにより研削抵抗は接線・垂直方向ともに急激に上昇しています。すなわちクリープフィード研削の度が高くなると，研削エネルギー，つまり研削熱の急上昇が起こります。

クリープフィード研削の進行に伴う研削温度の上昇と焼け発生の限界などについての研究が多いですが，被削材にもよりますが研削温度の値は，高いときは800℃にも及ぶことがわかっています。したがって，クリープフィード研削を成功させるためには，いかに研削部の発生温度を抑えるかが1つの重要問題で，そのためには大量の研削液が必要であり，また高圧ジェット注液などが必要となります。

② 砥石の選択

クリープフィード研削用砥石としては砥石目づまりの少ない多孔質の砥石が望まれ，時には連続ドレッシング法などが利用されます。

鋼ではアルミナ系砥石のうち32A（単結晶アルミナ）など破砕性に富み切削性も良いものが利用されています。またタービンブレード用の超耐熱合金インコネル，ニモニックなどの研削にもRA，86Aなどのアルミナ系砥石が使用されています。とくに，cBNホイールの使用が急速に進み，焼入れ炭素鋼，低合金鋼などの機械部品のみならず，磁性体モータコアのクリープフィード研削などにも，盛んに使用されてきています。

超硬合金やセラミックスについても比較的以前よりダイヤモンドホイールによるクリープフィード研削が行われています。

③ cBNホイールによる高速クリープフィード研削

最近とくに注目される研削としてcBNホイールによる高速クリープフィード研削が挙げられます。ドイツで開発された研削方式で，High-Efficiency Deep Grinding（HEDG）とよばれています。砥石周速200 m/sにおよぶ超高速のもとで高切込みで行われるきわめて能率の高いクリープフィード研削です。**表1**[2]は，このHEDG研削，通常の横軸平面研削およびクリープフィード研削において採用される切込み，工作物送り，砥石周速などの差違と，それぞれで達成できる研削能率の大きさを比較したものです。HEDG研削できわめて高い加工能率が得られています。

参考文献

1) 松尾哲夫：溝研削，加工技術データファイル，1-2（1980）
2) T. Tawakoli : Technological requirements for High Efficiency Deep Grinding, Proc.of Symposium "Grinding Fundamentals and Application", ASME, PED-39 (1989), p. 253

表1 通常研削，クリープフィード研削，およびHEDG研削における研削条件と研削能率の差

	通常研削 （横軸平面）	クリープフィード研削	HEDG研削
切込み t (mm)	小 0.001〜0.05	大 0.1〜30	大 0.1〜30
加工物送り速度 V_w (m/min)	高 1〜30	低 0.05〜0.5	高 0.5〜10
砥石周速 V_s (m/s)	低 20〜60	低 20〜60	高 80〜200
研削能率 Z' (mm^3/mm・s)	低 0.1〜10	低 0.1〜10	高 50〜2,000

注）砥石：cBN砥石，加工材：Cr-Mn鋼

3 研ぐ

● 研削方式 ●

ベルト研削

千葉大学　樋口　静一

　ベルト研削は，サンドペーパで代表される研磨布紙の両端を接合してベルト状とした研磨ベルトを工具とする加工方法で，熱の発生が少なく能率の良い研削方法として知られています。ベルト研削はベルト研磨とよばれる場合もあります。

ベルト研削の方式

　ベルト研磨機の基本的な構造を**図1**に示します。研磨ベルトは，コンタクトホイールとアイドラプーリにより，適切な張力を与えられると共に高速回転（500～2,000 m/min）します。この研磨ベルトに対し，工作物を押し当てることにより研磨・研削作業が行われます。

　一般に，コンタクトホイールは**図2**に示すように，アルミニウム合金製のホイールにゴムがライニングされたものです。その表面は平坦な形状や，溝を付けたものが用いられ，ゴムの硬さはJIS硬度の70HSが標準的に使用されています。プラテンは，押し板用として鉄板や板材などが使用されます。工作物は，コンタクトホイールやプラテンの部分，あるいは，研磨ベルトに対し何も支持しない状態のフリーベルトとよばれる部分に押し当てられます。この3種類の研磨方式の概要を**図3**に示します。各研磨方式の特徴は以下の通りです。

（1）コンタクトホイール方式

　もっとも一般的に使用されているベルト研削方式で，研磨ベルトの弾性接触工具としての特徴がよく現れます。研削時には，コンタクトホイールのゴムが弾性的に変形します。そのため，工作物と研磨ベルトの接触領域が増加し，作用砥粒数の増加や，各砥粒切刃に作用する切削抵抗を緩和させ，工作物の形状に倣った加工が可能になります。ゴムの硬さ，溝の有無などの形状の違いによって，研削能率，仕上げ面粗さ，工具寿命などが変化します。この方式では，工作物を回転させる機構を設けて，円筒研削や心無し研削も行われています。

（2）プラテン方式

　研磨ベルトが金属平板などでバックアップされた状態で，工作物が押し当てられます。そのため，コンタクトホイール方式に比べ寸法精度は良くなりますが，発熱が大きく工具寿命は低下します。木工加工などでは，曲面形状のプラテンを使用して曲面加工を行う場合もあります。

図1　ベルト研磨機の基本構造

図2　コンタクトホイール

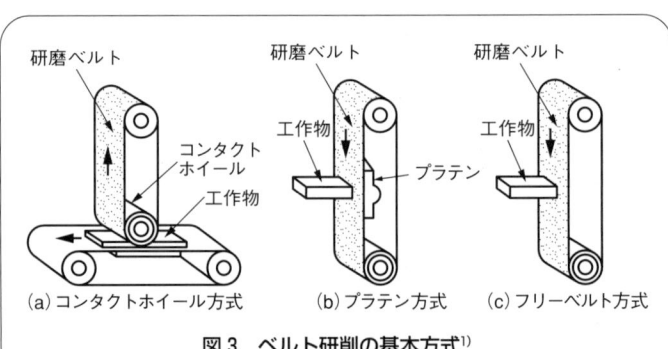

図3　ベルト研削の基本方式[1]
（a）コンタクトホイール方式　（b）プラテン方式　（c）フリーベルト方式

図4 円筒ベルト研削の研削過程

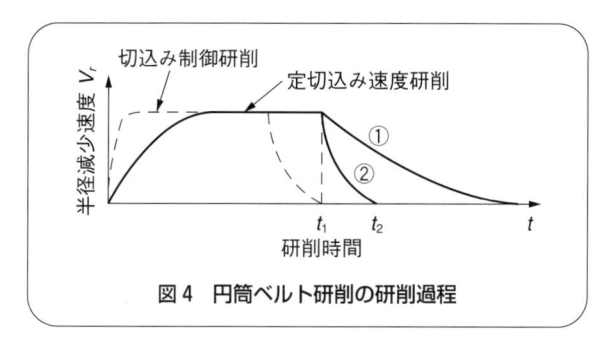

（3） フリーベルト方式
研磨ベルトの柔軟性と張力を利用する研磨方式で，コンタクトホイール方式よりも，工作物形状に倣った曲面加工が可能です。

ベルト研削における精度向上

ベルト研削においてゴムコンタクトホイールは，ベルト研削の特徴を有効に引き出しますが，その変形により寸法や形状精度が出にくい，工作物端にダレを生じるなどの問題があります。しかし，ゴムの変形量を定量的に把握すれば，これも解決します。図4は円筒プランジ研削を行った場合について，円筒工作物の半径減少速度 v_r の変化を模式的に示しています[2]。図において，実線は定切込み速度 v_s で研削した場合で，時間 t_1 で切込み停止後，①はゴムの変形回復で研削を継続する場合，②は直ちに研削を終了する場合を示しています。研削開始直後はゴムの変形のため v_r は徐々に増加し，やがて設定した切込み速度 v_s に等しくなります。そのため切残しを生じます。切込み終了時には，直ちに研削を終了する②の場合でも，ゴムの変形回復により時間 t_2 まで研削が継続されるので寸法精度を得るのが難しくなります。しかし，破線で示されているように，定常研削状態のゴムの変形量までは，速い切込み速度で研削を開始して研削時間を短縮し，研削終了時には，ゴムの変形回復による研削量を差し引いた研削量で切込みを終了すれば寸法精度は向上します。

図5は，ゴムコンタクトホイールの変形量は半径減少速度 v_r に比例すると仮定し，その比例定数を一次遅れの時定数と同様として求め，切込み制御を行った結果です。定切込み速度の場合に比べ，切込み制御により研削時間が半減し，目標の 500 μm に対し，±5 μm 以内の寸法精度で半径減少量が得られています。この場合，寸法測定装置などを必要としますが，ゴムの変形量を予測すれば，比較的容易に寸法精度を向上させることが可能です。同様に平面研削において，切込み制御により形状精度を向上させ，さらに端面のダレを除去する方法も提案されています[3]。また，ベルト研削では，研削時間の経過に伴い，砥粒の摩耗などにより徐々に研磨量が低下する傾向を示しますが，検出された接線研磨抵抗と目標研磨量から研磨時間を予測して，所定の研磨量を得る制御方法なども提案されています[4]。

図5 切込み制御の効果

参考文献
1) 研磨布紙加工技術研究会，実務のための新しい研磨技術，97，オーム社（1992）
2) 樋口静一ほか，プランジベルト研削における研削過程と切込み制御の検討，精密工学会誌，**52**，5，832（1986）
3) 曽 貴宝ほか，ファジイ推論によるプランジベルト研削の形状精度向上，精密工学会誌，**59**，2，257（1993）
4) 樋口静一ほか，ファジイ推論に基づくフリーベルト研磨の自動化に関する検討，精密工学会誌，**59**，8，1281（1993）

3 研ぐ

●複合研削方式●
超仕上げ法

金沢大学　上田　隆司

砥石を用いる加工法で，加工表面の最終仕上げを行います。砥石を振動させるところに特徴があり，ブロック状の砥石を加工物に一定圧力で接触させながら，加工材料に回転運動を与えて加工するのが一般的です。もっとも細かい粒度の砥石を用いる加工で，短時間で鏡面を得ることができます。

加工機構

砥石を用いる加工法では，もっとも精密度の高い加工で，最終仕上げが行われます。砥石には，アルミナ（Al_2O_3）砥粒，炭化珪素（SiC）砥粒などを用いる普通砥石と，ダイヤモンド砥粒やボラゾン（cBN）砥粒などの超砥粒砥石があります。加工変質層が薄く，耐摩耗性や耐食性に優れた加工面が得られ，ベアリングレース面など円筒面の最終仕上げが行われます。また，平面や曲面の加工も行うことができます。**図1**に加工機構の基本図を示します。シリンダ状の加工材料の外面を仕上げています。一般に，加工面は研削で前加工されており，その面を仕上げます。ブロック状の砥石に一定圧力を加えて，加工面に押し付けます。加工材料は回転運動しており，砥石はそれと直角をなす軸方向に振動して加工を行います。したがって，超仕上げでは同じ砥石面が常に加工面と接触していることになります。また，砥石幅全体が円筒面と接触しているため，接触面積が大きくなります。このため，切りくずの排出が難しくなり，超仕上げでは切りくずの排出が重要な課題となります。

砥石が振動し，加工物が回転することから，砥石の円筒面上での運動は正弦曲線になります。正弦曲線と中心線とのなす角θを最大傾斜角といいます（**図2**）。θは振動数と回転数によって決まり，砥石の加工状態に影響します。砥石の振動は一般に機械的方法で与えられ，毎分1,000回程度です。これに対し，回転数は広い範囲で設定することができ，回転速度を上げるとθは小さくなっていきます。

砥　石

超仕上げでは砥石の選択が大変重要です。加工すべき材料の面積に比べて，加工に寄与する砥石面積が少ないため，砥石の自生作用を活発にして切れ味を保つ必要があります。大きな円盤砥石を用いる研削加工と比較するとよくわかります。砥石を振動させるのも，自生作用を活発にするためです。砥石が硬すぎる（結合度が高い）と目づまりを起こして，切れ味が低下してしまいます。逆に，軟らかすぎると，砥石が急激に損耗してしまいます。

超仕上げでは砥石の自生作用を促す加工を行う

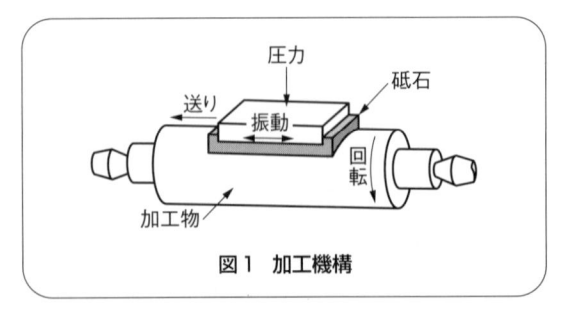

図1　加工機構

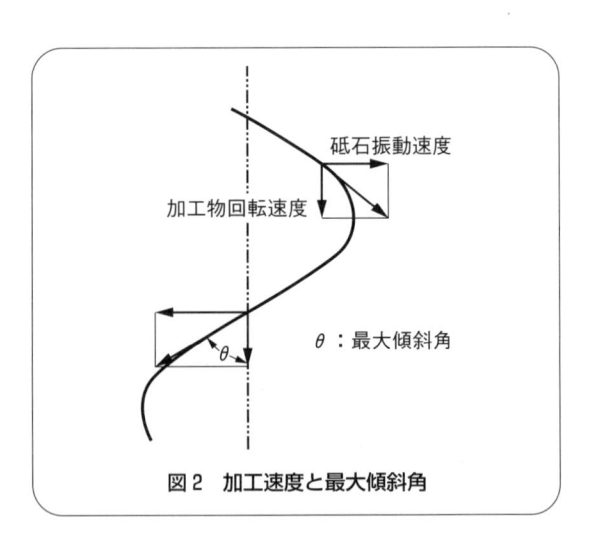

図2　加工速度と最大傾斜角

ため，砥石の損耗が研削などに比べると多くなります。このため，砥石の交換を頻繁に行わなければならず，その対策として超砥粒砥石が好んで使われます。超砥粒砥石の寿命は普通砥石の数10倍，時には100倍程度になります。超砥粒砥石では，切りくずの逃げ道となる気孔を持つビトリファイドボンド砥石がよく用いられます。

砥石粒度ですが，加工量や加工面粗さに大きく影響します。加工物の除去に主眼をおいた荒加工では#1000までの砥石，鏡面を得る仕上げ加工では#1000以上が目安になります。超砥粒砥石は切れ味がよいため，普通砥石よりも同じ粒度の砥石で加工面は粗くなります。このため，普通砥石よりも粒度の高い砥石を用いることになり，#10000を越える砥石が使われることもあります。

処理砥石が用いられる場合があります。微粒砥石の性能を上げるため砥石気孔にイオウやワックスを充填しています。一般に，イオウ処理砥石がよく用いられ，イオウの働きには，砥粒の脱落を抑制する補強効果，極圧添加剤としての潤滑効果などがあります。しかし，ヨーロッパでは環境への影響からイオウ処理砥石は使われていません。

加工条件

（1） 砥石圧力

普通砥石と超砥粒砥石では加工機構が大きく異なります。砥石に切込みを与える定切込み加工も行われていますが，ここでは一般に用いられている砥石に一定圧力を加えて加工する定圧加工を取り上げます。

普通砥石では，砥石圧力（数 kgf/cm^2）を大きくしていくと，砥石損耗が急激に増える圧力があります。この圧力を砥石臨界圧力（**図3**）とよび，この圧力を境にして砥石の加工状態が磨き状態から砥粒が脱落しながら切削を行う状態へと大きく変化します。そのため，この臨界圧力より少し小さめの砥石圧力に設定すると，加工初期では鋭い切刃によって加工が行われますが，加工進行とともに切刃の摩耗が進行し，最終的に目づまり状態となった砥石によって磨きが行われます。10～20秒程度の加工で鏡面に仕上げることができます。

これに対し，超砥粒砥石では砥石の切れ味に大

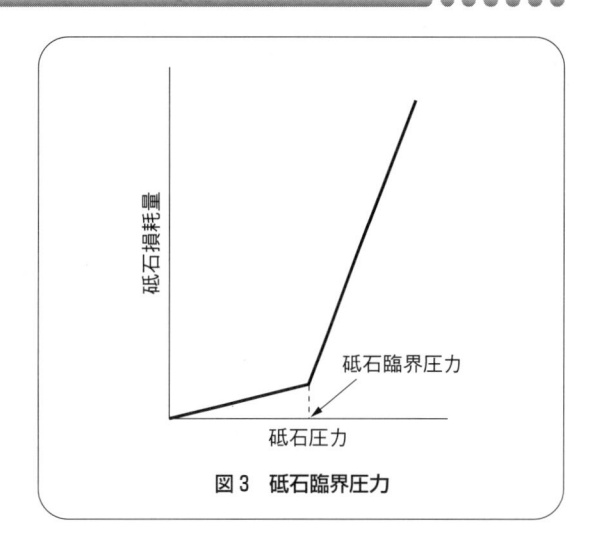

図3 砥石臨界圧力

きな変化が生じません。常に切りくずを生じる加工が行われています。これはダイヤモンドやcBN砥粒が簡単に摩耗しないことによります。このため，仕上げ面粗さを向上するためには粒度の細かい砥石を用いることが必要になります。場合によっては#10000を越える細かい超微粒砥粒の砥石を用いる加工が必要となってきます。

（2） 加工速度と最大傾斜角

加工速度ですが，おおざっぱな言い方をすれば，普通砥石を用いる場合で 50 m/min 程度に対し，超砥粒砥石では回転速度を上げて 100 m/min 程度と高速で加工する場合が多いようです。

このため，最大傾斜角 θ にも差が現れます。普通砥石で 20～30°程度であるのに対し，超砥粒砥石では 10°以下と小さくなってしまいます。θ が大きくなると砥石の自生作用が活発になり，砥石の切削性は向上しますが，砥石損耗量が多くなり，生産性の低下を招きます。

加工液

砥石の作業面が常に加工材料と接触していることから，切りくずの排出が難しく，加工液の果たす役割は大きくなります。砥石作業面から切りくずを流し出すため，浸透性がよく，切りくずに対して親和性がよい低粘度の鉱油や軽油が一般的に用いられています。混入した切りくずを濾過などによって取り除き，循環して使用します。

3 研ぐ

●複合研削方式●
ホーニング加工

トーヨーエイテック株式会社　国木　稔智

　自動車エンジンのシリンダに代表されるような円筒形状は，ボーリングによる切削加工で穴の位置を決定し，ホーニング加工で穴の寸法や形状そして加工表面を仕上げます[1]．砥粒加工法の1種で，一般に円筒状の摺動面を仕上げるときに広く用いられる加工法です．

　砥粒加工法の代表的な研削加工とホーニング加工を比べますと，研削加工は一般に砥石周速が2,000 m/min を超える高速加工ですが，ホーニング加工は 100 m/min 前後の低速加工です．加工方式としては，ホーニングヘッドに棒状のホーニング砥石を何個か取付けて，適切な面圧を掛けながら回転と同時に往復運動させます．このとき，材料の除去方向に伴ってホーニング加工特有の交差した網目模様の加工面が形成され，これが摺動部の油溜まりの役目をして潤滑性能を高めています．切りくずを見ますと，研削加工は砥粒が断続的に加工面に接触し材料を除去するため，流れ形の短い切りくずとなります．ホーニング加工では砥粒が連続的に接触するため原理的には長い切りくずが生成されるはずですが，現実的には砥石と加工面との面接触状態の中を切りくずが隙間をぬって排出されていくので塊状の不連続切りくずになってしまいます．また材料を除去していた砥粒は，自生発刃サイクルによって脱落し始め，徐々に新しい砥粒に代わっていきます．このサイクルでは，砥石切れ味が周期的に変わる特性があり，加工時間と表面粗さがこれに準じて変化します．これらがホーニング加工の特徴であり，砥石に適切な面圧を掛けて安定した加工を実現させるには，相当なノウハウと注意が必要となります．

砥石拡張方式

　この砥石に面圧を掛けるためには，砥石を拡張させますが，これまでは「定圧拡張方式」と「定速拡張（NC拡張）方式」の2つの方式がありました．

　一定の圧力で切込む「定圧拡張方式」では，砥石表面の砥粒がだんだんと摩滅してくると，加工面の粗さは小さくなり，砥石切れ味が低下して加工時間が長くなります．加工条件が適切でない場合には，切りくずが排出できず砥石表面に付着し，ついには"目づまり"状態となります．こうなるとそれ以上切込みが進まず，設定寸法まで到達できなくなるという，構造上避けられない問題が発生してしまいます．

　一方，「定速拡張（NC拡張）方式」の場合は，サーボモータ軸と実際の砥石間で拡張力を伝達するロッドなどの切込み伝達系がたわみ，ホーニング特有の「かつぎ」とよばれる現象が発生します．砥石が加工物に切込む際，砥石切れ味によってたわみ量が変化し，これが原因で理想の加工面圧と実際の切込み力に差が生じ，加工面圧が不安定となります．時として砥石のボンド強度以上に砥石面圧が掛かって大規模な砥粒の脱落に発展することがあります．すると新しい砥粒が数多く表面に吐出した粗い砥石表面が現れ，急激な切れ味の上昇によりボア径寸法がばらついたり加工表面が粗くなったりします．

　これに対して，「定圧的機能を持たせた定速拡張方式」は，お互いの問題を補い理想に近づけたホーニング加工方法といえ，安定した加工が可能となります．

　加工クーラントに関しては，油性クーラントが

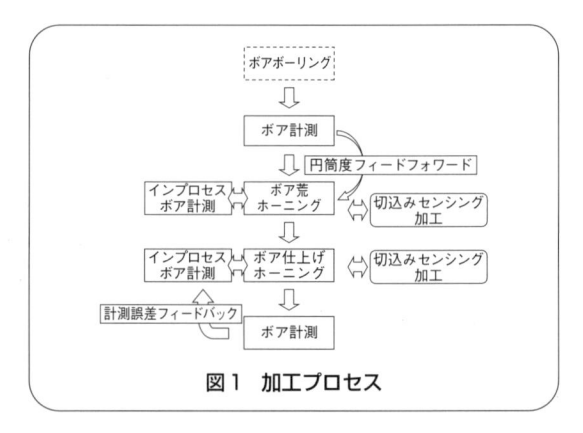

図1　加工プロセス

まだ一般的となっていますが，工場環境の改善要望を受けて徐々に水溶性クーラントへの切り替わりが始まっています。従来，自動車エンジンのシリンダーブロックのボア仕上げ工程には，クーラントが異なるために独立したボーリングとホーニングの加工機が必要でした。ところが水溶性ホーニングの実用化によってこれを1台のトランスファーマシンへ統合した加工機が誕生し，"ボアフィニッシャー加工機"とよばれています。

ボアフィニッシャー加工機

ボアフィニッシャー加工機は，工場環境の改善に加えてボーリングとホーニングという2つの異なる加工の連携（**図1**）によるメリットを最大限に生かすことができるようになりました。

また，ボーリング加工とホーニング加工が同一加工環境下で管理されているため，環境熱による寸法ばらつきの要因を無視してもよくなりました。これによって，ホーニング工程での取り代を最小限に維持することが可能となり，ホーニング加工での加工熱と加工負荷の軽減に効果を発揮し，高精度加工に寄与できています。

粗さ管理[3]

最後にホーニング加工による表面性状，特にシリンダブロックボアの粗さ精度について，その特徴を述べたいと思います。ボアの加工表面は，エンジン性能や環境性能に大きく影響を及ぼすことがわかってきました。このことから，最近では加工表面の粗さ管理を従来の R_z（JIS 94）評価方法から，より詳細に評価（**表1**）できるように測定項目を区別した方法に変わってきています。

図2に示すように，ボアの負荷曲線（BAC）における油溜まり深さ（Rvk）とオイルの消費量には密接な関係があります。環境性能を上げるためには，ボアとピストンリングの摩擦抵抗を低減しながらも最低限必要な油溜まり深さを管理してオイル消費量を低減させることが必要となります。油溜まりが多すぎると焼付きは問題ありませんが，オイルがガソリンと一緒に燃焼し，大気を汚染させる要因になります。よって，ボアの表面が滑らか（Rpk）であることと，耐焼付き性確保の両立が必要になります。

このような表面性状を確保するためには，荒・中・仕上げなどのホーニング工程を分割して適材適所の砥石と加工条件が必要となります。

ホーニング加工についていろいろと述べましたが，低燃費や環境性能は今後ますますその要求は高まって行くと考えられます。そのような要求に応えるためには，これまで以上に加工精度を高度にコントロールするホーニング加工が必要になると考えられます。

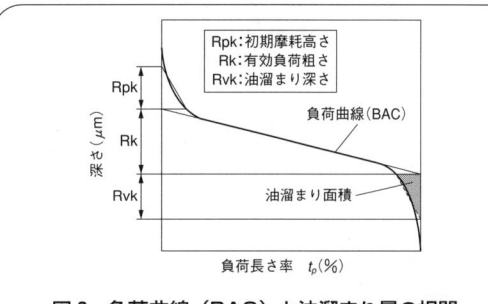

図2　負荷曲線（BAC）と油溜まり量の相関

参考文献

1) 寺谷忠郎，最近のホーニング加工技術，機械の研究，**33**, 9, 37（1981）
2) 藤村健司，山下真丸，鳥居元，シリンダブロックの"高品位加工"，機械と工具，**46**, 10, 20（2002）
3) 国木稔智，シリンダブロックボアのホーニング加工，砥粒加工学会誌，**48**, 2, 67（2004）

表1　エンジン性能と加工品質の相関

エンジン性能	狙い	ボア加工品質	評価項目	得られる効果
低燃費	摩擦抵抗の削減	形状精度の向上	真円度，円筒度	ピストンリング拡張力の低減
		粗さの向上（表面）	Rpk, Mr 1	慣らし運転の削減
低エミッション	オイル消費の削減	粗さの向上（深部）	Rvk, Mr 2	油溜まり量の削減
耐焼付き性	潤滑の安定化	粗さの向上（深部）	Rvk, Mr 2	油溜まり量の維持
		塑性流動層の削減	表面，断面写真	黒鉛潤滑性能の維持

3 研ぐ

●複合研削方式●
超音波振動援用研削

九州大学　鬼鞍　宏猷

ダイヤモンド砥石を用いてガラス，シリコン，セラミックスなどの脆性材料に穴加工，溝加工，面取り加工などを行うとき，砥石または工作物に超音波振動を加えると，欠けや割れが小さく表面の滑らかな製品を高能率に得ることができます。また，鋼のような延性材料の研削でも目づまりの防止などに有効な場合があります。

超音波研削の方法

超音波振動援用研削（以後，超音波研削とよびます）は，砥石または工作物に，人間の耳に聞こえる音（可聴音）の周波数（約 20〜20,000 Hz）より高い周波数（約 20,000 Hz（20 kHz）以上）の振動を与えながら研削する方法です。振動の方向は，加工面に直角な方向か加工面に平行な方向の 2 種類です。これを実現する方法・装置としては，軸（長手）方向または円周（ねじり）方向に振動する超音波振動子（図1(a)，(b)をそれぞれ参照）を組み込んだ回転主軸に砥石を保持して研削するもの（図2(a)および(b)をそれぞれ参照），振動子で発生する軸方向振動を回転する砥石の半径方向振動に変換して研削するもの（図2(c)を参照），軸先端に取付けた非回転の砥石に軸のたわみ振動（横方向振動）を伝えて加工面に沿う振動を行わせるもの（図2(d)を参照），ならびに工作物を固定した台に超音波振動子を組み込んで工作物表面に直角方向または表面に沿う方向に超音波振動させて研削するものなどがあります。このとき，送り方向は砥石軸方向の場合と砥石軸直角方向の場合とがあります。これらの種々の方法の中から，以下に説明する超音波研削の現象と効果を考慮して目的に合った方法を選ぶことが必要です。

超音波研削のメカニズム

超音波振動を砥石または工作物に加工面に直角方向に与えると，砥粒と工作物は間欠的に接触して工作物を微細に破壊していきます。この超音波振動の両振幅（ピークからピークまで）は数〜数十 μm ですが，実質的に砥石と工作物が接触（干渉）する深さは，図3に示すように両振幅の 1/10〜1/5 くらい，すなわち数 μm 以下であると思われます。この接触時間に砥石の砥粒は工作物と接触・干渉し，工作物が脆性材料の場合，工作物より硬い砥粒によって工作物は衝撃的に破壊され除去されます。したがって，この超音波研

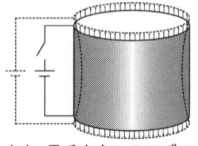

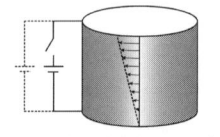

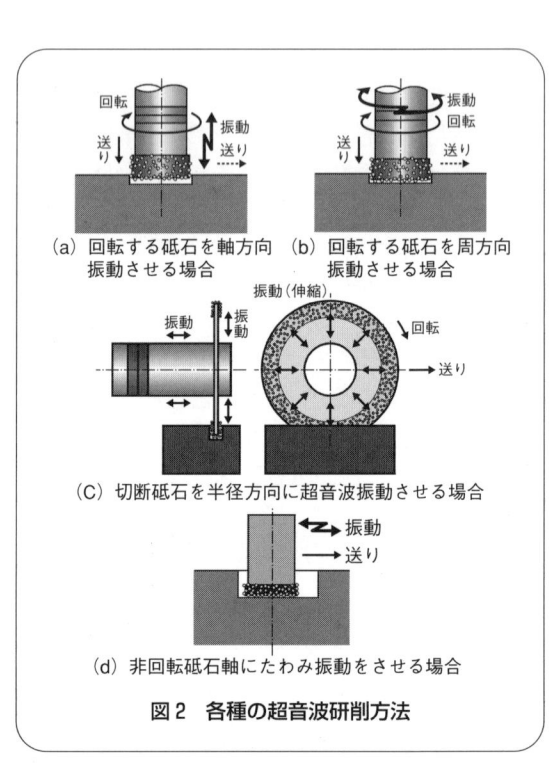

(a) 長手方向へのひずみ　(b) 円周（ねじり）方向へのひずみ

図1　電歪素子の電圧付加によるひずみ
（破線は電圧を付加したときの形状）

(a) 回転する砥石を軸方向に振動させる場合　(b) 回転する砥石を周方向に振動させる場合

(c) 切断砥石を半径方向に超音波振動させる場合

(d) 非回転砥石軸にたわみ振動をさせる場合

図2　各種の超音波研削方法

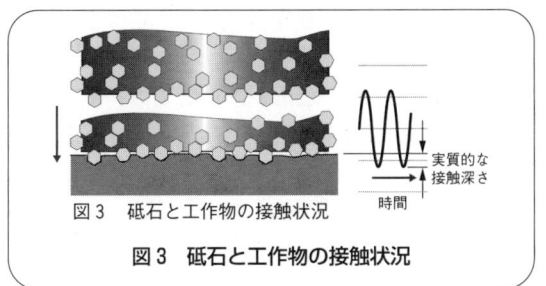

図3 砥石と工作物の接触状況

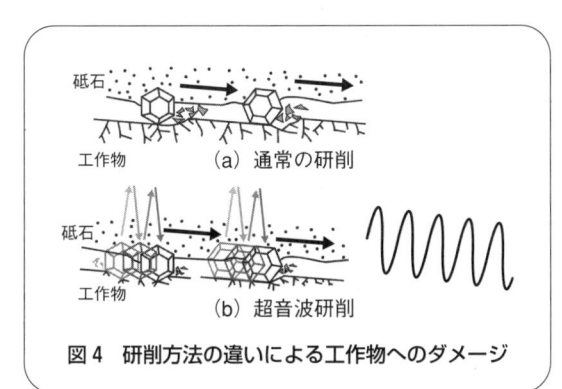

図4 研削方法の違いによる工作物へのダメージ

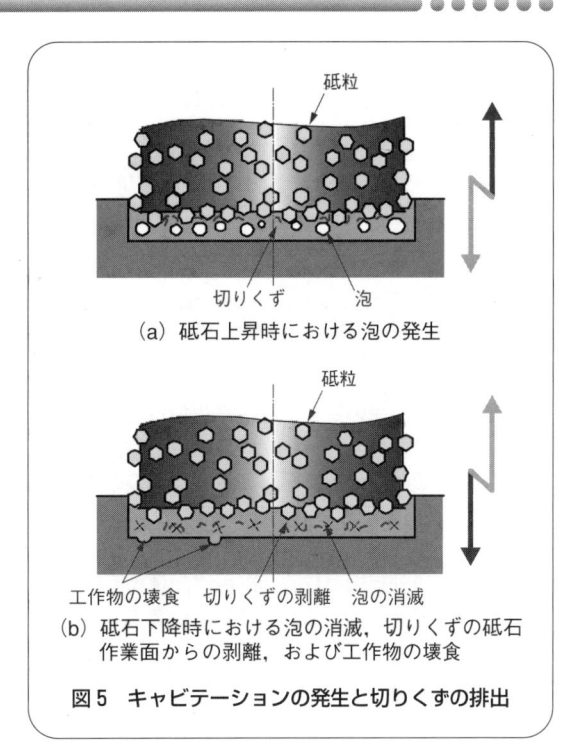

図5 キャビテーションの発生と切りくずの排出
(a) 砥石上昇時における泡の発生
(b) 砥石下降時における泡の消滅，切りくずの砥石作業面からの剥離，および工作物の壊食

削は工作物の微細な研削または破壊現象となり，通常の研削と比べてクラック（き裂）やチッピング（小さい欠け）などのダメージを受ける領域はかなり小さくなります。図4は工作物断面の想像図です。

また工具と工作物が相対的に振動を生じるとその間に存在する研削油剤の圧力変動が起こり，十分圧力が下がった箇所または下がったときにはキャビテーション，すなわち研削油剤がその蒸気および研削油剤に含まれる空気などの気体の泡を生じます（図5参照）。圧力は超音波振動に伴って変動するため，生じた泡は圧力が高くなると直ぐに消え，また生じるといった現象を繰返します。この泡が消えるとき，圧力変動が激しい場合は周辺の材料に損傷（壊食）を与えることもあります。周囲に存在する材料とは，切りくず，砥粒，ボンドおよび工作物などです。これらのうちもっとも剥がれやすいのは切りくずですから，切りくずをチップポケットから外へ排出する効果が生まれるのです。その結果，目づまりから解放される，すなわちドレッシング作用を生じるのです。したがって，超音波振動によって正常な研削作用が長時間持続し，超音波振動を付加しない場合に比べ，研削抵抗が小さく研削温度も低い状態で高能率加工ができるのです。また，キャビテーションの発生によってクラックが入るなどして強度が低下している工作物の一部が剥ぎ取られることもあると思われます。

超音波振動は加工表面の粗さにも影響を与えます。図2(a)のように砥石が回転運動と軸方向超音波振動を行う場合，研削加工の結果，加工穴の側面には，ほぼ正弦波状の振動痕が残ります。すなわち，微細なホーニング加工に類似しており，単に回転運動のみで加工する場合に比べて砥粒の運動が加工面を縦横に満遍なく覆うことになり，表面粗さは向上します。また，加工条件によっては，超音波振動の付加により砥粒1個当たりの切取り厚さがきわめて小さくなり，脆性材料の延性モード化が実現することもあります。このとき加工表面の下層は残留応力は残るもののクラックなどを含まないものとなります。これと類似の現象は図2(c)の切断砥石の側面や図2(d)の砥石の底面においても起こり，いずれも表面粗さを向上させます。

研ぐ

●複合研削方式●
ELID 研削加工

理化学研究所　大森　整

電子・光学部品の多くは硬脆材料から成り，その超精密加工には「鏡面研削」が用いられるようになってきています。「鏡面研削」はさらには，超精密研削技術へと発展しつつあります。「ELID（エリッド）」[1),2)]研削加工は，こうした技術の1つとして，加工面粗さ，形状精度，表面品位，能率などの各パフォーマンスを効果的に実現する超精密研削技術として，実用化が進んでいます。ここでは，その基本的な効果と特徴について解説します。

原理とメカニズム

ELID 研削法[1-6)]は，メタルボンド砥石に電解インプロセスドレッシング（ELID＝ELectrolytic In-process Dressing）が複合化された高精度・高効率研削です。図1にELID研削法の基本原理を示します。硬脆材料の加工に適し，主に砥粒保持力・ボンド剤強度の高い鉄系メタルボンド砥石を用います。またコバルトボンドや複合メタルボンド砥石や，ダイヤモンド／cBN以外の砥粒も用途に応じて適用できます[4-6)]。

ELID研削法では，メタルボンド砥石の電解と不導体をバランスさせるために，主にパルス波形を発生する電解電源と，非線形電解現象を伴う水溶性研削液を組み合わせ，図2のようなメカニズムが実現されます。メタルボンド砥石はツルーイング作業後，電解によりメタルボンド剤を溶出させ，砥粒を突き出させます。この電解現象では，ボンド材が必要量溶出した後，速やかに不導体被膜（水酸化鉄／酸化鉄）による絶縁層が砥石面に形成され，過度の溶出を防止することで適度なドレッシングを実現します。

研削開始後，被加工物がこの不導体被膜に接触し，砥粒が摩耗した分だけ被膜が剥がれます。そのため，被膜による絶縁が低下し，再度必要量ボンド剤が溶出し，砥粒突き出しが維持されます。これが，ELIDの自律的なドレス機能で，砥石ボンド剤，電解波形，研削液成分の組み合わせにより，現象の制御，最適化ができます[4,6)]。

ELID鏡面研削

ELID研削法は，①砥石，②電源，③電極の装着により容易に構成でき，粗加工から仕上げ加工に広く適用できます。平均粒径約 4 μm（#4000）以下の微粒砥石により，研削作業のみにより鏡面状態が達成できます。微細砥粒によるELID研削の場合，特に「ELID鏡面研削」と呼びます。所望の①加工面形状，②加工面精度，③加工能率などから，その実現に①砥石形態，②切込み方式，③接触形態などを考慮して，必要な加工方式や機械システムが選定できます。図3に代表的な加工方式[1-6)]の例を示します。円筒内面研削に対しても，電解インターバルドレッシングを付与することにより適用が可能です。

単結晶シリコンなどでは，#4000（平均粒径約 4 μm）～#8000（同約 2 μm）鉄系ボンドダイヤモンド砥石により R_y 30～60 nm，R_a 4～6 nm のELID研削面粗さが得られます。光学ガラスやフェライトなども同様ですが，

図1　ELID研削法の基本原理

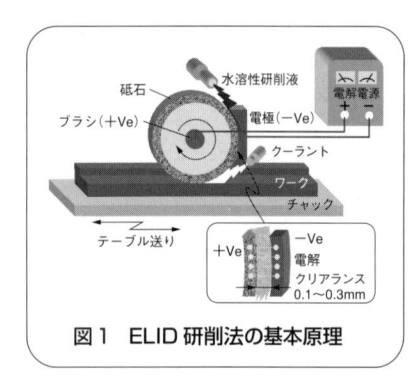

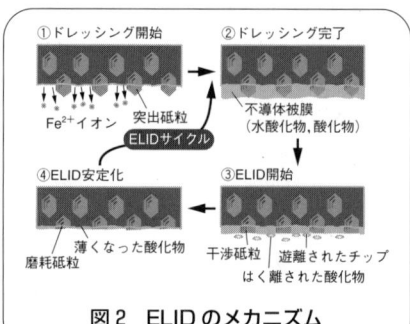

図2　ELIDのメカニズム

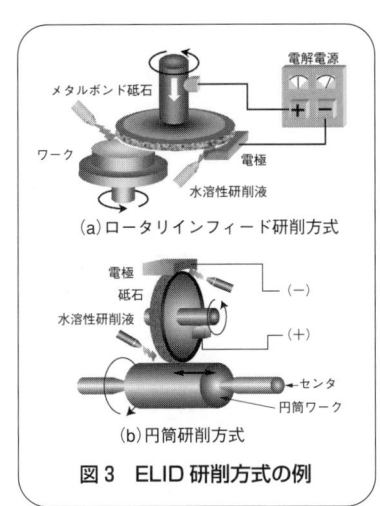

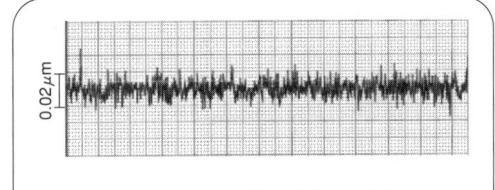

図3 ELID研削方式の例
(a) ロータリインフィード研削方式
(b) 円筒研削方式

図4 ELID鏡面研削粗さの例

図5 ELID鏡面研削面性状

図6 ELID鏡面加工事例
(a) シリコンウェハ
(b) 超硬合金金型
(c) ガラス基板
(d) SiCロール
(e) ステンレス鋼電鋳金型
(f) ガラス非球面レンズ
(g) ジルコニアフェルール
(h) 超硬マイクロツール

どが加工され，さまざまな工程で実用化が進んでいます。また，研削により特殊光学素子の製作も可能となっています[7]。バイオインプラント材加工への適用[8]や，破壊起点の生じない高品位加工面によって，マイクロツールの加工[9]も実現されています。

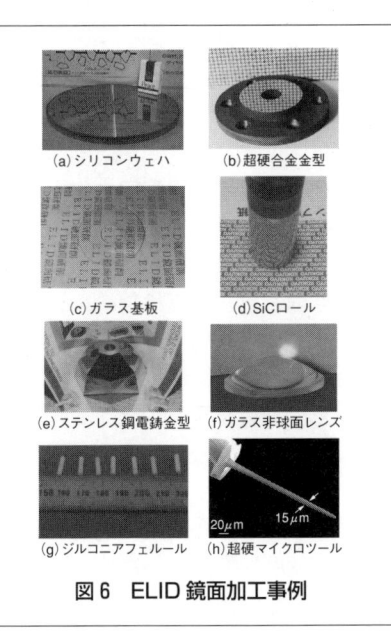

セラミックス（炭化珪素，ジルコニアなど）や超硬合金では，さらに R_y 20〜30 nm 以下の良好な研削面が達成されています（図4）[1-6]。

#4000 鉄系ボンドダイヤモンド砥石による ELID 鏡面研削面性状を図5に示します。いわゆる「延性モード研削面」が得られます。ELID 法では，さらに#8000 以上の微細な砥粒を持つ砥石を適用することで，いっそう高品位な研削面を得ることができます[3,6]。

図6に，ELID 鏡面研削による加工事例[4-6]を示します。これまでに，単結晶シリコンやゲルマニウム，光学ガラス，セラミックス，超硬合金や鋼材な

参考文献

1) H. Ohmori, and T. Nakagawa : Mirror Surface Grinding of Silicon Wafer with Electrolytic In-process Dressing, Annals of the CIRP, **39**, 1, 329-332（1990）
2) 大森 整：超精密鏡面加工に対応した電解インプロセスドレッシング（ELID）研削法，精密工学会誌，**59**, 9, 1451-1457（1993）
3) H. Ohmori, and T. Nakagawa : Analysis of Mirror Surface Generation of Hard and Brittle Materials by ELID (Electrolytic In-Process Dressing) Grinding with Superfine Grain Metallic Bond Wheels, Annals of the CIRP, **44**, 1, 287-290（1995）
4) H. Ohmori, and T. Nakagawa : Utilization of Nonlinear Conditions in Precision Grinding with ELID (Electrolytic In-Process Dressing) for Fabrication of Hard Material Components, Annals of the CIRP, **46**, 1, 261-264（1997）
5) 大森 整：電解ドレッシングで超精密鏡面研削を実現，日経メカニカル，**541**, 80-85（1999）
6) 大森 整：ELID 研削加工技術—基礎開発から実用ノウハウまで—，工業調査会（2000）
7) H. Ohmori, N.Ebizuka, S.Morita, and Y. Yamagata : Ultraprecision Micro-grinding of Germanium Immersion Grating Element for Mid-infrared Super Dispersion Spectrograph, Annals of the CIRP, **50**, 1, 221-224（2001）
8) H. Ohmori, K.Katahira, J. Nagata, M. Mizutani, and J. Komotori : Improvement of Corrosion Resistance in Metallic Biomaterials by a New Electrical Grinding Technique, Annals of the CIRP, **51**, 1, 491-494（2002）
9) H. Ohmori, K. Katahira, Y. Uehara, Y. Watanabe, and W.Lin : Improvement of Mechanical Strength of Micro Tools by Controlling Surface Characteristics, Annals of the CIRP, **52**, 1, 467-470（2003）

研ぐ

● 研削技術 ●
高能率研削法

東北大学　厨川　常元

平面研削において，砥石半径切込み量を Δ，工作物速度を v とした場合，研削能率（単位時間，単位研削幅当たりの研削除去体積）Z' は v と Δ の積で表すことができます。すなわち研削能率を大きくするためには，工作物速度か砥石半径切込み量のいずれか，あるいは両方大きくすればいいことがわかります。しかしむやみに大きくすることができません。

研削は小さな砥粒切刃1個による微小切削の集積と考えることができます。この場合，砥粒切刃1個の切込み量は，砥石周速度を V とすると，v/V と $\sqrt{\Delta}$ の積に比例します。したがって研削能率を大きくしようとして v と Δ を大きくしすぎた場合，砥粒切刃1個の切込み量が大きくなり過ぎ，砥粒の破壊や脱落が生じ，砥石は大きく摩耗します。そうならないように適切な砥粒切込み深さの範囲内で，v と Δ を設定するのが肝要です。

その方法には次の3つがあります。v を大きくして，その分 Δ を小さく設定するスピードストローク研削（ハイレシプロ研削），それとは反対に v を小さくして，Δ を大きく設定するクリープフィード研削です。また両方大きくした超高速研削という研削法もあります。この場合，v と Δ が大きくなった分を，砥石周速度 V を大きくすることで補います。超高速研削といわれるゆえんです。これらの研削法と通常研削とを比較したものを表1に示します。

スピードストローク研削

スピードストローク研削においては，工作物テーブルの反転回数は500〜600回/minにも達します。表1に示すようにスピードストローク研削における研削能率 Z' は通常研削とほとんど同じとなりますが，テーブルの高速化とテーブル反転に伴うオーバーランの減少により実加工時間を短縮することができます。そのうえ砥石の連続切込みが可能となるため，実質的な研削能率は大幅に向上します。

個々の砥粒切込み深さは通常研削よりわずかに大きくなるため，砥粒切刃の自生作用が活発になり，砥石の切れ味が持続するという特徴もあります。さらに，砥石と工作物の接触弧長さ（砥粒切削長さ）が非常に小さくなるため，研削液の冷却効果が良好になり，研削熱の発生も少なくなり，熱損傷を受けやすい材料や研削液の供給が難しくなる深溝加工に効果を発揮します。また研削面が鏡面となるため，種々の超精密切断加工にも適用されます。

スピードストローク研削盤の高速反転テーブルには大きな加速度が作用するため，剛性の高い移動機構と重心移動に伴う振動を防止するためのバランス機構が必要不可欠です。図1は代表的なスピードストローク研削盤用の高速反転テーブルの構造を示したものです。スライド面は超精密油静圧案内で，往復運動はクランク機構で与えるよう

表1　各種研削方式の砥石半径切込み量 Δ，工作物速度 v，砥石周速度 V，研削加工率 Z' の比較

	通常研削	スピードストローク研削	クリープフィード研削	超高速研削
Δ (mm)	小；0.001-0.05	小；0.0005-0.01	大；0.1-30	大；0.1-30
v (m/min)	大；1-20	大；1-50	小；0.05-0.5	大；0.5-10
V (m/s)	小；20-60	小；20-60	小；10-60	大；100-500
Z' (mm³/mm·s)	小；0.1-10	小；0.1-15	小；0.1-10	大；50-3000

図1 高速反転テーブルの構造

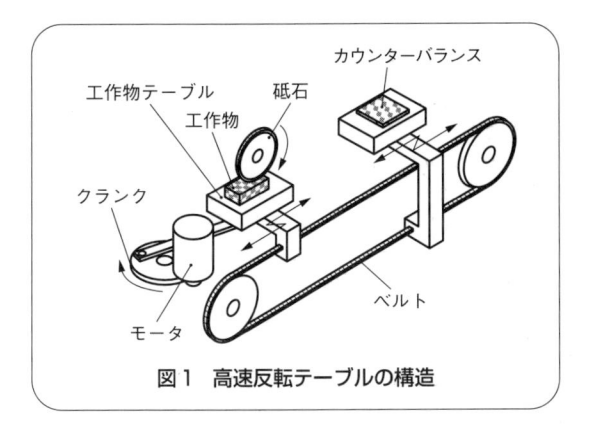

になっており，工作物固定用のテーブルと同質量のカウンターバランスを逆位相で反転運動させることにより，研削盤全体の重心移動を無くし，振動発生を防いでいます。最近はこの機構をリニアモータで与えるものも登場してきました。この機構により，高速反転する割には動きは非常にスムーズです。

クリープフィード研削

クリープフィード研削は，砥石半径切込み量 Δ を通常研削の100～1,000倍と大きく，逆に工作物速度 v を1/100と小さくして行う研削法です。研削能率は通常研削とほとんど同じですが，1パスで研削が終了するように，可能な範囲で砥石半径切込み量を大きくとるのが特徴です。このため，通常研削のように工作物テーブル反転時のエアカットの無駄時間が無くなり，実質的な加工時間が半分以上短縮され，大幅な高能率化が達成できます。また砥石摩耗，砥石の形くずれが小さいなどの特徴があり，ドリル工具のフルート部やジェットエンジンのタービンブレード部の研削などに多用されています。

しかし Δ が大きく，砥石・工作物接触弧の長さが長くなるため，研削熱の冷却を十分に行う必要があります。そのため大量の研削液を高圧で供給する方法がとられます。

超高速研削

超高速研削は，クリープフィード研削と同じような大きな砥石半径切込み量 Δ と，通常研削と同じような大きな工作物速度 v を与えて研削する方法です。この状態では砥粒切込み深さが異常に大きくなってしまい，研削は不可能です。そこで砥石周速度 V を大きくし，砥粒切込み深さの値を通常研削と同程度にすることにより，研削を可能としています。実際は，$V=200$～400 m/s の領域まで砥石周速度を引き上げて研削を行います。

砥石の周速度を上げることにより研削能率を向上させようとする試みは古くから行われていました。しかし砥石の回転強度不足のために，砥石の実用周速度は一部の研削切断を除けば，ほとんど60 m/s の域を超えることができませんでした。しかし在来砥粒に比べて耐摩耗性のきわめて高いcBN砥粒が開発され，それを用いた金属コア砥石が使用可能となって，砥石の回転強度が飛躍的に向上しました。

砥石周速度の高速化は，研削抵抗の減少や，目づまりや砥石摩耗の減少にも効果があることがわかってきました。また軟鋼研削において問題になっていた砥石の異常摩耗や研削表面への切りくずの溶着なども，超高速研削を適用することにより解決され，全く問題なく加工できるようになりました。超高速研削用の砥石のみならず，超高速回転に耐える高出力主軸，高剛性研削盤，高圧研削液供給システム，高速砥石バランス装置，超高速ツルーイング，ドレッシング装置などの開発が進み，超高速研削が可能な平面研削盤，円筒研削盤が市販されております。特に円筒研削への適用が先行しており，すでに砥石周速度200 m/s での研削が，自動車用部品の加工に多用されるようになっております。

3 研ぐ

● 研削技術 ●
セラミックスの研削

職業能力開発総合大学校　海野　邦昭

ファインセラミックスを研削する場合には，作業目的に応じた研削盤とダイヤモンドホイールを選択することが大切です。そしてツルーイング・ドレッシングを適切に行い，また工作物の特性をよく理解して，研削条件を設定する必要があります。

陶磁器のようなオールドセラミックスに代わって，ファインセラミックスが産業界で多く使用されるようになりました。ファインセラミックスは，非常に硬くて脆く，加工しにくい材料です。そのため，通常，ダイヤモンドホイールを用いたファインセラミックスの研削加工が適用されます。ファインセラミックスを機械部品として使用する場合には，原料コストに比較し，加工コストが高いという問題があります。そのためファインセラミックスをいかに速く加工するかということが重要になります。またセラミック部品の加工表面の微小なクラックがその強度に影響します。そのため加工面に微小なクラックが残留しないように，また表面粗さをいかに小さくして研削するかがポイントとなります。したがってファインセラミックスの研削では，高能率加工と高精度・高品質加工という，相反する問題を同時に考慮する必要があります。

ファインセラミックスの高能率加工

ファインセラミックスをいかに高能率に加工するかという問題に関しては，最近，マシニングセンタを用いた研削加工法が開発されています。マシニングセンタは剛性が高く，自動工具交換装置（ATC）を装備しているので，いろいろな形状のセラミック部品を加工するには都合のよい工作機械です。通常，このマシニングセンタを用いたファインセラミックスの高能率研削には，メタルボンドのダイヤモンドホイールが使用されます。どのような機械加工の場合でもそうですが，刃物が切れないと，上手な加工は行えません。ダイヤモンドホイールの場合も，振れ取り，形直し（ツルーイング）と目直し（ドレッシング）を適切に行うことが大切です。

ファインセラミックスの研削メカニズム

次にガラスを研削する場合を考えてみましょう。ガラスを研削すると，ある場合には不透明な梨地面となり，またある場合には透明なガラスになります。これと同様なことがファインセラミックスの場合にも生じます。ここで非常に硬いダイヤモンドの圧子をファインセラミックスに押込んでみましょう。圧子を押す力が小さい場合には，そのセラミック表面にわずかな傷ができるだけで，クラックは生じません。しかしながら圧子を押す力が十分に大きくなると，図1に示すように，その表面近傍にクラックが生じるようになります[1]。このクラックが発生し始める圧子の臨界押込み深さを D_c 値とよんでいます。

たとえばファインセラミックスを定圧で研削するとしましょう。図2に示すように，押込み荷重が非常に小さい場合は，切刃であるダイヤモンド砥粒は，工作物面を上滑りするだけで，加工は行われません。そして荷重が大きくなると，砥粒が工作物に押込まれるようになります。この荷重を

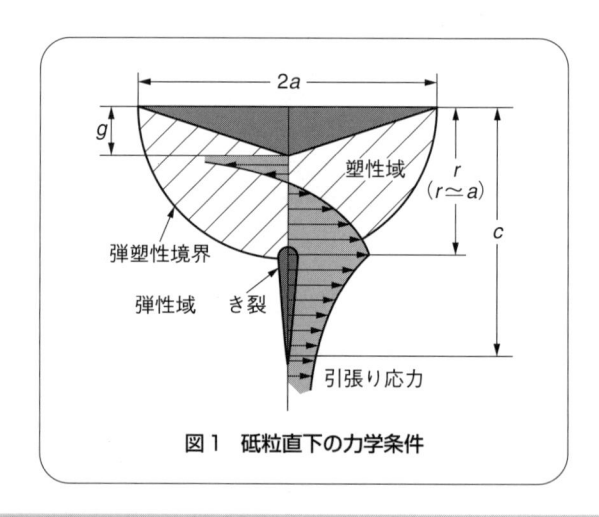

図1　砥粒直下の力学条件

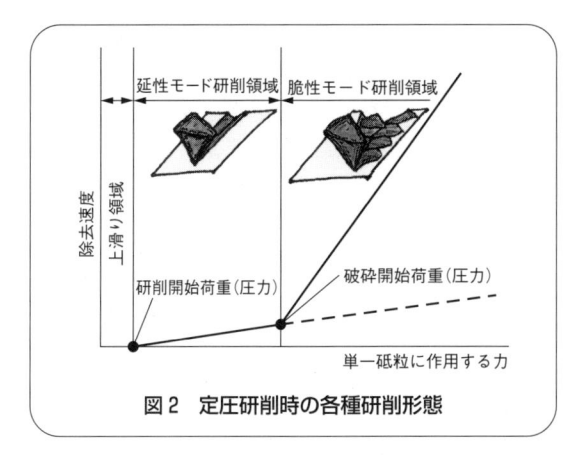

図2　定圧研削時の各種研削形態

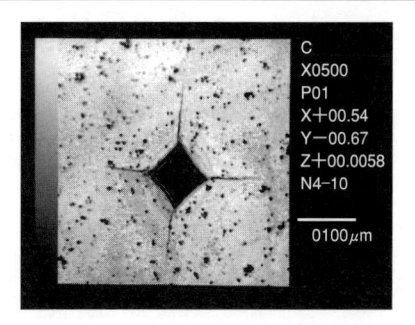

図3　窒化ケイ素表面に発生したクラック

研削開始力，また荷重を接触面積で割った圧力を研削開始圧力とよんでいます。この研削開始圧力は，通常，工作物の硬さに依存します。

そしてさらに荷重が大きくなると，工作物加工面にクラックが生じるようになります。このクラックの発生に対応した荷重は，臨界押込み力で，前述の D_c 値に依存しています。したがって D_c 値の大きなファインセラミックスはクラックが発生しにくく，また小さなものは発生しやすくなります。通常，この D_c 値は，材料の弾性係数，硬さおよび破壊靱性により決定されます。破壊靱性はクラックの進展に対する抵抗力を示すものと考えてよいでしょう。図3はダイヤモンド圧子をセラミックス（窒化ケイ素）に押込んだときの稜線に発生したクラックを超音波顕微鏡で撮影したものです。通常，破壊じん性の小さなセラミックスはこのクラックの長さが大きく，反対に大きなものは長さが短くなります。そのためセラミックスの D_c 値は，その種類や製造方法などにより異なります。

延性モード研削と脆性モード研削

さて研削の開始から D_c 値に対応した押込み荷重領域までは，金属と同じような塑性変形による加工が行われるので，通常，延性モード研削領域とよばれています。また D_c 値に対応した臨界押込み荷重を超えると，連続的な破砕により加工が進行するので，脆性モード研削領域とよばれています。したがって一般的な定圧研削では，砥粒が上滑りする領域，また上滑りから延性モード研削に過渡的に変化する領域および延性モードから脆性モード研削に過渡的に変化する領域が観察されることになります。

この場合，エネルギー的にみれば，脆性モード研削の方がその消費が少ないので有利となり，通常，粗研削はこの領域で行われます。またセラミックスの加工に，ダイヤモンドホイールに超音波振動を付加した超音波振動研削が利用されていますが，この場合は脆性モード的に加工が進行するので，その除去速度が非常に高くなることが理解できるでしょう。

一方，仕上げ研削により，工作物の加工表面に残留クラックを生ずることなしに，表面粗さを小さくするには，砥粒切刃の押込み深さを D_c 値以下にする必要があります。言い換えれば，延性モード研削領域で加工を行う必要があります。そのため，機械の精度をサブミクロン以下に押さえた超精密研削盤が開発され，ファインセラミックスの研削が高精度に，かつ高品質に行われるようになっています。

参考文献
1) 野瀬哲郎，久保紘，安永暢男，脆性材料のナノ研削領域における力学的挙動，NANO GRINDING, 1, 1, 29 (1990)

研ぐ

● 研削技術 ●
レンズ金型の研削

神戸大学　鈴木　浩文

　身のまわりにはデジタルカメラ，ムービーカメラなどのデジタル機器，カメラ付き携帯電話，光通信用デバイスなどの IT 機器，DVD/CD プレーヤなどの AV 機器が多数存在し，私たちの生活には不可欠な存在となっています。これらのデジタル機器は日本で開発された技術の象徴的産物であり，世界中で普及されていますが，これらを実現するためのキーパーツ（重要部品）の1つが非球面レンズです。

非球面レンズの製作

　非球面レンズにはプラスチック製とガラス製のものがありますが，一般に光学特性が優れているガラスレンズの方がたくさん用いられています。また，レンズ形状は球面形状よりも非球面形状の方が多く用いられる傾向にあります。その理由は，図1に示すように，断面が単純な円弧形状になった球面レンズでは，透過した光が集光する際に収差（ボケ）が発生するのに対して，非球面レンズは完全に1点に集光する特徴があり，もっとも光学特性が優れているからです。

　非球面形状は従来の球面形状に非球面項を加えられたもので，より複雑な形状をしています。そのために球面形状の加工に用いられた共擦り法では，非球面のガラスレンズを1つ1つ研削・研磨することは不可能です。また，デジタル機器に必要な非球面ガラスレンズは大量に必要であるため，図2に示すように，非球面形状の金型を用いたガラスプレス法により量産されます。最初に非球面形状の金型を上下にセッティングし，ガラス材を挿入します。次にこの対になった金型をヒータにより加熱し，ガラス材が軟化したと同時にプレスします。その状態で冷却し，ガラスレンズが冷却・固化した後に取出します。これら一連のプロセスを繰返すことにより，大量の非球面ガラスレンズが再現性良く量産されます。ガラスの融点は 400～800℃ と非常に高く，金型材には，超硬合金や炭化珪素などの耐熱性に優れたセラミックスが用いられています。

　これらのセラミック材料は非常に硬く，もっとも硬い単結晶ダイヤモンド製の切削工具でも容易に鏡面切削できるものではありません。そこで，微細なダイヤモンド砥粒（直径 5～15μm，#3000～1200）を接着剤で固めた円盤状のホイールを高速で回転させながら工作物に切込むことで，非常に硬いセラミックスも研削加工することができます。これは，ダイヤモンドホイール表面には多数のダイヤモンド砥粒の粒子が露出しており，これらの多数の砥粒が切刃となって工作物を削ります。ダイヤモンドホイール1回転の間に多数の切刃が存在するために，切削加工に必要なエネルギーを分散することができるので，このような鏡面研削加工が可能となっていると考えられています。ま

(a) 収差（集光誤差）の生じる球面レンズ　(b) 収差の生じない非球面レンズ

非球面の形状式

$$Z(X) = \frac{C_v \cdot X^2}{1 + \sqrt{1-(k+1) \cdot C_v^2 \cdot X^2}} + \sum_{i=1}^{m} C_i \cdot X^i$$

図1　球面レンズと非球面レンズ

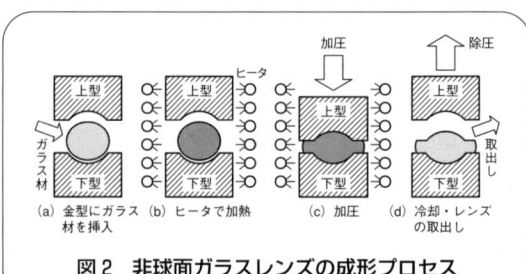

(a) 金型にガラス材を挿入　(b) ヒータで加熱　(c) 加圧　(d) 冷却・レンズの取出し

図2　非球面ガラスレンズの成形プロセス

た，砥粒1つ1つのすくい角が負となっているために，鏡面が作りやすくなっています。

非球面形状の加工

レンズなどに用いられる非球面形状は，一般には軸対称なものとなっているものが多いため，図3に示すように，工作物である非球面金型を一定回転させておき，高速回転するダイヤモンドホイールに切込み量を与えながら走査します。工作物の保持と回転は横向きのスピンドルによりなされ，回転をスムーズに行うために空気静圧軸受が用いられます。円盤状のホイールは，同様に空気静圧軸受に取付けて回転されます。この際，ホイールの回転が縦方向になるように設置します（縦軸研削法）が，非球面金型のサイズが小さい場合は斜め45°に設置すること（斜軸研削法）もあります。ホイールの位置決めは，X，Z方向の軸の案内面（テーブル）を同時2軸で数値制御されます。案内面は一般的には①転がり案内，②油静圧案内，③空気静圧案内方式があり，それぞれに長所・短所があります。案内面の駆動は，モータの回転運動をボールねじにより直線運動に変換して用いることが多いのですが，リニアモータを用いることでさらなる高精度化を実現しています。レンズ金型用加工装置は，一般に位置決め分解能は1〜10 nmの仕様となっています。

非球面研削におけるホイールの軌跡の計算は，図4の上面図に示すように，工作物上の加工点の軌跡が目標の非球面形状に一致するように，ホイールの中心の軌跡を計算する必要があります。この際に，ホイールの半径 R を考慮に入れて計算する必要があります。このようにして，パーソナルコンピュータによりホイールの中心の軌跡を計算し，超精密加工装置を駆動するためのNCプログラムを作成します。このNCプログラムを用いて研削加工し，加工後の非球面金型の形状を計測し，さらにこの測定データを基に補正加工します。

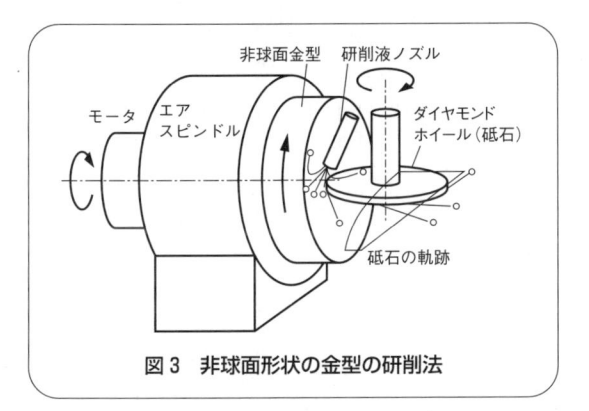

特にデジタルカメラ，カメラ付き携帯電話，光通信用デバイスのガラスレンズの小形化が要求されています。これを実現するためには，ダイヤモンドホイールの小径化が必要です。最新の実施例では，図5に示すように数百μmのダイヤモンドホイールも開発されており，数百μmの非球面金型（超硬合金）においても0.1μmの精度の鏡面研削加工も可能となっています。表面粗さも2 nmR_a（10 nmR_y）が得られています。

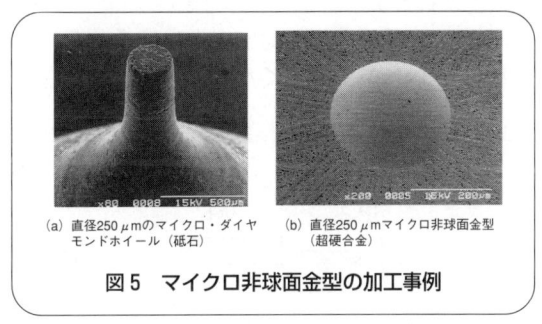

図3 非球面形状の金型の研削法

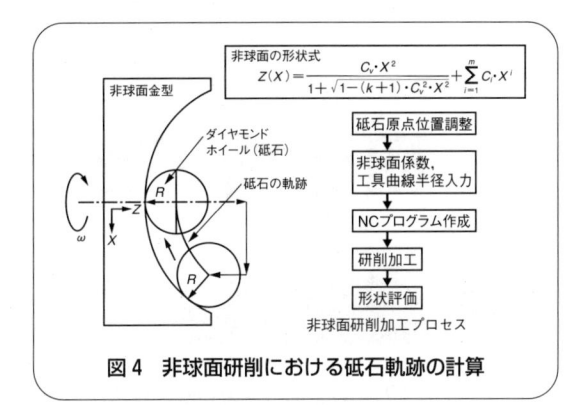

図4 非球面研削における砥石軌跡の計算

図5 マイクロ非球面金型の加工事例
(a) 直径250μmのマイクロ・ダイヤモンドホイール（砥石）
(b) 直径250μmマイクロ非球面金型（超硬合金）

4 磨く

研磨加工総論

埼玉大学　堀尾　健一郎

研磨加工は1万年以上前の磨製石器の製作から始まる長い歴史をもった加工法ですが，新しい最先端の電子部品，光学部品の最終仕上げ加工に不可欠な加工法です。

「研磨加工」とは？

研磨加工がどういう加工を指すかについてはいろいろな説があります。硬い砥粒を使う加工であることはすべて共通ですが，たとえば，
・砥石を使用しない加工である
・表面機能を創成する加工である
などだという考え方もあります。しかしながら，今日では，「研削加工」が砥石を使用して切削加工のように定寸の切込みを加えながら行う加工を指すのに対して，「研磨加工」は圧力を付加（定圧付加）して加工する方法を指します。図1に示すように，砥石を使っていても定寸切込みなら「研削」，定圧切込みなら「研磨」になります。また，研磨加工は砥石などのように砥粒が何かの材料に固定されている固定砥粒研磨加工と砥粒を粉や粒の状態のまま加工に用いる遊離砥粒研磨加工に大別されます。

「研削」と「研磨」の対比で少し厄介なのは，「研磨」という言葉は古くからあり，主に現在の研削，研磨双方を指していたのに対して，「研削」という言葉は比較的新しいことです。機械製作現場のベテランには今でも本来「研削」とよぶべきことを「研磨」と呼んだり，「研削盤」のことを「研磨盤」とよんだりする人がいます。だんだん「研削」「研磨」を明確に区別するようになってきていますが，完全に定着するまでにはもう少し時間がかかるかもしれません。

研磨加工の特徴

研磨加工は圧力を付加する加工なので工具の位置が確定されず，寸法や形状を確保することは困難です。しかしながら，研削加工では切込みを指定するので加工反力により工具の位置が変形（図2）してしまう怖れがあり，それへの対策として剛性の高い，すなわち力が加わっても変形しにくい，機械が必要になります。剛性を高くするには一般に機械構造体を大きくする必要があり大掛かりな機械になってしまいます。一方，研磨加工では加工に必要とされる力は一定ですので低剛性の機械で十分であるという利点があります。図3に示すように，一般に研磨加工に使う機械（研磨

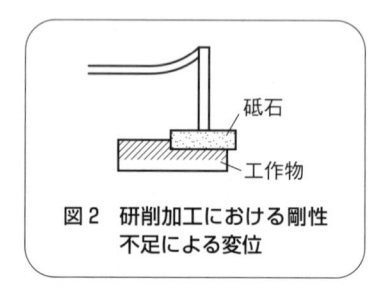

図2　研削加工における剛性不足による変位

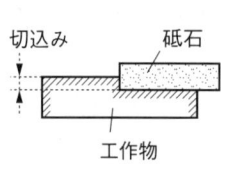

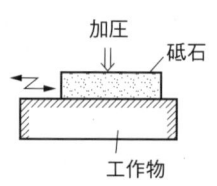

(a) 定寸（強制）切込み　　(b) 圧力付加（固定砥粒）　　(c) 圧力付加（遊離砥粒）

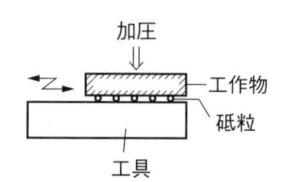

図1　定寸切込みと定圧切込み

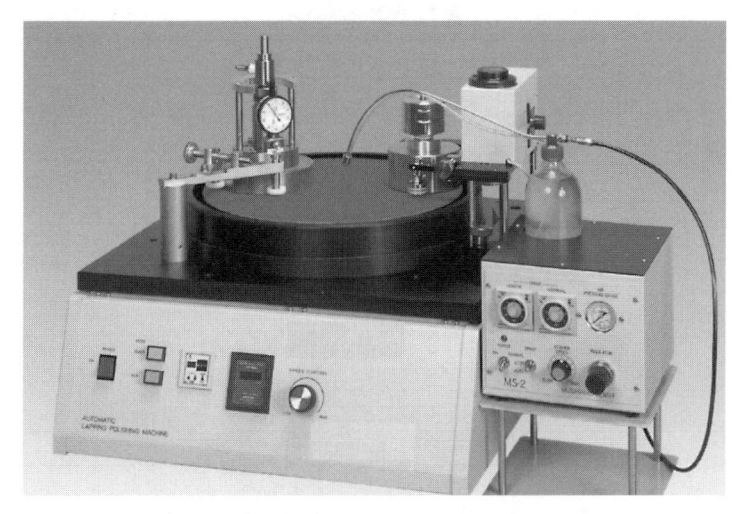

図3 片面研磨装置の一例（ムサシノ電子(株)）

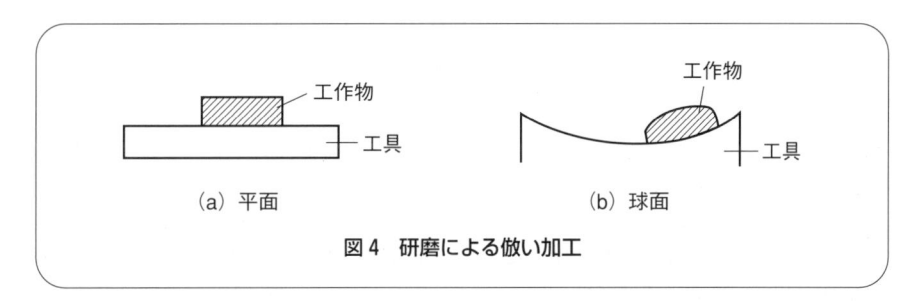

図4 研磨による倣い加工
(a) 平面
(b) 球面

盤）は研削加工に使う機械（研削盤）と比べてコンパクトで比較的安価と言えます。

研磨加工の目的

研磨加工では寸法や形状を確保することが難しいことを前節で述べました。しかしながら、**図4**(a)に示すように平面の工具を用意して研磨加工を行い、工作物を工具形状に倣わせることにより平面形状加工を実現する方法は広く用いられています。ミラーや基板の平滑面を創成するためには欠かせない工程となっています。1990年代の半ばくらいから、平滑面の創成原理を積層半導体デバイス作りに活かされています。デバイスの配線パターンを正確に基板に露光させるには、基板の平坦が求められます。しかし、積層していくうちに平坦が乱れてしまうため、途中でプラナリゼーションとして研磨加工を行います。皆さんがお使いのパソコンに入っているCPUはこの研磨技術

図5 レンズ研磨

表1 表面機能の例

表面機能	製品事例
鏡面	レンズ，鏡，光学部品金型
平坦面	Siウェハ，デバイスウェハ，ハードディスク，磁気ヘッド
頂角（鋭利さ）	切削工具，宝石
無or低擾乱	Siウェハ，光学結晶
摩擦，摩耗	軸受，摺動面，整流子
接着，付着	ハードディスク
シール	バルブ，射出金型合わせ面
視覚，触覚	宝飾品，建築部材，食器

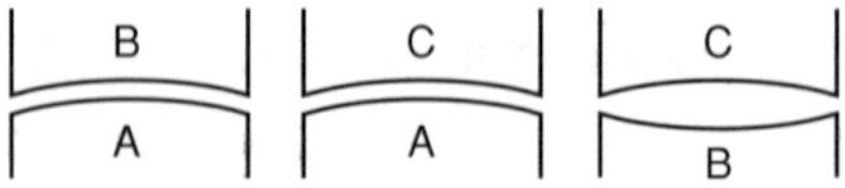

図6　3面すり合わせ

によって高性能化が進みました。

一方，図4(b)に示すように球面工具を用いて球面形状を実現することも，レンズ製造プロセスでは古くから用いられている方法です。**図5**は，上から研磨皿を擦りつけてレンズを研磨している様子です。いずれにせよ，研磨加工の進行に伴う工具形状の変化をいかに補正するかが問題となります。

研磨加工の主要な目的としては，表面粗さの低減や前工程における加工変質層の除去を行うことにより表面機能を発現することがあげられます。**表1**は表面機能とその機能を用いる製品の例を示します。これら部品／製品の最終仕上げは研磨加工によってなされているものがほとんどです。

3面すり合わせ

完全平面を作ることは，部品加工に欠かせない基準作りです。精密加工を生業とする企業ではそのような平面を持つ定盤が大事に使われています。では，このような完全平面はどのように作るのでしょうか。けっして高価な超精密加工装置は必要ありません。研磨を知る人の知恵で昔から作られてきました。前節で述べた平面倣い加工を用いて平面を自律的に確保する方法が"3面すり合わせ法"です。まず，A，B，Cの3面を用意します。A，Bの2面を用いてお互いに面に倣うまで加工します。次にA，C面を用いて同様に加工します。次にB，C面を重ねてお互いの形状の倣い具合を見ます（**図6**）。一方の表面に顔料を塗り，接触した相手面への転写具合で判断することから，'当たりをみる'とも言います。ここでB，C面が倣っていれば，A，B，C 3面とも平面であることを意味します。

もし，B，C面が図6の場合のように倣っていなければ，当たった部分を重点的に加工して，なるべく全面で当たるようにします。この作業を繰返して3面どの組み合わせでも均一に当たるようにすれば，時間と手間は長くかかりますが，3面とも平面にすることができます。この方法は高精度の測定器がなくても自律的に平面が得られる方法であり，洋の東西を問わず古くから行われているものです。人間の知恵とは偉大です。

研磨加工メカニズムあれこれ

ものを磨く作業は，単純な職人技ではありません。研磨加工メカニズムを先人はいろいろ考えて目的に合った研磨加工を実現してきました。図7は，河西埼玉大学名誉教授が作成された「研磨加

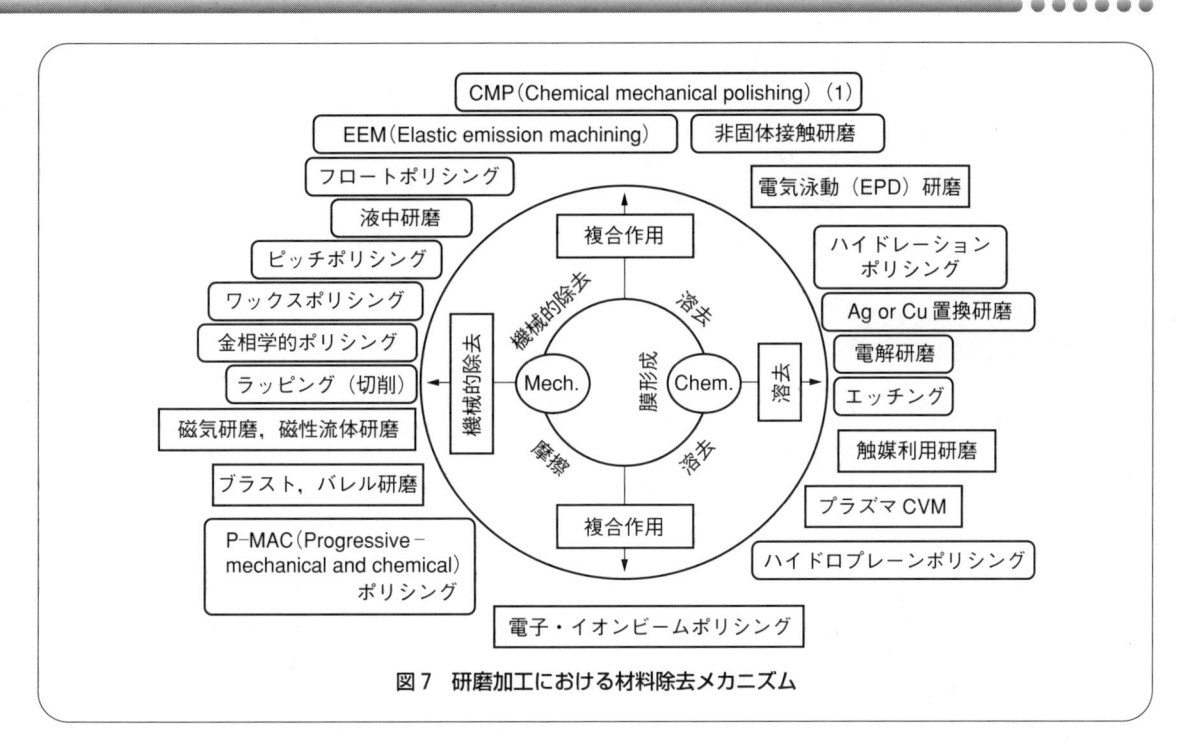

図7 研磨加工における材料除去メカニズム

工における材料除去メカニズム」の図です。これによりますと，機械的材料除去と化学的材料除去のメカニズムに大別されます。機械的材料除去は，前述したように砥粒で材料の表面を引っ掻いて加工を行うメカニズムに基づいています。材料の形状を整えるためのラッピングや，砥粒で大きな傷を発生させないために工夫された研磨工具（ピッチ，ワックス使用）を使ったポリシングがこれに相当します。

一方，化学的材料除去は，エッチングが相当します。砥粒が介在したものは機械的材料除去との中間に位置しています。砥粒と材料が摩擦し局圧が上昇すると，砥粒自身と反応，もしくは砥粒の表面に吸着したイオンと反応して材料除去が生じます。メカノケミカル研磨（CMPもしくはMCP）とよび，無擾乱加工が実現できるため半導体結晶材料や光学材料など多くに適用され，大変重要な研磨加工方法となっています。これは日本のオリジナルな研磨技術です。

研磨加工は古くて新しい加工法です。最新技術が日々生まれ産業界で役立っています。

4 磨く

●研磨方式●
ラッピング

大阪大学　榎本　俊之

ラッピングは遊離砥粒を用いた研磨加工の一つです。セラミックスといった非常に硬いものから金属に至るまで幅広い材料に対して適用でき，工作物を所定の形状や寸法に能率良く仕上げるのに用いられます。

ラッピングとポリシング

遊離砥粒を用いた研磨加工における代表的な加工方式にラッピングとポリシングがあります。ラッピングは粗い研磨加工，ポリシングは精密な仕上げの研磨加工と，おおざっぱに位置づけられます。実際にラッピングにより工作物を所定の形状に能率よく仕上げ，その後ポリシングにより加工面を精密に仕上げるといった加工事例が多くあります。加工形状としては，工具の形状や工具と工作物との相対運動のさせかたを工夫することで，平面のみならず球面や円筒面，さらには非球面形状を創成することもできます。こうした面の創成だけではなく，工具として直径 0.1～0.2 mm 程度のワイヤを用いたラッピングによる切断が石材やシリコン，水晶などの加工で行われています。

ラッピング，ポリシングともほぼ同様の加工装置を用い，そして加工の要素としても切刃となる砥粒，砥粒を保持する工具そして工作物と同じになっています（図1）。それにもかかわらず粗～精密と大きく異なる加工面が得られるのは，用いる砥粒と工具の特性，あるいはそれらの組み合わせの仕方が違うためです。つまり表1のように，ラッピングでは粒径の大きな粗い砥粒と硬質な工具を用いることで，おもに機械的な除去作用に基づき高能率な加工を行います。その結果，得られる加工面は光沢のない梨地面や曇り面となるのが一般的です。逆にポリシングでは微細な砥粒と軟質な工具を用い，機械的除去作用に化学的作用を付加して鏡面加工を実現します。表1にあるように，この2つの組み合わせ以外にも微細砥粒と硬質な工具の組み合わせにより金属を光沢ある面に仕上げることもでき，実際にはラッピングとポリシングの区分を明確にすることは困難です。

加工のメカニズム

加工のメカニズムに関して，砥粒は工具と工作物との間で転動し工作物を除去したり（図2(a)），工具にゆるく保持されて工作物を引っかき作用により除去したり（図2(b)）します。加工液を用いる湿式ラッピングではおもに前者の加工が行われます。砥粒が転動する場合，鋭利な砥粒切刃が維持されやすく，また切りくずの滞留が少ないことから高い除去能率が得られます。一方，わずかの加工液のみを用いる乾式ラッピングでは砥粒は工具に埋め込まれ，引っかきによる切削が行われるため，金属材料などに対して光沢のある仕上げ面を得ることができます。

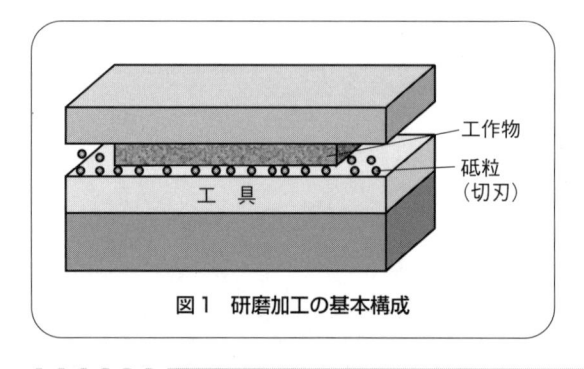

図1　研磨加工の基本構成

表1　ラッピングとポリシング

	硬質工具 金属，セラミックス	軟質工具 布，樹脂
微細砥粒 μm 以下	ラッピング・ポリシング 鏡面	ポリシング 鏡面
粗砥粒 μm 以上	ラッピング 梨地面	ラッピング・ポリシング 鏡面～準鏡面

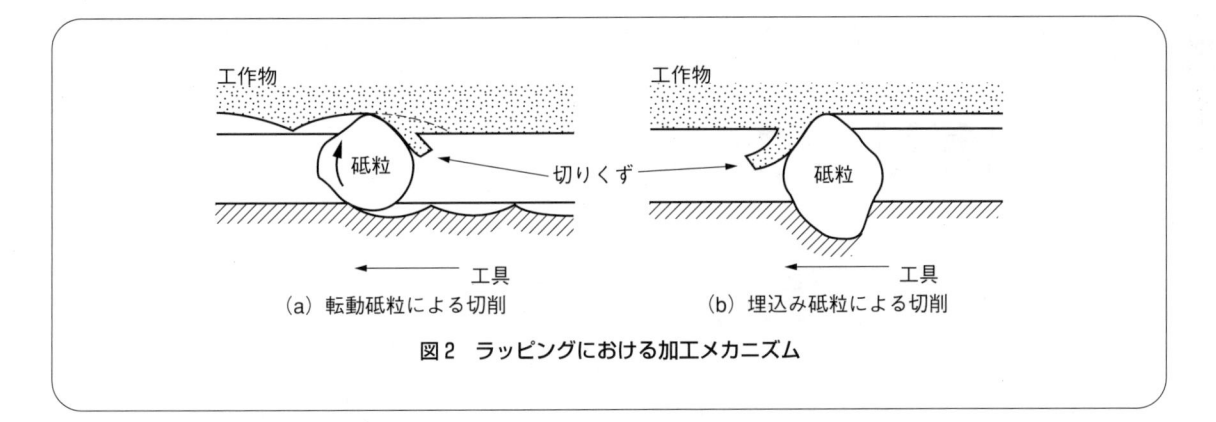

図2　ラッピングにおける加工メカニズム
(a) 転動砥粒による切削
(b) 埋込み砥粒による切削

加工の要素

ラッピングで用いられる砥粒（ラップ剤ともいわれます）が具備すべき特性として，まず高い硬度と高いじん性が挙げられます。これはラッピングが機械的除去作用に基づき加工を進めるためであり，ほかには耐熱性，熱伝導性また工作物との化学的不活性などが必要とされます。砥粒径については目的とする仕上げ面粗さにより選定されますが，粒度分布についても適切に選択する必要があります。つまり粒度分布が広いと粗大砥粒によるキズが発生しやすくなり，逆に狭すぎると除去能率が急減してしまいます。砥粒の種類についてはさまざまなものが挙げられますが，上記の諸特性を有し，また品質管理されたものが入手しやすいといったことから，アルミナ系と炭化珪素系の砥粒が広く用いられています。アルミナ系砥粒では仕上げ面粗さを良好にでき，炭化珪素系砥粒では高い能率を得られるといった特徴があり，それぞれ使い分けされています。そして湿式ラッピングでは，これら砥粒を水性あるいは油性の研磨液に分散させて研磨剤（ラップ剤）として使用します。研磨液の役割としては砥粒の分散，切りくずの工作物や工具などへの付着の抑制，冷却，洗浄，防錆などがあり，そのために界面活性剤などが添加されることもあります。

工具（ラップともいわれます）の役割はもちろん砥粒を良好に保持し，そして工具の形状を工作物に転写させることです。工具の形状精度を維持するためには工具素材として高い耐摩耗性を有する必要がありますが，ラッピングでは工具は必ず摩耗してしまいます。そのため形状修正が容易なことも求められ，こうした相反する要求を満たすものとして鋳鉄が広く使われています。また鋳鉄は複合素材であるため微小な凹凸ができやすく，砥粒の保持にも優れます。他には焼入れ鋼，錫，銅やガラス，セラミックスなどが工具素材として用いられます。定盤状の工具では，一般に溝入れが行われます。これは砥粒を均一に供給する，切りくずの排出をよくする，溝エッジ部での応力集中により除去能率を高める，また工具への工作物の吸着を防ぐといった効果をもたらします。溝形状には碁盤目状，放射状，スパイラル状，菱形状など様々なものがあり，目的に応じて使い分けされます。

ラッピングは光学ガラスやシリコンウェハ，水晶といったオプティクス，エレクトロニクス関連部品や多くの金属部品の加工に古くより用いられてきました。現在は一部の工程で研削加工などの固定砥粒加工への置き換えが検討されていますが，ラッピングにおいても高い除去能率を維持しつつ，仕上げ面粗さを良好にできる砥粒や洗浄性に優れた研磨液などの研究開発が活発になされています。また大量の砥粒，研磨液を使うラッピングでは，将来的には砥粒のリサイクルを含め，環境負荷を飛躍的に低減できる加工システムの構築が期待されています。

4 磨く

●研磨方式●
ポリシング

熊本大学 渡邉 純二

ポリシングは摩擦して磨くとか艶を出すという意味ですが、洗練する、仕上げるという意味もあります。前者は純粋に技術そのものですが、後者はある物を加工してゆく場合の最終プロセスに使う技術という意味も含まれています。

「磨く」「艶を出す」とは概念的な意味で、具体的な技術内容の意味は一義的でなく、きわめて多彩です。ここでは、技術の構成要因、具体的な機械装置、対象材料が磨かれるメカニズム、実際の適用対象などの例を挙げながら解説します。

ポリシングの基本現象

図1はポリシングの基本動作を表しています。1つの硬い砥粒がポリシングされる砥粒よりも軟らかい材料（被加工物）の上に一定荷重で押付けられ、その材料表面上を滑って小さな切りくずを排出している様子です。砥粒に加えられた荷重の大きさと材料の硬さに対応した砥粒の材料内部への押込み深さが決まり、引掻き痕の深さが設定されます。ポリシングは多数の砥粒が材料表面上を同時に、かつ、引掻き方向をあらゆる角度で交差させて、小さな切りくずを排出しながら、面全体を少しずつ削り取って、表面の凹凸を小さくして鏡面（入射した光が反射する割合によって鏡面の程度が異なる）にする加工技術です。

図2は半導体結晶シリコン（Si）の（100）面をダイヤモンド砥粒の平均砥粒径3μmでポリシングした表面の電子顕微鏡写真です。ポリシングに使ったパッドは発泡ポリウレタンです。この表面は目視ではピカピカの鏡面なのですが、この写真のように電子顕微鏡で3,000倍くらいに拡大して見ると多数の交差した微細な引掻き痕が形成されているのが見え、図1を参照するとこのような面がどのような作用によって創られたのかが想像できます。このうち、数本の引掻き痕は他の大部分のものより太くかつ深く形成されているように見えています。さらに詳細に観察すると、微細な引掻き痕のほとんどすべてにおいて、マイクロクラック（小さな小さな割れ目）は見えません。さらに詳しく見ると、少し太い数の少ない引掻き痕、中位の太さのより数の多い引掻き痕、ほとんど見えないくらいの細い多数の引掻き痕が上から順番に重なっているように見えます。これらがポリシングの典型的な現象を現しています。

次にこのようなポリシングの典型的な表面を形成するメカニズムを、技術を構成する要因を挙げながら解説します。

図1 1つの砥粒がポリシングの基本作用をしているモデル

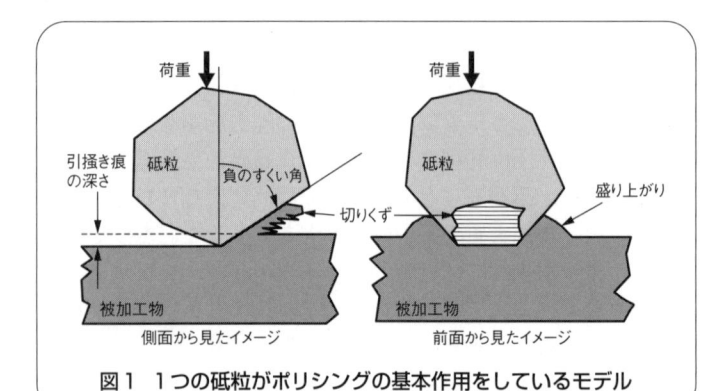

図2 Si（100）面をダイヤモンド粒子3μm径によりポリウレタン樹脂上で研磨した面の電子顕微鏡写真

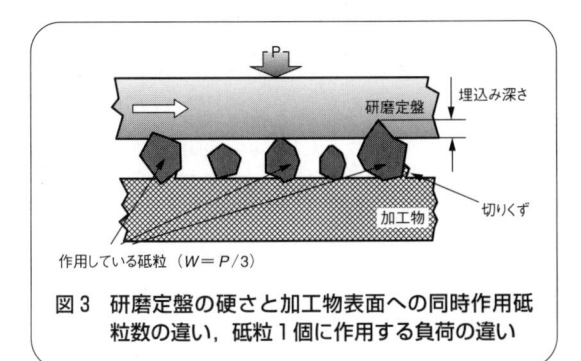

図3 研磨定盤の硬さと加工物表面への同時作用砥粒数の違い，砥粒1個に作用する負荷の違い

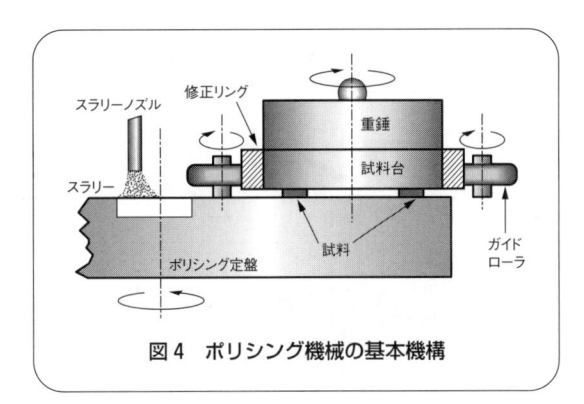

図4 ポリシング機械の基本機構

ポリシング技術の基本構成要因

ポリシングした面は鏡面であると同時に，基本的にマイクロクラックも残していないことが必要です。図1の砥粒動作でマイクロクラックのできる・できないは加工される材料の脆性破壊応力の限界内で変形応力を抑制できるか超えてしまうかによります。ガラス，セラミックス，シリコンなどの非金属結晶材料は脆性材料とよばれ，一般には金属材料に比べて脆性破壊しやすいものです。圧縮変形には強いのですが，引張り応力には弱いのが特徴です。これらの材料では砥粒の押込み深さが0.1～0.2μm以上になるとマイクロクラックが発生してしまいます。

個々の砥粒の押込み深さは実際の技術においてどのように制御するのかを考えてみます。**図3**は図1よりももっと実際のポリシング状態に近いポリシング中の断面のモデルです。ここでは5個の砥粒が存在していますが，このうち実際にポリシング（作用）しているのは3個です。3個の作用している砥粒は同じ大きさではありませんが，大きいものはより深く研磨パッドに埋まりこんで3個まで同時に作用するようになったのです。パッドがもっと硬くて（たとえば鉄合金やセラミックスなど）大きな砥粒の埋まりこみの深さが小さくなれば，同時に作用する砥粒は2個，1個と少なくなっていきます。逆にパッドがもっと軟らかければ（たとえば錫など軟質金属や樹脂布など）5個の砥粒のすべてが作用することになります。砥粒の押込み深さは砥粒に付加される荷重に依存することは図1で述べた通りです。したがって，同時作用砥粒数が多ければ1つの砥粒に掛かる分担荷重は小さくなり，その分押込み深さは小さくなって，引掻き痕の浅い表面粗さの小さな，マイクロクラックの無いポリシング面が達成できることになります。ポリシング技術の主たる考察要因はこの点に尽きるといっても過言ではありません。

実際のポリシング機械の機構と要素

図4がポリシング機械の基本機構の断面図です。基本的にはラッピングに使う機械と同じです。加工しようとする物の大きさ（直径）の3～8倍くらいの直径のポリシング定盤（一般にステンレス板を使うことが多い）上に研磨パッドを貼り付けてあります。このパッド表面に砥粒とその分散媒体（研磨液）を混合した研磨スラリーを散布して，回転する定盤上に加工物のポリシングしようとする面を押付けて，ポリシングすることになります。試料台（円板）に研磨する試料を貼り付けて，修正リングの中に試料を貼り付けた円板を入れて，上にポリシング荷重を載せて定盤を回転させます。こうして，図2のようなあらゆる方向から交差したポリシング痕（引掻き痕）が形成されることになります。

4 磨く

●研磨方式●
フィルム研磨

関西大学　北嶋　弘一

超精密加工や鏡面加工を実現するには、工作機械、工具、工作物、加工技術者（熟練作業者）の4因子がうまく噛み合うことが必須の条件です。ラッピングフィルムを用いたフィルム研磨では、研磨対象に適合したラッピングフィルムと研磨機械があれば精密加工を容易に実現することができます。フィルム研磨の研磨方式としては、その支持方法およびラッピングフィルムの形態に応じて種々の方式があります。

フィルム研磨の研磨方式

ラッピングフィルムは、ロール状原反で製造したものを研磨用途に応じてテープ状（長さ最大200 m）、シート状およびディスク状に裁断され、図1に示すような研磨方式に使用されます。

エアナイフ方式は、フレキシブルな工作物をエアナイフでラッピングフィルムに押付けるタイプと逆にラッピングフィルムを送り出しながらエアナイフによって工作物を押付けるタイプがあり、ソフトな研磨加工を行うことができます。

テンション方式は、ラッピングフィルムに一定の張力とインデックス速度を与えて送り出しながら、工作物に一定の押付け荷重を加えて比較的ソフトな研磨加工を行うことができます。

バックアップ方式は、テープ状もしくはディスク状のラッピングフィルムをゴム製コンタクトロールや樹脂製パッドおよびプラテンなどによって支持して走行させ、工作物に押付け荷重や切込み量を与えて研磨加工を行うものであります。

この研磨方式がもっとも広く利用され、図2に示すような研磨機構によって工作物の種々の形状に対応した研磨機械が、標準機から専用機に至るまでの多機種が開発されています。

フィルム研磨の利用技術

フィルム研磨で、いずれの研磨方式においてもラッピングフィルムを低速のインデックス速度で順次送り出し、常に新しい研磨作業面を供給しながら研磨加工を行うため、工作物の仕上げ面粗さは常に均一かつ一定に仕上がり、加工能率も常に一定となります。

このようなフィルム研磨の特質を生かして、実際の研磨加工に適用されている代表的なエレクト

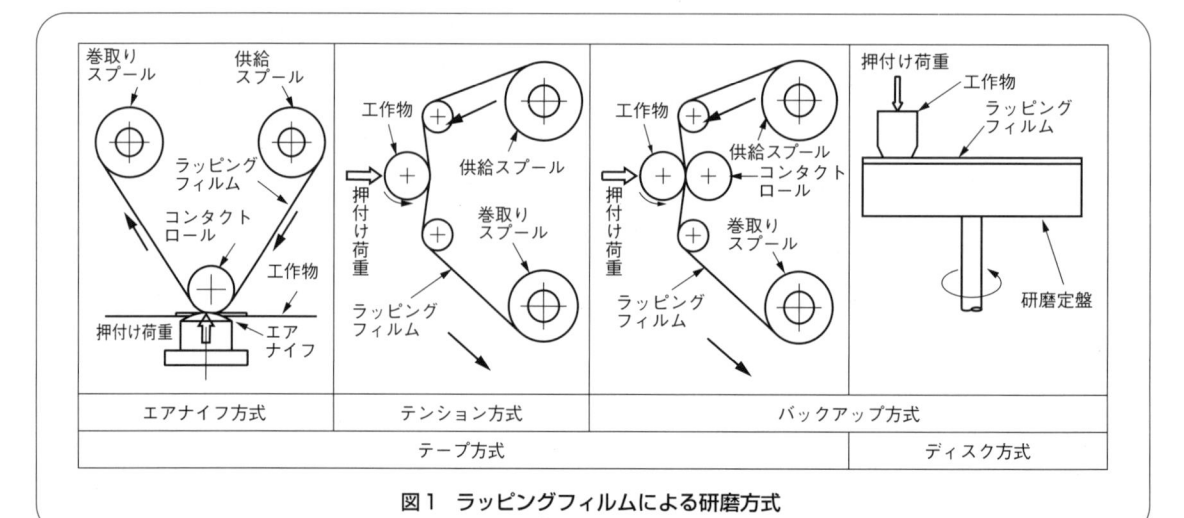

図1　ラッピングフィルムによる研磨方式

研磨方式

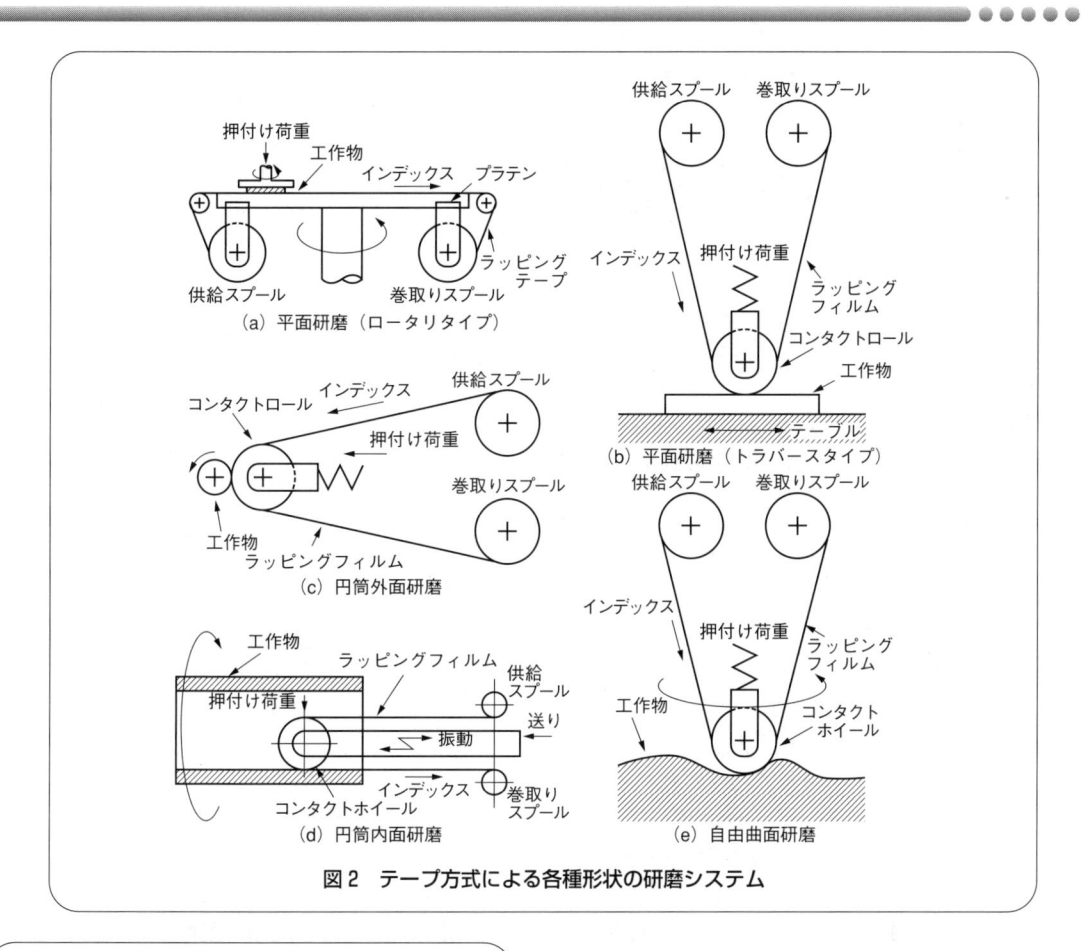

図2 テープ方式による各種形状の研磨システム

(a) 平面研磨（ロータリタイプ）
(b) 平面研磨（トラバースタイプ）
(c) 円筒外面研磨
(d) 円筒内面研磨
(e) 自由曲面研磨

表1 ラッピングフィルムによる研磨加工例

工作物形状		研磨対象部品
円筒		クランクシャフト ステアリングラック エアコン用ストレートシャフト 複写機・ファクシミリ・プリンタのゴム・樹脂ローラ マイクロモータのコンミュテータ 小径（φ0.6mm以下）のシャフト
平面	ディスク	サブストレート（アルミニウム合金，ガラス） フロッピーディスク 光磁気（CD）スタンパ シリコンウェハ
	平板	液晶カラーフィルタ プラズマディスプレイ基盤 多層薄板（0.05〜0.1mm）基盤 セラミックス基盤 ビデオテープ
曲面		磁気ヘッド フロッピーディスク ビデオ映像ヘッド 光ファイバコネクタ端子 ロッカーアーム ロータリコンプレッサ用バルブ ガラス・プラスチックレンズ

ロニクス，オプティクス，機械部品などの研磨加工の一例を工作物形状によってまとめると**表1**のようになります。この表より，ラッピングフィルムを用いたフィルム研磨は非常に多くの分野で利用されていることが明らかです。

また，部品の表面にトライボロジカルな機能表面を要求するような研磨加工に対しても，フィルム研磨の適用がますます重要視されるものと思われます。

参考文献

1) 北嶋弘一，フィルム研磨のこれからの可能性は，機械技術，**47**, 1, 105-109 (1999)
2) 北嶋弘一，ラッピングフィルムの利用技術，砥粒加工学会誌，**43**, 9, 383-386 (1999)
3) 北嶋弘一，フィルム研磨技術の新展開，機械と工具，**46**, 5, 20-24 (2002)

4 磨く

●研磨方式●
バレル研磨

株式会社　チップトン　北川　幹根

バレル研磨法とは，工作物とチップ状の研磨石，工作物の洗浄や防錆を行うコンパウンドと水を，専用のバレル研磨機にいっしょに入れて，工作物のバリ取りや光沢仕上げを行う加工法です。

バレル研磨される工作物は，ゴマ粒大の電子部品から自動車用ホイールなど，サイズや業種も多岐にわたっています。私たちの身の回りでバレル研磨処理が施されていないものは，ほとんどないと言えるくらい欠かせない製造工程です。

工作物のサイズ，材質，加工目的に合わせて，最適なバレル研磨機，研磨石，コンパウンドを選定し研磨条件を確立します。この選定確立には，工作物に関する知識や，バレル研磨機，研磨石，コンパウンドのそれぞれに関する知識が必要なため，高度な専門技術を必要としますが，一度確立してしまえばその加工方法は，熟練不要・短時間処理・低コスト・均質な仕上り，と多くのメリットをもたらします。

バレル研磨機

主なバレル研磨機の特徴について説明します。

（1）回転バレル

もっとも基本的なバレル研磨機で，容器（バレル槽）を回転すると，その内部では，工作物と研磨石の塊（マス）の表面に流動層が形成され，ここを崩落する工作物が研磨石と擦れ合うことによって目的の加工がなされます（図1）。回転バレルのメリットは，①ほとんどの工作物を加工できる，②装置が安価であることです。逆にデメリットは，①加工能力が低い，②蓋があるために自動化し難いことです。そのほかの特徴を他の装置と比較して表1に示します。

（2）振動バレル

振動バレルにはバレル槽の形態によってサークル形とボックス形があります。図2にサークル形振動バレルを示します。この装置は，バレル槽の中心に設置した振動モータによりマスに3次元振動を生じさせ，マス全体が流動する中で工作物を加工します。振動バレルのメリットは，①工作物同士の打ち傷が少ないので大きな工作物も加工できる，②上方が開放されているので自動化しやすいことです。逆にデメリットは，①細かな粒子状の研磨石を使用すると流動が崩れやすい，②騒音が大きいことです。

図1　回転バレル

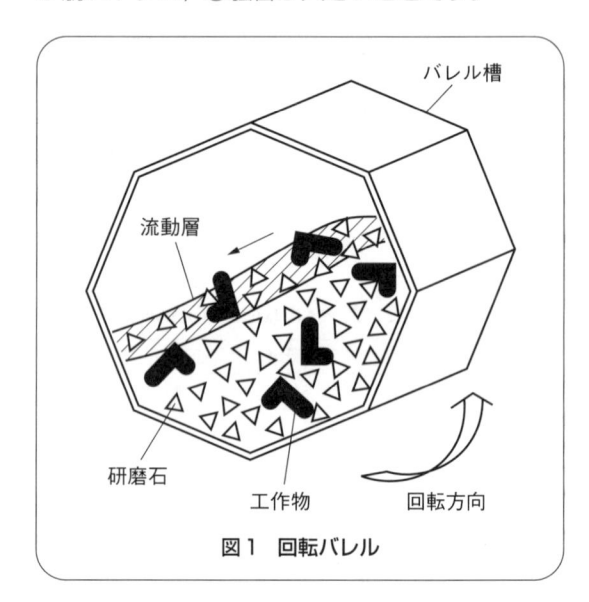

表1　各バレル研磨機における相対比較

項目＼機構	回転バレル	振動バレル	遠心バレル	渦流バレル
加工能力	小	小	大	中
価　格	安価	中	高価	高価
打ち傷	中	少ない	多い	比較的多い
工作物サイズ	小～大	中～大	小	小～中
自働化の難易	難	易	難	易

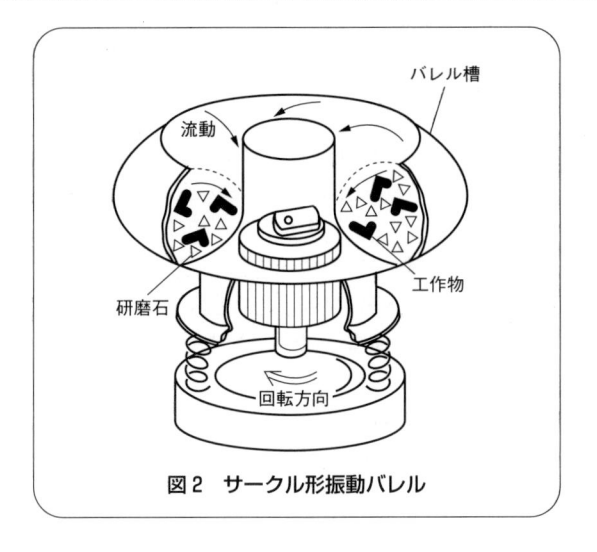

図2　サークル形振動バレル

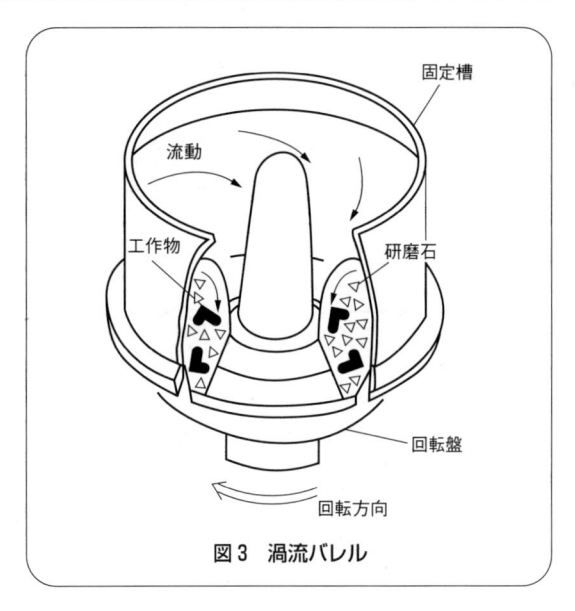

図3　渦流バレル

（3）遠心バレル

遠心バレルは，回転するタレット盤の円周上で，自転可能にしたバレル槽を配置したもので，各バレル槽はタレット盤によって公転すると同時に自転する，つまり遊星旋回することでマスの表面に流動層を形成して加工します。マスの流動形態は回転バレルと同様ですが，そのメリットは，加工能力がきわめて高く回転バレルの約50倍の能力を有していることです。逆にデメリットは，激しい流動のために工作物同士の打ち傷が生じやすいことです。

（4）渦流バレル

渦流バレルは，筒状固定槽とその下端に配した回転盤とでバレル槽が構成され，回転盤が回転することでマス全体を流動して加工します（図3）。渦流バレルのメリットは，①加工能力が高く回転バレルの約25倍の加工能力を有している，②上方が開放されているので自動化しやすいことです。逆にデメリットは，①工作物同士の打ち傷が比較的生じやすい，②固定槽と回転盤との隙間に細かな研磨石や薄板状の工作物が入り込みやすいので，これらの大きさが制限されることです。

研磨石とコンパウンド

研磨石は，アルミナ，炭化珪素などの砥粒を結合剤で固め，内部に適度な大きさの気孔を有するものです。結合剤によって，セラミック研磨石とプラスチック研磨石に大別されます。

<セラミック研磨石>砥粒を粘土質結合剤で高温焼成した研磨石です。工作物の加工目的によって，粗仕上げ，中仕上げ，仕上げ，光沢仕上げの各用途があります。サイズや形状もさまざまなものがあります。

<プラスチック研磨石>砥粒を樹脂で結合した研磨石です。加工能力はセラミック研磨石より低いのですが，軟質金属の研磨においては，2次バリの発生が少ないのが特徴です。

コンパウンドは界面活性剤を主成分とし，その他に防錆剤，洗浄助剤などを配合したものです。その形態は液体または粉体で，粗仕上げから光沢仕上げの各用途があります。

選別

バレル研磨では研磨後に，マスを工作物と研磨石に選別します。選別がうまくいかないと，後工程の工作物中に研磨石が混入し，品質不良の原因となるので，非常に重要な工程となります。この選別工程では，工作物か研磨石の小さいほうを篩い網から落下させる「網選別方式」や，工作物の磁性を利用した「磁気選別方式」や，一方が球形であれば非球形側を取り残す「傾斜選別方式」が取られます。研磨条件確立に当たっては，この選別工程まで考慮して，工作物に適したサイズ・形状の研磨石を選定する必要があります。

磨く

● 研磨方式 ●

磁気研磨

宇都宮大学　進村武男，山口ひとみ

　磁気を利用した新しい加工技術である「磁気研磨技術」は，ロシアで着想され，日本に導入されて成長し，一部はすでに実用化されています。磁気研磨技術の特長は，磁力線が非磁性体（ステンレス鋼やセラミックスなど）を透過する現象を上手に利用した加工技術であり，世界各国で研究されている新技術です。たとえば，円管の内側に磁性粒子を投入して円管の外側から永久磁石を近づけて磁気力を作用させ，円管の内面を精密に仕上げ加工することができます。従来の方法では加工できないような細長い円管の内面や狭い箇所の精密仕上げに適しており，威力を発揮します。

磁気研磨技術の原理と装置

　日本における磁気研磨技術の研究開発は1981年に開始され，1992年に発行された精密工作便覧に新しい加工技術として紹介されました[1]。この新技術の特長は磁力線の物体透過現象の利用にあります。図1のように，非磁性平板（工作物）の下にU字形の永久磁石を置くと，N極から発した磁力線は工作物を透過してS極に到達します。このとき，工作物の上に置かれた磁性粒子（鉄粉など）と磁石との間に磁気吸引力が作用し，粒子は工作物表面を押付けます。これが粒子の加工力になります。つぎに，永久磁石を右側に移動していくと磁性粒子と工作物表面との間に相対運動が生じます。磁性粒子表面に工作物を微小加工できる切刃があれば工作物表面は精密加工されます。これが磁気研磨技術の加工原理です。

　この事象を工作物の下側から見ると，上側の見えない工作物表面を下側からの操作によって加工できることになります。換言すれば，磁力線の物体透過現象を上手に利用することによって，従来の方法では加工が困難な箇所，たとえば，細長い円管の内面や，外からは見えない狭くて入り組んだ箇所，通常の工具が入らない箇所を加工することができます。しかも，磁性粒子の加工力および工作物との相対運動は磁気力によって遠隔操作できることになります。このように，磁気研磨技術は既存の加工技術と競合するのではなく，既存の技術が対応できない箇所の精密加工を実現させるものであり，両者は互いに補い合う共存技術の関係にあると位置づけています。

　図2に，磁極回転方式の円管内面磁気研磨技術の模式図を示します[2]。円管内の磁性粒子（研磨材を含有するときの粒子を磁性砥粒とよびます）は円管外部に設置した永久磁石により磁気吸引され，内面に押付けられます。磁石を回転すると粒子群は磁石の回転に追従して回転し，円管の内面を研磨します。つぎに，磁石を回転させながら円管の軸方向に移動していくと円管内面の全面を研磨することができます。

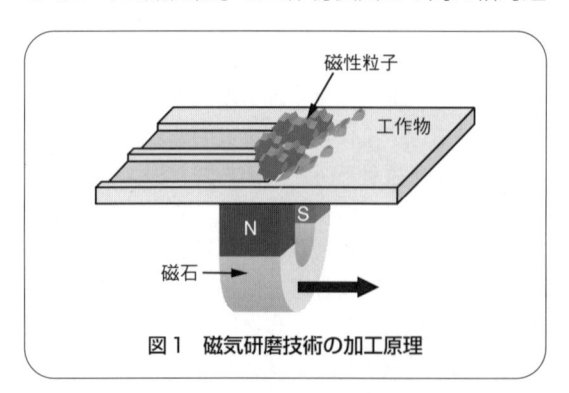

図1　磁気研磨技術の加工原理

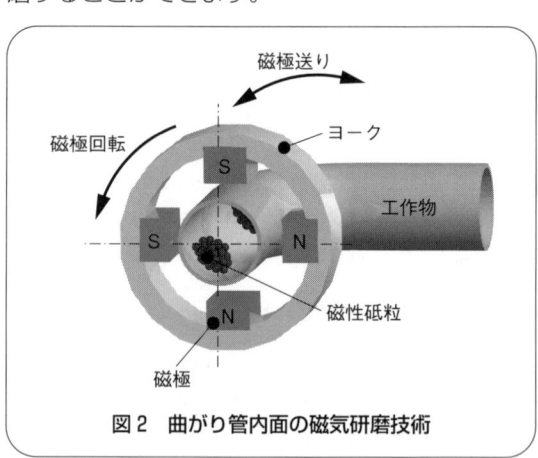

図2　曲がり管内面の磁気研磨技術

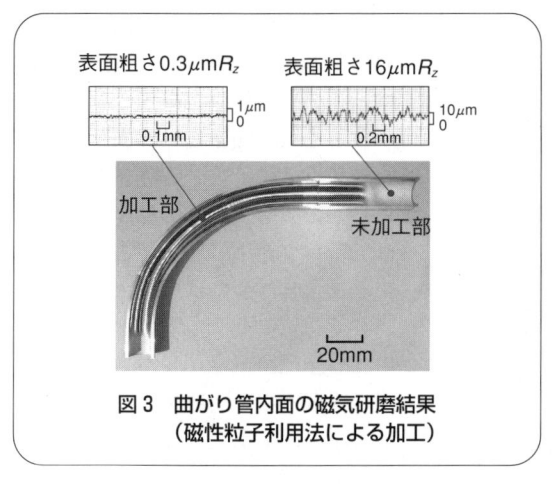

図3 曲がり管内面の磁気研磨結果
（磁性粒子利用法による加工）

クリーンパイプに多用されるステンレス鋼エルボ（SUS 304）の内面を磁気研磨した結果を図3に示します。未加工部のエルボ内面の表面粗さ16μmR_zが0.3μmR_zの精密表面に仕上げられています。

磁性粒子利用法と磁性加工ジグ利用法

ところで，磁性粒子を用いる磁気研磨技術（以後，磁性粒子利用法とよびます）は円管の肉厚が5 mm程度までの薄肉管には有効ですが，肉厚が5 mm程度以上の厚肉管になると磁性粒子に作用する磁気力（加工力と運動力）が低下してきわめて長い加工時間を要するか，場合によっては加工不能に陥ります。このため，磁性加工ジグ利用法[3]が開発されました。それでは，磁性粒子利用法[2]と磁性加工ジグ利用法[3]を比較してみましょう。

図4に，磁性粒子利用法と磁性加工ジグ利用法の模式図を示します。同図(a)の磁性粒子利用法

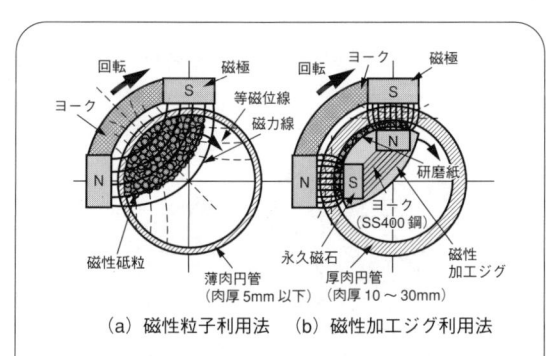

図4 磁性粒子利用法と磁性加工ジグ利用法の比較

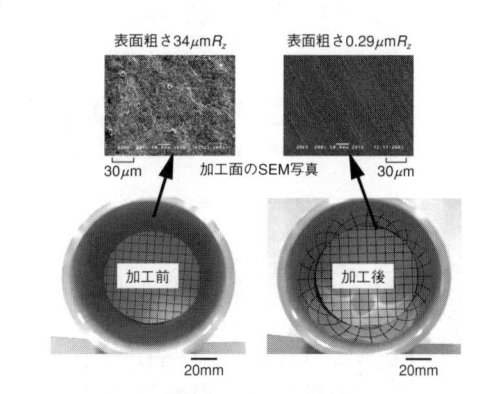

図5 加工前後の厚肉円管内面の外観写真と表面SEM写真（磁性加工ジグ利用法による加工）

では粒子群全体の磁化率は低く，円管の肉厚が5 mm程度以上になると粒子の加工力（磁気力）が著しく低下します。一方，同図(b)の磁性加工ジグ利用法では，工具が永久磁石とヨークから構成されているため高い加工力（磁気力）を発生できます。磁性加工ジグと同じ体積の磁性粒子（粒径510μm）を用いて両者の磁気力を測定した結果，磁性加工ジグの磁気力は磁性粒子の値に比べて約80倍高くなることがわかっています。

厚肉ステンレス鋼（SUS 304）円管の内面加工を行った結果を図5に示します。円管内部に格子縞を描いた白紙を入れて写真観察した結果，内面全面が鏡面に仕上げられており，格子縞が鮮明に反射していることがわかります。円管は熱間加工により成形されているため，内面には酸化膜が生じています。円管内面の未加工部と加工部表面のSEM写真を図5の上側に示します。加工前の円管内面には酸化膜が観察されますが，加工後の表面には酸化膜がなく，良好な研磨面が得られています。

参考文献

1) 精密工学会編，精密工作便覧，コロナ社，p.1，(1992)
2) 山口ひとみ，進村武男，磁気研磨法の動向と応用，砥粒加工学会誌，**44**, 1, 7-10 (2000)
3) 鄒艶華，進村武男：磁性加工ジグを用いた磁気援用加工法に関する研究—厚肉ステンレス鋼円管内面の精密仕上げ—，砥粒加工学会誌，**48**, 8, 444-449 (2004)

4 磨く

●研磨方式●
ブラスト研磨

関西大学　北嶋　弘一

　ブラスト研磨は，従来からバリ取りや表面洗浄工程などに利用されてきたブラスト加工法を研磨加工に適用したものです。投射材（研磨メディア）には，高分子材料や粘弾性体材料に砥粒を混入もしくは付着させたものを用いることに大きな特徴があり，金型の鏡面研磨や切削工具のエッジ仕上げおよび表面仕上げなどに利用されています。

ブラスト研磨の研磨方式

　ブラスト加工法は，一般的に各種の投射材に物理的エネルギーを付与して加速・投射し，空間を飛翔させて加工物表面に衝突させ，その衝撃力により生じる効果を利用して表面を加工する方法です。図1に従来のブラスト加工における加工メカニズムおよびブラスト研磨の作用メカニズムを示します。同図(a)において，高圧流体などによって投射材が投射され，加工物への衝突直後に反射するために表面の除去作用はあるものの研磨作用はほとんどなく，ピーニング作用に伴う塑性変形によって加工面が梨地状に仕上げられます。それに対して図(b)では，ノズルから圧縮空気やインペラによって遠心投射された研磨メディア(1)は，加工物表面に衝突すると同時に弾性変形を生じます(2)。それによって，研磨メディアの衝突エネルギーを緩和するとともに研磨メディアが加工面から反発する作用を抑制し，加工物表面を擦過することになります(3)。そのときに発生した弾性エネルギーによって研磨メディアに押付け力を生じて鏡面研磨作用が行われます。

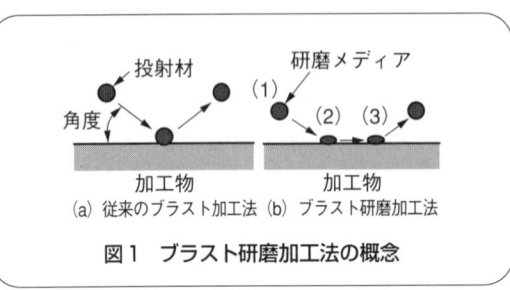

　図2は，一般的なインペラによるブラスト研磨方式の概略図を示したものです。研磨装置の下部に滞積する研磨メディアをベルトコンベアによって上部へ運搬し，セラミック製インペラの回転（周速度1,000〜2,500 m/min）に伴う遠心力によって研磨メディアを加速・投射（投射量100〜600 g/sec）し，加工物表面を擦過させます。

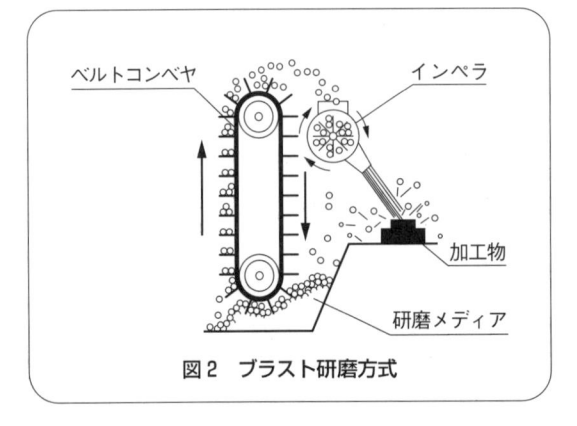

研磨メディアと研磨加工例

　ブラスト研磨に使用される研磨メディアのモデル図を図3に示します。平均粒径0.1〜2.0 mmの粘弾性体コアの表面もしくは内部に♯1500〜20000の砥粒（ダイヤモンド，cBN，SiC，Al_2O_3など）が緻密に粘着積層もしくは含有されています。粘弾性体としてはゴムを冷凍粉砕して粒径を整えたものが用いられ，ゴムの持つ粘着力を利用

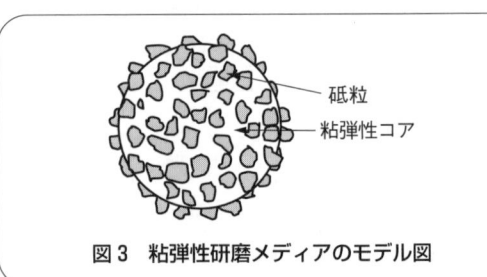

図1　ブラスト研磨加工法の概念

図2　ブラスト研磨方式

図3　粘弾性研磨メディアのモデル図

図4　粘弾性研磨メディア
(a) 外観　(b) 表面（SEM写真）

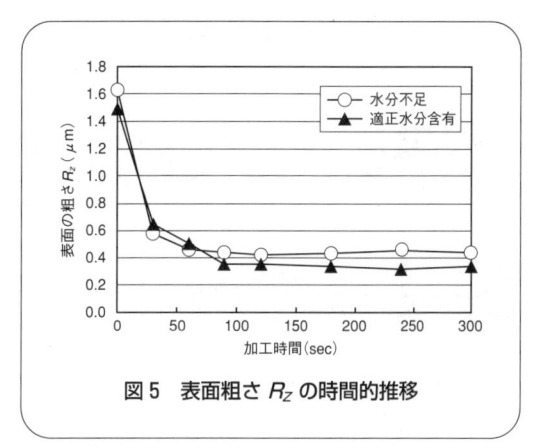

図5　表面粗さ R_z の時間的推移

図6　ブラスト研磨による加工例
（㈱ヤマシタワークス）

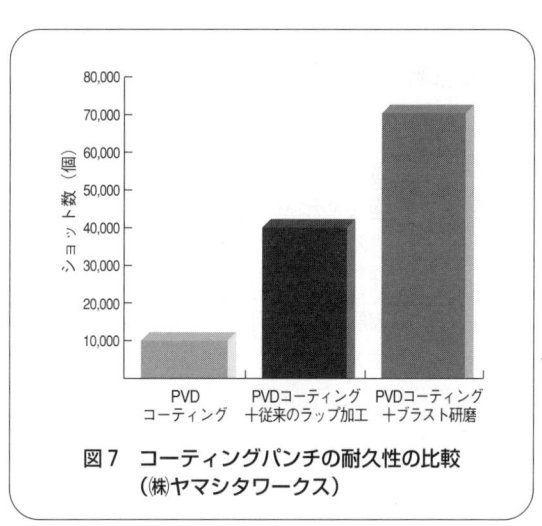

図7　コーティングパンチの耐久性の比較
（㈱ヤマシタワークス）

してコア表面に砥粒を粘着しています。他方，マルチコーンを利用した粘弾性体コアはそれに含浸する水分量によって弾性を調節できる特徴を有しています。**図4**にその外観を示します。これらの研磨メディアの特徴としては，研磨加工によって発生した研磨粉を粘弾性体が，粘着もしくは吸着するために粉塵が発生しないことや研磨メディアのリサイクルができるために環境負荷の低減がはかれるなどが挙げられます。

SUS 304に対して水分含有量の異なる2種類の研磨メディア（SD #3000）によってブラスト研磨を行ったときの表面粗さの時間的推移を**図5**に示します。研磨時間の経過につれて適性水分含有状態の研磨メディアによる方が最終的に良好な結果が得られます。

ブラスト研磨が可能な加工物材質としては，60 HRC以上の金属材料はもちろんのことハイス，ダイス鋼，ステンレス鋼，アルミニウム，銅などがあります。したがって，**図6**に示すように金型や切削工具の鏡面研磨や微細バリの除去とエッジ仕上げに適用されています。また，PVD，CVDによる薄膜コーティングやメッキの前処理工程における表面仕上げに活用されており，表面を洗浄・活性化してドロップレットを除去することにより，**図7**に示すようにコーティング薄膜の密着性を向上することができ，パンチング金型の寿命が大幅に延長されています。

4 磨く

●研磨方式●
電子ビーム(EB)ポリシング

岡山大学　宇野　義幸，岡田　晃

大面積電子ビーム（直径60 mm）を金型や手磨きを必要とする金属部品などにパルス状に照射して，きわめて短時間（数分以内）に鏡面まで磨くことができる新しいポリシング技術です。

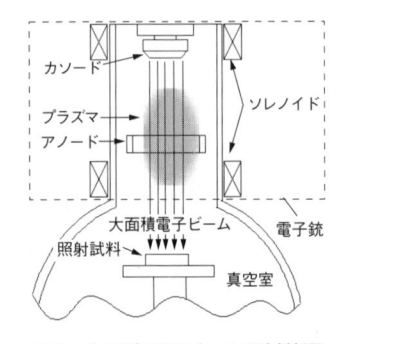

大面積電子ビーム照射装置

　従来の電子ビーム加工は一般的に1 mm以内にビームを絞って高エネルギー密度にした上で，高精度高機能溶接や精密微細穴あけなどに用いられています。これに対して，開発された大面積電子ビーム加工は，Explosive Electron Emission (EEE) という原理を応用して直径60 mmの電子ビームを発生させ[1]，これを絞らずに試料にパルス状に照射することによって鏡面を得ようとするものです[2]。

　図1はこの大面積電子ビーム照射装置の概略を示しています。真空チャンバの中に10^{-2}Pa程度のArガスを導入しておき，外部ソレノイドによって磁場を発生させます。磁場が最大となったときにリング状のアノードにパルス電圧を印加すると，チャンバ内の自由電子はローレンツ力を受けるために螺旋運動をしながらアノードへ向かいます。その過程でAr分子と衝突しプラズマを発生させます。このときにカソードにパルス電圧を印加するとカソード付近には電気二重層が形成され，陰極から出た電子は高い電界強度によって加速されます。また，アノードプラズマは電子間のクーロン力を遮蔽し，ビームの直進性を向上させることができます。このようなメカニズムによってビームを絞らずに金属表面を溶融・蒸発させるのに十分なエネルギー密度で電子ビーム照射を行うことができます。本装置においては，最大径60 mmのビームを得ることができます。

照射面の状態

　図2はプリハードン鋼（NAK 80）の放電加工面に対して，電子ビーム1パルス当たりのエネルギー密度を変化させた場合の照射面の状態を示しています。照射回数はいずれも30回であり，これに要する時間は150秒です。最初は放電加工面のクレータがはっきりと観察されていますが，エネルギー密度が上がってくるにつれてクレータの形状は見えなくなっていき，4.2 J/cm^{2}ではほぼ均一な面となっています。

　図3は，エネルギー密度と表面粗さおよび表面光沢度（JIS Z 8741）の関係を表しています。図より，表面粗さはエネルギー密度の増加とともに減少していき，6～7 J/cm^{2}で最小値0.7 μmR_zとなります。光沢度は表面粗さとよく対応した変化を示しており，表面粗さが最小となる場合に光沢度は最大値を示しています。また，照射回数の

図1　大面積電子ビーム照射装置

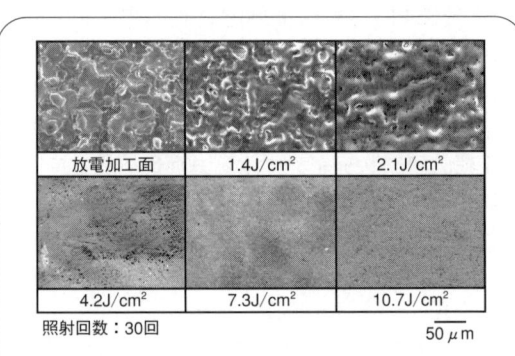

図2　エネルギー密度による照射面の変化

図3 エネルギー密度による表面粗さおよび光沢度の変化

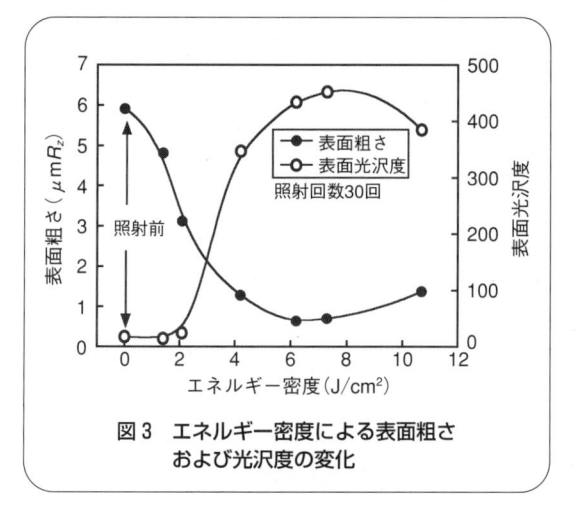

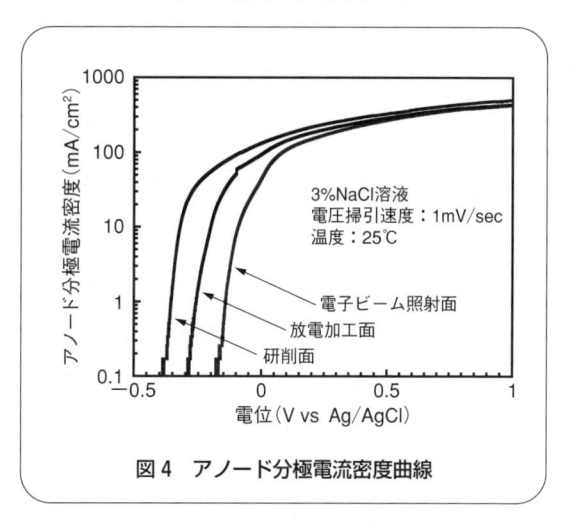

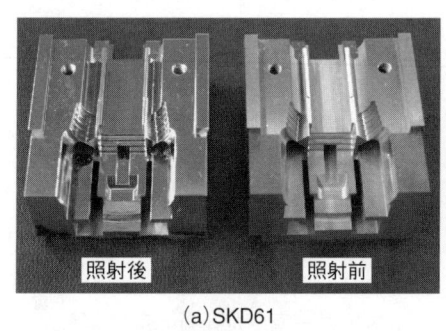

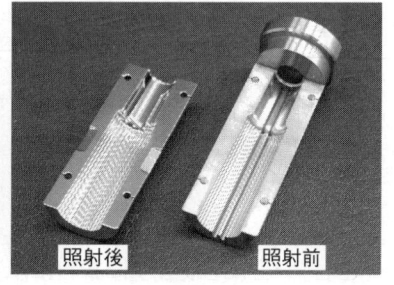

図4 アノード分極電流密度曲線

(a) SKD61 (b) NAK80

図5 大面積電子ビーム照射金型サンプル

影響について検討したところ，照射回数を多くすることによって十分な平滑化が可能になること，ならびに，小さいエネルギー密度で多数回照射するほうが平滑化の効果が高いことが明らかとなっています．さらに，傾斜した面に対しても同様に十分な平滑化が行えることが確認されました．以上の結果から，大面積電子ビーム照射によってわずか数分で直径 60 mm の大面積を一括して表面粗さ $1 \mu m R_z$ 以下に仕上げることが可能であることが判明しました．

図4は電解液に 3% NaCl 水溶液を用いた場合のアノード分極電流曲線です．電子ビーム照射面が電解電流密度の値がもっとも小さく，次いで放電加工面，研削面となっています．すなわち，大面積パルス電子ビーム照射により表面の平滑化と同時に耐食性も向上できることが明らかとなりました．

図5は，大面積パルス電子ビーム照射前後の金型サンプルです．(a)においては照射条件をエネルギー密度 $7.3 J/cm^2$，照射回数 30 回とし，ワーク材質は SKD 61 です．また(b)では，照射回数 50 回としました．ワーク材質は NAK 80 です．いずれにおいても照射後表面粗さは $2〜3 \mu m$ に減少します．

このように電子ビーム（EB）ポリシングは従来の手磨き技術に替わる新しいポリシング技術としての可能性を有しており，今後の発展が期待されています．

参考文献

1) G. A. Mesyats, Explosive Electron Emission, URO-Press, (1998)
2) Y. Uno, A. Okada, K. Uemura, P. Raharjo, T. Furukawa and K. Karato, High Efficiency Finishing Process for Metal Mold by Large—area Electron Beam Irradiation, Precision Engineering, Vol. 29, No. 4, pp 449–455, (2005)

4 磨く

● 複合研磨方式 ●
EEM(Elastic Emission Machining)

大阪大学　三村秀和・山内和人・森　勇藏

EEM は，固体表面間の化学反応のみを利用して研磨を行う超精密加工法です。力学的な作用を加工物表面に与えないので，加工物表面の原子の配列を全く乱すことなく，原子の大きさの凹凸しかない平らな表面を作ることができます。

EEM の加工原理

EEM の加工原理を図 1 に示します。加工物表面との反応性を持った微細粉末粒子を超純水の流れにのせて加工物表面に供給し，微細粉末粒子表面の原子と加工物表面の原子との間で起こる化学反応の結果，加工物表面の原子が微細粉末粒子によって持ち去られることによって加工が進みます。力学的な作用を加工物表面に与えないので，加工変質層の無い平らな表面を作ることができます[1)2)]。

図 2 は原子の取れる様子を量子力学に基づく第一原理計算によりシミュレーションした結果です。加工物表面の原子が，微粒子表面の原子と作用し，表面原子のバックボンドが弱まります。微粒子が持ち上がるとともに，加工表面原子が付随して上がっていることがわかります。この計算は Si(001) 表面と SiO_2 微粒子の組み合わせですが，微粒子を変更することでバックボンドの切れやすさが変わります。たとえば，ZrO_2 微粒子では，バックボンドを弱める作用が強く，加工がしやすいことが計算から明らかになり，実験でもその傾向が一致しています[3)]。

加工表面

EEM では，微粒子を含む超純水の流し方が重要となります。EEM では，回転球形加工ヘッドとノズル形加工ヘッドが用いられています。回転球形加工ヘッドでは，加工物表面上で，高精度に加工された弾性材料の球形ヘッドが高速に回転することで，球形ヘッドと加工物表面間の間に弾性流体潤滑状態が発生します。その結果，加工物表面上において水平方向にきわめて大きなせん断流れが発生します。その効果により，きわめて平坦な加工表面が実現できます。図 3 は EEM により局所的に加工した後の Si(001) 表面を位相シフト干渉顕微鏡により観察した結果です。PV：0.524 nm，RMS：0.061

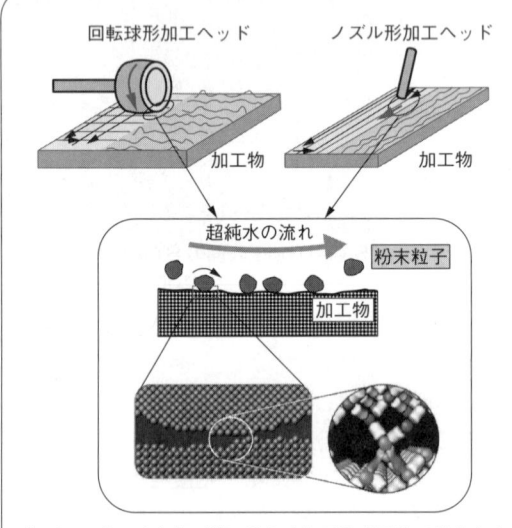

加工ヘッドにより加工液の流れを加工物表面上で発生させ，加工物表面へ微粒子の供給を行う。微粒子表面の化学反応性を利用して，加工物表面の原子を除去する。

図 1　EEM の概要

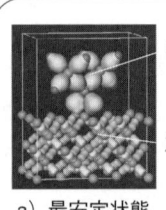

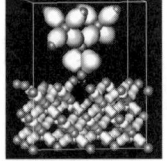

a) 最安定状態　　b) 0.1nm 引き上げ　　c) 0.2nm 引き上げ

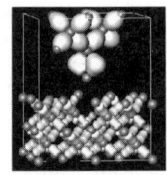

微粒子が作用することで，加工物の最表面の原子のバックボンドが弱まることで除去される。

図 2　第一原理計算による加工シミュレーション

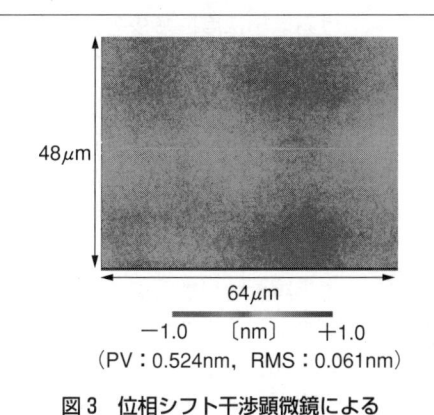

図3 位相シフト干渉顕微鏡による
Si(001) 加工表面の評価結果

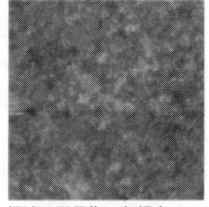

図4 Si(001) 加工表面のSTM像

図5 数値制御加工例

nmの超平滑表面であることがわかります。

　図4はEEM加工表面をSTM (Scanning Tunneling Microscopy) により観察, 分析を行った結果です。Si(001) EEM加工表面のSTM像です。40×40 nm²にズームアップした像からわかるように完全に個々の原子が解像できています。全体の95%が3原子層で構成されており, 超高真空中加熱 (約1,000℃) 以外の方法で得られた世界でもっとも平らなSi(001) 表面です[2]。

　ノズル形加工ヘッドを用いることで数値制御加工を行っています。この場合, 微粒子を供給する領域をきわめて微小にすることが可能であり, 200 μm程度の大きさのスポット加工を実現しています[4]。そして, 必要な加工量に合わせて速度を変えながら加工ヘッドを送ることによって, 空間分解能0.1 mmで, 1 nmを上回る寸法精度で目的とする自由曲面を創成することができます。図5は, 加工前と加工後の形状誤差です。PV：2.4 nm, RMS：0.24 nmの高精度な形状を実現しています。

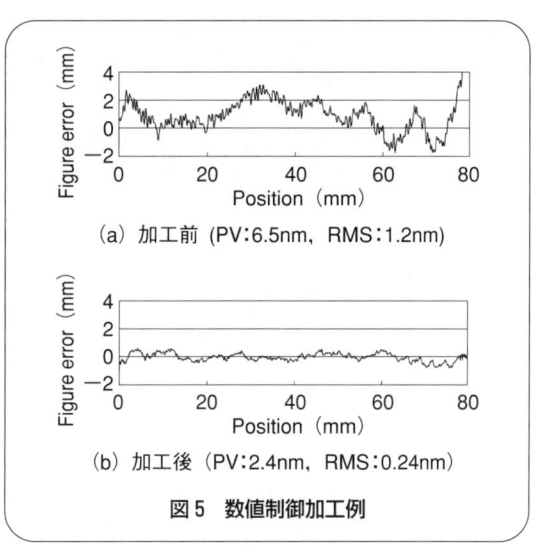

　EEMは現在, 放射光用ミラーに適応されており, 硬X線を回折限界まで集光するミラーの作製が可能となっています[5]。また, 形状, 表面粗さともに0.1 nm (RMS) レベルが求められる極端紫外光用ミラーへの応用も進められています。

参考文献

1) 森勇藏, 山内和人, 三村秀和, 稲垣耕司, 久保田章亀, 遠藤勝義, EEM (Elastic Emission Machining) によるSi(001) 表面の平坦化 (第1報) ―超清浄EEM加工システムの開発―, 精密工学会誌論文集, 70, 391-396 (2004)

2) 山内和人, 稲垣耕司, 三村秀和, 杉山和久, 広瀬喜久治, 森 勇藏, Elastic Emission Machiningにおける表面原子除去過程の解析とその機構の電子論的な解釈, 精密工学会誌, 68, 456-460 (2002)

3) 山内和人, 三村秀和, 久保田章亀, 有馬健太, 稲垣耕司, 遠藤勝義, 森勇藏, EEM (Elastic Emission Machining) によるSi(001) 表面の平坦化 (第2報) ―加工表面の原子像観察と構造評価―, 精密工学会誌論文集, 70, 547-551 (2004)

4) K. Yamauchi, H. Mimura, K. Inagaki, and Y. Mori, Figuring with subnanometer—level accuracy by numerically controlled elastic emission machining, Review of Scientific Instruments, 73, 4028-4033 (2002)

5) H. Mimura, S. Matsuyama, H. Yumoto, H. Hara, K. Yamamura, Y. Sano, M. Shibahara, K. Endo, Y. Mori, Y. Nishino, K. Tamasaku, M. Yabashi, T. Ishikawa and K. Yamauchi, Hard X—ray Diffraction—Limited Nanofocusing with Kirkpatrick—Baez Mirrors, Japanese Journal of Applied Physics Part 2, 44 (18), L 539—L 542 (2005)

4 磨く

●複合研磨方式●
電解砥粒研磨

産業技術総合研究所　清宮　紘一

電解砥粒研磨は旧来の電解研磨とバフ研磨のニーズを踏まえ，両研磨法の欠点を補う形で発展してきました。当初，粗さの向上が主目的で形状精度は問題にされませんでした。近年，オスカー式研磨機により各種金属をSiウェハ並みに超精密研磨する方法が開発され，先端技術分野における高品位，高精度な鏡面研磨ニーズへの対応も可能になっています。

電解研磨，電解砥粒研磨

電解研磨は電解液中に工具電極と工作物を浸漬し（**図1**），直流電圧を印加して陽極側の工作物表面を電解溶出させる方法で光沢度と粗さを向上させます。電解に伴って生成する不働態酸化皮膜が電解液中の化学成分により溶解，拡散して粘性層が形成され（**図2**），ミクロの凸部と凹部における溶出速度に多少の差が生じることで平滑化が進行します。欠陥が無く清浄な表面が得られ，多数の工作物を同時に処理できる特長がある一方，形状精度が低下したり，作業者への危険を伴う強酸や強アルカリを使用するなどの欠点があります。

電解砥粒研磨では加工液として硝酸ナトリウム水溶液（通常は20 wt%）を使用し，電解研磨と同レベルの電圧，電流密度で電解を行います。この電解液は，中性なので作業者への危険はありません。電解に伴う皮膜の厚さが数十nm以上になると，電解溶出速度はゼロ近くなるため工作物表面のミクロ凹部は加工がほぼ停止した状態になります。一方，ミクロ凸部では砥粒の擦過により素地金属が露出した（あるいは皮膜厚さがきわめて薄くなった）部分において電解溶出が起きるので，砥粒研磨との相乗効果により急速に平滑化が進行します（**図3**）。旧来の電解研磨では不働態皮膜が電解液中の化学成分によって溶出するので，ミクロ凹部においても凸部と同レベルで加工が進行し，このために大きな取りしろが必要となり形状精度の低下を招きます。

電解砥粒研磨機

図4は，最初に開発・市販された簡便な手動式電解砥粒研磨機です。写真に写っているウレタン製研磨パッドあるいはナイロン不織布を銅製の円

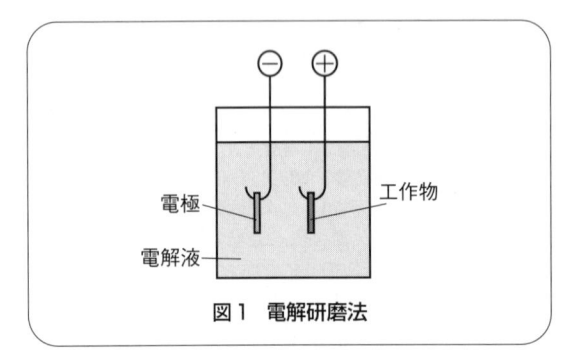

図1　電解研磨法

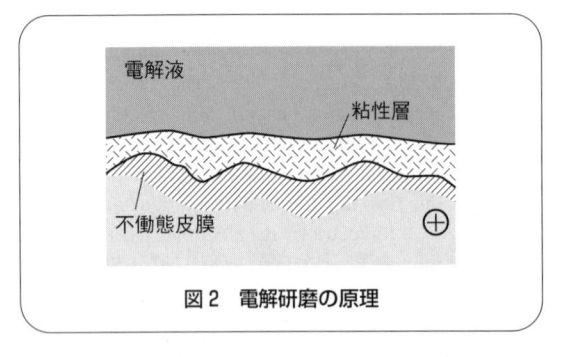

図2　電解研磨の原理

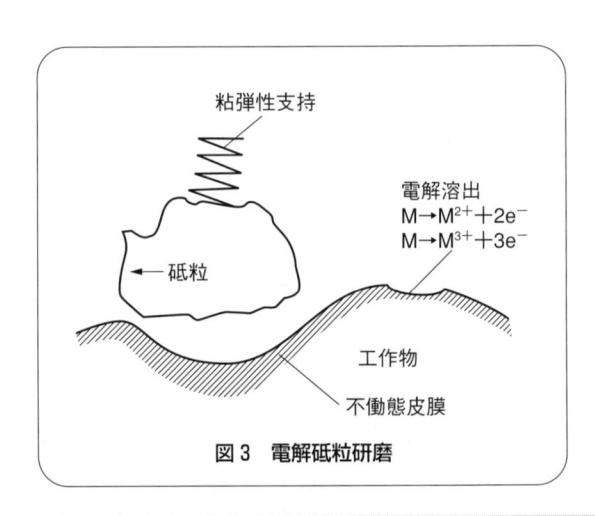

図3　電解砥粒研磨

複合研磨方式

図4 手動式電解砥粒研磨機

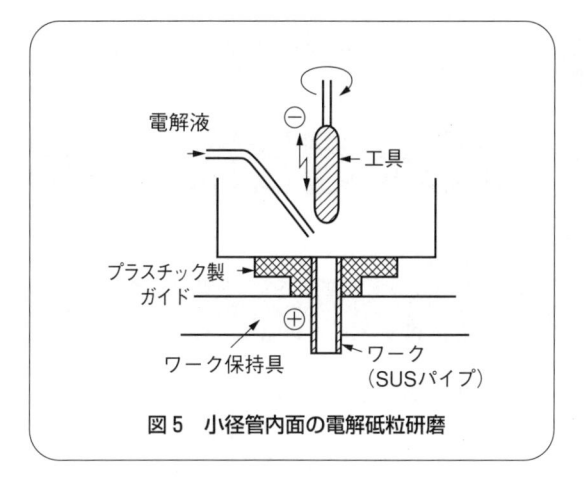

図5 小径管内面の電解砥粒研磨

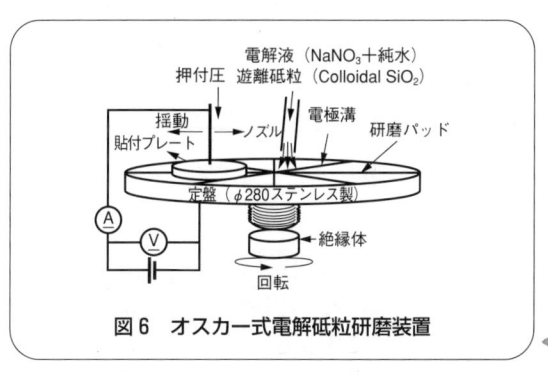

図6 オスカー式電解砥粒研磨装置

板形電極工具に装着してそれを回転主軸にネジ止めします。不織布には砥粒があらかじめ接着されていますが，前者のパッドでは，電解液中に平均粒径1μm弱のアルミナ砥粒を混入し，遊離砥粒方式の鏡面仕上げ（10 nmR_a前後）に用います。

電極工具は数百rpmで回転させます。回転数を増すと遠心力で研磨材中に滞在する電解液の量が減少し，そのため極間抵抗が増大して電流値の減少を招くので，回転数には適正な上限があります。この研磨機は，強く押付けると工具回転が停止するために加工能率が悪く，生産現場の要望に応じて両手操作タイプに移行しました。

手送り式に続いて自動送りの電解砥粒研磨機も開発，市販されました。当初は設置面積が小さい利点をもつ工具移動形でしたが，剛性不足で適切な研磨圧を付加できなかったため，すぐにテーブル移動形へ移行しました。研磨圧の付加も当初の静荷重（錘）式から今は空気圧式になっています。こうした平面用の汎用自動機だけではなく，複雑な3次元形状の医療用純チタン部品の研磨目的で，ツール自動交換装置を持つ3軸制御ロボット形専用機も開発，実用化されています。

図5は，小径管（円筒）内面への適用を示しています。SUS製芯電極に不織布やウレタンを巻付けて構成した工具（外径は管内径より1 mmほど大，挿入時に適正研磨圧が発生）を，ボール盤を改造した研磨装置の主軸に取付け，回転と同時に数Hzの上下動を付加します。鏡面研磨したSUS管は高純度流体を循環使用する半導体工業において微粒子付着とガス発生量の低減目的で使用されます。

図6はオスカー式研磨機を改造した電解砥粒研磨機を示します。電極工具は，Siウェハ研磨用パッドを扇形に切り出し，1 mm幅の電極溝（電解はこの部分でのみ行う）を残して貼付したSUS製定盤を用います。工作物は空気圧で上方から押付けられ，半径方向に揺動しながら，工具の回転とともに連れ回りします。

この方式の電解砥粒研磨により鉄鋼，Ti，Ni，Al，WなどがSiウェハ並みに超精密研磨されます。しかも従来は，ラッピングとポリシングで粒径を順次小さくしながら数工程を必要とした切削面からの鏡面研磨が1工程（切削面が平坦なら約10分）で達成されます。この技術は民間企業に技術移転されて，数百mm径の超精密金属ウェハの量産が可能になっており，その結果，従来とは異なる方式の新技術開発が期待されています。

4 磨く

● 複合研磨方式 ●
複合研磨技術とその方式

埼玉大学　土肥　俊郎

1947年に発明されたトランジスタの製作に必要とされた半導体結晶（ゲルマニウム，シリコン）は，無ひずみ鏡面にすることがもっとも重要であり，いろいろな研磨方法が検討され，これを契機に飛躍的に研磨技術が進歩しました。そして1960年代の後半になると，機械的研磨（ポリシング）と化学的作用を複合化させた，新しい化学的機械的ポリシング（CMP：Chemical Mechanical Polishing）が出現しました。

超精密加工のためのCMP技術は，単結晶のシリコンをはじめ化合物半導体，水晶，サファイア，ガラスなどの基板などの機能性材料の最終仕上げ加工に適用されています。最近では，超LSIデバイスの製作工程で平坦化CMPと称し，さらに貢献しています。デバイス化ウェハの微細パターンを形成し配線を多層化するにあたって，平坦化（プラナリゼーション）する工程があります。これまでの平坦化手法では高度な平坦化が困難になったため，実績のある超精密CMP技術が脚光を浴び導入されたのです。このデバイス化ウェハの平坦化にCMP技術が適用された結果，多層配線された高密度の高

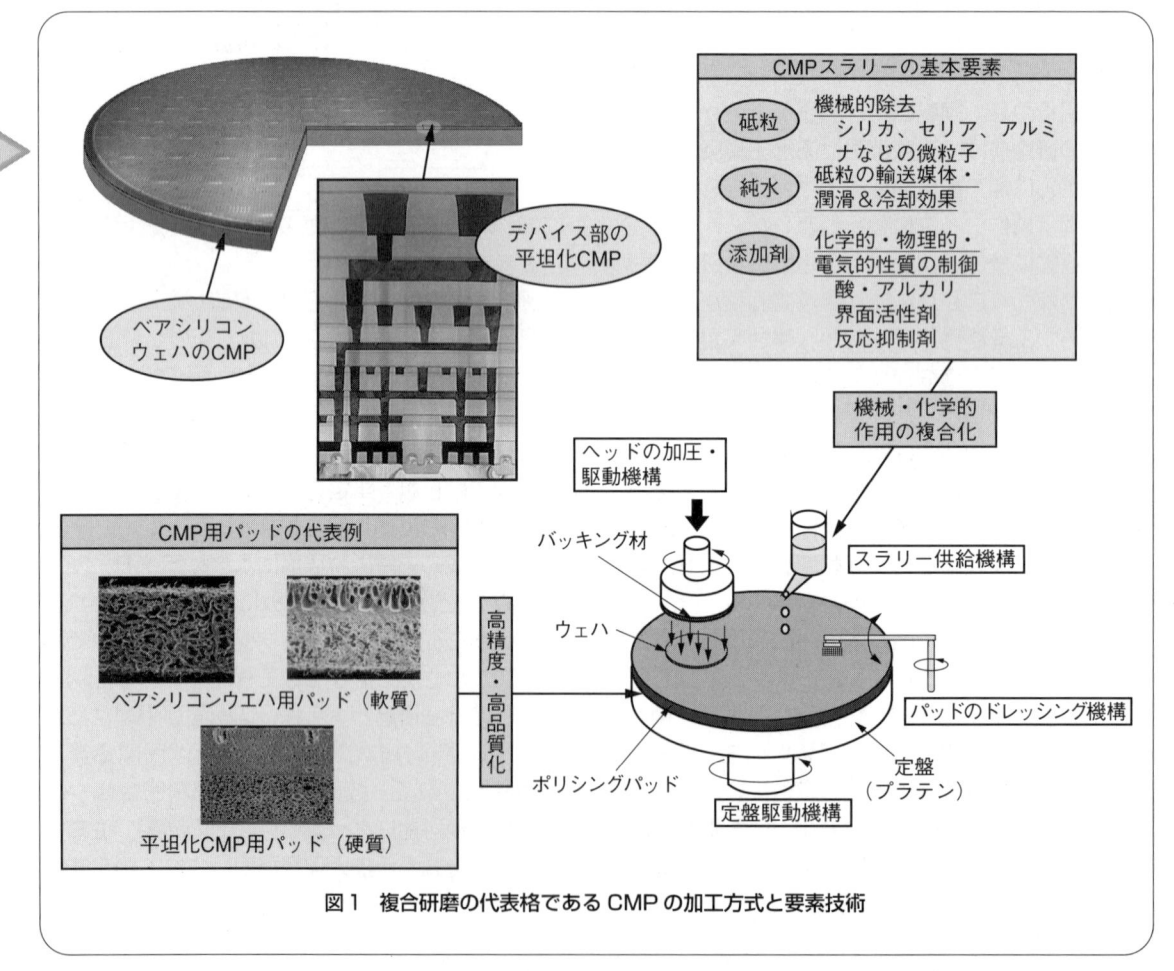

図1　複合研磨の代表格であるCMPの加工方式と要素技術

速デバイスが実現されました。図1の左上の写真は、CMPによってベアシリコンウェハ表面を無ひずみの原子オーダで平滑鏡面にした後、デバイス工程の中で微細パターンをCMPによって平坦化加工し、多層配線を実現した状態を示す一例です。

加工原理・方式

化学的・機械的複合ポリシングは、加工面品位、加工能率の点で圧倒的に優れた特性を示し、ケミカルメカニカルポリシング（CMP）あるいはメカノケミカルポリシング（MCP）が代表例です。一言でいえば、砥粒などによって加えられた機械的エネルギーで固相反応（乾式の場合）や固液相反応（湿式の場合）などを誘起・活性化し、加工を促進するとされております。湿式で行うところのCMPならびにMCPにおいて、前者は「機械的除去と化学的除去を伴う加工」メカニズムであって、後者は「化学液（加工液）の化学的作用により生じる反応生成物を摩擦・摩耗を伴う機械的作用によって除去する」メカニズムです。従来の機械的ポリシングに比べて数〜数十倍の加工能率で、無ひずみの高品質加工面を得ることができます。

研磨方式は通常の機械的ポリシングと同様です。特徴的なことは、スラリーに酸・アルカリなどの化学液のほか、界面活性剤や反応抑制剤などが添加されていることです。砥粒には、比較的軟質のシリカ（SiO_2）、セリア（CeO_2）、ジルコニア（ZrO_2）やアルミナ（Al_2O_3）などの1μm以下の微粒子が使用されますが、砥粒選択にあたって添加剤と同様、被加工物の種類によって決めます。シリコンウェハのCMPには、アルカリ性ベースのコロイダルシリカが賞用されます。一方パッドは、加工精度、加工面の品質などに影響を与えるため、被加工物に要求される事項によって、その種類を決めます。図1に示したパッドは、シリコンウェハのCMPに適用する不織布（1次用）、軟質のスエード風人工皮革（2次、3次用）、デバイスウェハのCMPに適用する硬質の発泡ポリウレタン（平坦化用）の典型的な断面写真です。表1は、シリコンウェハを超精密のCMPによってポリシングするときの、典型的な加工条件です。

表1 超LSI用シリコンウェハのCMP条件の一例

工程\加工条件とその狙い	スラリー（ポリシ剤・研磨剤）	パッド（ポリシャ・研磨布）	加工圧力	ポリシ量	おもな狙い
第一次ポリシング	SiO_2系（またはZrO_2系）砥粒：粒径500〜700Å 加工液：アルカリ性溶液（pH 10〜11）	ポリウレタン含浸ポリエステル不織布または発泡ポリウレタン（硬質タイプ）	3〜8 N/cm²	10〜15μm	・高能率化 ・平滑鏡面化（表面粗さ20〜40Å R_y）
第二次ポリシング	SiO_2系砥粒：平均粒径500〜700Åまたは100〜200Å 加工液：pH 10〜11	スエード風人工皮革またはポリエステル不織布（軟質タイプ）	1〜3 N/cm²	数〜1μm	・OSF*フリー ・表面粗さの向上（表面粗さ10〜20Å R_y）
第三次〜第四次ポリシング	SiO_2系砥粒：粒子径100〜200Å 加工液：アンモニア系またはアミン系（pH 8〜10）	スエード風人工皮革（軟質）	1 N/cm²以下	0.1〜0.数μm	・ヘイズフリー ・コンタミネーションフリー

*OSF：Oxidation-induced Stacking Faultの略

5 断つ

切断加工総論

金沢工業大学　石川　憲一

　物を切るという行為は，人類が地球上に出現して以来，欠くことのできない日常的な営みの1つです。換言すれば，どのように素晴らしい素材であっても，所望の寸法に切断することができなければ，何ら価値を有しないばかりか，無用の長物となるといっても過言ではありません。したがって，このように重要な手段を表す日本語には「切る，斬る，剪る，伐る」などのようにいくつかの表現がありますが，本稿では，工学・工業的にももっとも多用されている「切る」という観点に立脚した「切断加工」についてその概要を説明することにいたします。

切断加工の方式

　周知のように「切断加工」は各種機械部品を製作する際には，必ず用いられる加工法の1つです。それでは，「切断加工にはどのような方法があるのか？」について考えてみましょう。我々の身近なところでは，①包丁（ナイフ状刃物），②のこぎり，③はさみ，④ガラス切りなどの工具を使った切断方法などが容易に思い浮かぶと思います。そして，これらの切断方法はそれぞれ切る材料の大きさや性質に合わせて使い分けています。一方，工業用部品の加工工程における切断加工においても，切削加工や研削加工のみならず我々の身近な切断方法と同様に工作物の形状，精度，材料などによって最適な加工法を選ぶ必要があります。

　工業用の部品加工で用いられる切断加工法の分類を**図1**に示します。同図に示すように，切断加工は工具などを使って行う機械的加工法，ワイヤ放電加工などに代表される電気的加工法，レーザ加工に代表される光学的加工法に大別できます[1]。また，これらの加工法は切断された工作物の材質，工作物に要求される精度，加工速度などによって最適切断加工法が選定されています。代表的な材料に対しての分類として，ウレタン材などの軟質材料はナイフ状刃物で，金属材料は鋸刃，砥粒加工，放電加工，レーザ加工，溶断などによって切断加工が行われており，電子部品などに用いられる硬脆材料は機械的加工法の中でも砥粒加工が主として用いられています。とくに，電子部品の製造工程では，機械的加工法を多く利用しています。ここで，砥粒による切断加工法としては，ダイヤモンド砥粒やcBN砥粒とよばれる超砥粒をはじめとする各種砥粒を固着した工具を用いる固定砥粒（研削切断）方式と，砥粒を研削油などのベースオイル中に懸濁した状態の加工液（スラリー）をポンプなどによって供給し，工具との相対運動を伴いながら切断加工する遊離砥粒（ラッピング切断）方式に分類されます。

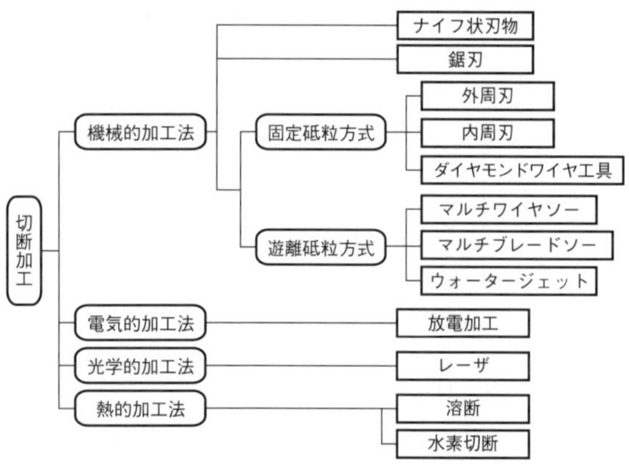

固定砥粒による切断加工

　固定砥粒方式には外周刃切断法，内周刃切断法，ダイヤモンドワイヤ工具による切断加工法などがあります。固定砥粒方式の切断加工法は後述する遊離砥粒方式に比較して，加工能率や作業性の点で優れているのがその特徴です。**図2**に固定砥粒方式の代表例である外周刃切断方式のモデル図を示します。この加工法は円板状

図1　工業用部品の切断加工法の分類

図2 外周刃切断方式

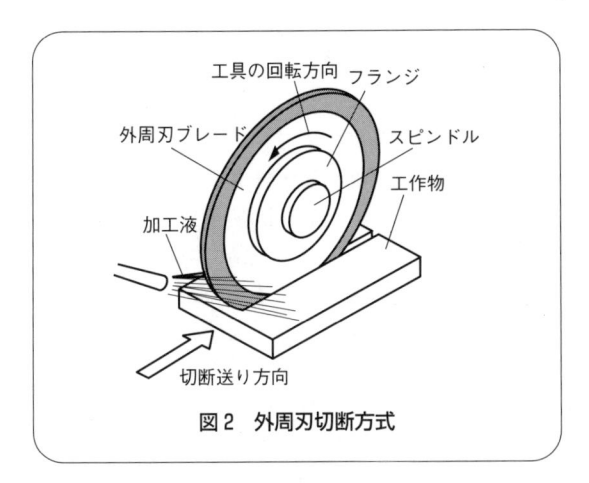

の工具（ブレード）を高速で回転させると共に，加工液を連続的に供給しながら，板状などの材料を切断する加工法です。この加工方式では，工具も厚さが0.1 mm以下の極薄タイプから直径が1,500 mmを超えるサイズの工具まで用意されており，比較的簡単に切断することができるために，鉄系並びに非鉄金属系をはじめ，エンジニアリングセラミックスなどの硬脆材料から石材の切断加工に至るまで，幅広い材料に対して利用されています。また，最近ではこの外周刃切断方式において用いる円盤状工具に40 kHzの超音波領域の振動を作用させ，工具を半径方向に振動させる超音波振動切断も開発されつつあります[2]。**図3**は加工液中で40 kHzの超音波振動によって発振している工具の様子を示した写真です。同図に示されているように，工具外周面より垂直方向に白く吹き出しているように見える部分がキャビテーションによって発生した気泡です。超音波振動する工具では，キャビテーションが工具外周面のいろいろな箇所においてランダムに発生します。このように，工具に超音波振動を付加させると，工具の外周面に発生するキャビテーションによって，超音波洗浄作用のような効果を生じ，切りくずによる砥粒の目づまりを抑制することに加えて，切りくずを加工部から排出し易くする効果が得られます。その結果，切断時の抵抗を減少させるのみならず，加工を重ねても工具の目づまりをほとんど生じないために安定した切断を行うことが可能となります。そして，このことは超音波外周刃方式における高速切断加工への適用の可能性を示唆しています。

図4に内周刃方式のモデル図を示します。この加工法は，ドーナツ状の薄いステンレス鋼板の内周部にダイヤモンド砥粒を電着したものを工具として用います。この工具自体の剛性は大変低いものですが，切断加工に利用する際には太鼓の皮を張り上げるようにして，工具の外周側から増径率0.8〜1.0%程度の張力を付加させます。そのため，実際の切断加工の際には，外周刃よりも工具の剛性が向上することから，厚さ0.2 mm以下の工具であっても6〜8インチ（150〜200 mm）のシリコンインゴットでも精度良く切断加工できます。しかしながら，この加工法はマルチ切断ができないため，近年，生産性の点でシリコンウェハなどをスライシング加工する分野では，後述する遊離砥粒方式のマルチワイヤソーが主流になっていますが，小径サイズの工作物を少量切断する分野を中心に利用されています。

ダイヤモンドワイヤ工具は，**図5**に示すように芯線ワイヤにダイヤモンド砥粒を電着し，工具と

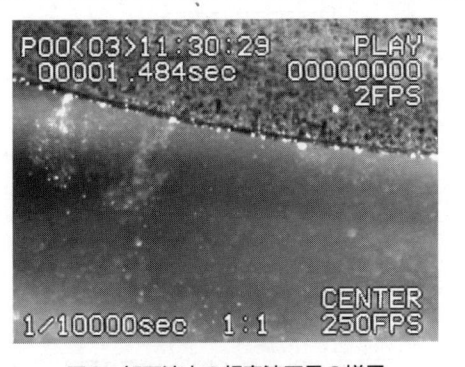

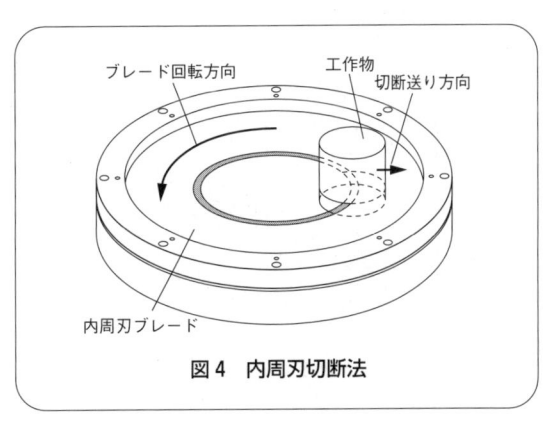

図3 加工液中の超音波工具の様子

図4 内周刃切断法

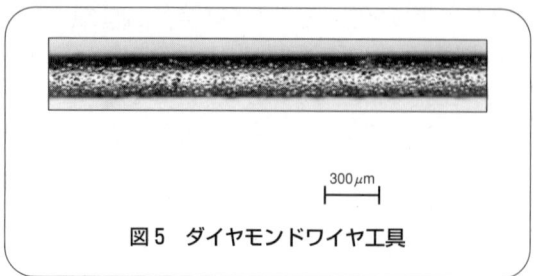

図5 ダイヤモンドワイヤ工具

して用いる切断加工法です。この工具には電着によって製作されたものと樹脂コーティング法によって固着されたものがあります。切断加工に際しては，油あるいは防錆剤を混合した水を供給するのみで良く，ワークステージの周辺が汚れにくく，後述する遊離砥粒を用いたマルチワイヤソー方式に比べて格段に高能率であることなどの利点を有しています。しかしながら，工具コストが高いことやこの工具とマッチした最適加工液の解明が遅れているため，一部の分野において利用されているに留まっています。現在はいろいろな工具メーカーが開発を手懸け始めたため，今後の発展が期待されています。また，最近ではチップポケットを有する工具[3]も開発されつつあり，工具の加工能率の向上や長寿命化を図る研究も徐々に行われ始めています。

遊離砥粒による切断加工

遊離砥粒方式には，マルチブレードソー，マルチワイヤソー，ウォータージェットなどの方式があります。図6にマルチブレードソーのモデル図を示します。マルチブレードソーはブレード（極薄帯鋼）とスペーサとよばれるブロックとを多数枚交互に組み合わせ，ブレードに均一な張力を加えることによって工具として用いる切断加工法です。ブレード1本当たりの張力は1,000 Nを超えることから，多数枚のブレードを保持するブレード固定枠の重量は大変大きなものとなっています。しかしながら，この切断加工方式は多数枚の同一形状のスライシングが同時に可能で，いったんセッティングし加工を開始すると，加工が終了するまでほとんど作業者の手を煩わせることがなく，無人運転が可能なために水晶振動子の加工などの分野で広く用いられていました。また，この加工方式では高能率な切断を行うために，工作物に上下方向の振動を付加させるタイプの装置も開発されています[1]。しかしながら，切断加工する際のブレード枠の往復動による慣性力に問題があり，工具の移動速度をあまり増大させることができないため，最近ではマルチワイヤソーと入れ替わりつつあります。

遊離砥粒方式のうちで，各種材料の切断加工にもっとも適用されているのがマルチワイヤソー方式です。図7にマルチワイヤソーの機構図を示します。この加工法は，1本の細いピアノ線（工具）を同図に示すように多溝滑車に多数回巻き付け，そのピアノ線を高速（300〜700 m/min程度）で往復走行させることによって，同一形状の薄い円板状や板状の工作物（ウェハ）を多数枚一度にスライシングする加工法です。装置によっては，1回の加工で100枚以上の工作物を同時に切り出すことができるために生産性が高く，しかも比較的高精度な加工が可能となります。マルチワ

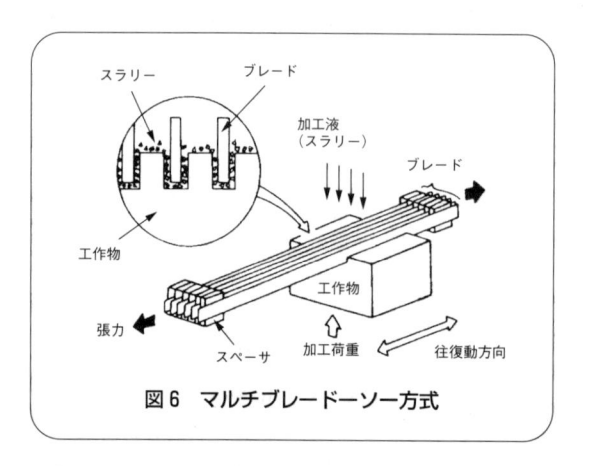

図6 マルチブレードソー方式

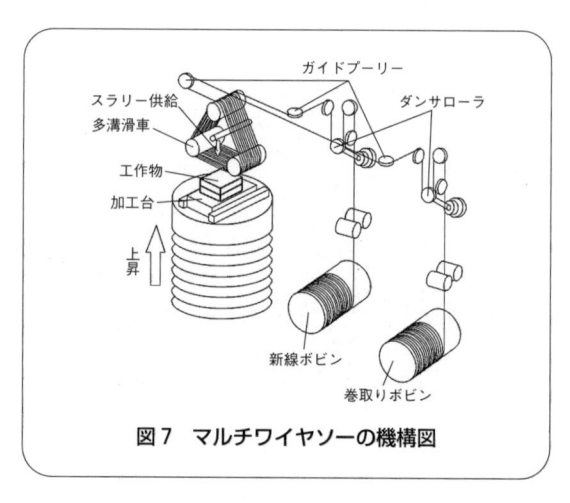

図7 マルチワイヤソーの機構図

イヤソー方式の開発当初は小形の硬脆材料部品の切断加工が主目的でしたが，最近では，大形の工作物や銅を含んだコイルのような複合材料に加えて高分子材料によるラミネート部品の加工にも用いられ，この加工法の応用範囲の拡大が年々進んでいます。

ウォータージェットによる切断加工

ウォータージェット方式は，高圧水をノズルから噴出させることによって行う切断加工法で，数百気圧程度の水を利用してバリ取りやクリーニングに用いられています。また，ウォータージェット方式による切断加工は直径0.1mm程度のノズルから数千気圧の圧力水あるいは砥粒を少量混合させた加工液を，音速を超える速度で噴射させることによって切断する加工法（AWJM）です。この方法は水を使って切断するため，熱影響がない，切断代が小さい，硬脆材料からゴムなどの軟質材料に至るまで切断することができるといった特徴があります。この方法は雨中を高速で飛行する航空機の翼などの表面に現れる雨食現象の解明から発展したものです。

近年のデジタルカメラや薄型テレビなどの高付加価値製品の生産を支えている部品の一つに，図8に示すような「産業の米」ともよばれる半導体チップがあります。この半導体チップの製造工程には，円柱状のシリコンインゴットを大量に薄い板（ウェハ）状に切り出すスライシング工程があります。半導体産業の黎明期には図6に示したマルチブレードソーが用いられていましたが，その後，図4に示すような内周刃方式が多用されてきました。しかしながら，直径300mmを超える大口径シリコンインゴットの出現に対応して，生産性の側面からもマルチワイヤソーが切断加工の

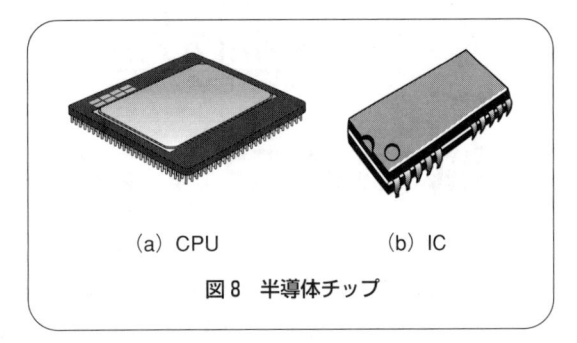

(a) CPU　　　(b) IC

図8　半導体チップ

中心として活躍しています。このマルチワイヤソー方式はスラリー中に懸濁させる砥粒の形状[4]，スラリーのベースオイルの種類などに対する検討が日々行われており，進化し続けています。そして，最近では，シリコンインゴットよりもはるかに硬い材料を切断するためにダイヤモンド砥粒を懸濁したスラリー[5]を用いることも試みられています。また，その一方で，遊離砥粒方式の弱点であるワークステージの汚れを克服することが可能なダイヤモンドワイヤ工具による切断加工法のさらなる実用化も進められています。

参考文献

1) 石川憲一編著，硬脆材料の高能率・高精度スライシング加工，アイピーシー（1995）
2) 石川憲一，諏訪部　仁，岳義弘他，超音波振動を利用したダイシング加工技術の開発，砥粒加工学会誌，**49**，7，396-401（2005）
3) 石川憲一，諏訪部　仁他，縒り線ワイヤを用いたダイヤモンド電着ワイヤ工具の開発，砥粒加工学会誌，47，9，495-500（2003）
4) 石川憲一，諏訪部仁他，マルチワイヤソーにおけるスラリーが加工特性に与える影響，2004年度精密工学会秋季大会学術講演会講演論文集，345-346（2004）
5) 石川憲一，諏訪部仁他，マルチワイヤソーにおけるダイヤモンドスラリーの加工特性，2005年度砥粒加工学会学術講演会論文集，23-24（2005）

5 断つ

● 切断方式 ●
砥石スライシング

岩手大学　水野雅裕

回転砥石を用いたスライシング加工は，電子部品，光学部品，半導体パッケージ，単結晶フェライト，磁性材料，ガラスなどの硬脆性材料を高精度，高能率かつ比較的小さなカーフ幅でスライシングしたい場合に幅広く用いられています。

砥石スライシングは，硬脆材料に対するもっとも一般的な高精度スライシング法であり，電子産業界において広く使われています。

図1は，磁気ヘッドの製造工程における砥石スライシングの適用例を示しています。リソグラフィー技術によりアルチックウェハにヘッド素子が形成され，次の工程で砥石スライシングによりウェハからRowbarに切り離されます。Rowbarの切断面に機械研磨とドライ加工を施してヘッド浮上面を形成した後，Rowbar同士を接着し，再び砥石スライシングによって磁気ヘッド単体に切り離します。磁気ヘッドの製造工程のように切断能率よりも切断精度が優先される場合には，図2(a)のようなシングルカット方式が適用され，切断精度よりも切断能率が優先される場合には，図2(b)のようなマルチカット方式が適用されます。

電子部品材料の多くは，希土類元素を含有していたり，単結晶であったりするので非常に高価です。こうした材料をスライシングする場合，カーフ幅（切断しろ）の低減が特に強く求められます。カーフ幅を低減するためにはより薄い砥石を使用する必要があり，そのために厚さが0.015 mmという非常に薄い砥石も砥石メーカーから供給されています。

スライシング加工に対して一般的に要求される事項として，上述したカーフ幅の低減のほかに，切れ曲がりの低減，切断アスペクト比（切断深さ／カーフ幅）の向上，チッピング（図3）の低減などが挙げられます。砥石の曲げ剛性は砥石厚さの3乗に比例するので，カーフ幅を低減しようとして砥石幅を小さくすると，必然的に切れ曲がりが大きくなります。また，切断アスペクト比を大きくするためにフランジからの砥石突き出し量を大きくすると，やはり刃先の横剛性が指数関数的に低下し，切れ曲がりが大きくなります。カーフロスを低減し，かつ切れ曲がり

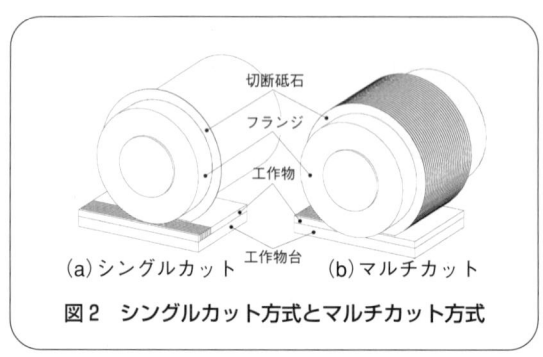

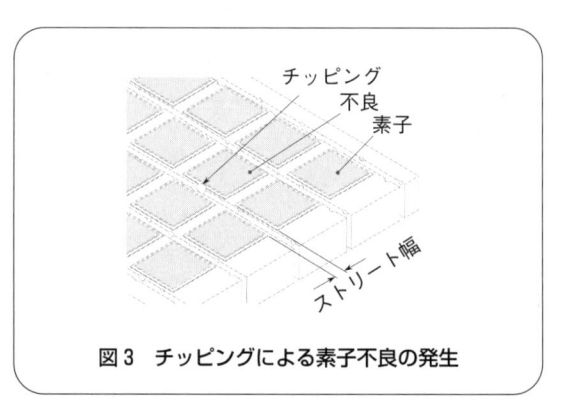

図2　シングルカット方式とマルチカット方式

図1　磁気ヘッド製造工程における砥石スライシングの適用

図3　チッピングによる素子不良の発生

図4 切断砥石の種類

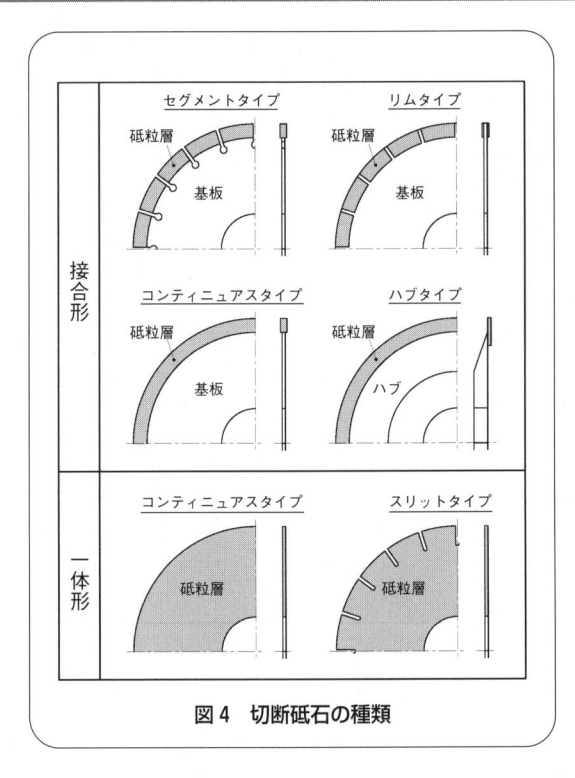

の発生を抑制するには、できるだけ剛性の高い結合剤の砥石を用いること、砥石に作用する研削抵抗を小さくすること、などが重要です。

図4のように、切断砥石にはいろいろな種類があります。これらは接合形と一体形に大別できます。接合形には、セグメントタイプ、リムタイプ、コンティニュアスタイプ、ハブタイプなどがあります。

セグメントタイプは、研削液の供給、切りくずの排出を容易にするために外周部に切り欠きを設けたタイプのもので、切れ味が優れています。しかし、断続研削となるためにチッピングが発生しやすく、また、刃厚が数 mm 程度もあるため、電子材料の切断にはあまり用いられません。このタイプはもっぱら土木加工や石材加工に用いられています。

リムタイプは、砥粒層の配置がセグメントタイプに似ていますが、砥粒層間を基板が支持しているので刃先の横剛性がほかのタイプに比べて高いことが大きな特徴です。このタイプも主に土木加工や石材加工に用いられています。

コンティニュアスタイプは、厚さが数 mm～十数 mm の硬脆材料の高精度スライシングに広く用いられています。基板の外周部に砥粒層が連続的に接合されているので砥粒層と工作物の接触が連続的となり、チッピングの発生が少なくなります。コンティニュアスタイプの最小刃厚は 0.3 mm 程度です。結合剤の種類によってさらにレジンボンドタイプとメタルボンドタイプに分類できます。

ハブタイプは、厚さが 0.015～0.06 mm 程度の極薄電鋳砥石を剛性の高いハブに接合したもので、製作時の切断砥石の精度を維持したままスライシングマシンに取付けることができます。このタイプの切断砥石はサブミリ厚さの工作物を高精度に切断するのに適しているので、電子産業界では主に電子基板のダイシングに用いられています。

一体形には、コンティニュアスタイプとスリットタイプがあります。コンティニュアスタイプは、結合剤の種類によってレジンボンドタイプ、メタルボンドタイプ、電鋳タイプに分類できます。一方、スリットタイプのほとんどは電鋳タイプです。電鋳ブレードは、極薄のブレードを高精度に製作できること、比較的曲げ剛性が高いことなどの点でとくに優れています。

砥石に作用する研削抵抗を低減するためには、第一に適切なドレッシングが必要です。ドレッシングの方法の1つに、ビトリファイドボンドの従来砥石のブロックに対して溝加工を行う方法があります。さらに、砥石作業面の研削性能を安定させるため、ドレッシング後に実際の工作物材料に対してダミーカットを行うこともあります。研削抵抗を低減するためのもう1つの方法として、砥石回転の高速化があります。そのため、最近の高精度スライサの多くは、主軸回転数を数万 rpm まで上げることが可能になっています。ただし、高速回転を与える場合には動バランスの調整を十分に行うことが必要です。適切なドレッシングと砥石回転の高速化はチッピングの低減にもつながります。

切断砥石による切断加工は、一種のクリープフィード研削ですが、切断中に切断砥石にたわみが生じると砥石側面が研削に関与するようになり、そこに作用する研削抵抗がブレードのたわみに影響を与える点が通常のクリープフィード研削とは大きく異なっています。

断つ

● 切断方式 ●
ワイヤスライシング

金沢工業大学　諏訪部　仁

　ワイヤスライシング法は，加工部で細いワイヤをガイドする多溝滑車に数十〜数百回巻付け，高速で往復走行させ，加工液を加工部に供給しながら切断する方法です。この加工方法は，1回の加工で多数枚の高精度なウェハが同時に切断できる特徴があるため，半導体材料やセラミックスなどの電子素子材料の切断加工において，かなり普及しています。

　ワイヤスライシング法には，スラリーとよばれる砥粒を水あるいは油系の加工液中で懸濁したものを加工部に供給しながら切断する遊離砥粒方式[1]とワイヤ表面に砥粒を固着した固定砥粒方式[2]があります。以下に，それぞれを紹介します。

遊離砥粒方式

　遊離砥粒方式のマルチワイヤソーは1960年代にフランスで開発され，日本にも導入されました。その後，磁気ヘッドやクォーツ時計の中にある水晶振動子の普及とともに切断や溝入れ加工に用いられるようになりました。1980年代の後半になると，半導体チップの基板であるシリコンウェハの大口径化とともに装置自身も大形化し，広く利用されるようになりました。

　現在のマルチワイヤソーは，**図1**に示すように工作物の移動方向の違いで「工作物上昇方式」と「工作物降下方式」の2種類に分類できます。工作物上昇方式は，同図(a)に示すように工作物を工具であるピアノ線ワイヤの下部より押当て切断する方法で，5〜6インチ以下のサイズの工作物を切断する際に多く用いられています。また，工作物降下方式は同図(b)に示すように，工作物をワイヤ上部より押当て吊下げたような状態で切断する方法です。この方法は，8インチ以上の大口径の工作物を切断する際に用いられている方式です。大口径の工作物を薄く切断する際には，この切断方法のような吊下げ式はウェハの自重による撓みの発生を防止しやすいため，加工精度が向上するといったメリットがあります。しかしながら，この方式では加工部へスラリーを直接供給することが難しく，工具であるピアノ線ワイヤ上に付着させながら加工部へ運搬する方法をとっています。そのため，加工中のスラリー挙動が加工特性に影響を与えやすくなっています。

　図2は，工作物降下方式で切断中の工作物加工溝内部のスラリー挙動を観察した結果で，①〜④

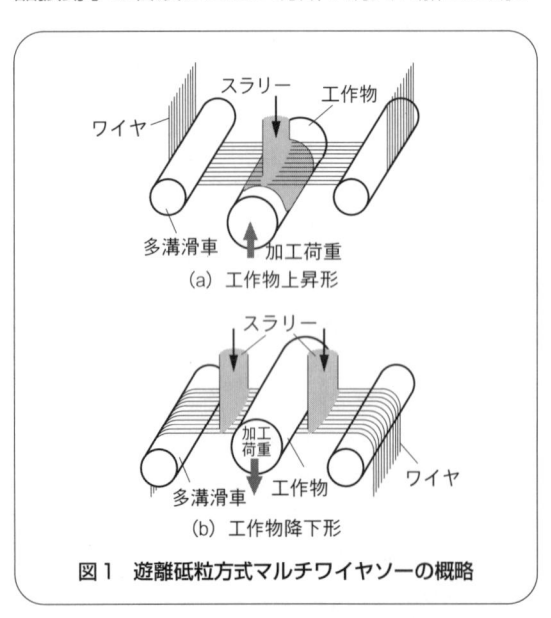

図1　遊離砥粒方式マルチワイヤソーの概略

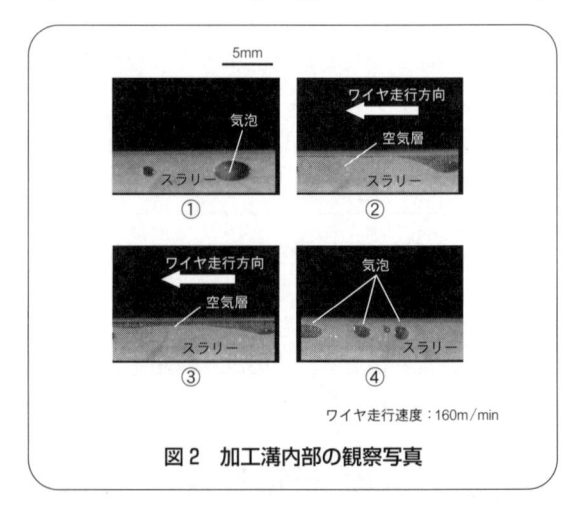

図2　加工溝内部の観察写真

はワイヤが停止状態から走行し始め，反転のために減速するまでの一連の動作を示した写真です。加工溝内では，全域においてスラリーの存在が確認できますが，いくつかの気泡が存在しており，この気泡は写真②，③に示すように，ワイヤの走行と共に引張られてワイヤ下部で層状になる現象が観察されています。このような気泡は加工面のスクラッチ痕発生の1要因となっています。したがって，遊離砥粒マルチワイヤソーの加工特性は，スラリー中の砥粒，加工液，ワイヤ張力，多溝滑車の摩耗，装置や加工液の温度管理など以外に加工溝内部のスラリー挙動に対しても注意を払う必要があります。

固定砥粒方式

固定砥粒方式ワイヤソーは，**図3**に示すようなダイヤモンド砥粒をワイヤ表面に電着あるいは樹脂コーティングにより固着したワイヤ工具を用いる加工法です。このワイヤ工具自体は，1980年頃から開発されていましたが，長尺ワイヤ工具が作製しにくい，ワイヤ工具のコストが高い，ワイヤ工具が切断しやすいなどの理由で普及が進みませんでした。しかしながら，近年のワイヤソー装置自体の発展や新たな工具製造技術の開発により，これらの問題点は改善されつつあります。そのため，この固定砥粒方式切断法は水あるいは加工油のみを供給するのみで加工ができるクリーンな研削切断であるために，遊離砥粒方式ワイヤソーの次世代の加工法として注目されています。このワイヤ工具を切断加工に用いると，遊離砥粒方式マルチワイヤソーの約10倍程度に切断能率が向上するため，シリコンなどの脆性材料よりもサファイヤのような高硬度材料の切断に用いられ始めています。また，**図4**に示すようなチップポケットを有する工具[3]なども開発されています。

図5にダイヤモンドワイヤ工具の加工特性を示します。切断条件は，ワイヤ工具の走行速度が100 m/minで，加工液として軽油を用いています。図中の▽は図3で示したダイヤモンドワイヤ工具の切断データで，■は図4で示したチップポケットを有するダイヤモンドワイヤ工具の切断データを示しています。チップポケットを有するワイヤ工具では，加工部で発生した切りくずの排出性の向上や加工圧力の部分的な増加により，加工能率が向上します。

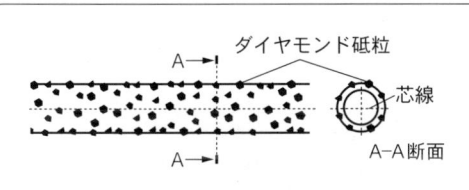

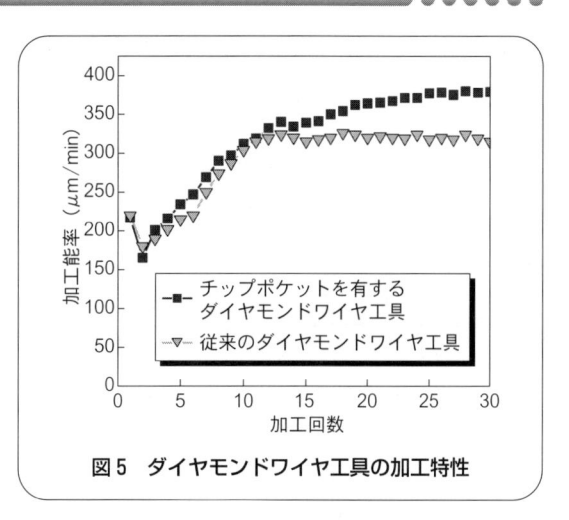

図5 ダイヤモンドワイヤ工具の加工特性

図3 ダイヤモンドワイヤ工具のモデル

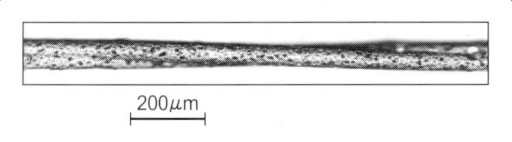

図4 チップポケットを有するワイヤ工具のモデル

参考文献

1) たとえば，安倍義紀，今久留主昌治，濱崎辰巳，石川憲一，諏訪部仁，高精度マルチワイヤソーの開発とその加工性能，2005年度砥粒加工学会学術講演会論文集，25-26（2005）
2) たとえば，石川憲一，諏訪部仁，中村義浩，流水式電着法によるダイヤモンド電着ワイヤ工具の高速作製に関する研究，2005年度精密工学会秋季大会学術講演会講演論文集，1059-1060（2005）
3) 石川憲一，諏訪部仁，大多健太郎，縒り線ワイヤを用いたダイヤモンド電着ワイヤ工具の開発，砥粒加工学会誌，**47**, 9, 495-500（2003）
4) 石川憲一，諏訪部仁，木下裕規，細線ダイヤモンドワイヤ工具の工具形状が切断性能に及ぼす影響，2004年度精密工学会春季大会学術講演会講演論文集，23-24（2004）

5 断つ

●切断方式●
ワイヤ放電加工

工学院大学　武沢　英樹

切削や研削では不可能な硬い金属を切断したり，形を切抜くための加工法としてワイヤ放電加工があります。電気エネルギーを応用した加工方法で，糸鋸のような加工ができるために2次元の自由形状加工ができ，高精度な加工が比較的容易に可能です。

ワイヤ放電加工装置の基本構成を図1に示します。順次送出されるワイヤ電極と工作物の間で微小な放電を繰返して，糸鋸のように材料を切出す加工法です。工作物はX-Yテーブルに固定され，数値制御されて移動します。そのため，単純に切断加工するだけでなく，多くの場合は精密に形状を切抜くために利用される加工方法になります。放電加工の原理に従い，基本的に工作物が導電性材料であれば，材料の機械的強度（硬さ，じん性など）に影響を受けずに切出せることが特徴です。このことから，焼入れ後の鋼材に対する精密加工が可能であり，金型製作に多用されています。精密加工の加工例を図2に示します。電子部品のコネクタを打抜く金型の部品であり，ピッチ幅0.5mmの精密加工が実現できています。

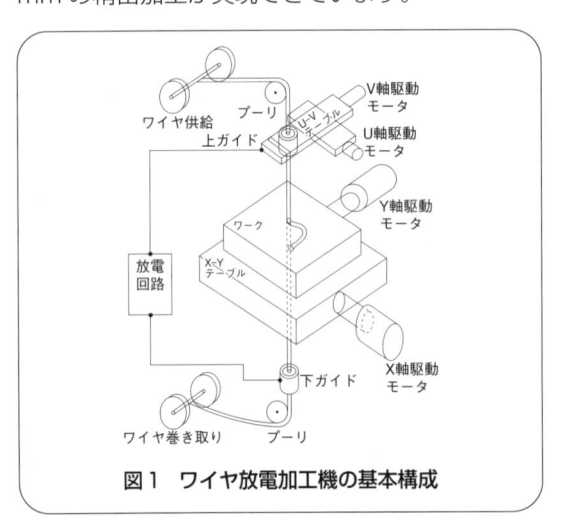

放電加工には，所望の加工形状に対して反転させた形状の電極（銅やグラファイト）を用いて，主として油中で相手材料に放電を発生させる形彫り放電加工と脱イオン水中で加工を行う上記のワイヤ放電加工があります。形彫り放電加工は，3次元形状のキャビティを仕上げるのに対して，ワイヤ放電加工は2次元あるいは2.5次元形状の切抜き加工になり，工具電極であるワイヤが順次送出されるために電極の消耗を考慮する必要がなく，数μm程度の形状精度を容易に実現することができます。

ワイヤ放電加工と加工条件

ワイヤ放電加工における形状精度，仕上げ面粗さ，加工速度に影響を及ぼす因子を示します。設定できる項目は，それぞれ互いに影響を受けており，精度，面粗さ，速度を同時に満足することは簡単ではありません。つまり，加工速度を優先すれば面粗さや形状精度は悪化し，逆に形状精度や面粗さを優先すれば加工速度は遅くなります。通常，他の加工方法と同様に粗加工から仕上げ加工へと各種条件を変更しながら加工する方式がとられています。具体的な設定項目には，①ワイヤ電極材料，②ワイヤ直径，③ワイヤ張力，④工作物に対するワイヤ送り速度，⑤ワイヤ走行速度，⑥放電条件（電流・電圧・パルス幅・休止時間），⑦ワイヤ電極の極性，⑧脱イオン水の比抵抗，⑨加工経路の選定（1st cut～4th cut）など多く

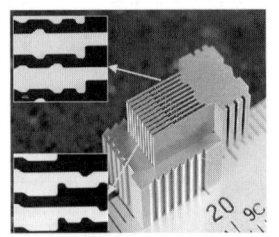

図1　ワイヤ放電加工機の基本構成

φ50μmのAPZワイヤを使用したコネクタ形状の微細加工例
（(株)ソディック提供）
工作物材質：WC (G5)，工作物板厚：10mm，使用ワイヤ径：φ50μm，加工液：油，ピッチ幅：0.5mm，最長歯長：7.6mm，加工精度：−1.5μm～＋1.5μm，面粗度0.36μm R_z

図2　ワイヤカット放電加工機による精密加工の一例

の項目があります．形状精度1μm以下，面粗さ1μmR_z以下などの高精度加工が要求される場合は，上記の設定項目を細かく管理する必要がありますが，数μm程度の形状精度であればそこまでの必要はありません．

　高精度な形状精度の実現には，上記のような各種加工条件の適正な選定が重要になりますが，前提として所望の形状を切出すためのワイヤ運動軌跡を指令するNCプログラムが完成していることが必要です．ワイヤ放電加工では，APT（Automatically Programmed Tool）とよばれるプログラミング言語によりワイヤの運動軌跡をNCデータ化する場合が多く，形状定義のソフトウェアが各種開発されています．最終的に必要な所望形状を定義すれば，その形状から逆算して粗加工，中仕上げ，仕上げ加工のワイヤ運動軌跡が導き出されます．とくに，角部形状がある場合には，角Rをどの程度に仕上げるかなどの指定を与えることによりワイヤ軌跡の補正がなされており，高精度加工のための各種工夫が盛り込まれています．また，頻繁に利用されるインボリュート歯車形状などは，モジュール，歯数，圧力角，歯先円直径などの定義に必要な数値を指定するだけで完成するソフトが多く見られます．

ワイヤ放電加工の留意点

　ワイヤ放電加工において注意が必要な点を以下に述べます．第1には，薄板の加工では問題になりませんが，工作物厚さが厚くなると真直度が悪化する傾向にあり，その対策が必要になります．板厚中央部がくぼんだり，逆に膨らんでしまう「タイコ形状」になることが多く，ワイヤテンションの適正化やワイヤ送り速度の適正化が必要になりました．第2には，脱イオン水中での加工であるために加工表面の腐食が問題になることがあります．ワイヤ放電加工は，絶縁液に脱イオン水が用いられますが，ワイヤ電極をマイナス極，工作物をプラス極とする直流電源による加工では，電解作用により工作物側に腐食が発生することがありますが，最近では極性を入れ替える交流電源を用いることにより腐食を抑えることが可能となっています．ただし，超硬合金の加工では，バインダであるコバルトの溶出に起因する腐食の防止

が望まれており，交流電源の利用に加えて加工液の各種制御などが試みられています．第3には，小形，高精度な形状を加工する場合，加工前にワイヤを貫通させるイニシャルホール（加工開始穴）をより小さく空けることが必要となっている問題です．精密加工に用いられるワイヤ直径は20μmの極細線も使用されており，イニシャルホールをできるだけ小さくすることが望まれています．極小径でなければ，ドリル加工が用いられますが，数十μmの穴径では，微小穴放電加工機が利用されることが多く，その微小穴放電加工機の開発も進められています．

　ワイヤ放電加工では，加工中にワイヤ断線が発生して加工が停止したり，連続的に加工するためにワイヤを切断しなくてはならない場合があります．加工を連続的に進行させるために，ワイヤ自動結線装置が取付けられており，無人運転を可能にしています．また，上下のワイヤガイドをX-Yステージに同期して動かすことにより直線的な切断面だけではなく，傾斜面や曲面形状に切断することも可能になります．これにより，砂時計形やタービンブレードのような複雑形状も加工できます．さらに，工作物側に割出し装置を付加して同期させることにより，スパイラル・スクリュー形状の加工も実現されています．

　NC装置の進展や極間制御のためのサーボ機構の改良により，高精度な形状切出し加工が可能となっているワイヤ放電加工ですが，気中ワイヤ放電加工[1]，ワイヤ振動を考慮した高精度加工[2]，油中ワイヤ放電加工による絶縁材料の加工[3]など新しいワイヤ放電技術が次々と試みられており，さらなる発展が期待されます．

参考文献

1) 古舘　周，國枝正典，気中ワイヤ放電加工に関する基礎的研究，精密工学会誌，**67**, 7, 1180-1184（2001）
2) 山田　久，毛利尚武，武沢英樹，古谷克司，真柄卓司，ワイヤ電極振動に及ぼす単発放電衝撃力の影響，精密工学会誌，**64**, 2, 297-301（1998）
3) Yasushi Fukuzawa, Hiromitsu Gotoh, Naotake Mohri, Takayuki Tani, Line Swept Surface Generation on Insulating Ceramics By Wire Electrical Discharge Machining, Journal of the Australasian Ceramics Society, **41**, 1, 17-21（2005）

5 断つ

●切断方式●
ウォータージェット加工

株式会社　スギノマシン　寺崎　尚嗣

ウォータージェット加工は，直径が0.1～1mm程度の細いビーム状の高速水噴流で加工を行う方法です[1]。この加工法は噴流が細いので，比較的小さな動力できわめて高い加工エネルギー密度が得られることや，水を使用するために維持費は安く済みます。加工物に作用する力が局所的かつ衝撃的であるため，変形しやすい構造の物や軟質材料の加工に適しています。

ウォータージェット加工は，工具として水を使っているために加工点の温度が低く，発火や爆発の危険がある作業にも適用可能で，加工箇所の材料組織に熱変性やガス化を生じさせません。水が持つ濡らし作用と洗浄作用によって加工中に発生した粉塵を飛散することなく，作業環境を改善することができます。

特長として，
① 切断による発熱がほとんどなく，熱による変形，変質，残留反応がありません。
② ノズルは加工物と非接触であり，任意の形状に切断が可能です。
③ 任意の点から切断が可能であり，切抜き加工に適しています。
④ 切断代が小さく，材料の歩留まりが向上します。
が挙げられます。

このような特長を持ったウォータージェット加工の効果をさらに高めるため，高速水噴流に研磨材を添加するものがAWJM（Abrasive Water Jet Machining，研磨材添加水噴流）加工です。AWJM加工によって水のみの噴流では加工しにくい金属や複合材料など硬い材料の加工が可能となります。

AWJMは，通常200～400MPaの高圧水を噴射します。この高圧水を連続的に得るため油圧による増圧機を使用した高圧発生ポンプが用いられます。図1は，高圧発生装置のシステム概略を示したものです。高圧発生装置で発生した高圧水は配管，揺動継手などを通過してノズルに導かれ，研磨材と混合されて噴射されます。図2は，高速水噴流と研磨材を混合して噴射するアブレシブヘッドの構造を示したものです。ウォーターノズルから噴射された高圧水は高速水噴流となり，ミキサ内で研磨材と混合され，アブレシブノズルで整流されて高速の研磨材ジェットとして噴射されます。このときの研磨材粒子の速度は，噴射圧力300MPaの状態では最高600m/sに達します[2]。

研磨材は，コストと切断能力のバランスからガーネットが多く使用されています。

図3にウォータージェット加工中の状況を，ま

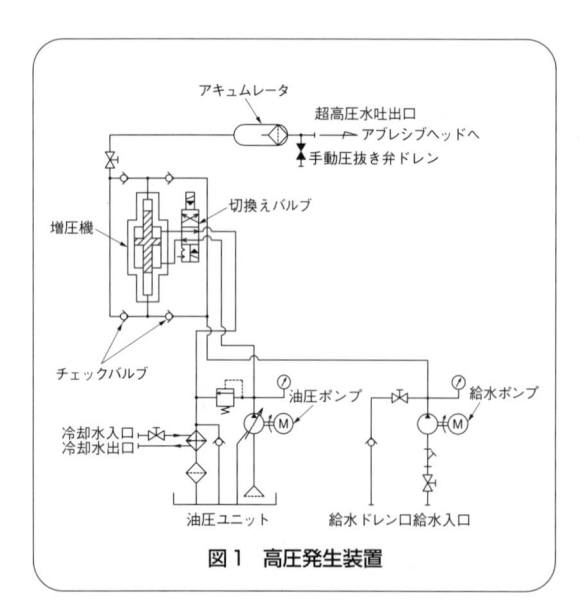

図1　高圧発生装置

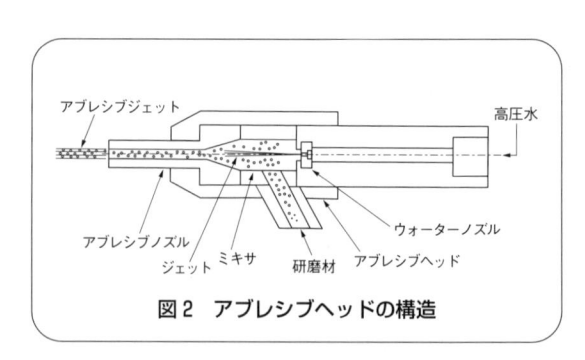

図2　アブレシブヘッドの構造

図3 ウォータージェット加工

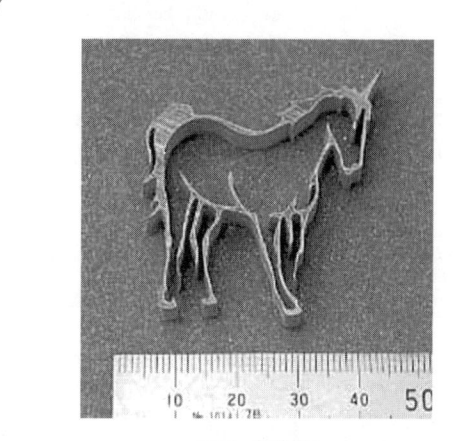

図4 切断例

表1 主要材料の切断条件

材 料	厚さ (mm)	ノズル径 (mm)	圧力 (MPa)	速度 (mm/min)
SUS 304	20	1.5	294	70
鉄板	30	1.5	294	50
純チタン	10	1	294	200
インコネル	20	1.5	294	50
アルミ	20	1	294	200
ジュラルミン	90	1	294	10
銅	10	1	294	100
コバルト合金	9	1.5	294	400
GFRP	36	1	245	200
CFRP	6	1	294	2,000
AFRP	18	1	294	200
石英ガラス	11	1	294	300
コンクリート	200	2	245	100
カーボン	20	1	294	200
大理石	20	1.5	294	150

図5 切断例

た表1，図4，および図5に，主要材料の切断条件，および切断サンプルを示します。

AWJM加工では，高速の研磨材ジェットを適用して加工を行うため，研磨材の材質や送り速度などの切断条件を適切に選択することにより，ほとんどの材料の切断が可能です。このような特性を利用して，AWJM加工は難削材の切抜き切断や厚物切断の用途に対して利用が広がっています。

参考文献

1) 日本ウォータージェット学会編，ウォータージェット技術事典，丸善（1993）
2) K. Harashima, and H. Sugino, Analysis of Hydrodynamic Characteristics of High Speed Multi-Phase Flow Through AWJ Nozzles, Proc. 6th Pacific Rim Int. Conf. Water Jet Thechnol. Sydny Australia, 120 (2000)

5 断つ

● 切断技術 ●
ガラスの切断／割断

日本工業大学　鈴木　清

　液晶ディスプレイ，プラズマディスプレイの大形化と需要増によって，FPD（フラットパネルディスプレイ）用ガラス板材の切断／割断が重要な加工になっています。現在，ダイヤモンドホイールによる切断やレーザによる割断が行われていますが，ここでは新たに開発された四角錐ダイヤモンド圧子工具による割断方法を紹介します。

　FPD用ガラス板材の切断／割断に対する要望（表1）は，装置コストなどからなる"経済性"，寸法／形状精度などの"加工品質"，およびさまざまな材質や板厚に対応できる"汎用性"に大別できます。これら要望を踏まえ，各種切断法を比較すると，レーザを利用する方法は，加工能率が高く，切りくずが発生しない，曲線切りに対応できるなどの多くの利点がありますが，装置価格の問題で多用されていません。また，ホイール工具を用いる方法は，FPD用ガラス板材の切断において主流となっていますが，割断面の形状精度不足，エッジ部の潜在き裂，コンタミの問題など改良すべき点も多く残されています。

四角錐工具による割断

　ホイール工具による割断での問題点を解決するために，単位押込み長さ当たりの加工力を大きくできる四角錐工具を紹介します[1]。対稜角 $\alpha = 148°$ の四角錐工具を所定量（$h = 2.8\mu m$）ガラス板材に押込んだときの接触長さは，図1に示すように小径ホイール工具のそれよりも大幅に小さくなります。これは，同一押込み力では四角錐工具の方が高い応力を発生でき，浅い押込み深さで深いき裂を発生することができます。対稜角 $\alpha = 148°$ のダイヤモンド製四角錐工具を厚さ0.7mmのFPD用ガラス素材に10回ずつ垂直に押込んだときのき裂の発生形態を模式的に分類した結果を図2に示します。この方法では，精密割断に利用可能な圧痕1コーナまたは圧痕対角2コーナからのき裂のみを高確率で発生させることはできません。

　き裂を圧痕の所望位置から発生させるため，図3に示すようにガラス板を所定の角度に傾斜させて四角錐工具を押込む方法があります。10回の単一押込みにおいて，垂直（$\theta_i = 0°$）に押込む場合，所望の位置からのき裂発生は0%ですが，$\theta_i = 3°$ 傾斜させると90%以上の割合で所望の対角方向にのみき裂が発生します。この四角錐工具を所定間隔で2回押込んだき裂を観察すると，傾

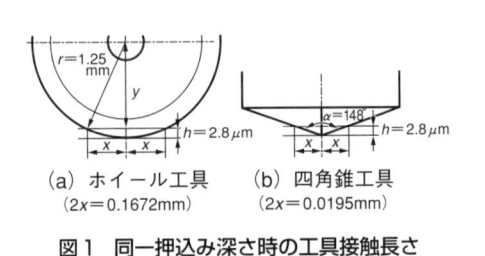

表1　FPD用ガラス板材の切断／割断に対する要望

	要望	詳細
経済性	イニシャルコスト	装置コスト
	ランニングコスト	工具コスト，工具寿命
	加工能率	割断速度
加工品質	寸法／形状精度	寸法精度，直角度，平滑度
	加工面品位	残留応力／き裂，チッピングフリー
	切りくず低減	洗浄工程不要
汎用性	各種被加工材	各種材質／板厚への対応
	割断輪郭	直線／曲線割断，クロス割断

図1　同一押込み深さ時の工具接触長さ
(a) ホイール工具（$2x = 0.1672$ mm）
(b) 四角錐工具（$2x = 0.0195$ mm）

図2　四角錐工具押込み時のき裂の種類と発生率
（$\alpha = 148°$，$\theta_i = 0°$，$n = 10$回）

き裂形態	好ましい（対角き裂）		好ましくない（直交き裂）	
発生率 $W = 5N$	0	1/10	0	1/10
発生率 $W = 10N$	0	1/10	0	1/10

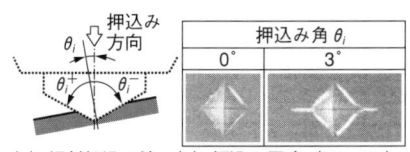

図3 傾斜押込み実験模式図
(a) 傾斜押込み法　(b) 押込み圧痕（W＝2N）

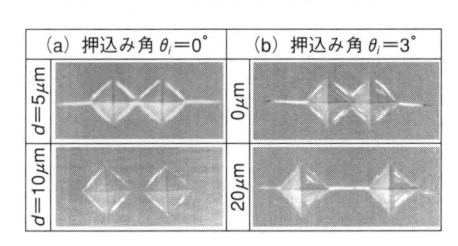

図4 2圧痕創成によるき裂の発生状況（W＝2N）

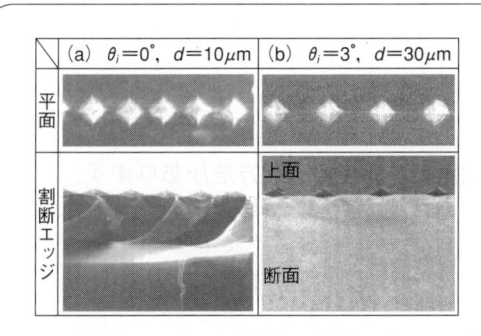

図5 断続押込み時の圧痕性状と割断面（W＝2N）

斜押込みの場合，**図4**のように垂直押込みにより圧痕間隔を広くしても所望の方向にき裂が連結していることがわかります。

図5に四角錐工具を所定ピッチで複数押込んだ場合のき裂結合状況と，割断面の性状を示します。垂直押込みにおいても圧痕が3個以上になると，き裂が発生して連続化しますが，割断面の凹凸は激しく，実用に供せるものではありません。一方，傾斜押込みでは，圧痕間隔が $d=30\mu m$ でも平滑な割断面が得られています。

そこで，所定角度傾斜させた四角錐工具を断続的に押込むことができる専用機を製作し，LCD用ガラスの精密割断を行いました。**図6**は，割断面性状と断面直角度およびクロススクライビング時の交点を示しており，良好な割断が実現できることがわかります。同専用機によって細切り割断

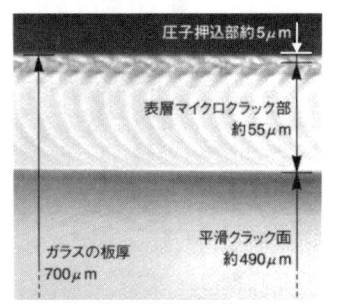

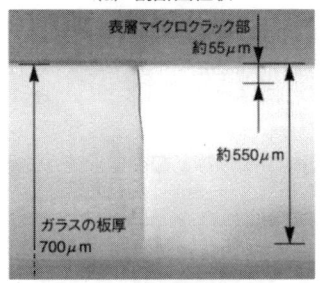

図6 専用機による加工性状（ベルデックス社提供）
(a) 割断面性状
(b) 断面直角度
(c) クロスポイント

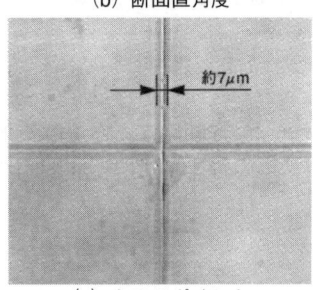

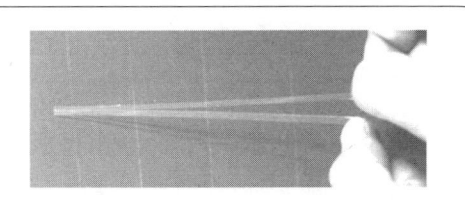

図7 専用機によるガラス材の細切り割断

したガラス試料を**図7**に示します。

この四角錐工具の断続押込み法を採用した装置は，曲線加工へ対応したNC機などさまざまな機能が付加されたものが開発されています。

参考文献
1) 宍戸善明，鈴木清，植松哲太郎，森田昇，吉岡正人，砥粒加工学会誌，**45**, 2, 91（2001）

5 断つ

● 切断技術 ●
複合材料の切断

大阪大学　藤原　順介

　高弾性率，高強度な繊維をマトリックスであるプラスチックで補強した複合材料は，プラスチック基複合材料とよばれ，多種，多様な成形材料が製造されています[1]。最近では，精密部品にまで用途が広がっており，厳しい寸法公差が要求される部品もあり，二次加工として切削や研削などの機械加工が必要になることが多くなってきています。

■ プラスチック基複合材料の切断

　プラスチック基複合材料（Plastic Matrix Composite；PMC）の補強材として用いられている繊維には，ガラス繊維，炭素繊維，アラミド繊維などがあり，それらの複合材料はそれぞれGFRP，CFRP，AFRPとよばれています。これらを応用した製品として，GFRPとしてはパーソナルコンピュータ用のプリント基板に，CFRPとしては自動車プロペラシャフトや液晶パネル搬送用アームに使用されています。このような繊維強化複合材料（FRP）は，成形後，そのまま部品として使用されることが望ましいのですが，成形後の成形品は余剰部分の切落とし，整形のための切断が行われます。製品の形状や寸法精度の要求が厳しい精密部品は，二次加工としての切削や研削などの機械加工が必要となります。これらの複合材料を切断する際には，チップソー，切断砥石，ワイヤソー，レーザなどによって切断されますが，切断面の表面状態や工具摩耗などに対していろいろな問題を生じます。

　切断の際に使用されるのこぎりとしては，通常よく使われる炭素工具鋼や高速度鋼の材質は工具摩耗が激しく，ほとんど使用に耐えられません。そのため，超硬合金やダイヤモンドのチップを刃先に埋め込んだのこぎりが使用されています。また，精度のよい仕上げ面を得るためには，旋盤やマシニングセンタを用いて，切削加工が行われます。その刃物として，超硬合金工具やコーテッド超硬合金工具が使われています。刃物を使った切削においては，仕上げ面にFRP特有のむしれ，すなわち補強材とマトリックスである樹脂との部分的な剥離を生じます。GFRPの場合には，補強材として使われているガラス繊維が繊維軸に垂直な方向に破断するため，切断面と繊維軸とのなす角度（繊維角度）により，切断面に凹凸を生じ，良好な仕上げ面を得ることが困難です。工具は，繊維との摩擦によって，主に工具逃げ面摩耗を生じます。CFRPでは，樹脂のだれやエポキシの粉末が仕上げ面を覆うために，比較的平滑な仕上げ面は得られるように見えますが，炭素繊維の端面が引きちぎられたようになるため，仕上げ面は決して良好ではありません。CFRPの切削においては，切削残留量が生じること[2]や繊維の切残しが生じ，それらが工具逃げ面を擦過し，工具摩耗を促進する[3]ことがわかっています。AFRPの場合には，バリの発生や毛羽立ちが激しく，繊維が伸ばされて引きちぎられたような状態になります。いずれの場合も切削による切断では，あまり良好な仕上げ面を得ることができません。さらに，切削の際には多量の切削粉，切りくず，臭気などによって環境の悪化が問題となりますので，集塵装置の設置が必要です。

■ 砥粒加工による切断面

　製品の切断において，良好な仕上げ面を得るためには，砥粒を使った切断加工が採用されます。砥粒を使った切断加工法としては，固定砥粒による方法と遊離砥粒による方法があります[4]。固定砥粒による方法としては，外周刃ブレード，ダイヤモンド電着ワイヤソー，バンドソーによる方法があり，遊離砥粒による方法としては，ブレードソー，ワイヤソー，ウォータージェットによる方法があります。外周ブレードには，ダイヤモンドホイールやcBNホイールが使われています。

　GFRPの厚肉積層材の端面をダイヤモンド砥

切断技術

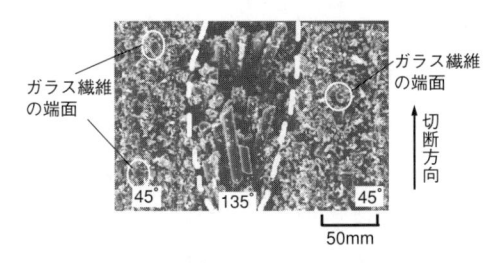

図1 繊維角度45°/135°のGFRPの研削切断表面

石で切断すると，繊維角度の違いにより切断表面の粗さが異なってきます。ガラス繊維の繊維角度が45/135°のGFRP成形品の端面をダイヤモンド砥石で切断したときの表面を**図1**に示します。白点線で囲まれた，繊維角度が135°の繊維は45°の繊維よりも下方で破壊しています。また，切りくずとなったガラス繊維が切断表面よりも突出している所も観察できます。45°繊維部分は135°繊維部分と比べると平滑な面となっており，ガラス繊維の端面も観察できます。繊維角度が135°のガラス繊維が母材より抜け出し，空洞となっている部分も観察できます。この写真からわかるように，45°繊維部分は平滑な研削面となりますが，135°繊維部分は研削切断面よりも下方でガラス繊維が破壊します。これは，繊維角度が135°の繊維が主に曲げによって破壊することによるものと考えられます。

ガラス繊維の繊維角度が0/90°のGFRP成形品をダイヤモンド砥石で切断したときの表面を**図2**に示します。繊維角度が0°繊維束では，ガラス繊維が研削表面より抜け出したことによる窪みを観察することができます。また，短く破断されたガラス繊維が切断面に残っていることがわかります。写真の右隅では，繊維角度90°のガラス繊維の端面が観察できますが，部分的に樹脂の切りくずで覆われています。また，繊維角度0°のガ

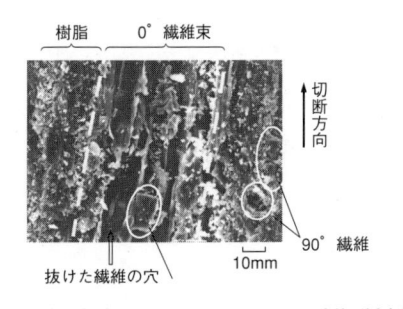

図2 繊維角度0°/90°のGFRPの研削切断表面

ラス繊維が抜け出したことにより，この繊維周りの樹脂のみが削り残されています。このような研削砥粒切断方式でも，多量の切削粉を発生します。

CFRP積層品の端面をcBN砥石で切断したときには，0°繊維束部分で繊維がせん断されると同時に繊維と樹脂との界面ではく離が起こり，その繊維の跡が溝のように見えます。90°繊維束の部分は，表面が樹脂で覆われた状態で滑らかに見え，繊維の端面は観察できません。45°および135°繊維束のどちらの切断面においても表面は全体が樹脂で覆われた状態になっており，繊維の端面は観察できません。繊維端面が樹脂で十分に覆われず窪んでいる部分も見られます。

ダイヤモンド電着ワイヤソーは，高張力の芯線の周囲にダイヤモンドが銅やニッケルのメタルボンドで保持されています。キャプスタンに巻かれたワイヤの往復運動によって材料を切断します。ワイヤには継ぎ目や溶接箇所がないので，強く張ることができ，良質な切断面を得ることができます。また，往復運動をするために逆転時に切断くずが解放され，目づまりを生じにくい切断加工法です。

ウォータージェット加工は，超高圧水（245〜343 MPa）を小径ノズルから噴射し，高速水ジェット（噴流）の運動エネルギーを利用して切断加工を行います。このウォータージェットを利用した切断加工法には，超高圧水のみを噴射して切断加工を行うアクアジェット切断と，超高圧水に研磨材を混入させて切断加工を行うアブレシブジェット切断（AWJM）があります。研磨材を混入させることで切断能力が向上するため，複合材料の切断も可能となります。

参考文献

1) 日本機械学会編：先端複合材料，技報堂出版，9（1990）
2) 佐久間敬三，瀬戸雅文，谷口正紀，横尾嘉道，炭素繊維強化プラスチックの切削における工具摩耗（工具材種の影響），日本機械学会論文集（C編），**51**, 463, 656, (1985)
3) 花﨑伸作，藤原順介，野村昌孝，CFRP切削における工具摩耗機構，日本機械学会論文集（C編），**60**, 569, 297 (1994)
4) 諏訪部仁，石川憲一，砥粒による切断加工技術，砥粒加工学会誌，**41**, 1, 4 (1997)

6 叩く

噴射加工総論

東北大学　厨川　常元

高速に加速した固体粒子を工作物に衝突させ，その衝撃力により材料の除去あるいは表面改質を行う加工を総称して噴射加工（blasting）といいます。固体粒子の有する運動エネルギーを工作物に投入し，塑性変形あるいはクラック，切りくずを生じさせ，材料除去や表面改質を行うことができます。また，材料を除去するのではなく，逆に噴射粒子を工作物表面に付着させることもできるようになってきました。しかし，一般的には噴射加工といえば，材料除去加工法として捉えられています。

通常，噴射加工といえばAJMを指すほど歴史も古く，サンドブラスト（sand blasting），グリットブラスト（grit blasting）などの名称で普及しています。一方，AWJMは加速媒体に液体を使い，その高圧噴流により砥粒を加速します。この方法はウォータージェット加工（Water Jet Machining：WJM）の技術から発展したもので，高能率切断加工に用いられます。なお，WJMは噴流中には砥粒は混入されておらず，材料除去のメカニズムがAJMなどと若干異なります。またこの他に，高速回転する羽根車に砥粒を供給し，遠心力で砥粒を投射する方式もあります。

噴射加工とは

噴射加工において固体粒子（砥粒）は50～300 m/sの高速領域まで加速され，ノズルから噴射されます。このときの加速方式によりアブレイシブジェット加工（Abrasive Jet Machining：AJM）とアブレイシブウオータージェット加工（Abrasive Water Jet Machining：AWJM）に大別することができます。AJMは加速媒体に気体を使い，その高圧ガス流により砥粒を加速します。もっともよく用いられる気体は空気ですが，その他に窒素，二酸化炭素なども用いられます。

（1）材料除去

図1(a)は，噴射加工の概略を模式的に示したものです。ある角度（噴射角度）に傾けたノズル前方に工作物を固定し，工作物表面に砥粒を噴射します。その結果，砥粒は図1(b)に示すように工作物に対してαの角度（衝突角度。噴射角度とほぼ同じ値となります）で衝突し，材料を破壊します。噴射加工ではこの材料破壊が次々と起こり，材料除去が進行します。個々の破壊の規模は小さいのですが，噴射される砥粒数が非常に多いため，全体としての材料除去量は実用的なレベルに達します。

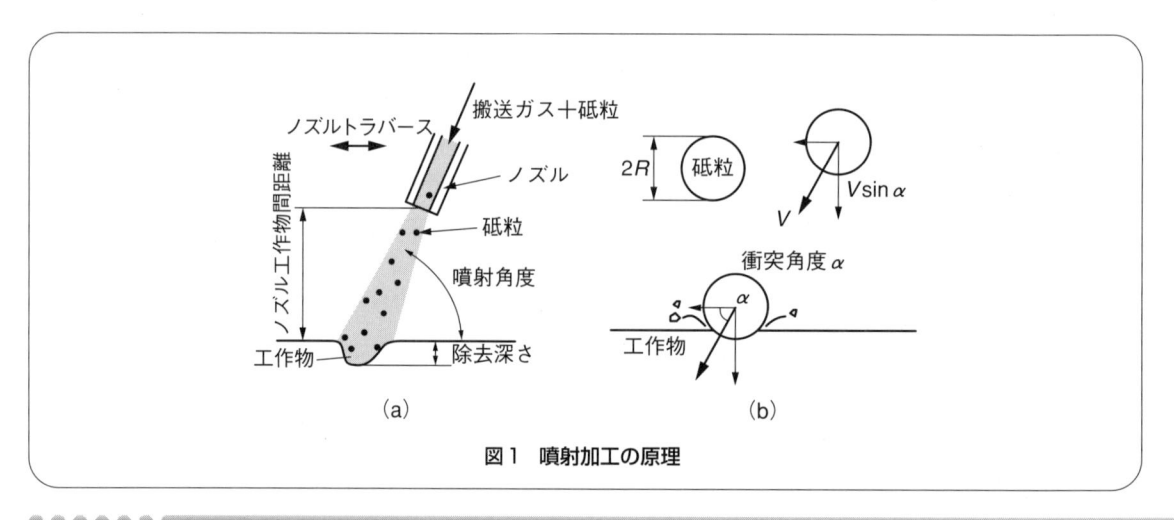

図1　噴射加工の原理

（2） 表面改質

ショットピーニングとよばれている技術で，主として金属部品の疲労強度の増大，応力腐食の防止，表面硬化の目的で行われます。金属材料に固体粒子を垂直に衝突させることにより行われます。工作物表面には無数の微小圧痕が生じ，塑性変形による圧縮応力が残留します。表面は加工硬化し，材料の疲れ強さや耐摩耗性が未処理の場合と比較して数倍から十数倍に増加するという効果が得られます。

（3） 材料付着

AJMの加工メカニズムは，固体粒子の有する運動エネルギーを破砕エネルギーに転化する過程と考えることができます。しかし，粒子の大きさを小さくしていった場合に材料を破砕するに十分なエネルギーに達しなくなります。この場合，材料の破砕は起こらず，逆に粒子材料が表面に溶着してしまいます。この現象を利用した加工法をパウダージェットデポジション（PJD：powder jet deposition）といいます。ナノレベル電子セラミックス材料の低温成膜や歯科治療への応用研究が始まっています。

加工原理

噴射加工の歴史は古く，工業的に使用されるようになって以来，装置の改良が行われ，多方面に利用されてきました。しかし，噴射加工は，どちらかというとバリ取り，塗装面や錆の研掃といった，いわゆる3K作業に用いられ，精密加工法としては捉えられていませんでした。しかし，加工領域を局所化するとともに，加工量を精密に制御することのできるアブレイシブジェット加工装置が開発されて以来，マイクロマシンパーツ，集積化センサ用のガラス，セラミック製部品の高能率微細加工の1つとしての地位を築いています。

このAJM法では，高速ガス噴流により加速された数μm～数十μmの砥粒をノズルから噴射させ，工作物に高速かつ高密度で衝突させることにより除去加工を行います。個々の破壊の規模は小さいのですが，噴射される砥粒数が非常に多いのが特徴です。個々の加速された砥粒が有する運動エネルギーは，衝突時に工作物の弾性変形，塑性変形，切削作用，クラックの伸長などに消費されることになります。

図2[1]は，工作物材料の破壊形態の違いを模式的に比較したものです。(a)は金属などのような延性材料の場合，(b)はセラミックス，ガラスなどのような脆性材料の場合です。(a)の左に示すように砥粒が斜めに延性材料に衝突した場合には，工作物表面に切込み，その部分がせん断破壊し，切りくずとして除去されます。すなわち，衝突した砥粒は，切削バイトあるいは研削砥石における砥粒と同じ働きをしていることになります。また，(a)の右に示すように衝突角度が直角に近い場合には，工作物は側面に盛り上がるのみでほとんど材料除去は行われません。このように延性材料の場合には，微小な切削作用と変形作用の累積で工作物の除去が進行します。通常は切削作用による除去量のほうが変形作用によるものよりも大きいため，衝突角度αの小さいところ（約30°付近）で除去量が大きくなるのが特徴です。

一方，脆性材料の場合は，図2(b)に示すように，工作物表面には砥粒の衝突による微細なクラックが生じます。衝突は次々と起こるためクラック同士が交差し，その部分が微小な切りくずとな

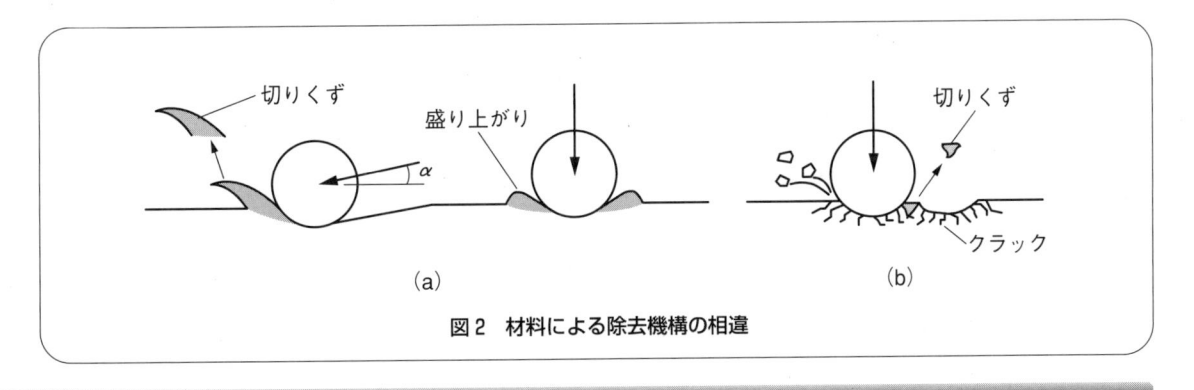

図2　材料による除去機構の相違

って除去されます。このように脆性材料の場合には，微小な脆性破砕の集積で加工が進行します。もっとも除去量が大きくなるのは，砥粒の衝撃エネルギーが最大となる衝突角度90°のときです。さらに延性材料と脆性材料の除去量を比較すると，脆性材料のほうが格段に大きいことから，噴射加工は脆性材料の除去加工に適していることがわかります。

加工の高精度化

AJM法ではノズル内径を小径化するに従い，ノズルの閉塞や加工能率の低下が新たな問題となります。たとえば，AJMにより穴加工を行う場合，加工の進展とともに噴射された砥粒が穴底部に残留，堆積し，加工能率が低下します。これは次々と噴射される砥粒が堆積した砥粒と衝突し，工作物に直接衝突しなくなるためです。この傾向は，穴径が小さいほど，またアスペクト比の大きい穴ほど顕著になります。この問題を解決するためには，図3に示すように砥粒の噴射を断続的に行い，その休止時間中に穴底に堆積した砥粒を取り除く間欠噴射加工が有効と考えられます。

そこで，パソコンで噴射量や噴射タイミングをデジタル的に制御できる新しいAJM装置が開発されています。図4にそのデジタル式AJM装置の構造を示します[2,3]。図中点線で囲んだ部分が，心臓部にあたる砥粒微量供給機構です。これは，セラミックパイプの中にステンレスパイプを挿入したもので，その途中に砥粒の供給口が設けてあります。ステンレスパイプから圧縮ガスが供給されると，供給口付近は負圧となり，砥粒がセラミックパイプ内に吸い込まれ，パイプ先端の方に押

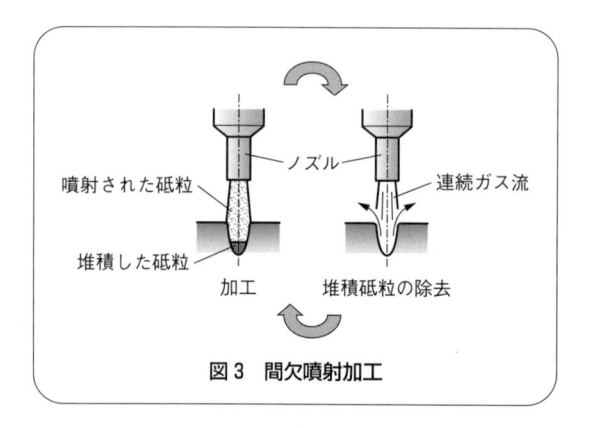

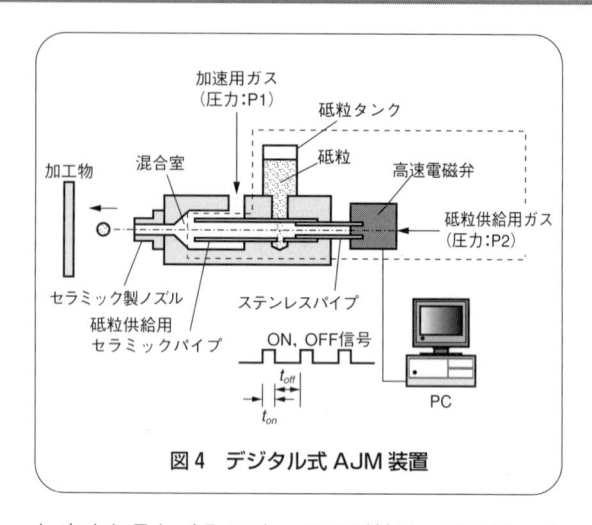

図4 デジタル式AJM装置

し出されるしくみです。この砥粒は，別系統で供給される加速用ガスと混合室内で混合され，ノズルから噴射されます。ここで，圧縮ガスのオンオフはパソコンで制御された高速電磁弁により行います。噴射砥粒の量や噴射タイミングを変化させたい場合には，電磁弁への信号のオン時間あるいは周波数を変化させればよいことになります。すなわち，電磁弁1回の開閉による砥粒供給分を1量子単位と考え，デジタル的に砥粒供給量を制御することにより，砥粒の噴射を定量化できる点が大きな特長となっています。このAJM装置の砥粒供給量は，電磁弁のオン時間の長さにほぼ比例し，1回当たりの最小砥粒供給量は0.5 mg以下と非常に小さな量となります[2]。その結果，内径0.1 mmのノズルを使用しても安定した噴射加工が可能です。また，高速電磁弁がオンになったときのみ砥粒がガス噴流の中に混合され噴射されますので，砥粒の間欠噴射が可能となります。その結果，電磁弁オンの時のみ加工が行われ，オフの時には加工が停止するとともに加工面からの切りくず，残留砥粒の除去，クリーニングが行われます。この過程が最高180 Hzで繰返し行われ，加工が進行します。

加工装置と加工例

デジタル式AJM装置は小形軽量です。5軸の移動機構に取付けることにより，平面や曲面上に任意形状の穴や溝を加工することができます。この装置により，セラミック円筒面上に螺旋溝を形成したり，ガラス基板に異形状の穴をあけたりす

図3 間欠噴射加工

ることができます。また，噴射ノズルを10本集積させたマルチノズルAJMユニットも開発されており，NC移動機構を用いてラスタースキャンすることにより，ガラスや金属の平面や曲面上に任意のパターンをメカニカルエッチングすることもできるようになっています[2]。個々のノズルからの噴射時間の長さを変化させて1回の噴射砥粒量を変えることにより，エッチング深さを変化させ，ガラス基板表面に128階調のグラデーションを有するパターンをマスクレスで加工することも可能になります。

一方，半導体リソグラフィと同様にAJMによるマスクパターン加工も可能です。加工パターンを紫外線硬化樹脂や金属膜に転写し，それをマスクとして工作物上に密着させ，その上から均一にAJMを行い，20μm程度の微小パターン幅が実現されています。

AJM技術の新展開

（1） アブレイシブジェットドレッシング

鏡面研削用の#1500以上の極微粒ダイヤモンドホイール表面に，直径20μm以下の微小なくぼみ（ディンプル）を形成するアブレイシブジェットドレッシング技術が開発されています。チップポケットの密度をコントロールすることが可能で，鏡面研削時に問題になる研削液による動圧の低減と研削液供給状態の改善が図れます。極微粒ホイールの研削持続性や研削比などの研削性能が格段に向上するといわれています[4]。

（2） パウダージェットデポジション

高精度に微粒子を噴射し，成膜することのできるパウダージェットデポジション装置が開発されています。このプロセスは，室温，大気圧環境下で行えることが大きな特長で，セラミック厚膜の成膜も可能となってきています。この技術は，ナノレベルセラミック材料の常温成形・集積化を低コストで可能にするもので，集積回路と高周波素子が高度に複合化されたGHz，THz帯高周波チップや，次世代の高速応答アクチュエータ素子，超高速光スイッチなどの機能性部品の製造をはじめ，通信素子用高耐圧透明絶縁膜や誘電膜，表面改質膜などの新機能複合材料の創成にまで至る広範囲な応用展開が期待されます[5]。

（3） 歯科治療

歯科医療への応用も始まっています。歯科用微粒子の噴射を高精度に制御することのできる歯科用AJM装置により，正常象牙質に影響を及ぼすことなく，齲蝕象牙質（虫歯）のみを選択的に除去する非接触無痛治療法や，歯質を痛めずに歯面に固着したプラークを非接触で効果的に取り除く口腔清掃法へ適用が始まっています[6]。

また，微粒子噴射による付着現象を利用して，室温，大気圧環境下でハイドロキシアパタイト（HA）微粒子を，人間の歯の表面（エナメル質）に高速で衝突させることにより，HA厚膜を成膜することも検討されています。この手法は，新しい歯質の再構築を可能にするもので，虫歯治療や予防歯科の分野において従来の歯科治療を根本から変える技術として注目されています[7]。

噴射加工は，これまで精密加工にはほとんど適用されていませんでした。しかし，AJMの加工原理やそのメカニズムをうまく引き出し，適用することにより，工業分野のみでなく多方面の分野への応用が期待されます。

参考文献

1) 日本機械学会編，生産加工の原理，日刊工業新聞社，174（1998）
2) T. Kuriyagawa et al.：A New Device of Abrasive Jet Machining and Application to Abrasive Jet Printer, Key Engineering Materials, 196, 103（2001）
3) 厨川常元ら，粉体噴射装置および粉体噴射ノズル，特許開平11-300619，特許開2000-094332，特開2000-326229
4) 厨川常元ら，マイクロ・アブレイシブ・ジェット・マシニングによるレジンボンド極微粒ダイヤモンドホイールのインプロセスドレッシング，砥粒加工学会誌，62，4，203（1996）
5) N. Yoshinara et al.：Powder Jet Deposition of Ceramic Films, Proc. of LEM 21, 833（2005）
6) T. Kuriyagawa et al.：Selective Removal of Carious Dentine with Micro Abrasive Jet Technology, Key Engineering Materials, 238, 405（2003）
7) M. Noji et al.：Creating new interface between tooth and biomaterials using powder-jet technology, Int. Congress Series, 1284, 302（2005）

6 叩く

●噴射加工方式●
マイクロブラスト加工

新東ブレーター株式会社　伊澤　守康

マイクロブラスト加工は，圧縮空気などのキャリヤガスにより加速された数μmから数十μmの微細噴射材をノズルから噴出させて，硬脆材料に高速で衝突させることによって微細加工を行う加工方法です。

微細加工技術とマイクロブラスト加工

近年の科学技術の発展はめざましく，とくに半導体関連や電気電子分野の開発スピードには著しいものがあります。これら分野の製品は，機能としてのソフト面に脚光を浴びがちですが，それらの製品を形成する構造体，製造技術，すなわち微細加工技術を抜きにしては説明することができません。これらを構成する部品の材料には，各種セラミックス，ガラス，シリコンといった比較的加工が困難な硬脆材料が多く，コスト面から従来の微細加工技術では対応できないケースが多々見られます。そのような中で，MEMS（Micro Electro Mechanical System for Fabrication）という産業分野が出現して以来，微細加工に対する需要が増しています。

微細加工技術は，機械加工，放電加工，超音波加工，ケミカルエッチング，ドライエッチングなどさまざまな手法があり，加工形状・加工品位・加工精度・コストにより適宜選択され用いられています。マイクロブラスト加工は，微細加工技術に属するものであり，環境に低負荷なドライ加工であること，および高い生産性の点から重要な加工技術の一つとなっています。

ブラスト加工は，古くからバリ取り，鋳造後の砂落とし，表面粗しといった比較的ラフな仕上げ加工に用いられてきました。そのブラスト加工に精度の概念を導入し，定量的な加工を可能にしたものがマイクロブラスト加工です。プラズマディスプレイパネルの背面板隔壁リブ形成をはじめセンサ用基板の微小構造体形成などへの適用が盛んに行われています。

マイクロブラスト加工の特長と用途

マイクロブラスト加工では，被加工物を均一に加工するために一定量の噴射材がノズルに供給され，被加工物上を定ピッチにてノズルまたは被加工物を走査することにより行われます。一般に，被削材にはマスキングが施され，マスキングによって規制されていない部位を選択的に加工し，所定のパターンを被削材に形成します。

噴射材には，一般に平均粒子径5～40μmの研磨材を使用し，定量供給装置によって精度良く必要量をノズルまで供給します。砥粒には，加工対象がガラス，シリコン，セラミックスなどの硬脆材料が多いため，被削材よりも高硬度であるアルミナや炭化珪素の微粉を用います。加工後の噴射材は，サイクロン形分級機によって破砕した微粉を除去し，その他の利用できる粒度は循環使用されます。図1にマイクロブラスト加工モデル図を示します。また，加工特性を表1に示します。

たとえば，ガラスの微細加工を行う場合，従来の加工方法では加工熱のために加工部表面層にマイクロクラックを残留し，チッピングの発生や強度低下が起こし，問題となっていました。しかし，マイクロブラスト加工では熱発生の少ないサブミクロンオーダの微細な脆性モード加工の集積として加工が進展するので，チッピングやクラックな

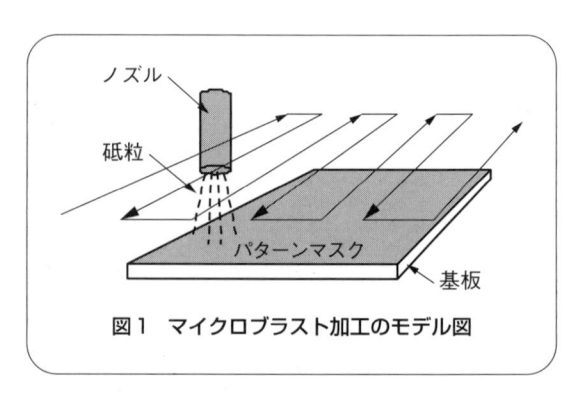

図1　マイクロブラスト加工のモデル図

表1 マイクロブラスト加工の加工特性

項　目	加工特性
最小加工寸法	穴加工 30±5μm 溝加工 20±5μm
加工深さばらつき	±5% 以内
加工形状	アスペクト比 1：2 加工断面テーパ状
加工品位	チッピング 10μm 程度 表面粗さ 0.6μmR_a

※ガラスを加工対象とした一般的な噴射条件での加工特性を示しています。

表2 マイクロブラスト加工用途

分　野	用　途
電子部品	センサ基板の穴あけ，溝加工 電極形成 　（太陽電池，フィルタ，積層基板） プリント基板のスミヤ処理
半導体	HDD 部材のパターン加工 IC 樹脂モールドパッケージのバリ取り デバイスウェハの穴あけ，溝加工 セラミックウェハチャックのピン加工
FPD 関連	隔壁形成 導電膜剥離 有機 EL ディスプレイのカバーガラス LCD 導光板用金型の面粗し

どの発生が少なく，硬脆材料の加工に適しています。

マイクロブラスト加工は，加工精度 10μm 程度が得られる生産性の高い加工技術であり，加工精度 1μm 程度の研削，電子ビーム，エッチング加工の領域と 100μm 程度の切削加工，放電加工，超音波加工の領域を補う微細加工技術として位置付けられます。

マイクロブラスト加工の用途例を表2に，加工例を図2に示します。マイクロブラスト加工は，圧力センサや加速度センサなどのセンシング機器，または比較的高い精度が要求される半導体製造装置に用いられるウェハチャック，ディスプレイ部品など多方面で応用されています。

しかしながら，マイクロブラスト加工はいくつかの課題も抱えています。加工後に研磨材と一緒に回収されてしまう被削材の切りくずの除去，加工によって損耗した微粉粒子による加工能率の不安定性，加工深さ限界値（アスペクト比）の向上，チッピングやマイクロクラックなどの低減化による加工品質の向上などが課題とされ，さらなる高精密や生産性の向上が要求されています。

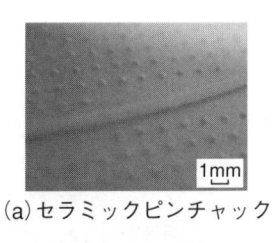

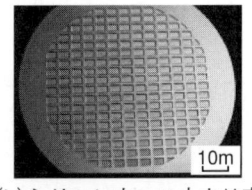

(a) セラミックピンチャック　　(b) シリコンウェハ止まり穴

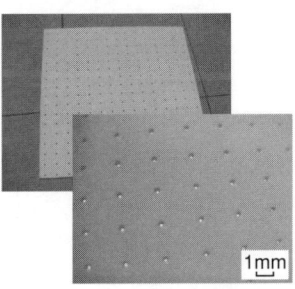

(c) セラミックパッケージ基板貫通穴　　(d) ガラスウェハの貫通穴

図2 マイクロブラスト加工サンプル

6 叩く

● 噴射加工方式 ●

液体ホーニング

豊橋技術科学大学　堀内 宰

液体ホーニングは，砥粒と水とを混合した液を圧縮空気でノズルから工作物表面に吹付ける噴射加工法です。水を使用することで粉塵発生を防止できること，砥粒を水に混合することで均一な固液2相工具ができること，圧縮空気噴射によって高速加工ができる特徴を持っています。

液体ホーニングの原理と特徴

液体ホーニング（liquid honing, vapor blasting, hydro-abrasion）の原理を図1に示します。一種の湿式噴射加工ですが，加工液を高圧ポンプで噴射するよりも圧縮空気で噴霧化し，加速するためにより高速度の噴流が得られ，しかも装置が簡便になります。湿式加工ですからサンドブラストのような粉塵の発生が防止できます。砥粒の衝突により，ミクロな切削作用，清浄作用，梨地仕上げ，ピーニング効果が得られるので，表面仕上げ加工やバリ取り，クリーニングなどに利用されています[1]。

砥粒としては，酸化アルミニウムや炭化珪素などの粒度#100～3000程度のものが用いられ，加工液には数十wt%混入されています。圧縮空気圧は0.3～0.7MPaです。砥粒径が大きく空気圧が高いほど加工能率が高くなりますが，仕上げ面粗さが大きくなるので注意する必要があります。

図2は，液体ホーニング装置の内部構造を示しています[2]。これは，操作穴からゴム手袋をした手を入れて，ノズルまたは工作物を操作して作業する手動式の汎用装置ですが，専用装置ではロボットでノズルを操作したり，コンベヤで工作物を搬送したり，自動化が進んでいます。

液体ホーニングの特徴として次の項目が挙げられます[2,3]。

① 仕上げ面は均一な無光沢梨地面になる。② 微細な砥粒を使うことができるので，仕上げ面粗さが小さく，高精度な加工ができる。③ 清浄作用が強く，錆やスケールの除去あるいは脱脂を完全にでき，新生面が得られる。④ ピーニング効果がある。⑤ 複雑形状部品の表面や穴の中などの仕上げ加工やバリ取りができる。⑥ 高能率加工ができる。⑦ 乾式噴射加工のような静電気が発生しない。⑧ 熱の影響が少ない。⑨ 作業環境が衛生的である。

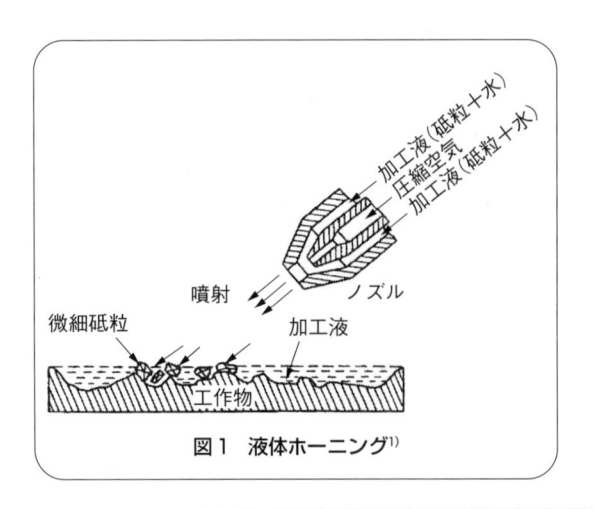

図1　液体ホーニング[1]

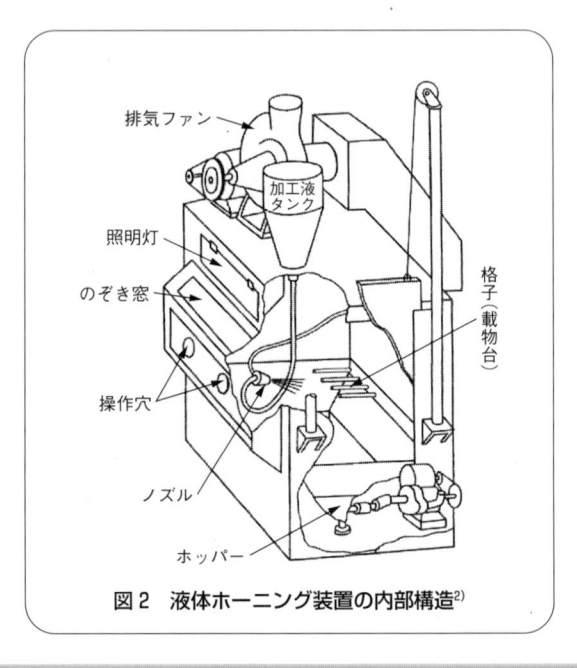

図2　液体ホーニング装置の内部構造[2]

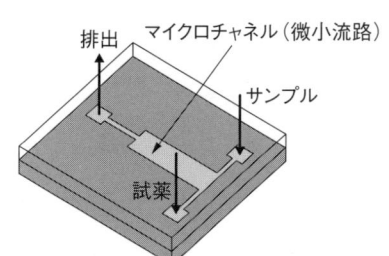

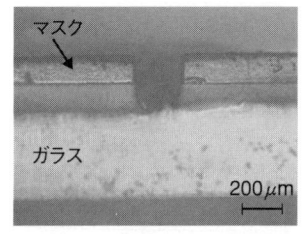

図3 ガラスの微細加工例（マイクロチャネル）[4]

液体ホーニングの適用例

液体ホーニングの応用範囲は広く，従来から次の用途に利用されてきました[2)3)]。

①溶接や熱処理などのスケールの除去，②鋳物やダイカスト製品の清掃や表面仕上げ，③機械加工後の表面仕上げやバリ取り，④プレス品のかえり取り，⑤部品の清掃，油の洗浄，⑥めっきあるいは塗装の下地処理，⑦ガラス，プラスチック，ゴムの表面仕上げ。

さらに，半導体や電子部品などの分野でも利用されるようになり，ガラスやセラミックス，シリコンウェハなど硬脆材料の表面処理や微細加工に利用されています。

図3に，ガラスの微細加工例を示します[4]。これは，数cmのチップ上で化学試薬の反応や分析を自動的に行う高集積分析システム（マイクロタス，μTAS）の試薬とサンプルが混合しながら流れるマイクロチャネルの加工例です。ここでは，幅220μm，深さ150μmの溝が掘られています。このような微細パターンを加工するには，まず砥粒が衝突しても摩耗しにくいウレタン樹脂などのフィルムをガラス表面に貼り，フォトリソグラフィによってパターニングしたものをマスクとして用います。次いで，これに液体ホーニング加工を行うと，マスクのない部分が選択的に加工されます。

図4に，微細砥粒（WA#4000）によるガラスの液体ホーニングの例を示します[5]。このように微細な砥粒を用いると，表面粗さが小さく透明な仕上げ面が得られます。常に新しい砥粒が作用するために加工能率や仕上げ面粗さが安定しており，

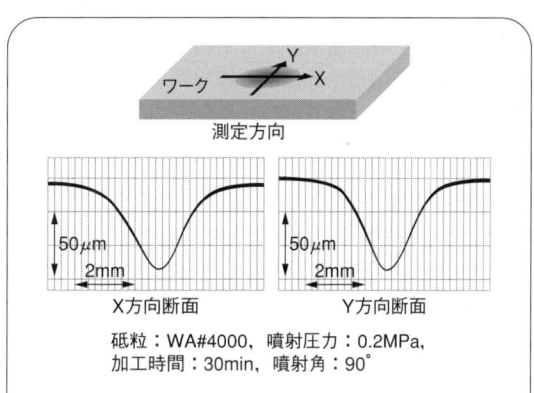

図4 微細砥粒によるガラスの液体ホーニング（加工痕断面形状）[5]

しかもノズル先端が加工面から10mm程度離れた非接触加工であるので，加工装置はそれほど高い精度を必要としません。すなわち，運動転写の原理や圧力転写の原理のいずれにも則らない加工法であると言えます。その上，ノズルの走査速度を制御することによって，10nmオーダの加工精度を得ることができます。このような特徴を持った液体ホーニングの新しい展開が期待されます。

参考文献

1) 砥粒加工学会編，切削・研削・研磨用語辞典，工業調査会，20（1995）
2) 工業大事典，平凡社，488（1959）
3) 小林重治，ブラスト加工とその利用分野，日本機械学会誌，**88**，800，699（1985）
4) 安井 剛，柴田隆行，牧野英司：高精度ブラスト加工による微細パターンの形成とバイオチップへの応用，日本機械学会関東支部茨城講演会，215-216（2004）
5) 前田俊二ら，ガラスの噴霧式ナノアブレージョン加工，2002年度砥粒加工学会講演論文集，67（2002）

6 叩く

●噴射加工方式●
ショットピーニング加工

明治大学　當舍　勝次

機械加工は，変形加工，除去加工，付着加工に大きく分類されますが，そのどこにも属さない加工法がショットピーニングであり，自動車や航空機の生産に広く使用されています。とくに，航空機の場合にはその胴体や翼の成形にも利用され，部材の強度を高めつつ成形をも同時に行っており，航空機の生産には不可欠な加工法です。

ショットピーニングと効果

ショットピーニングは，数十μmから数mmまでの金属や非金属の球形粒子（ショット）を高圧空気や羽根車の遠心力などを利用して加速し，加工面を叩き（ピーニング），微小な窪み（痕）を生成することにより，痕直下および痕周辺の降伏領域を鍛錬する冷間加工法です。加速された無数のショットは次々と被加工物に衝突するために降伏領域が互いに繋がって加工変質層を形成します。このとき，ショットは日本刀の製作の場合と同様に被加工材の極浅い領域を鍛錬すると同時に叩き伸ばしします。したがって，被加工物は自身の特性に応じた力でそれを押し戻すように作用するため，強度が上がります。とくに，ショットが衝突すると，その付近の弱いところが優先的に強化されることになります。

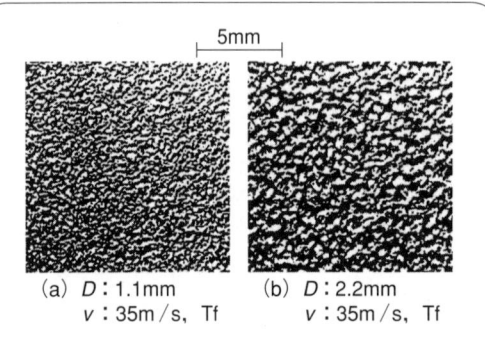

(a) D：1.1mm　v：35m/s, Tf
(b) D：2.2mm　v：35m/s, Tf

図1　ショットピーニング加工面（被加工材：S 45 C）

ピーニング効果としては，次のようなことが挙げられます。まず，図1に示すようなショットピーニング特有の表面粗さによりトライボロジー的機能を生じ，流体抵抗の減少[1]や放熱特性が改善されます。一方，降伏領域が繋がった加工変質層は疲労強度の向上だけでなく，耐摩耗性の向上，耐応力腐食割れ特性の改善[2]，熱伝達特性の改善[3]などさまざまなピーニング効果を発生し，部品の長寿命化や小形化が可能となります。そのため，ショットピーニングは表1[4]に示すような信頼性向上や機能表面創成の技術として航空機や自動車をはじめ機械，電機，化学プラント，原子力プラントなどの産業界で広く用いられています。

加工方式とショット

主に用いられている加工装置は，高圧空気または翼車の遠心力でショットを加速する方法ですが，対象となる製品が小形のものに対しては空気式が用いられます。自動車用歯車の加工にウォータージェットを利用して加速する方法も実用化されています[5]。空気式加速装置を備えたピーニングマシン（空気式ピーニングマシン）は，投射の方向性と集中度を高めることが容易で，ショットの分散状態（投射パターン）も狭いため，歯車（特に歯底の加工），小物軸類，工具類の加工に適用されています。遠心形加速装置を備えたピーニングマシン（遠心式ピーニングマシン）は，通称インペラ式ともよばれており，投射パターンが広いため，板ばね，コイルばね，自動車部品類などの大量生産品の加工に使用されています。

ショットには，鉄系金属，非鉄金属，セラミックス，ガラスなどがあります。その中で，サイズの小さいガラスとセラミックスのショットは特にガラスビーズ，セラミックビーズとよばれています。もっとも多く使用されているショットは鋳鋼ショットで，安価な上にサイズや硬さの範囲も広く，きわめて自由度の高いものです。ただ，製造上の都合で酸化皮膜が付いているため，十分な空

表1 ショットピーニングの目的と効果[4]

作用・影響	加工目的・効果
表面改質	疲れ強さの向上 耐摩耗性の向上 耐応力腐食割れ特性の改善 耐遅れ破壊特性の改善 熱伝達特性の改善
球面状の痕	潤滑性の向上 放熱特性の改善
成　形	ピーンフォーミング
研　掃	砂・スケール落とし バリ取り 脱脂 毛皮のクリーニング
素地調整	塗装の下地処理 溶射の前処理 ローラの表面処理
その他	砥石の目直て メッキ・装飾 メッキの付着テスト

打ちをして酸化皮膜を落としてから使用しなければなりません。自動車部品に対しては長寿命のカットワイヤショットが主に用いられています。これは，針金状の線材を線径と同じ長さに切断して製造し，角を丸めて使用しますが，角を丸めたショットも製造されています。

加工部品例

表2[6]は，ショットピーニングが用いられている主な部品例をまとめたもので，加工条件は使用目的に応じて選定されています。一般的に，ショットピーニングの加工条件が加工品の特性値や使用目的に対して強すぎても弱すぎても十分な効果が得られません。したがって，その適正な条件の範囲は「スィートゾーン」とよばれています。

参考文献

1) K.Iida, K. Miyazaki, Peening Effect on Flow Resistance of Air, ICSP 4, p 73（1990）
2) 吉江，ショットピーニングの応力腐食への適用例，ショットピーニング技術（SP技術），3, 2, 21（1991）
3) M. C. Sharma, Shot Peened Surfaces and Boiling Heat Transfer, ICSP 5, p 199（1993）
4) 當舎，サーフェス・インテグリティの向上にショットピーニングは欠かせない，機械技術，**48**, 7, 76（2000）
5) 鈴木，菅野，田岡，ウォータジェット式ショットピーニングの開発と現状，ショットピーニング技術協会シンポジウム，45（1997）
6) 當舎，ショットピーニングによるサーフェス・インテグリティ，砥粒加工学会誌，**47**, 3, 135（2003）

表2 加工部品例[6]

分野	加工部品例
航空機	タービンブレード，ランディングギヤ，各種要素部品，機体，翼など
自動車	バルブスプリングとリテーナ，高強度スプリング，クランクシャフト，エンジンバルブ，ピストン，コネクティングロッド，シリンダヘッド，シリンダライナ，ターボチャージャ，燃料インジェクタ，トランスミッションギヤ，ディファレンシャルギヤ，トーションバー，ボールジョイント，各種ボルトなど
機械	各種スプリング，各種ギヤ，工具，刃物，鍛造金型，転造金型，ダイカスト，金型，押出金型，粉末冶金金型，ゴム金型など
電機	各種スプリング，要素部品など
化学プラント	反応缶・クラッド溶接部，プラント容器溶接部，塔槽類溶接部，熱交換器溶接部，リアクター溶接部，アンモニア球形タンク，撹拌機など
原子力プラント	炉内構造物溶接部，原子炉蒸気発生器など

●噴射加工方式●
ショットピーニング加工技術

明治大学　當舎　勝次

「ショットピーニング加工」で説明したように，ショットピーニングは被加工物の機能性や信頼性を高める目的で，自動車業界や航空機業界で用いられています。加工そのものは，ショットといわれる硬い球形微粒子を被加工物に投射するだけのシンプルなもので闇雲に加工してもある程度の効果を期待することができますが，経費の掛かることですから目的に応じた適正条件で行わなければなりません。ここでは，加工技術にポイントを絞って解説します。

加工装置とショット

表1[1]は，自動車や航空機業界で主に用いられている加工装置とその特徴および対象品を示したものです。空気式ピーニングマシンは，投射するショットの単位質量当たりの加速エネルギーが遠心形加速装置の10倍程度大きくなりますが，投射の方向性と集中度を高めることが容易であり，ショットの分散状態（投射パターン）も狭いという特徴があります。遠心式ピーニングマシンは，通称インペラ式ともよばれており，投射するショットの単位質量当たりの加速エネルギーが少なく，投射パターンも広いという特徴があります。

表2[2]は，一般に使用されているショットの硬さ，比重，特徴などをまとめたもので，材質的には，鉄系金属，非鉄金属，セラミックス，ガラスなどがあります。使用するショットの選定は，価格以外に硬さ，強さ，密度，形状，表面性状などの因子によって行いますが，使用後の廃棄の際に環境を汚染しないことも十分に考慮する必要があります。また，被加工物を汚染しないショット材質の選定も重要となります。

加工基準と管理方法

ショットピーニング加工は，一般的にはアークハイトとカバレージという要因によって管理します。アークハイトとはピーニング強度測定用試験板（アルメンストリップ）の湾曲高さのことで，アルメンゲージとよばれるダイヤルゲージを用いて測定します。アルメンストリップには板厚が異なる3種類（薄い順にN，A，C）があります。また，カバレージとはショットピーニングの加工状態を表すもので，全加工面積に対する痕の総面積の比から算出し，100％カバレージすなわちフルカバレージが加工基準となっています。しかし，痕面積を測定することが困難な場合には，アークハイトの増加の飽和状態からフルカバレージタイムを決定する便宜的方法が採用されています。この方法の場合には，通常200〜300％（2〜3倍）で行っています。

表1　主なショットピーニングマシンの種類と特徴[1]

型式		特徴	対象品
空気式	吸込み式 (〜60 m/s)	・操作：容易 ・ショット粒径：小 ・ショットの速度：低 ・投射の方向性：良	小物部品 金型・工具 非鉄部品 プラスチック製品
	直圧式 (〜150 m/s)	・操作：容易 ・ショット粒径：小〜中 ・ショットの速度：中〜高 ・投射の方向性：良	自動車部品 金型・工具 航空機部品 ピーンフォーミング
	湿式 (〜60 m/s)	・ショット粒径：小〜中 ・ショットの速度：低 ・投射の方向性：良 ・粉塵：無	自動車部品 金型 カメラ部品 油焼入れ品
機械式	遠心形 (〜100 m/s)	・ショット粒径：中〜大 ・ショットの速度：低〜高 ・投射の方向性：広 ・投射量：多・安定 ・エネルギー効率：良	ばね 自動車部品 航空機部品 金型・工具 ピーンフォーミング

表2　主なショットの硬さ，比重，特徴・対象品[2]

材質	硬さ (HV)	比重	特徴, 対象例
鋳鋼	40〜800	7.8	安価, 全般
カットワイヤ	150〜1000	7.8	長寿命, ばね
ステンレス鋼	200〜600	7.9	ステンレス鋼など
高速度鋼	800〜1300	8.0	高硬度材など
超硬合金	1300〜1500	13〜14	高硬度材など
ガラス	500〜600	2.4〜2.6	安価, 航空機
セラミックス	500〜1200	3.5〜3.8	汚染少, 航空機

ショットピーニングは，さまざまな目的で使用されているため，アークハイトとフルカバレージ以外にも，目的に応じて表面粗さ，加工硬化，残留応力，変形なども加工基準として用いられることもあります。またピーニングセンサ[3]とよばれるショットの運動量や個数が測定できる装置も開発されています。

加工変質層

図1[4]は，ショットピーニングの加工条件が表面粗さ，加工層深さ，加工硬化層の最大硬さ，残留応力に及ぼす一般的影響についてショット1個の運動エネルギーで整理した結果を示しています。表面粗さと加工硬化層深さは直線的に増加しますが，硬さの最大値は飽和の傾向を示し，圧縮残留応力はほとんど変化していないことがわかります。すなわち，残留応力は加工条件に鈍感な要因であるということができます。したがって，製品や部品の特性評価のために残留応力値のみを用いて判断することは最善策とはいえません。

ショットサイズは，小さいほど単位時間当たりの投射個数が増加し，痕密度も増加するので加工能率は増加しますが，ピーニング強度は減少して加工変質層深さが浅くなります。ショットピーニングの投射角は加工面に対して90°とするのが原則です。

図2[5]は，残留応力分布を示していますが，最表面が最大となるC形と内部で最大値を取るS形とがあります。

ショットピーニング加工で誤った適用をしないための注意点を次に示します。
① 最終工程で用いること。
② 被加工物の加工履歴を調査・考慮すること。
③ 被加工物を汚染しないショットを選択すること。
④ 加工による表面粗さの変化と変形に注意すること。
⑤ 加工部品の使用目的に適応したスィートゾーンとよばれる適正な加工条件を選択すること。
⑥ 加工部品の使用目的に応じた適正な特性評価を行うこと。
⑦ 製品設計の段階からショットピーニング加工を考慮すること。

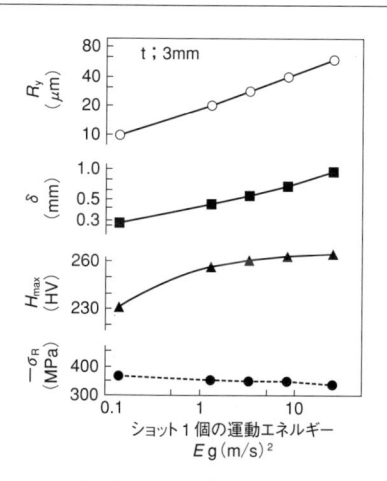

図1 ショット1個の運動エネルギーと表面粗さ(R_y）加工硬化層深さ（$δ$），最高硬さ値（H_{max}），加工面の圧縮残留応力（$-σ_R$）（被加工材：S 45 C）[4]

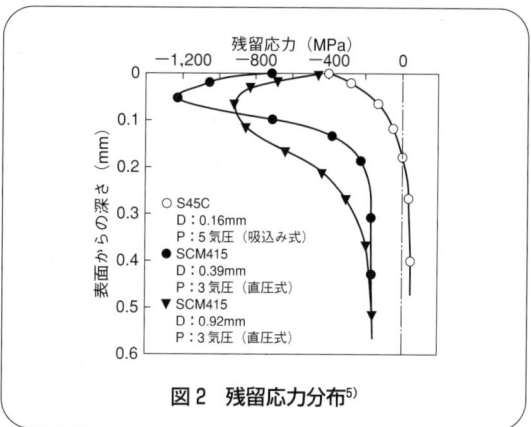

図2 残留応力分布[5]

参考文献

1) 當舎，サーフェス・インテグリティの向上にはショットピーニングは欠かせない，機械技術，**48**，7，76（2000）
2) 當舎，ショットピーニングによるサーフェス・インテグリティ，砥粒加工学会誌，**47**，3，135（2003）
3) 太田，天野，松浦，ショットの投射強さの電気計測について，SP技術，**3**，2，94（1991）
4) 飯田，當舎，ショットピーニングの加工条件と疲れ強さ，精密工学会誌，**51**，8，1569（1985）
5) 當舎，飯田，噴射加工による加工面と加工層の改質，Proc. of 3 rd Japan-Korea Joint Technical Conference on Surface Finishing, Burr Technology and Other Production Problems, Osaka, p 16（1998）

6 叩く

●噴射加工方式●
ショットブラスト接合

兵庫県立大学　原田泰典

表面近傍のみを大きく塑性変形させる特徴に注目すると，ショットブラストを異種材料の接合に応用できます。材料表面に金属薄板を載せた状態でショットブラストを施すと，異種材料と材料表面が同時に塑性変形することで接合が可能となります。

ショットブラスト（shot blasting）は，被加工材表面の研掃や削食を主目的とした表面処理の一種であり，ショットとよばれる小径粒子が高速度で被加工材に衝突する冷間加工法です。通常，ショットは直径1.0mm前後の鋳鋼製粒子が用いられ，60m/s前後の投射速度で加工が行われています。ショットの投射方法は，大きく分けて圧縮空気を利用した空気式と回転翼を利用した遠心式の2つです。どちらも投射加工ですが，空気式では噴射加工とよばれることもあります。ここで，ショットブラストとよく混同して用いられる用語にショットピーニング（shot peening）があります。ショットピーニングは，被加工材表面における加工硬化や圧縮残留応力の付与に起因する耐摩耗性や疲労強度などの表面特性の向上を主目的とした加工です。しかしながら，ショットブラストにおいても加工原理は同じなので被加工材表面に加工硬化や圧縮残留応力の付与が生じます。そのため，ショットピーニングはショットブラストに含まれる方法であり，加工目的によってよび方を区別しています。

金属薄板や硬質粉末の接合

ショットブラストでは，ショットとよばれる鋼製の小径粒子を高速度で材料表面に繰返し衝突させていますので，表面は大きな塑性変形が生じます。この大きな塑性変形に注目すると，箔や薄板などの異種材料の接合に応用できます。図1に示すように，金属材料表面に1枚あるいは複数枚の金属薄板を載せた状態でショットの衝突を行うと，両材は同時に塑性変形して接合します[1,2]。材料表面と薄板を同時に塑性変形する際，表面積拡大に伴う新生面の発生や接触面でのすべりの発生で接合します。この接合方法はショットライニングとよばれています。

材料表面に異種材料を積層した状態で粒子を衝突させて異種材料を接合するとともに，連続衝突の強加工に伴う加工熱を利用した一種の自己発熱形加工熱処理による合金化とその組織微細化や非晶質化を同時に行うことが試みられています。図2に，各種基材に1層または2層の異種金属薄板を接合したときの表面近傍断面写真を示します。

図1　ショットブラストによる異種金属薄板の接合方法

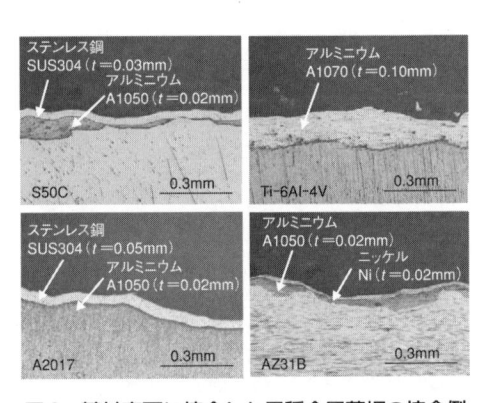

図2　基材表面に接合した異種金属薄板の接合例

図3　基材表面に接合した硬質粉末の接合例

図4　バルク材料の造形接合

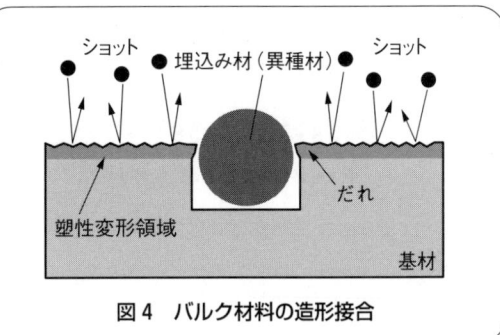

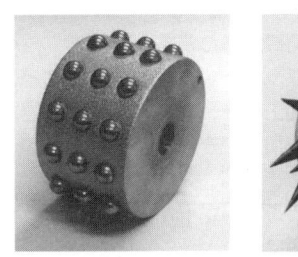

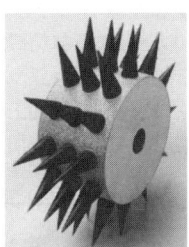

図5　曲面部材表面へのバルク材料の造形接合例

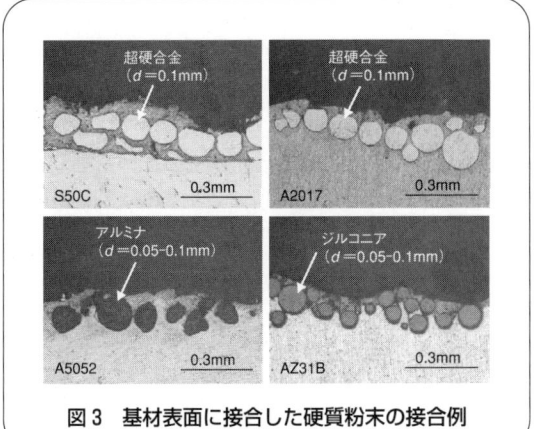

接合した界面には空隙はなく密接して接合している様子が見られます。また，接合した異種金属薄板には破断もなく基材表面を覆っている様子が見られます。

材料表面の耐摩耗性をさらに向上させるためには，より硬質な材料，たとえば超硬合金やセラミックスなどの接合が有効であると考えられます。

図3に，鉄鋼材料や軽量材料の基材に硬質粉末を接合したときの表面近傍断面写真を示します。硬質粉末はショットの衝突によって基材表面に均一に接合しているのがわかります。また，接合した硬質粉末は基材と空隙もなく密着しており，接合性は良好であると思われます。

造形接合

ショットブラストを用いて金属薄板や硬質粉末の接合が可能であることが分かっています。しかしながら，バルク材料のような粉末よりも大寸法の異種材料を接合する場合，これまで述べた方法では接合は不可能です。そこで，ショットブラストの特徴である材料表面の塑性流動を利用した造形接合，すなわち一種のかしめを利用した接合法が開発されています[3,4]。

図4に，ショットブラストによるバルク材料の造形接合の方法を示します。基材表面上の穴に異種材料である球を置いた状態でショットブラストを行います。ショットの衝突によって，基材表面近傍の塑性変形が進み，穴縁部ではだれを生じて異種材料との間隙をなくすように埋まります。その結果，だれと密着した異種材料はだれによって拘束されるため，基材と接合することになります。

図5に，直径80mmの円柱状アルミニウム合金基材に対して，直径10mmのアルミナ球および最大直径12mmの円錐状ばね鋼を接合した試験片の外観をそれぞれ示します。だれの発生によって基材と間隙なしで接合しているのがわかります。

本方法では，接着剤は不要であり，また接合部への熱的影響もありません。そのため，異種材料は金属材料だけでなく，セラミックス，ガラス，プラスチック，木材のような非金属材料に対しても接合が可能です。接合の困難な材料に対して有効であるため，各種部材への適用範囲が広い方法であるといえます。

参考文献

1) 原田泰典，森謙一郎，原政明，牧清二郎，日本塑性加工学会誌"塑性と加工"，42，48-52（2001）
2) 原田泰典，小杉仁，森謙一郎，牧清二郎，同上，44，457-461（2003）
3) 原田泰典，宇治橋諭，森謙一郎，同上，45，842-846（2004）
4) 原田泰典，宇治橋諭，梅村貢，小林祐次，土田紀之，深浦健三，同上，47，221-225（2006）

削る

切削加工総論

横浜国立大学　高木　純一郎

切削とは，形状の定まった「刃物（工具）」で「工作物（ワーク）」の不要な部分を「切りくず」として変形・除去する加工方法で，以下のような特徴があります。
① 金属材料，プラスチック，硬脆材料など，工具が被削材よりも硬ければ加工でき，被削材の適用範囲が広い。
② 複雑な形状を加工できる。塑性加工や鋳造に比べてフレキシブルに対応できる。
③ 加工に要するエネルギーが小さいので砥粒加工よりも一般に加工能率は高い。
④ 加工精度は工作機械の運動精度に大きく左右される。

切りくず生成のメカニズム

通常の切削では図1(a)のように三次元的な変形によって切りくずが生成されますが，解析を容易にするために単純化した(b)のような「二次元切削」を考えると，切りくずの生成は(c)の「重ねたトランプを連続して滑らせる」変形にモデル化できるでしょう。(c)中に工具各部の名称を付記します。切りくずを被削材から分離するエッジを「切刃」，切刃を構成する2平面のうち切りくずがすべる面を「すくい面」，仕上げ面側を「逃げ面」とよびます。切刃が通過した後の面が「仕上げ面」です。

すくい面の傾斜を表すものが「すくい角（γ）」で，切削方向に垂直な場合を0°として被削材をすくい上げる方向をプラスにとります。すくい角は切りくずの生成にもっとも大きな影響を及ぼす値で，通常5～10°にとることが多いようです。逃げ面と仕上げ面のなす角を「逃げ角」といい，直接切りくずの生成に影響しない要素ですが，工具の摩耗や破損に大きく関係するのであまり大きくできません。通常−5°前後にとります。

すくい面と逃げ面が交わる稜線が「切刃」で，図では「丸み」がないように表現されていますが，実際の切削では切刃には必ず丸みが存在し，切取り厚さが小さい精密切削では丸みの部分がすくい面として働くのでその大きさが切削メカニズムに大きく影響します。

せん断角とせん断ひずみ

流れ形切りくずが生成される場合，図2のABを境にして被削材が切りくずに変形されます。この面を「せん断面」とよび，切削方向とのなす角ϕを「せん断角」とよびます。図からわかるように切取り厚さh，切りくず厚さh_c，工具のすくい角γおよびせん断角ϕの間には図中の関係式が成り立ちます。この式から，二次元切削で切りくずの厚さ（または長さ）を測定すればせん断角が算出できます。

被削材はせん断面で変形されて切りくずとなりますが，そのときに受ける「せん断ひずみ（γ_s）」は図3のように求められます。切刃先端

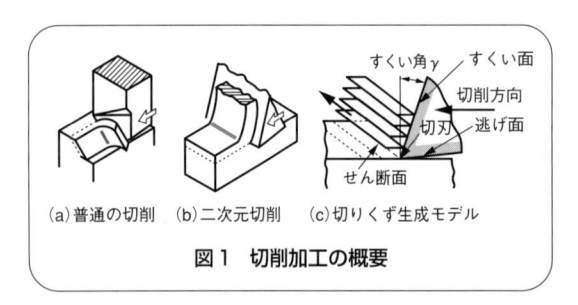

図1　切削加工の概要
(a)普通の切削　(b)二次元切削　(c)切りくず生成モデル

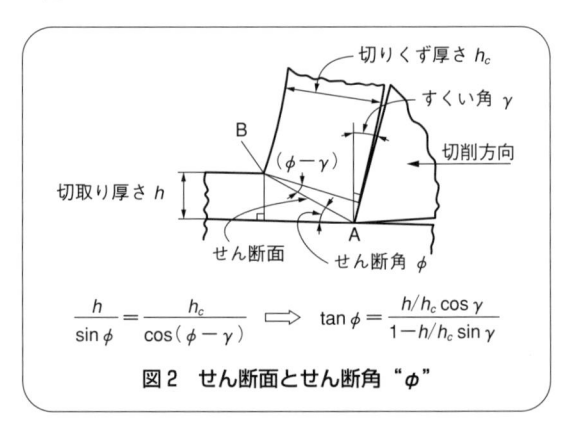

$$\frac{h}{\sin\phi} = \frac{h_c}{\cos(\phi-\gamma)} \implies \tan\phi = \frac{h/h_c \cos\gamma}{1 - h/h_c \sin\gamma}$$

図2　せん断面とせん断角"ϕ"

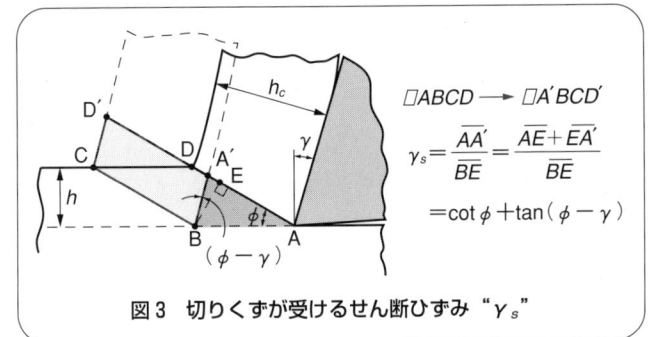

図3 切りくずが受けるせん断ひずみ "γs"

$$\square ABCD \rightarrow \square A'BCD'$$
$$\gamma_s = \frac{\overline{AA'}}{\overline{BE}} = \frac{\overline{AE} + \overline{EA'}}{\overline{BE}}$$
$$= \cot\phi + \tan(\phi - \gamma)$$

がAからBまで移動する間に被削材の平行四辺形ABCDの部分がせん断変形を受けて平行四辺形A′BCD′の「切りくず」となるのですが，このときのせん断ひずみは図中の式で表されます。この式からϕが大きくなるほどせん断ひずみγ_sは小さくなることがわかります。

せん断ひずみの大小は以下に述べる「切削時に発生する力」やそれにともなう精度の狂い，「切削点で発生する熱」および工具摩耗などに大きく影響します。切りくずの厚さを観察すれば，切削状況の良否をある程度判別することができます。

切削時に発生する力

切りくずが生成されるときに工具や被削材に働く力（切削抵抗）について考えてみましょう。切削抵抗はせん断変形に関与する力だけでなく，すくい面上を切りくずがすべる摩擦力，切刃先端の丸みの部分が仕上げ面と摩擦する力などが合成されたもので，それぞれを分離して測定することはきわめて困難ですが，一般に以下のことがいえます。

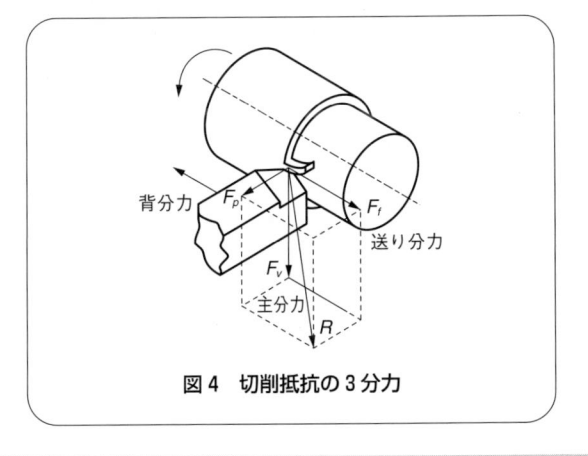

① 切削抵抗は切削幅と切取り厚さhおよび被削材の変形応力に比例する。
② せん断角ϕが大きくなると切削抵抗が減少する。
③ せん断角ϕを大きくするにはすくい面の摩擦を減少させることが効果的であり，具体的な方策は潤滑性のある切削液の供給，切削速度を増大させること。

切削抵抗は3方向に分解して表すことができます。旋盤加工では図4のように切削速度方向の「主分力」，送り方向の「送り分力」および切込み方向の「背分力」に分けます。主分力は切削に消費されるエネルギーすなわち発生熱に大きく関与し，背分力は工作物や工具などの変形すなわち加工精度に大きな影響を及ぼします。

切削熱と工具摩耗

切削に消費されるエネルギーは，ほとんど（99％以上）が熱となって切りくずや工作物，工具に流入します。切削熱の発生源は図5に示すように以下の3つの領域と考えられます。

① せん断面（厳密には厚さのある「せん断領域」）のせん断変形エネルギー
② 工具のすくい面と切りくずとの摩擦
③ 工具逃げ面と仕上げ面の摩擦（工具が摩耗していなければ工具逃げ面の摩擦は無視できるが，切削厚さが微小なときには大きな割合となる）

発生した熱は図6に示すような割合で切りくず，工具および工作物に流入しますが，温度上昇による工具や工作物の熱変形は精度低下の大きな原因となります。また，工具に流入した熱は「刃先のへたり（熱による塑性変形）」や図7に示すよう

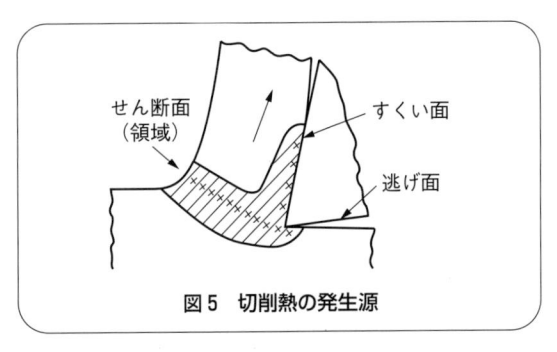

図4 切削抵抗の3分力

図5 切削熱の発生源

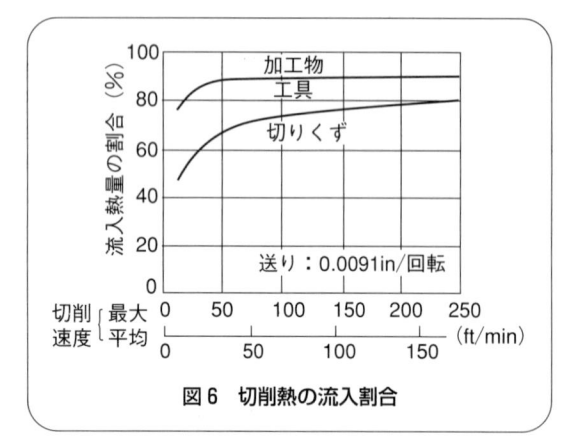

図6 切削熱の流入割合

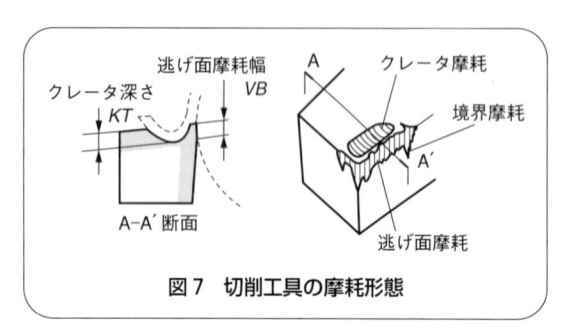

図7 切削工具の摩耗形態

図9 切削速度による粗さ曲線の変化

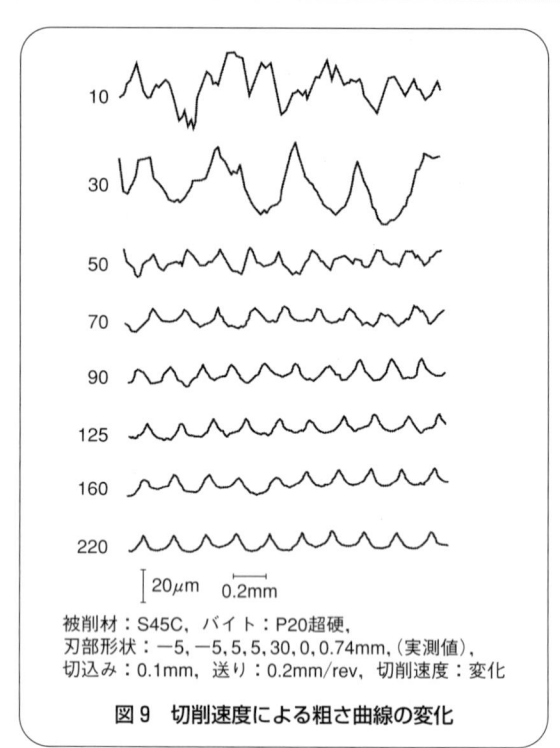

被削材：S45C，バイト：P20超硬，
刃部形状：−5,−5,5,5,30,0,0.74mm，(実測値)，
切込み：0.1mm，送り：0.2mm/rev，切削速度：変化

な工具摩耗を促進させます。

切削による仕上げ面の創生

　切削加工は，工具が切りくずを生成しながら不要な部分を除去して目的の形状を創生してゆく加工方法です。したがって加工面の精密さは基本的には転写される工具形状とその運動軌跡によって決定されます。切削された工作物の平面度，円筒度などは工作機械の運動精度に依存しますが，仕上げ面の粗さは工具先端の形状だけでなく，切削条件の影響を強く受けます。図8は工具の運動軌跡により生成される加工面の理想的な凹凸（理論粗さ）とその計算式ですが，実際には工具摩耗や振動，工具と被削材の溶着に起因する構成刃先の生成などによって理論粗さの数倍に増大することが通常です。

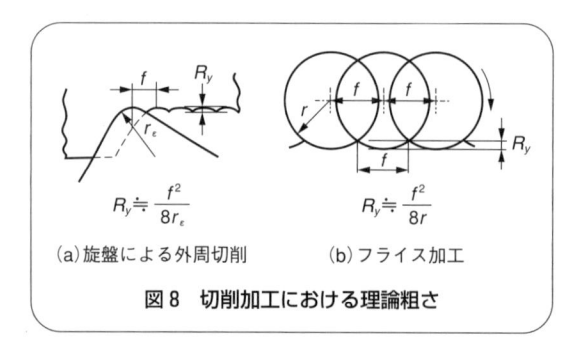

　図9に炭素鋼を超硬工具で旋盤加工した場合の，加工面の粗さの変化を示します。毎分100 m以上の切削速度では工具先端のコーナ部分の形状が加工面に転写されていますが，低速ではむしれがひどく，理論粗さの数倍に増大しています。これは構成刃先の発生が主原因と考えられます。

加工変質層

　切削加工では切りくずが大きなせん断ひずみを受けますが，工具が通過したあとの加工面表層も変形や温度上昇の影響が残ります。その結果，工作物の表層部が内部と違った性質を持つようにな

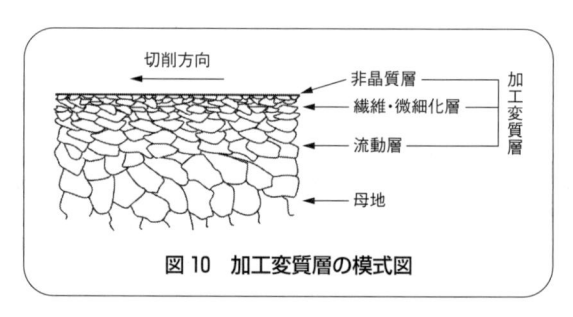

(a) 旋盤による外周切削　　$R_y \fallingdotseq \dfrac{f^2}{8r_\varepsilon}$

(b) フライス加工　　$R_y \fallingdotseq \dfrac{f^2}{8r}$

図8 切削加工における理論粗さ

図10 加工変質層の模式図

(a) バリ　　(b) チッピング　　(b) 切削の出口に生ずるバリ

図11　バリとチッピング

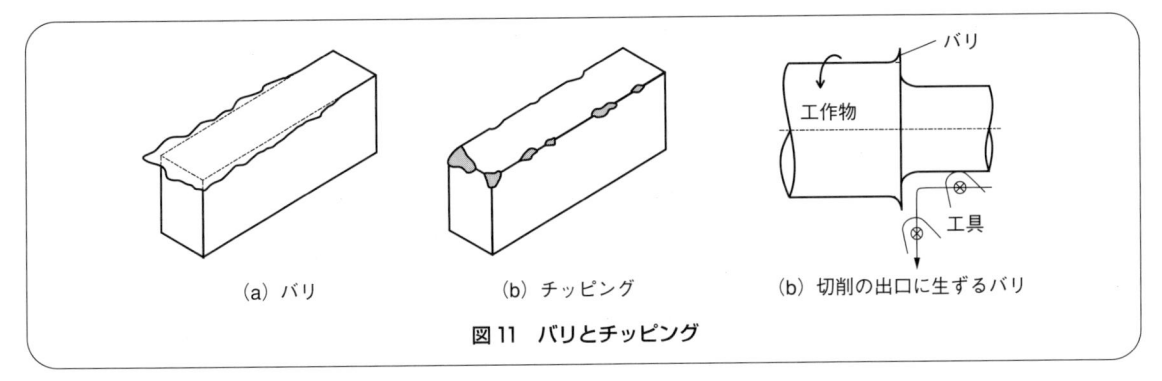

ります。この変質した部分が「加工変質層」で，**図10**に金属材料の切削で作られる加工変質層の模式図を示します。変質層では結晶組織が大きなひずみを受けているので，加工された部品の疲労強度，耐食性の低下などの原因となることがあります。

加工変質層が工作物の端部に現れたものが**図11**に示す「バリ」と「チッピング」です。切削の出口では変形を拘束するものがないのでバリが大きくなります。一方，変形できずに破壊分離したものがチッピングです。

切削と研削

研削加工は砥粒切刃による「微小な切削作用」の集合と考えられ，以下のような特徴があります。

① 切削できない硬い材料の加工が可能。焼入れ鋼やセラミックスなどの高硬度材料は一般に工具の損耗が激しいために切削加工ができないので研削加工を用いる。

② 高精度の加工ができる。研削加工では一般に多数の砥粒切刃が少しずつ削るので加工精度を高くできる。

③ 切刃の「自生作用」がある。加工中に砥粒が破砕することによって新しい鋭利な切刃ができるので，適当な条件下では長時間よい切れ味が保たれる。

材料をせん断変形させて切りくずとして除去するメカニズムは，本質的には切削加工と変わりありません。しかし**図12**(a)に示すように切刃のすくい角が切削に比べて小さいためにせん断角が小さく，切りくずが受けるひずみが大きくなります。また(b)のように切りくずとして除去されない部分の比率も大きくなります。研削加工では砥石を

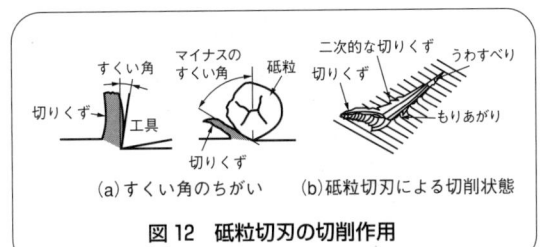

(a) すくい角のちがい　　(b) 砥粒切刃による切削状態

図12　砥粒切刃の切削作用

高速で回転させ，切削よりも一桁高い毎秒30m以上とするのが普通ですが，これはすくい面の摩擦を減少させ，切削では切りくずを生成しないような「鈍い切刃」でも切りくずを生成させる効果があります。また切削に比べてそれぞれの切刃の切取り厚さが数μm以下と小さいため，研削加工では単位体積を除去するのに要するエネルギーが切削の十倍から数百倍に達します。研削焼け等の熱損傷がしばしば問題となるのもこの大きなエネルギーが原因です。

しかし研削加工では切削に比べて単位時間に除去する体積が小さく切削速度も非常に高いので，加工時に発生する力「研削抵抗」は切削に比べてずっと小さくなり，砥石や工作物の変形が小さくてすむので精度の高い加工に適しているのです。

一方，ダイヤモンドバイトを用いた超精密切削では研削加工をしのぐようなナノメータの加工精度を達成していること，cBN切削工具によって焼入鋼の切削加工が可能になっていることなど，最近では切削加工と研削加工の境界がなくなってきています。

参考文献

安永暢男，高木純一郎，精密機械加工の原理，62-84，工業調査会（2002）

●切削加工方式●
エンドミル加工

新潟大学 岩部 洋育

エンドミル（end mill）は，フライス盤（milling machine）に用いられるフライス工具の一種です。フライスの語源はドイツ語のFräser，フランス語のFraiserであり，形状が類似した北欧婦人の風俗衣装のヒダエリを意味する名称に由来しています[1]。

切刃形状，工具材料および把持方法

JIS規格[2]では，エンドミルを「外周面および端面に切刃を持つ，シャンクタイプのフライスの総称」と定義しています。図1は各種エンドミルの一例であり，(a)図のスクエアエンドミルを基本形状とし，外周刃と底刃の一方または両方の形状を変化させています。工具材料は，炭素鋼，鋳鉄，アルミ合金などの加工用に高速度鋼が主として用いられますが，高速加工機の普及によってより高い切削速度に適した超硬合金工具の利用も広がっています。また，長寿命化を目的として，厚さ数μmの耐酸化性の高い薄膜（TiAl）Nをコーティングした工具，cBNやダイヤモンドをろう付けした工具も開発されています。

工具は，通常シャンク部をコレット方式のホルダを用いて主軸に取付けますが，粗加工用にはサイドロック式が用いられます。一方，小径工具による高速加工用には焼きばめ式が多用されています。

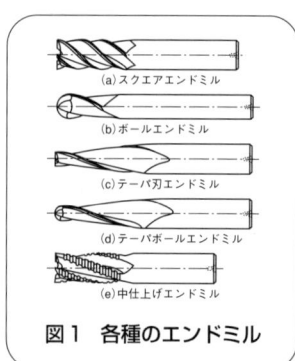

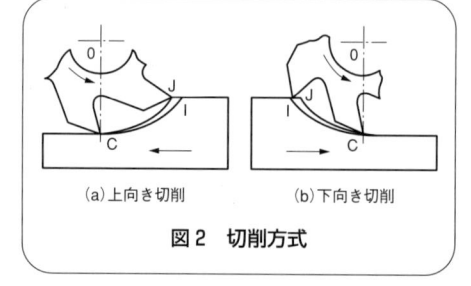

エンドミルによる切削機構

エンドミル加工では切刃が断続的に被削材に切込み，図2に示すコマ形状の切りくず（CIJ）の除去を繰返しながら加工が進行します。(a)の場合を上向き切削，(b)の場合を下向き切削とよんでおり，それぞれ以下の特徴があります。

〈上向き切削の場合〉
・切削開始時に切刃にすべりを生じる。
・逃げ面の摩耗が大きい。
・切りくずは前方に堆積し，処理性が悪くなる。
・切りくずの熱が加工精度に悪影響を与える。
・バニシングによって仕上げ面の粗さは小さくなる。

〈下向き切削の場合〉
・切削開始時に切刃にすべりを生じない。
・逃げ面の摩耗の進行は緩やかである。
・切りくずは後方に飛ばされ，処理性が良い。
・切りくずの熱が加工精度に影響を与えない。
・加工面がむしれ，仕上げ面の粗さは大きくなる。

以上のことより，上向き切削は仕上げ加工，下向き切削は中および粗加工に用いると効果的です。

図3はねじれ刃（外周刃）によって加工された面のモデル図を示しています。工具の回転と送りによって加工面が仕上げられるため，加工面は工具半径 R_e の円筒面の一部を1刃当たりの送り f (mm/tooth) 間隔につなげた形状となります。加工面の理論粗さ R_{th} は，この模様（ツールマーク）の谷部より山部までの距離であり，次式で計算できます。

$$R_{th} = \frac{f^2}{8 \cdot R_e} \quad (1)$$

式(1)に通常加工の条件 R_e=10 mm，f=0.1 mm/tooth を代入すると R_{th}=0.1 μm と小さく，無視できます．

表1は2枚刃によるエンドミル加工の推奨条件の一例であり，

図1 各種のエンドミル
(a)スクエアエンドミル
(b)ボールエンドミル
(c)テーパ刃エンドミル
(d)テーパボールエンドミル
(e)中仕上げエンドミル

図2 切削方式
(a)上向き切削
(b)下向き切削

被削材別に示しています[3]。しかし，実際の加工において，推奨条件を用いても，a) チッピングや欠損の発生，b) びびりの発生，c) 摩耗の増大，d) 仕上げ面精度の低下などが発生します。その場合には，(1) 工具材料を変える，(2) 冷却剤やその方法を変える，(3) 切刃形状や工具形状を変える，(4) 切削速度，切込み，送り，切削方式などの切削条件を変える，(5) 工具突き出し長さや被削材の固定方法を変えるなどの対策が必要になります。

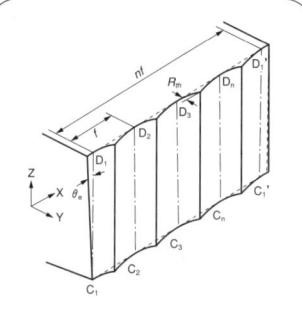

図3 ねじれ刃による加工面のモデル

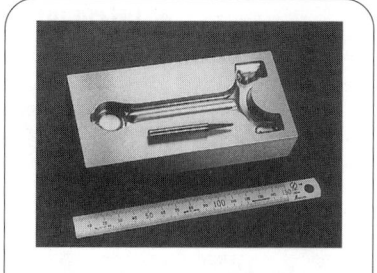

図4 コンロッドの鍛造用金型
($N=45,000$ min^{-1}, $A_d=R_d=0.5$ mm, $f=0.07$ mm/tooth)

エンドミル加工の現状

高速加工機の開発によって高速エンドミル加工が実現しています。しかし，高精度エンドミル加工を同時に実現するためには，次の3つの方法を用いると，より効果的です。すなわち，(1) 切削条件を均一化する，(2) 単一切刃を使用する，(3) 逃げ面の精度を高める[4]。

また超硬ソリッドコーティング工具が開発され，小径ボールエンドミルを用いて金型などの高硬度材の直彫り加工が可能となりました。図4は，工具径2mmのボールエンドミルを用いて加工したコンロッドの鍛造金型（SKT：43 HRC）です。小さい切込みと高い送り速度の切削条件を用い，切削時間10 minで加工を完了しています。従来の放電加工法に比べて加工能率を数十倍改善するとともに，仕上げ面粗さもきわめて良好な結果が得られています[5]。

参考文献

1) JIS B 0172-1993.
2) 益子正巳ほか，フライス削りとフライスの設計，大河出版，(1972)
3) 日立ツール商品カタログ切削工具，B 3（2005-2006）
4) 岩部洋育，エンドミルによる加工精度に関する基本問題と高速・高精度加工法について，日本機械学会論文集（C編），**66**, 645, 1417（2000-5）
5) 岩部洋育ほか，高速ミーリングの現状と今後，精密工学会誌，**64**, 6, 808（1998）

表1 エンドミル加工の推奨条件

（切込み：半径方向 $0.1D$，軸方向 $1.5D$ の側面加工）

被削材	炭素鋼, 鋳鉄 S 45 C,SS 400 FC 200		合金鋼 SCM,SNCM		工具鋼 ステンレス鋼 SKD,SKT SUS 304		焼入れ鋼 プリハードン鋼 SKD,SKT,HPM 1 NAK 55		耐熱鋼 チタン合金 Inconel Ti-6 Al-4 V		アルミ合金 非鉄金属	
硬度	200 HB 以下		200～250 HB		25～35 HRC		35～45 HRC					
切削速度	$V=35$～70 m/min		$V=25$～45 m/min		$V=20$～40 m/min		$V=20$～30 m/min		$V=10$～20 m/min		$V=100$～300 m/min	
直径 D	回転数 N	送り速度 F	回転数 N	送り速度 F	回転数 N	送り速度 F	回転数 N	送り速度 F	回転数 N	送り速度 F	回転数 N	送り速度 F
mm	min^{-1}	mm/min	min^{-1}	mm/min	min^{-1}	mm/min	min^{-1}	mm/min	min^{-1}	mm/min	min^{-1}	mm/min
3	4,750	140	3,700	80	3,200	60	2,650	30	1,600	20	21,000	750
4	3,600	140	2,750	110	2,400	60	2,000	30	1,200	25	16,000	800
6	2,400	150	1,850	110	1,600	60	1,320	40	800	25	10,600	800
8	1,800	150	1,400	110	1,200	90	1,000	50	600	30	8,000	900
10	1,450	150	1,100	110	950	90	800	50	480	30	6,400	950
12	1,200	180	930	110	800	90	660	50	400	30	5,300	950
16	900	180	700	110	600	90	500	50	300	30	4,000	950
20	720	180	560	110	480	90	400	50	240	30	3,200	800
25	570	140	450	100	380	90	320	50	190	30	2,500	800
30	480	120	370	80	320	90	270	50	160	30	2,100	650

注）2枚刃の切削条件を示しており，4枚刃の場合は送り速度を1.5倍とする。

削る

●切削加工方式●
超精密切削加工

富山大学　森田　昇

超精密切削加工の基本原理は，①母性原則に従ってきわめて精度の高い工作機械の運動を，②きわめて切れ味のよい工具によって，③きわめて被削性のよい材料の表面に転写することにあります。

超精密切削加工の基本原理に従ってできる限り微小量の材料を除去すること，すなわち加工単位を極限まで小さくすることで，表面粗さが小さく，かつ形状精度の高い平面や円筒面を作製することができます。このような加工を実現するために必要とされる技術的な基礎について，1つずつ見ていきましょう。

工作機械

第一に，きわめて精度の高い工作機械の運動を得るには，工作機械を構成しているそれぞれの機械要素の高精度化が欠かせません。このためには，高い回転精度と高剛性の主軸受および静圧浮上で案内精度が高いテーブル，被削材と工具の間の相対的な位置関係を高精度に制御しうるアクチュエータが必要となってきます。さらにナノメータ精度での計測が可能なレーザ干渉を応用した計測・制御システムも必要です。これらを駆使して現在では，1 nm の運動精度をもつ工作機械が開発されています。

超精密切削加工を実現するためには，このような条件が整えられた上で，さらに加工環境を十分に制御しなければなりません。たとえば，環境あるいは切削にともなう温度変化を 0.1 K（絶対温度）以下に保ったうえで，工具と被削材の間の相対振動の振幅をナノメータオーダに抑えなければなりません。熱膨張係数が 12×10^{-6}/K の鋼製の部材について考えてみましょう。環境温度がかりに 0.1 K だけ変化したときの熱膨張あるいは収縮量を 0.1 μm に抑えるには，この部材の長さをたかだか 80 mm に抑えなければなりません。したがって，超精密工作機械では，各部の駆動機構による摩擦による発熱，切削にともなう加工熱を極力小さくする必要があります。

切削工具

つぎに，きわめて切れ味のよい工具を用いて加工現象を高精度に制御するには，優れた切刃特性と高い耐摩耗性をもつダイヤモンド工具が不可欠です。ダイヤモンド工具には天然の単結晶ダイヤモンドの特定の結晶面を利用します。これをダイヤモンド微粉末で精密研磨することにより，鋭利な切刃稜（工具のすくい面と逃げ面交わってできる稜線）と高精度の輪郭形状をもつバイト形状に仕上げます。平刃バイトの切刃稜の真直度は 10 nm（切刃 1 mm に対して），丸刃バイトの真円度は 50 nm 以下（円弧 90°に対して）にも達しており，非常に高い形状精度で仕上げられています。また，図1のように切刃稜の丸み半径は 50 nm 以下に整えられ，きわめて鋭利です。ただし，ダイヤモンドは，衝撃に弱く脆いので，取り扱いには細心の注意が必要です。

平刃バイトでは，図2に示すように，送り方向に対して前切刃角βをわずかに負にとり（−0.01°程度），前切刃の後端部で塑性変形を起こすこと（バニシ作用）により，表面粗さを良くす

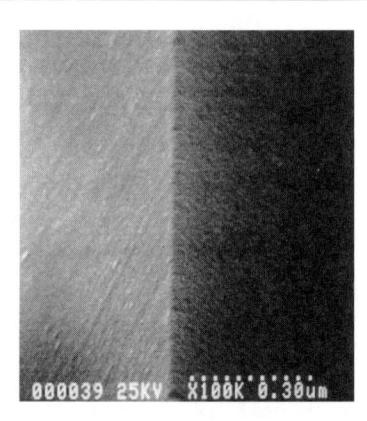

図1　ダイヤモンド切削工具の切刃稜[1]

切削加工方式

図2 平刃バイトによる超精密切削の原理

(図中ラベル: 切込み深さd、負の前切刃角β、送りf、薄い未変形切りくず、厚い未変形切りくず、工具の送り方向)

図3 ダイヤモンド微細工具[1]

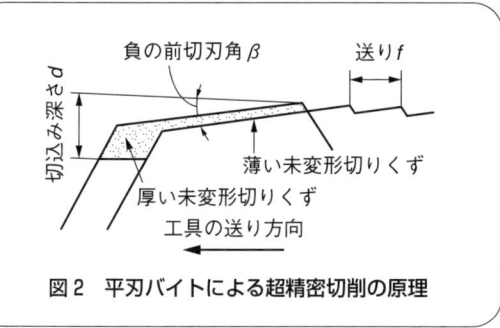

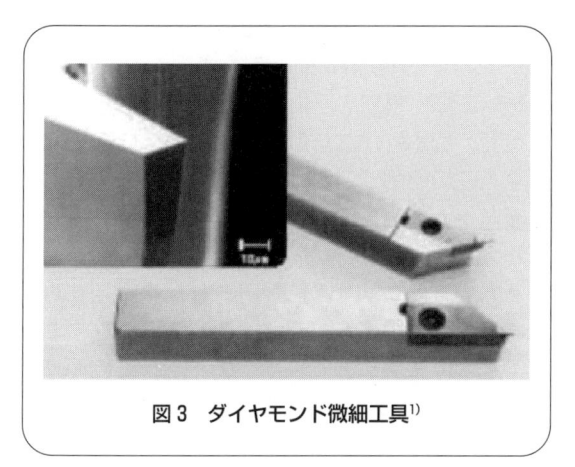

るバイト設定が行われます。バニシ作用により表面粗さを押しつぶすと同時に、鏡面を得ることができます。

被削材料

さらに、このバニシ作用の効果を十分に引き出すためには、展延性に富んだきわめて被削性のよい均質な材料の選定が必須となります。超精密切削加工になると、素材の不純物や不均質性が結晶粒界として現れたり、硬い析出物は刃先にチッピングを起こし、表面粗さを劣化させるので、素材を厳選しなければなりません。現状では、アルミニウム合金と銅合金のダイヤモンド切削により、ナノメータオーダの表面粗さ（R_a）が達成できます。

表1 超精密切削加工の適用部品

名称	形状	用途
ドラム	鏡面	複写機
内面鏡		導波管
ディスク		磁気ディスク ビデオディスク
平面鏡		光学機器
凹球面鏡 放物面鏡		光学機器 レーザ共振器
凸球面鏡 非球面鏡		光学機器 レーザ共振器
多面鏡		スキャナ
フレネルレンズ		投影機 集光機

超精密切削加工が適用されている主な部品例を**表1**に挙げます。

今後は、**図3**に示すようなダイヤモンド微細工具によるミクロンオーダの高精度な三次元微細加工が進展するものと期待されています。

参考文献

1) 小畠一志, マイクロ切削工具の最新技術と応用, 砥粒加工学会誌, **49**, 10, 538-541 (2005)

削る

● 切削加工方式 ●

楕円振動切削加工

名古屋大学　社本　英二

工具刃先に微小な楕円振動を付加して切削を行うと，切削性能が大幅に向上し，金型材料などの高硬度材料の超精密微細加工を実現することができます。

工業製品の多くは金型を使用して量産されており，この原型としての金型を高精度に加工する方法として切削，研削，放電加工が利用されてきました。しかし，近頃DVD用のピックアップレンズ，デジタルカメラや光通信用のレンズ，液晶用の導光板など，超精密かつ微細な加工を必要とする部品が多くなり，製造困難なものが増加しています。

超精密微細加工の難しさ

このような超精密かつ微細な加工には刃先が鋭利なダイヤモンド工具を使用する切削加工が適していますが，金型材料のような高硬度材料に対しては工具摩耗が激しいため，打開策として無電解ニッケルメッキを施した後に，メッキ層のダイヤモンド切削が行われています。また，このメッキ層はプラスチック部品の成形には使用できますが，ガラス部品には適用できないため，超精密微細形状を持つガラス部品の量産技術の開発が望まれています。

さて，切削プロセスは，せん断面を仮定して模式的に図1のように表すことができます。すなわち，切削とは被削材の不要部分が刃先前方でせん断変形を受けて切りくずの形状に変化し，摩擦力を受けながら工具すくい面上をすべって排出されるプロセスです。ここで，工具はすくい面を介して切りくずに垂直力 N および摩擦力 f の合力として合成切削力 R を加えます。このように，材料の中に向かって力を加えるという点で，切削はかなり無理な加工法であるといえます。この切削プロセスにおいて注目すべきはせん断角 φ であり，図中の点線に示すようにせん断角が大きくなると，せん断面積が小さくなってせん断力が減少し，その結果切削力および切削エネルギーが減少します。では，このせん断の方向はどのように決まるのでしょうか。正確さを無視して大雑把にいえば，材料に加えた力 R と45°をなす方向に最大せん断応力が生じ，その方向に材料がせん断されます。通常，工具のすくい角 α と摩擦角 β を大きく変えることはできないため，切削しやすさ（被削性）もこれらによって決まってしまうのです。

楕円振動切削の特徴

これに対して，筆者が発案した楕円振動切削[1]では，せん断角を極端に増大させることが可能になります。図2に示すように工具刃先に微小な楕円振動を付加して切削を行うと，切りくずと工具

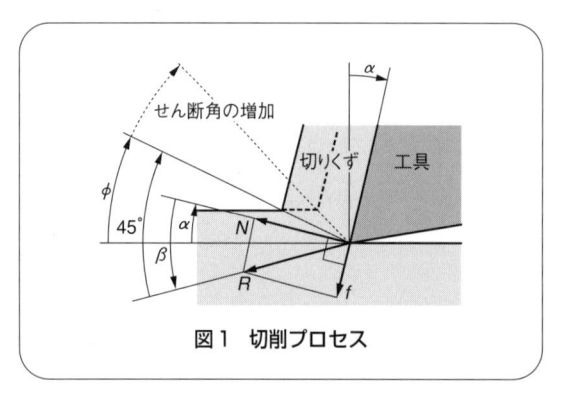

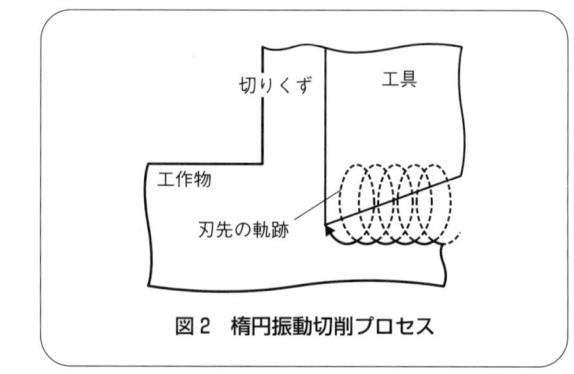

図1　切削プロセス

図2　楕円振動切削プロセス

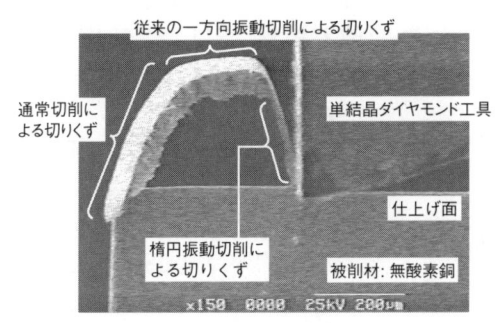

[加工条件] 切込み：10 μm，切削速度：0.26 mm/min，直線／楕円振動，振幅：5 μm，周波数：1.2 Hz

図3 楕円振動切削による切りくずの変化

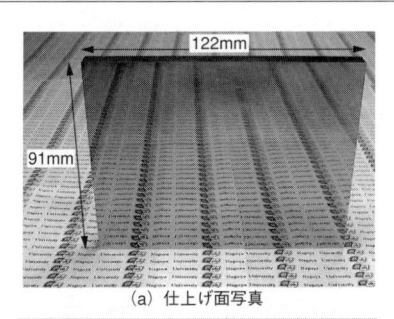

[加工条件] 切込み：5 μm，送り：6.25 μm/rev，主軸回転数：40 rpm，振動：円軌跡，振幅：2 μm，周波数：20 kHz，工具：単結晶ダイヤモンド，R 1 mm，すくい角 0°，加工形状：曲率半径 12 mm，直径 5 mm
[測定結果] 最大粗さ：50 nmR_z

図5 ガラスレンズ成形用金型を想定したタングステン合金の超精密加工

(a) 仕上げ面写真
(b) 送り方向の断面曲線

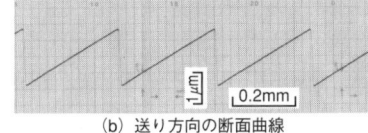

[加工条件] 被削材：焼入れ鋼，53 HRC，切込み：1 μm，送り：300 μm，切削速度：0.25 m/min，工具：V形117°，すくい角：0°，振動：円振動，半径3 μm
[測定結果] 最大粗さ：40 nmR_z

図4 導光板金型を想定した超精密微細加工

の間の摩擦を無くしたり，反転することができます．これによりせん断面積が大幅に減少して切削力や切削エネルギーが激減し，精密な加工に有利になります．また，間欠的な切削であるため，時間的に平均した切削力はさらに小さくなり，工具と被削材との熱化学的な問題（工具摩耗や凝着）も抑制されます．

図3は，走査形電子顕微鏡の中で，低速度の切削実験を行った結果です．図のように，通常の切削や従来の一方向振動切削では切りくずが厚いのに対して，楕円振動を付加すると極端に切りくずが薄くなることがわかります．これはせん断面積が減少して切削力や切削エネルギー，切削熱などが大幅に減少することを意味しています．

超音波領域の高周波数で楕円振動を発生する装置を開発し，本手法を高硬度金型材料に適用した事例を図4および図5に示します．前者はメッキを施すことなく金型鋼に直接超精密な微細溝加工を実現した点，後者はガラス成形用金型材料の超精密加工を切削（微細加工が可能）によって実現した点が画期的であり，近い将来の実用化が見込まれています．

参考文献

1) 社本，他4名，楕円振動切削加工法（第4報），精密工学会誌，**67**，11，1871（2001）

削る

●切削加工方式●
超音波振動穴加工

九州大学　大西　修

ドリルや工作物に20 kHz以上の振動を付加しながら穴加工を行うと、通常のドリル加工では困難な加工も可能となることがあります。ここでは、このような加工法（超音波振動穴加工）について紹介します。

近年、いろいろな製品や機器の高機能化、小形化、高集積化などにより、私達の生活はいっそう便利なものとなっています。それに伴い、様々な部品に対して小径の穴を高精度・高能率にあける必要性が高まっており、その対象とする穴径も徐々に小さくなっています。従来のドリル加工では、穴径が小さくなるとドリルの剛性が低くなること、切りくずの排出性が悪くなること、切削油剤が進入しにくくなることといった問題のため、加工は困難なものになります。ところがドリルあるいは工作物に20 kHz以上の振動（超音波振動）を付加しながら加工を行うことで、これらの問題点を改善することができます。

超音波振動穴加工の特徴

ドリルを用いた穴加工において、超音波振動を付加する方式としては、主として、ドリル周方向の振動（ねじり振動）を与える方式（図1(a)）とドリル軸方向の振動（縦振動）を与える方式（図1(b)）があります。

ドリルに周方向振動を付加する方式の場合、図2(a)に示すように、振動方向は主運動の方向となります。この方式の場合、加工条件を適切に選定することによって、ドリルのすくい面が切りくずから離れる断続的な加工とすることができ、切削油剤が切削点に入り込みやすくなります。そして、摩擦低減、切りくず凝着の抑制および平均切削抵抗の低減などといった主運動の方向に超音波振動を付加する一般的な振動切削[1]における効果が見られ、従来の穴加工に比べて加工精度やドリル寿命などの面で向上が見られます。しかし、ドリルの中心点では振動振幅が0であり、またドリルの半径位置が小さい部分では振動振幅が小さいため、これらの領域では振動の効果は期待できません。したがって、この方式は比較的穴径が大きく、また下穴があいている場合の加工にもっとも効果を発揮するものといえます。

一方、ドリルに軸方向振動を付加する、あるいは工作物にドリル軸方向の振動を付加する方式の場合、図2(b)に示すように振動の方向は主運動の方向ではなく、送り運動の方向となります。この方式は、穴加工に超音波振動を援用する際に良く用いられています。この方式の場合、

① 軸方向の超音波振動により、従来の穴加工前におけるパンチによる穴中心位置への刻印と同様の効果があるチゼルエッジの鎚打

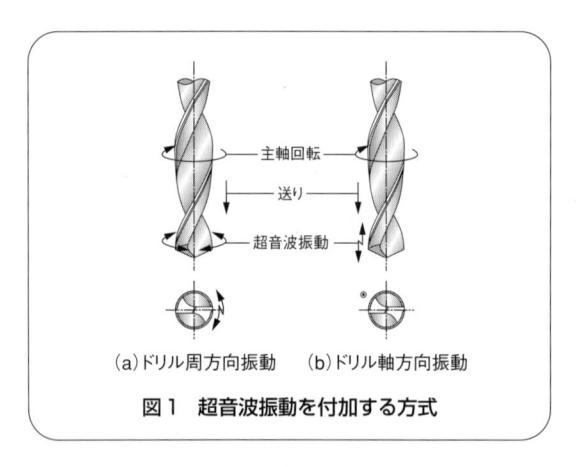

図1　超音波振動を付加する方式
(a)ドリル周方向振動　(b)ドリル軸方向振動

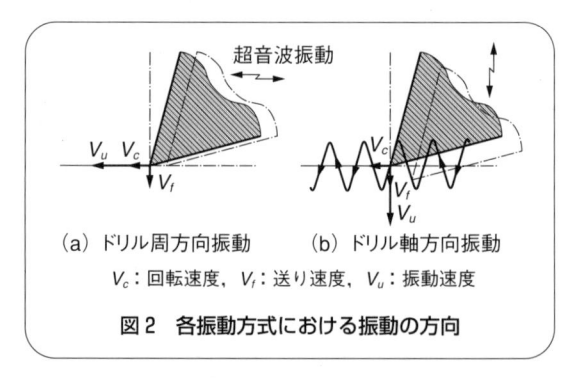

図2　各振動方式における振動の方向
V_c：回転速度、V_f：送り速度、V_u：振動速度
(a) ドリル周方向振動　(b) ドリル軸方向振動

ち作用（図3），および断続的な切削工程になることでドリルに作用する半径力などによって累積された変位が工作物から離れるたびにリセットされることなどによりドリルの振れ回りが抑えられ，ドリルの食い付き性が向上すること。

② 瞬間的な断続切削工程により，時間平均した場合，平均切削抵抗が低減すること。

③ 振動の方向が加味されることによるチゼルエッジの作用すくい角の増加や摩擦の低減などにより切削抵抗が低減すること。

④ 摩擦の低減による切りくず厚さの減少と切りくず流出速度の増加，チゼルエッジの切削性の向上，切削速度に振動速度成分が加わることによる切りくず形状の変化，および，ドリル溝面と切りくず間の摩擦の減少などにより切りくず排出性が向上すること（図4）。

⑤ 瞬間的な断続切削工程により，切削温度があまり上昇せず，また，ドリルと工作物との間に隙間ができて空気または切削油剤が流入することで切りくずの凝着が抑制されること。

といった効果によって，従来の穴加工に比べて加工精度やドリル寿命などの面で向上が見られ，従来の穴加工では難しいステップフィードなしでの深穴加工や傾斜面へのブシュレス加工（図5）も可能となります。しかし，この方式ではドリル逃げ面の工作物表面への干渉やチゼルエッジの鎚打ちによるドリルの摩耗・損傷などについて考慮する必要があります。

切削事例

直径5μmのマイクロフラットドリルを用いて，チタン合金（Ti-6 Al-4 V）に超音波振動穴加工（軸方向振動）を行った場合の事例を紹介します（図6）。超音波振動を付加しなかった場合は穴加工することができなかったのに対し，超音波振動を付加した場合は，送りが1μm/revのときは50穴，0.5μm/revのときは119穴の加工が可能でした。

参考文献

1）隈部淳一郎，精密加工　振動切削—基礎と応用—，実教出版（1979）

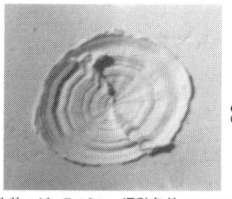

図3 チゼルエッジによる加工痕跡
ドリル：φ1mm，工作物：ジュラルミン，振動条件：40kHz/片振幅約3.5μm
回転数：4,000min^{-1}，送り：3μm/rev

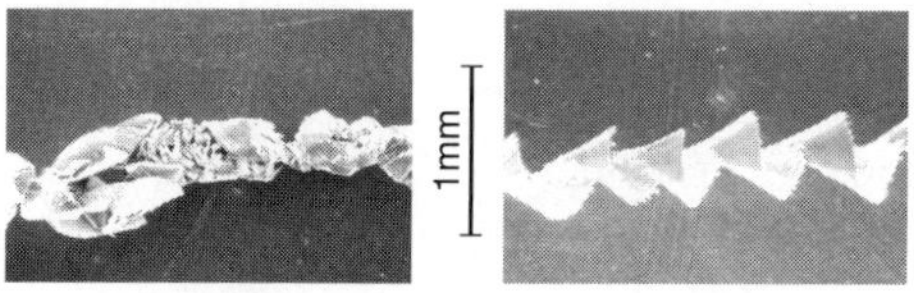

図4 穴深さ3mm付近での切りくず形状
（a）振動なし　（b）振動あり
ドリル：φ1mm，工作物：ジュラルミン，振動条件：40kHz/片振幅約3.5μm
回転数：3,000min^{-1}，送り：3μm/rev

図5 傾斜面への加工穴（軸方向から撮影）
（a）振動なし　（b）振動あり
ドリル：φ1mm，工作物：ジュラルミン，振動条件：40kHz/片振幅約3.5μm
回転数：3,000min^{-1}，送り：3μm/rev，傾斜角：45度

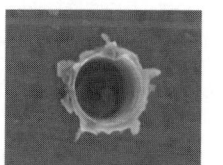

図6 マイクロドリルによる加工穴
（a）振動なし　（b）振動あり
ドリル：φ5μm，工作物：チタン合金，振動条件：40kHz/片振幅約0.5μm
回転数：1,000min^{-1}，送り：1μm/rev

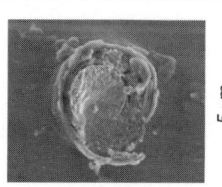

削る

● 切削加工技術 ●
超耐熱合金の切削加工

広島大学　山根　八洲男

超耐熱合金はその名の示すように高温域での耐熱性や耐食性・耐酸化性を大幅に向上させた材料であり，これらの優れた特性が切削加工においては被削性を大きく低下させる原因となっており，典型的な難削材として知られています。

超耐熱合金の被削性を低下させている材料特性とそれが招く切削機構上の問題点としては，
① 高温強度が高い。このため切削抵抗が大きくなると同時に切りくず処理性が悪い，
② 硬い金属間化合物を含む。このため工具摩耗が増大する，
③ 熱伝導性が低い。このため切削温度が高くなる，
④ 工具との親和性が高い。このため工具摩耗が増大しやすく仕上げ面が悪化する，

などがあげられますが，超耐熱合金の種類は非常に多く個々の材料について切削加工における具体的なデータを示すより，材料特性から見た加工の考え方を示す方がより現実的と考えられます。ここではレーダーチャートを利用した超耐熱合金の加工の基本的な考え方（加工戦略）を示します。

レーダーチャート[1]

難削材の定義は加工技術の進歩によって変わると思われていますが，一応，中炭素鋼を標準と考え，これよりも被削性の悪い材料を難削材と仮定します。被削性を表す指標としては，工具寿命，切削抵抗，切削温度，仕上げ面粗さおよび切りくず処理性があげられますが，これらに影響を与える被削材の熱的・機械的特性として硬さ，引張り強さ，伸びおよび熱特性値，$[(熱伝導率×密度×比熱)^{-1/2}]$をとると，硬さ，引張り強さ，伸びはそれぞれ切削時には変形抵抗を表す指標となり，熱特性は切削温度に影響を及ぼし，この値が大きくなるほど切削温度は高くなります[2]。また反応性・凝着性については，切削温度が高くなるほど，また変形しやすい（伸びが大きい）ほど，大きくなると考えられることから，熱特性および伸びが関係すると考えられています。

上記のイメージを4つの特性値（硬さ，引張り強さ，伸びおよび熱特性）について図式化すると，図1のように示されます。それぞれの値が大きいほど難削性を示すことから，前述のように各象限の面積は切削抵抗や切りくず処理性あるいは切削温度などの特性を示します。またこれらを総合した直線で囲まれた四角形の面積は総合的な難削性を示すと考えられます。

図2はS45Cを基準材としてそれぞれの軸の値が等しくなるよう正規化した座標軸上に典型的な難削材である焼入れ鋼，チタン合金およびインコネル718のレーダーチャートを示しました。図から読みとれるように超耐熱合金インコネル718は，S45Cに比べ切削抵抗，切削温度，凝着性がいずれも大きくまた，切りくず処理性も悪いことが予想されます。また全体の面積を比較するとS45Cを1としてインコネル718は4.94となることから，同材料の総合的な被削性は相当に悪いといえます。なお，被削性指数（Machinability Rating）でもS45Cは60，インコネル718は13となっており，4～5倍の被削性の開きがあります。

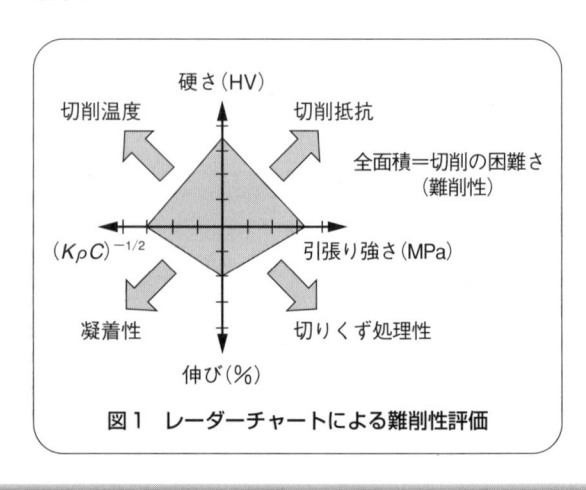

図1　レーダーチャートによる難削性評価
（軸：硬さ(HV)，引張り強さ(MPa)，伸び(%)，$(K\rho C)^{-1/2}$；各象限：切削温度，切削抵抗，切りくず処理性，凝着性；全面積＝切削の困難さ（難削性））

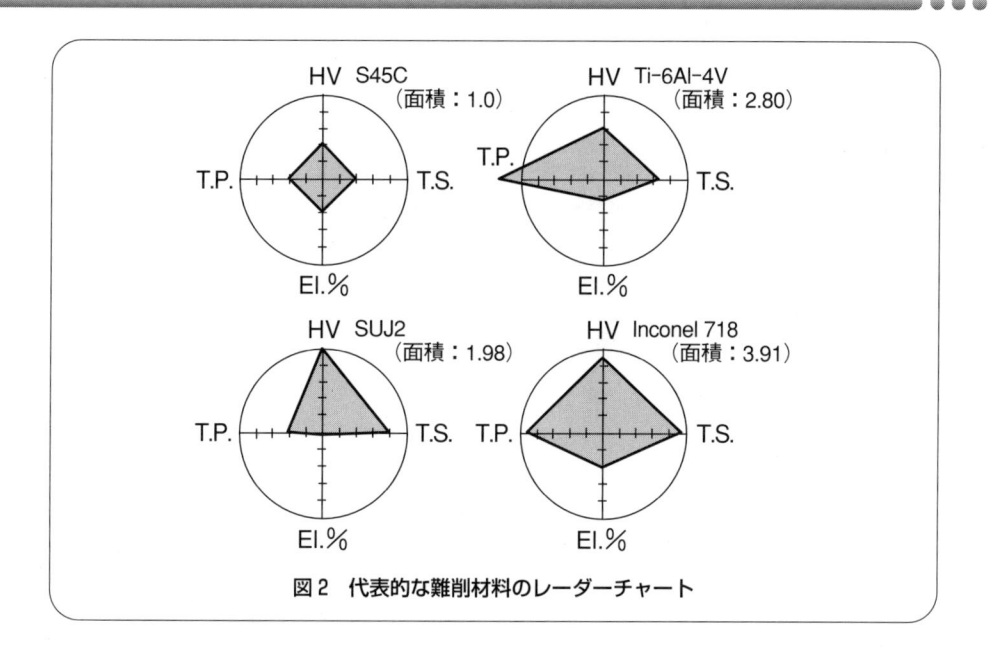

図2 代表的な難削材料のレーダーチャート

レーダーチャートによる超耐熱合金の加工戦略

（1） 第1象限：硬さおよび引張り強さはS45Cのそれぞれ2倍程度と非常に大きいため，切削抵抗が非常に大きくなる傾向にあります。したがって荒加工ではじん性の高い工具材種を使用すると同時に，工具刃先に大きな抵抗がかかるため剛性の高い刃先形状が求められます。なお，切込み・送りの比較的小さい中仕上げや仕上げ加工では，切削抵抗を下げるためすくい角の大きい工具を使用することも検討すべきです。

（2） 第2象限：硬さおよび熱特性値がS45Cに比べ非常に大きいため切削温度が高くなる傾向にあり，冷却効果の高い切削油剤の使用が必要となります。また高速切削を行う場合は，工具材種としては耐熱性の高い工具が必要です。なお熱特性値が大きい材料は切りくず変形が不連続的になりやすく，切削抵抗が変動する傾向にあることから，切削抵抗の変動に注意が必要であり，じん性の高い工具が望まれます。

（3） 第3象限：切削温度が高く伸びも大きいため凝着性が高く，仕上げ面粗さの低下が生じやすいため，潤滑性の高い切削油剤の使用を検討すべきです。また凝着性は，切りくずの凝着・剥離による工具のチッピングを引き起こすことから正面フライス切削やエンドミル加工のような断続切削では，刃先に凝着した切りくずが工具の被削材への再投入時にたたき落とされることによるチッピングがその都度発生し致命的な問題となります。したがって断続切削では，切りくずの凝着をできるだけ少なくするため切りくずの流出に主眼を置く必要があります。

（4） 第4象限：伸びおよび引張り強さが大きいため切りくず処理性が悪くなります。切りくず処理性は，旋削加工やドリル加工では大きな問題となり，旋削加工では連続した切りくずにより工具境界部に損傷を生じやすく，じん性の高い工具の使用が望まれます。またドリル加工では強度の高い連続切りくずにより切りくず排出性が極端に低下します。

超耐熱合金は，切削加工から見ると，高硬度・高靭性・低熱伝導性・高凝着性という極めつけの難削性を持ちますが，これらの難削性は切削様式（旋削あるいは断続）や切削条件（切削速度・切込み・送り）により現れ方が大きく異なります。このため，目的とする加工様式で，難削性のどこが問題となるかを見極めた上で，これに的を絞って対応を考える必要があります。

バリ取り・エッジ仕上げ総論

関西大学　北嶋　弘一

　油空圧機器の制御バルブやオリフィスなどにおける交差穴や内周部のエッジ，光ファイバフェルールのファイバ外周部のエッジをはじめとする高機能精密部品のエッジは，それらの機能を大きく左右する要因となります。精密部品の設計および加工の段階からエッジ機能を得るための考慮をしなければなりませんが，現実にはまだまだ加工後に人手に頼ってエッジ機能を保つためのバリ取り・エッジ仕上げを行っています。製品設計どおりのエッジを得るには，バリの生成をできるだけ抑制すること，バリ取り・エッジ仕上げが容易な形状・寸法・位置のバリを生成することがキーポイントになります。

バリの生成メカニズム

　砥粒工具と加工物間に幾何学的な干渉を与え，外部から物理的エネルギーを付加すると，その加工メカニズム上から派生的に不必要な部分がバリとして生成します。製品設計の段階では意図していないにもかかわらず部品のエッジや構成する面の交差上にバリを生じることになります。

　切刃丸味半径 R をもつ砥粒切刃が砥粒切込み深さ t で切削したときの加工面創生モデルを**図1**に示します。砥粒切刃が通過した後に加工条痕は，弾性回復によって δ 分だけ浅くなり，砥粒切刃先端のまわりに半径 ρ の弾塑性境界の包絡線として $(\rho-R)$ の加工変質層を生成します。R は，一般的な砥粒では 0.1～100 μm と広範囲にわたりますが，小さくなればなるほど加工物の表面エネルギー効果によって加工面が収縮し，その収縮前後のエネルギー差に相当する弾性ひずみエネルギーが蓄積されることになります。したがって，弾性回復量 δ によってポアソンバリ（poisson burr）を生成し，加工変質層 $(\rho-R)$ によってロールオーババリ（roll-over burr）を生成することになります。このように砥粒切刃の切込みによって生じる弾塑性変形領域がロールオーババリを生成する主要因であるため，砥粒粒径を小さくすることによってバリを抑制することができます。

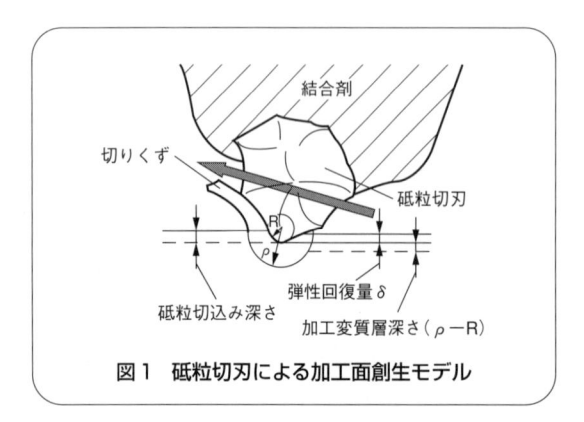

砥粒加工によるバリの生成

　カップ砥石による平面研削加工では，**図2**に示すように送り方向における砥石の食込み側端面Aと離脱側端面Bに，また送り方向と直角方向における砥石の食込み側端面Cと離脱側端面Dにそれぞれバリを生成します。AおよびCにおけるバリは，砥粒切刃による押込み力が加工物端部を圧縮変形させて，その弾性回復によって生じるポアソンバリです。一方，BおよびDにおけるバリは砥粒切刃の切削終了時に加工物端部が弾塑性変形を起こすことによって研削方向の自由面側へ流動されて発生するロールオーババリであります。この研削加工によるロールオーババリは**図3**

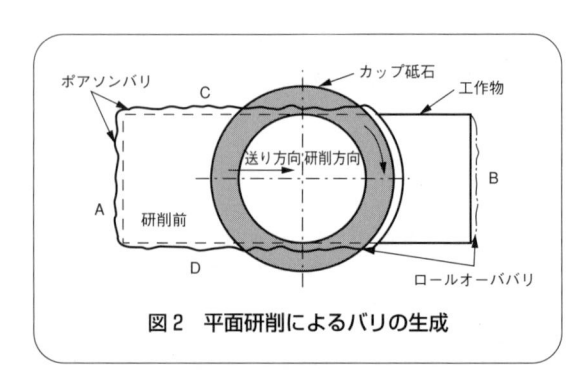

図1　砥粒切刃による加工面創生モデル

図2　平面研削によるバリの生成

図3 砥粒加工によるロールオーババリ

図4 バリの形状と寸法のモデル図

図5 バリの大きさを抑制するための加工原理

図6 バリ取り・エッジ仕上げ法

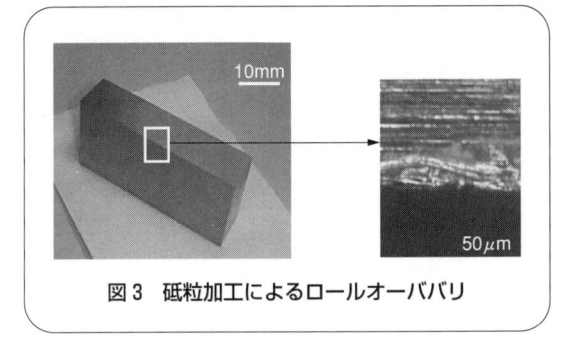

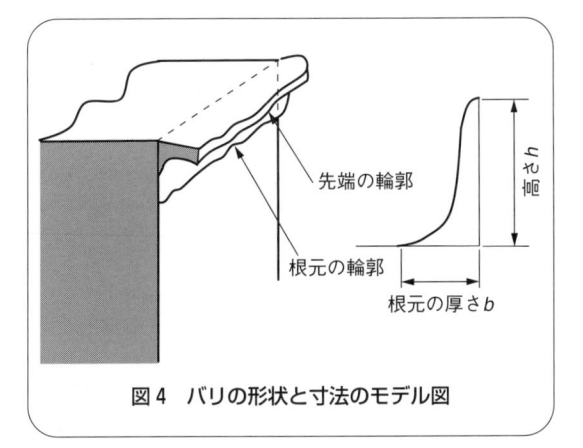

に示すような形態であり，バリの形状をモデル的に示すと**図4**のようになり，バリの大きさは一般的にバリ高さやバリの根元厚さで表示されます。そのバリ高さは加工条件によっても異なりますが，研削加工では100μm前後であり，研磨加工では1～50μmであります。加工物の機械的性質の中で，伸びがバリの生成に深く関わっており，その低い加工物ほどバリ高さは減少します。

バリの抑制とバリ取り・エッジ仕上げ法

バリの大きさを抑制するためには，**図5**に示すように砥粒加工時の弾塑性変形領域を狭小にすることであり，粒径分布を管理した微細砥粒の砥石を用いることによって加工応力の影響範囲を低減することができます。また，砥石切込み量や送り速度を小さくして研削・研磨速度を上昇させること，作用砥粒数を増大させて砥粒切込み深さを減少することにより，バリの抑制を図ることができます。さらに，砥粒切刃の鋭利性を維持するには耐摩耗性が高く，加工物との親和性の低い砥粒を選択することも重要です。一方，超音波振動など

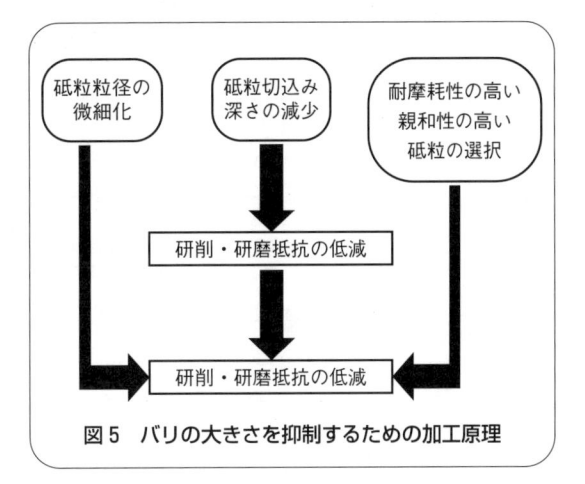

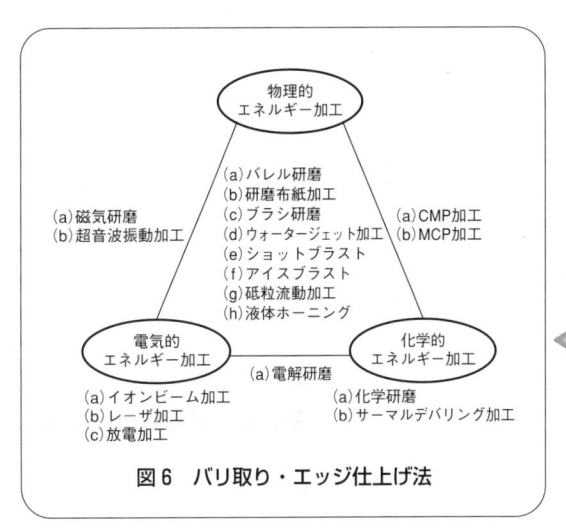

を付加した複合研削・研磨法の採用も効果を発揮しています。

図6は，砥粒加工によって生成されたバリに対するバリ取り・エッジ仕上げ法を総括したものであり，物理的エネルギー加工によるものが大部分を占め，それに電気的エネルギー加工や化学的エネルギー加工を付加もしくは複合させた種々の方法があります。これらの選択には，**図7**に示すように製品の材質，形状や大きさ，数量，さらにはバリの大きさ・形状，エッジ部位，エッジ品質，コスト・能率などの多くの因子が関与しており，容易に選択することは困難ですが，オールマイティなバリ取り・エッジ仕上げ法は存在しません。いずれにしても，バリを除去してエッジを所定の寸法・形状に仕上げなければなりませんが，なかなか難しい問題であり，加工表面に対しても同時

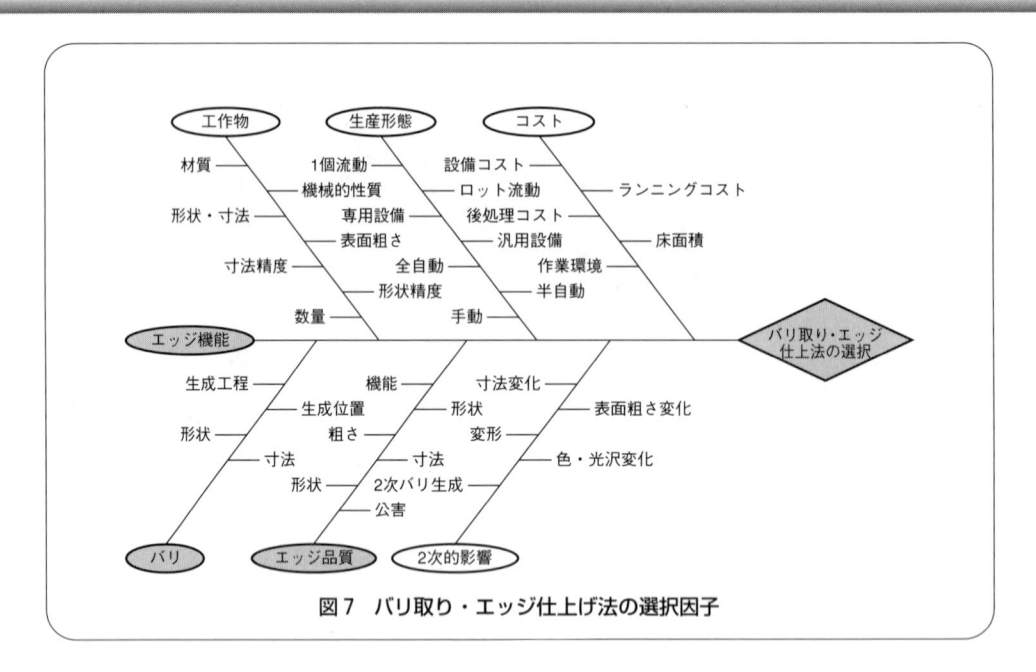

図7 バリ取り・エッジ仕上げ法の選択因子

に必然的に影響を及ぼすことに注意しなければなりません。

エッジ品質

種々のバリ取り・エッジ仕上げ法によって形成されたエッジは、図8に示すように2つの面の交わり部のりょう線とその近傍となり、主に「角」のエッジをさすことがほとんどです。エッジ角 θ をなす2面の粗さをそれぞれ R_1 および R_2 とすると、エッジりょう線の粗さ R は、

$$R = \frac{1}{\sin\theta}\sqrt{R_1^2 + 2R_1R_2\cos\theta + R_2^2}$$

で表わされ、エッジの丸味寸法 R およびその公差は表1に示すように JIS B 0721 (2004) に規定されています。このエッジ品質の基準として、次の3項目が規定されています。

① エッジの寸法およびその公差に対する品質基準。
② エッジの表面性状（サーフェス・テクスチャ）に関する品質基準。
③ エッジ表面層の性状（サーフェス・インテ

表1 角（かど）のエッジの寸法および公差

エッジの寸法区分		エッジ形状の寸法許容差			エッジの呼び (参考)	呼び記号
以上	未満	A級	B級	C級		
0.0003	0.002	+0.0015 0	+0.03 0	+0.06 0	0.0003	E-0 (極超鋭利)
0.002	0.02	+0.006 0	+0.08 0	+0.2 0	0.002	E-1 (超鋭利)
0.02	0.2	+0.03 0	+0.2 0	+0.4 0	0.02	E-2 (鋭利)
0.2	2	+0.06 0	+0.4 0	+0.8 0	0.2	E-3 (並)
2	6	+0.2 0	+1.0 0	+2.0 0	2	E-4 (粗)

備考：エッジ（バリ、アンダーカット、パッシング）の寸法区分は、JIS B 0051 に規定する a 寸法による。呼び記号および等級を用いる場合には、その欄の寸法区分および等級を適用する。

図8 エッジ部のサーフェス・テクスチャ

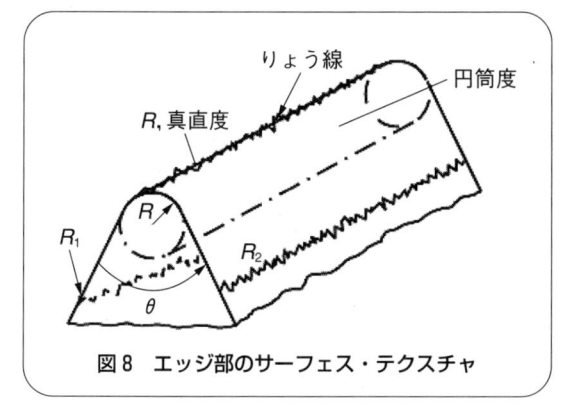

グリティ）に関する品質基準。

機械加工部品のエッジ品質は，その機能を十分に発揮するためにはJISの適用が必須であり，エッジのR寸法，角度，粗さを含む真直度や円筒度などの外見上の品質を表すサーフェス・テクスチャ，エッジ部を形成する表面層の微細割れ，硬度変化あるいは残留応力などの内面の品質を表すサーフェス・インテグリティの両者を設定することによって機械加工部品の高品質化を達成することができます。

エッジの機能

製品または部品のエッジには，機能を持たせたもの，機能を持たせないが意匠上大切な役割を持たせるもの，どちらも持たせないものに分けることができます。エッジには，角（かど）のエッジと隅（すみ）のエッジの2種類がありますが，機能を持たせるエッジには一般的に角（かど）のものが多く，その工学的機能と製品または部品への適用例の関連性をまとめたものが表2です。

エッジに要求される機能を確立するためには，エッジを囲む周辺で形成する輪郭を検討しなければなりません。すなわち，エッジの幾何学的形状とその周辺を含むプロファイルとして，鋭角形，直角形，鈍角形に分類できます。近年の部品に機能を持たせるエッジ形状は直角形から鋭角形にシャープ化してきており，①相手に対する食い込み性能が良い，②位置決め性能が良い，③制御レスポンスが良い，④作動圧力のバランスが正確，⑤流体・光・電磁波の抵抗や反射が少ないなどの性能が得られます。しかしその反面，シャープ化したエッジは部品の作動時に変形，摩耗や欠けなどを発生してさまざまのトラブルを起すために，エッジ部のサーフェス・インテグリティが製品や部品の信頼性の観点から重要となります。

参考文献

1) 北嶋弘一，バリ生成メカニズムとその抑制，砥粒加工学会誌，**45**，11，506-509（2001）
2) 北嶋弘一，バリを抑制するための製品設計と加工技術，機械技術，**48**，9，25-29（2000）
3) 高沢孝哉，北嶋弘一編，バリテクノロジー入門，桜企画出版（2002）

表2 エッジの工学的機能とその適用例

工学的機能	製品例
切削	切削工具の刃先（切刃） せん断機のブレード
気密	真空機器フランジのナイフエッジ 方向制御弁スプール・ラビリンス溝部 圧力制御弁のオリフィス部
流量制御	油圧機器流量制御弁のオリフィス部
膜厚制御	印刷機器のインキ・ドクターブレード
圧力平衡	油圧ポンプ，油圧シリンダブロック（圧力パッド部） 空圧機器電磁弁のスプール端面部
摺動抵抗抑制	油圧ポンプ，油圧シリンダのシール装着部 工作機械の摺動機構部
耐強度，耐摩耗 （かじり，焼付き防止）	歯車，一般摺動機構部品のエッジ
組立，嵌合	組立部品のエッジ

● バリ取り・エッジ仕上げ方式 ●

ブラシによるバリ取り・仕上げ加工

株式会社バーテック　北條正浩

　IT産業の発展により，素材や加工技術の進歩には目を見はるものがあり，それに伴ってバリ取り・表面仕上げ技術の進歩も期待されています。その中で，ブラシによるバリ取り・仕上げ加工は加工技術として非常に大きな役割を果たしています。

　一口にバリといってもさまざまなバリがあります。鋳造・焼結・鍛造・溶接・プレス打抜き・切断・切削・研削などすべての加工においてバリはつきものであり，種類・形状・寸法・性質もさまざまです。したがって，バリ取り作業もさまざまな方法が考えられますが，各素材，加工方法によりバリの特性もさまざまです。バリを取る工具としては砥石，不織布研磨材，布バフなど多くのものがありますが，適用範囲はどれをとってもブラシの使用範囲にはかなわないと考えられています。ワイヤブラシ，砥粒入りナイロンブラシ，タンピコブラシ（植物繊維ブラシ）など多くのブラシがあり，幅広いワークのバリ取りを可能としています。図1に示すように，ブラシの作業範囲は他のバリ取り工具に比べ大きな範囲をカバーしていることがわかります。

砥粒入りナイロンブラシ

　金属加工のバリ取りにもっとも多く使用されているナイロン砥粒入りナイロンブラシについて説明します。砥粒入りナイロンは，フィラメントの先端だけでなく，素材全体を使うことが可能であり，また最良の仕上げを可能とすることが判明しています。通常，ナイロンフィラメントに使われている砥粒には，シリコンカーバイドとアルミナがあります。シリコンカーバイドは優れた硬度，耐久性と鋭利性を持ち，バリ取り作業に対して大きな効果を発揮します。また，アルミナは，0.1％以下の酸化鉄を含んでいますが，鉄分は含んでいません。そのため，アルミナを使ったフィラメントは鉄の影響による腐食を伴わず，アルミなどの非鉄金属にも使用することができます。

　砥粒入りナイロンブラシの形状は，ラウンドクリンプ（円形波形），ラウンドストレート（円形直線），レクタンギュラ（扁平）の3種類があります。レクタンギュラは，他2種に比べ接地面が広く，毛腰が非常に強くなっています。その結果，図2に示すように被研磨材の表面により広く接触してバリ取り能力を広げることができます。レクタンギュラフィラメントは，今までにないバリ取りの領域を作ることができます。ラウンドフィラメントの砥粒には，一般に#46から#600までのものが用いられており，その線径によって番手が限定されます（表1）。レクタンギュラフィラメントは，#80から#320の間で選択できます。レクタンギュラフィラメントの場合には，番手にかかわらず線径は1.1mm×2.3mmになります。

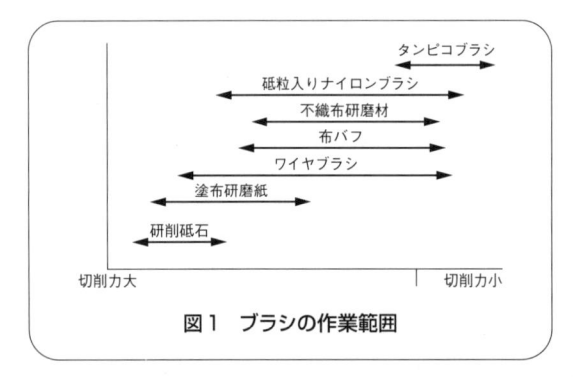

図1　ブラシの作業範囲

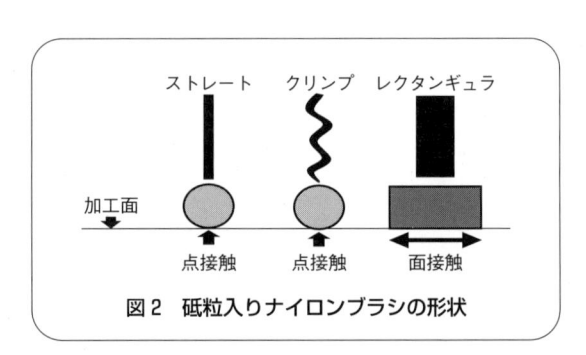

図2　砥粒入りナイロンブラシの形状

表1　線径と粒度

線径(mm)	0.3	0.46	0.56	0.76	0.89	1.02 1.27	1.54
粒度	#600	#500 #600	#120 #320	#240	#180	#80 #120	#46

図3　ワイピングアクション
(ワークにブラシを押付け，ブラシ素材全体でブラッシングをする)

砥粒入りナイロンブラシの使用方法

　砥粒入りナイロンフィラメントの特徴は，すでに述べたようにフィラメント全体で研磨ができることにあります。一般にブラシを使用する場合，できる限り過加圧に注意して，ブラシフィラメントの先端が正常に研磨作用を行うように使用しなければなりません。しかし，砥粒入りナイロンブラシを使用する際には，先端だけでなくフィラメントの側面がワーク表面をあたかもなでるように周速をやや遅くして使うことがポイントとなります。このなでるような作用を「ワイピングアクション」といいます（図3）。

ブラシの利点

　ブラシは，砥粒入りナイロンフィラメントに限らずさまざまな利点があります。
① ブラシを使用している間，ナイロン素材がワークとの研磨作用で摩耗することから，常に新しいシャープな砥粒切刃がフィラメント表面に出ることになります。
② フィラメントの弾性的性質から，さまざまな部品形状の輪郭に順応します（図3）。また，ワークに対するダメージを最小に抑えるため，不良率が下がります。
③ ロボットや自動化システムに対して有効なバリ取り工具となります。
④ 通常の作業環境では冷却液を必要としません。したがって廃棄物を発生せずに環境に悪影響を与えません。
⑤ 機械加工とバリ取り・仕上げ加工の工程を同時に行うことができます。その結果，部分的な手作業や組み替えの必要性がなくなります。
⑥ 不織布研磨材，バフ，コンパウンド，ショットブラスト，電解バリ取りなどの方法に置き換えることができます。

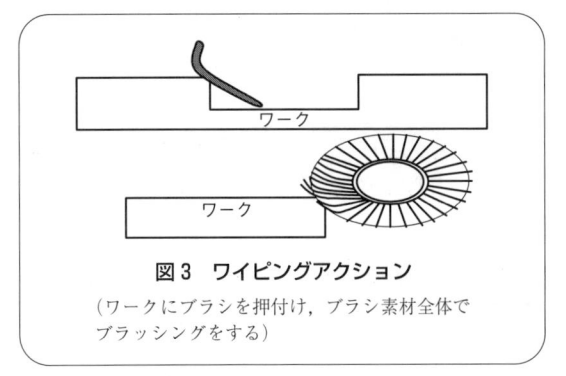

　以上に述べたように，ブラシは多くの作業範囲，利点があり，バリ取り・仕上げ加工には最適の工具です。中でも，砥粒入りナイロンブラシは他の素材のものより広い範囲のワーク材質に対応できます。

　次に，金属素材のブラシの利点について説明します。研磨材入りナイロンフィラメントは，ブラシの側面を使用すると述べましたが，金属素材のブラシの場合にはブラシ先端を使用します。金属素材ブラシの場合，加圧力が大きすぎるとブラシ素材の根本に負荷が掛かり，折損を生じやすくなります。したがって，ワーク表面に軽く当てるように設定してバリ取りを行うことが求められます。金属素材のブラシの特徴は，金属素材のブラシ先端の1本1本がワーク表面を叩き，ショットピーニング効果を生じることです。

　ブラシは，バリ取り，仕上げ加工の自動化にとって卓越した加工方法です。単調な手作業に代わり，さらに仕上がりの均一性と生産性の改善を図ることができます。また，ブラシは環境保全対策の1つの方法として位置づけられます。

除く

●バリ取り・エッジ仕上げ方式●
磁気バレル加工

株式会社　プライオリティ　中野　修

　磁気バレル加工は，精密小形部品の寸法・形状を変えることなく，マイクロバリを除去することができます。磁性ピンメディアが部品に衝突することによって微細バリを折損したり，バニシ加工したりするために寸法変化を全く生じないことが最大の特徴です。したがって，鋭利なエッジ仕上げに適しており，大きなバリの除去に対しては不向きです。

　磁気バレル加工は，基本的には図1に示すような加工機を用い，市販のポリプロピレン（PP）製の容器内に磁性ピンメディア，工作物および洗浄液を入れ，PP容器の下にある永久磁石を取付けた磁気盤を高速回転させることにより，図2のようにPP容器内の磁性ピンメディアが運動し，工作物との衝突を繰返してマイクロバリの除去やエッジ仕上げを行う方法です。実際のPP容器内の磁性ピンメディアの運動の様子を上部より観察したものを図3に示します。

　磁気バレルによる加工メカニズムを示すと図4のようになります。すなわち，N極とS極が相互に激しく変換する磁場がPP容器内の磁性ピンメディア自身を反転，回転，撹拌し，複雑な形状の工作物に対しても磁性ピンメディアが内部に侵入して衝突，振動，撹拌，バニシ作用などの諸運動によって，工作物を変形させることなく，寸法変化を生じることなく，スクラッチ痕を生じたりすることなく，マイクロバリの除去やエッジ仕上げが可能です。SUS 304の部品に対する加工事例（処理時間10分）を図5に示します。

　この加工法においてツールとして用いる磁性ピンメディア（SUS 304）は1本1本磁力を有しており，工作物の大きさやマイクロバリの発生箇所などに応じて，表1に示すような種々の寸法・形状のものが用意されています。磁性ピンメディアと工作物の体積割合は工作物の大きさにもよりますが，1対1がほぼ目安です。

　洗浄液は，基本的には中性洗剤を水で100～200倍に希釈したものを用いますが，粘性のない水溶液であれば良く，磁性体メディアや工作物に汚れが付着しなければ水のみでも十分です。また，長時間の加工によって工作物および洗浄液の温度が

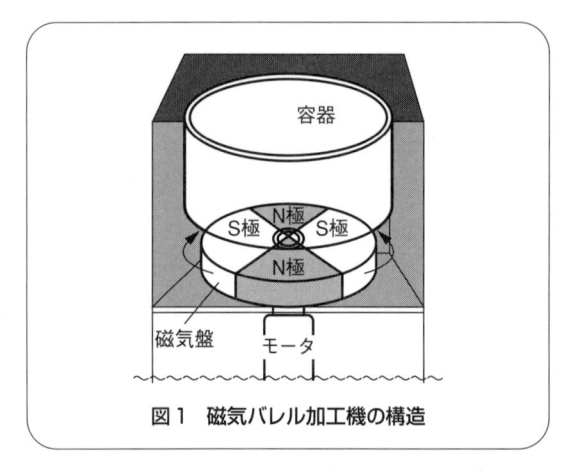

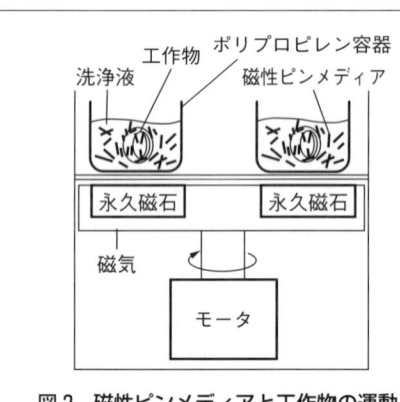

図2　磁性ピンメディアと工作物の運動

図1　磁気バレル加工機の構造

図3　磁性ピンメディアの運動状態

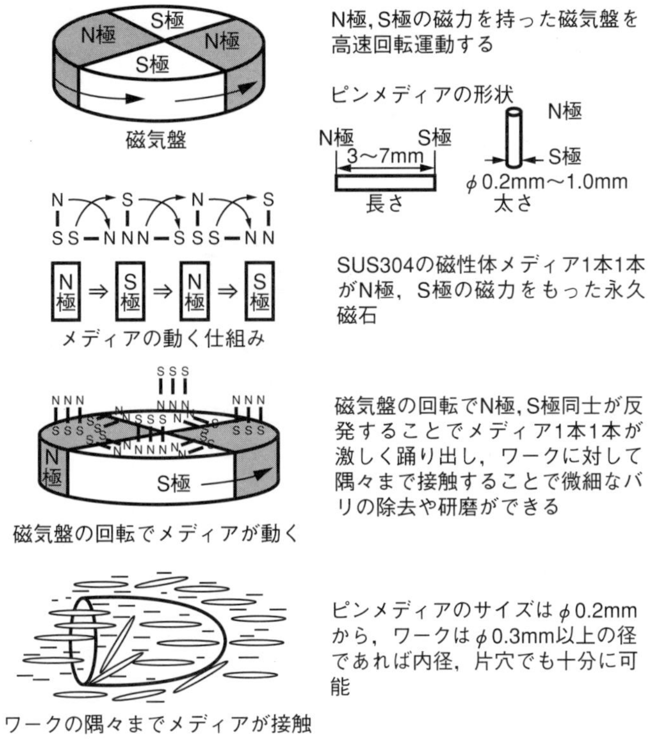

バリ取り・エッジ仕上げ方式

磁気盤	N極，S極の磁力を持った磁気盤を高速回転運動する
メディアの動く仕組み	ピンメディアの形状　長さ3～7mm　太さφ0.2mm～1.0mm
	SUS304の磁性体メディア1本1本がN極，S極の磁力をもった永久磁石
磁気盤の回転でメディアが動く	磁気盤の回転でN極，S極同士が反発することでメディア1本1本が激しく踊り出し，ワークに対して隅々まで接触することで微細なバリの除去や研磨ができる
ワークの隅々までメディアが接触	ピンメディアのサイズはφ0.2mmから，ワークはφ0.3mm以上の径であれば内径，片穴でも十分に可能

図4　磁性ピンメディアによる加工メカニズム

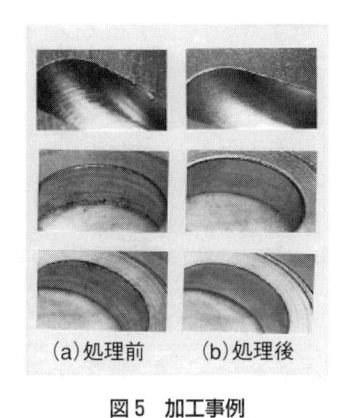

図5　加工事例
(a)処理前　(b)処理後

表1　磁性ピンメディアの寸法

太さ×長さ（mm）
φ0.2×5
0.3×3
0.3×5
0.4×5
0.5×3
0.5×5
0.5×7
0.7×3
0.7×5
0.8×2
0.8×3
0.8×5
1.0×4
1.0×5
2.0×5

上昇するため，酸化や硫化を生じやすい素材の部品に対しては洗浄液を交換することが加工時の仕上り状態を良くします。

除く

●バリ取り・エッジ仕上げ方式●
アイスジェット加工

株式会社　スギノマシン　西田　信雄

アイスジェット加工は氷粒をウォータージェットで加速・噴射してバリ取りを行う加工方法です。バリ取り後の氷粒は水に戻るので砥粒の回収，分級および廃棄が不要であり，また溶解した水を氷に再使用するために補給もいりません。ここでは，アイスジェット加工のメカニズムやバリ取りの応用例について解説します。

アイスジェット加工のしくみ

アイスジェット加工で使用する氷粒の形状はフレークやキュービック状であり，図1に示すノズルより噴射されます。ノズルは，ウォーターノズルとアブレシブノズルから構成されます。高圧水はウォーターノズルを通過することでウォータージェットを形成し，このジェットはミキサー内の空気を共に排出するのでミキサー内は負圧になり，氷を吸引します。いわゆるエジェクター効果であり，乾式や湿式ブラストでメディアを吸引するために利用されている方法です。吸引された氷はミキサー内でジェットに混入して加速され，また，細かくなってアブレシブノズルからウォータージェットと共に噴射されます。

氷を噴射した場合，加工対象物に与える応力は水のみと比較して大きくなります。図2より，アイスジェットはウォータージェットより2～3倍ほど大きい値を示しています。その測定は感圧紙によって行い，噴射圧力とノズル径はそれぞれ20～30 MPaとφ1.3 mmでノズル移動速度は1 m/minです。さらに，厚さ0.2 mmの鋼板にノズル径1.5 mm，圧力30 MPaでアイスジェットとウォータージェットを噴射した場合，前者はジェットが貫通しましたが後者は凹みのみを生じています。

アイスジェットを加工対象物に衝突させた場合に，水と一緒に氷粒のはね返りも認められることより，氷粒の一部は溶けないで固体として断続的に衝突しているものと推定されます。断続流と連続流の衝突では断続流の方が大きい衝突応力を示します。氷と水は密度や圧力波の伝播速度はほぼ同一ですので，速度Vでジェットがノズル径の噴流幅で衝突した場合，断続流と連続流の応力は理論的にそれぞれρCVとρV^2になります。ここで，ρ：密度，C：物質内の圧力波の伝播速度であり，ρVで除すると断続流と連続流の応力の割合は$C:V$となります。噴射圧力30 MPaで は$V=$約240 m/sec，$C=$約1,500 m/secであり，断続流は連続流の約6倍大きい応力になります。ただし，これは断続流と連続流が同一速度の場合です。アイスジェットの氷粒は，ウォータージェットで加速されますので，その速度はウォータージェットより遅くなり，したがって，応力は当然小さくなります。この他に圧力波の伝播速度に影響を与えると推定される氷粒の硬さや形状も影響するものと考えられ，詳細な解析が必要となります。

装　置

図3にアイスジェット加工装置の液圧回路を示します。製氷装置は連続製氷が可能であり，冷媒

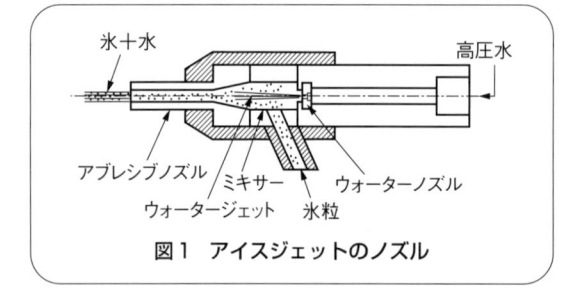

図1　アイスジェットのノズル

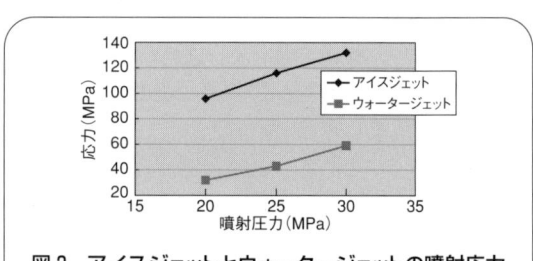

図2　アイスジェットとウォータージェットの噴射応力

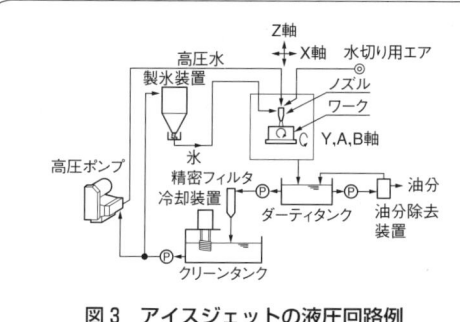

図3 アイスジェットの液圧回路例

が循環する製氷室内で水は瞬時に氷になって自然落下し, 回収されてノズルまで搬送されます。氷搬送では外気による氷粒の温度上昇と結露を防ぐため, 搬送用ホースは保冷材で覆われています。ノズル外周には, 加工対象物の水切り乾燥を行うためのエア噴射機構が取付けられています。噴射後の氷粒は直ぐに溶けて水となり, 噴射水と一緒にダーティタンクに流れ込みます。ダーティタンク内では除去したバリや切りくずがろ過され, また, 持込み油により油分濃度が高くなると氷の性状が変化するので油分も除去されます。ろ過された水は精密フィルタでろ過されてクリーンタンクに入ります。そして製氷装置と高圧ポンプに送られた水はそれぞれ氷粒とウォータージェットとなり, 循環使用されます。接液部は錆の発生を防止するため, すべてステンレス材が使用され, 保冷と結露防止の対策が施されています。なお, 循環使用により液温が上昇して氷粒が生成できにくくなるため, クリーンタンク内の使用水を冷却しています。また, 使用水の腐敗を防ぐためにダーティタンク内は常に撹拌するとともに微細気泡で曝気しています。

バリ取りの応用

対象とする材質はアルミニウム, ステンレス, 鉄系, 樹脂などであり, 主に氷粒ジェットをバリに対して直角に噴射しながら移動させる方法でバリ取りを行っています。

図4に変速機部品の穴周囲のバリ取り結果を示します。材質はADCで穴径は約10 mm, 加工条件はノズル径1.6 mm, 圧力20 MPa, 加工速度1.2 m/minです。穴周囲のバリはきれいに除去され, 表面の荒れや変色は生じていません。

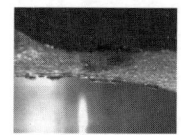

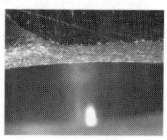

図4 変速機部品（ACD材）穴周囲のバリ取り

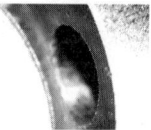

図5 ポンプ部品（FC材）交差穴のバリ取り

図6 ハウジング部品（樹脂）のバリ取り

図5にFC材のポンプ部品交差穴部のバリ取り例を示します。穴径はφ12×φ3 mmであり, バリが発生しているφ3 mm穴の外周に沿ってノズルを移動させています。加工条件はノズル径1.6 mm, 圧力30 MPa, 加工速度200 mm/minです。良好にバリが除去され, 表面の荒れも認められませんでした。なお, 錆の発生を防ぐため, バリ取り後に直ちに防錆処理を行っています。

図6に樹脂製ハウジング部品の抜き穴部に生じたはみ出しバリの除去例を示します。抜き穴の直径は約20 mm, バリの厚みは約0.3 mmです。ノズル径1.3 mm, 圧力20 MPa, 加工速度1 m/minで, 良好にバリが除去され, 樹脂に割れや変色は生じていませんでした。

アイスジェットは環境負荷が少なくクリーンな加工方法です。

参考文献
1) 西田信雄, 氷粒混じりのウォータージェットでバリ取り洗浄, ツールエンジニア, 46, 6, 50-54 (2005)
2) 西田信雄, 高圧氷粒ジェットバリ取り洗浄機「アイスクリーンジェット」, 機械技術, 53, 2, 82-83 (2005)

9 掴む

●チャック方式●
ピンチャック

防衛大学校　宇根　篤暢

研磨加工では数 nm の精度が要求されます。当然試料も同じ精度で保持しなければなりませんが，試料の反りを矯正したり，掴む際にチャック面との間にごみを挟み込まないように工夫したチャックがピンチャックです。

ピンチャックは，シリコンウェハなどの薄い板を掴み，反りを平面に矯正・保持するために利用されています。薄い板を掴む際に試料とチャック面間にごみが挟み込まれると，**図1**に示すようにその部分が突き上げられて加工され，試料表面にはディンプルとよばれる窪みが生じます。このようなゴミの挟み込みをなくし，保持力を上げるために，できる限り試料とチャック面との接触面積を小さくした把持具です。

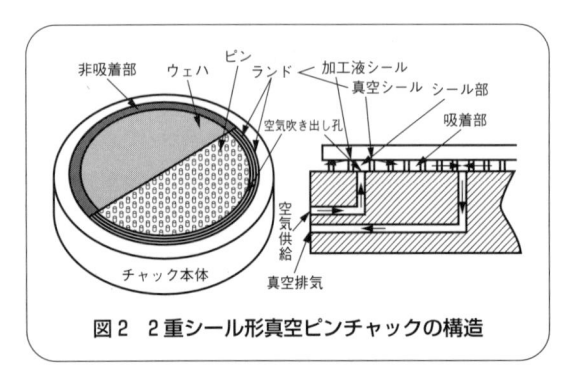

ピンチャックの構造

図2に CMP（Chemical Mechanical Polising）加工に用いられているピンチャックの構造を示します。ウェハ裏面と接触するチャック面には，多数のピンが格子状に配置され，チャック外周部には2本のリング状の細長いランド部があります。内側のランド部は真空をシールする役目を，外側のランド部は加工液が吸着部に入るのを阻む役目を果たします。このようにリング状シールを2本持つので2重シール形真空ピンチャックとよばれています。

このチャックの底面や側面に設けられた排気口から真空ポンプにより真空排気が行われると，ピン間のすきまを通って空気が流れ，ウェハの反りが矯正され，ウェハ裏面とランド部が接触して，吸着部は真空状態になります。この後，2本のランド部間に空気や水が供給され，真空排気によって吸い込まれる加工液の浸入が外周側のランド部によって食い止められます。このことによってチャック面は常時清浄に保たれ，ゴミや砥粒などの挟み込みによる平坦度の悪化を妨げています。CMP 用のピンチャックは，ウェハとの接触による摩耗を軽減し，摩耗粉が発生しても半導体プロセスを汚染しないように，通常，硬くて研磨平面度の出しやすいアルミナセラミックスで作られており，その表面は $0.3\,\mu m$ 以下の高い平面度に仕上げられています。

また，このチャックはピン支持によりピン間距離が大きすぎると試料に大きな変形が生じます。**図3**は格子状にピッチ 5 mm でピンを配置したチャックに，厚さ 290〜700 μm のシリコンウェハを真空圧 $-84\,kPa$ で吸着した際の干渉縞写真を示しています。ピン間で大きく変形しているのがわかります。このウェハ変形量を有限要素法により計算した結果とともに**図4**に示します。現在

図1　ゴミによるディンプルの発生

図2　2重シール形真空ピンチャックの構造

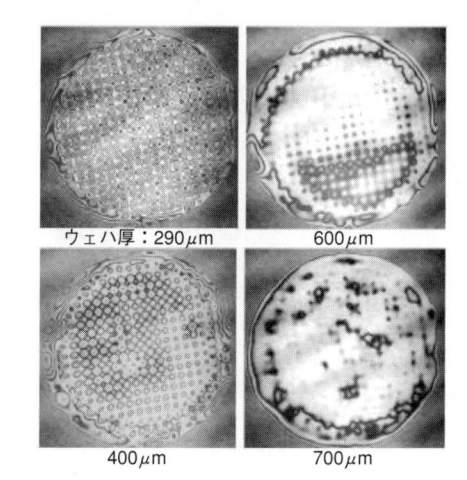

図3 ピン支持による吸着変形
（ピンピッチ：5mm，真空圧：−84kPa）

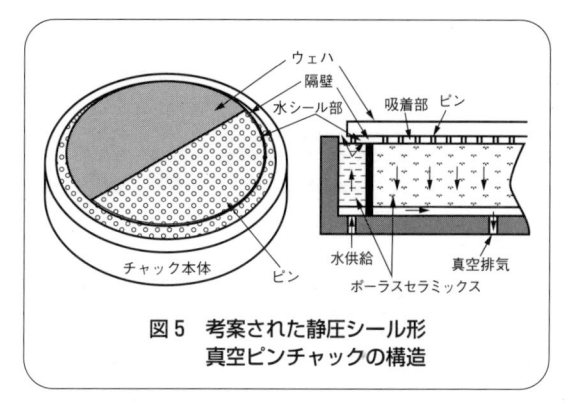

図5 考案された静圧シール形
真空ピンチャックの構造

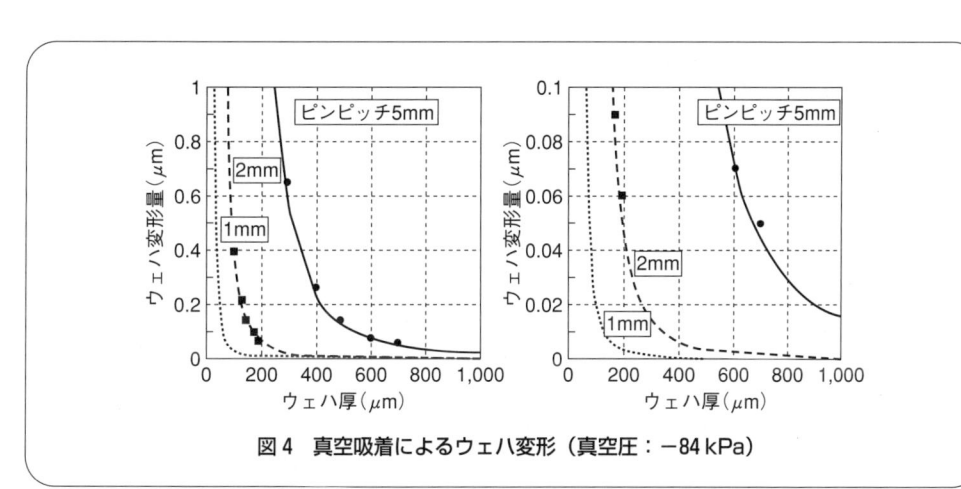

量産に用いられている12インチウェハ（厚さ775μm）の変形をnmオーダに抑えるためには，ピッチ1mmのチャックを使用することが必要となります。

上述した2重シール部は幅広でウェハ周辺から内側数mmのところに設けられているのでウェハ周辺の吸着力を弱め，また，ウェハ裏面との接触面積が大きいのでゴミなどの影響を受けやすい欠点をもっています。このため外周部に図5に示すような静圧シール部をもち，ウェハ裏面とは外周部を含めて完全にピン接触となる静圧シール形ポーラスピンチャックが考案されています。このチャックはポーラス材からなる吸着部とチャック外周に水を供給するシール部を単一の細い隔壁で隔てることにより，ウェハ外周近くまで吸着力を維持するとともに，ポーラス化により水をシール部へ満遍なく行き渡らせる均一供給と水量の極少化を可能にし，水圧によるウェハ変形と加工液の希薄化を防いでいます。また，この水は真空シールと加工液シール，およびチャック周辺表面を水膜で覆い，常時清浄化する3つの役目を同時に果たしています。

図4 真空吸着によるウェハ変形（真空圧：−84kPa）

掴む

● チャック方式 ●

真空チャック

フジエンジニアリング　下村　新一郎

真空チャックは昔から知られた機械要素ですが，メカクランプと比較して，そのクランプ力は非常に弱いのが特長でもあり，また短所です。しかし使い方によっては大変便利なチャックです。マシニングセンタや旋盤での機械加工で使用する場合を紹介します。

真空チャックは一部の分野でしか使われていないため，あまり馴染みのないチャックです。図1のように工作物の一部を真空にすることにより品物が大気圧に押されることを利用しています。

大気圧で押すため1cm^{2}当たり1kgf（実際には真空ポンプの性能差があり，0.8〜0.9kgf）として，仮に工作物の大きさが600mm角でOリングの内寸法が590mm角にすれば押付ける力は2,785〜3,133kgfにもなります。決して小さな数字ではありません。横方向の力は，摩擦係数を0.35くらいとすると975〜1,097kgfになります。いろんな工作機械に取付けが可能です。対象となる工作物は通気性のないものであれば何でも構いませんが，治具と工作物の間から空気が漏れないようにしなければなりません。その対策として次のような方法がとられています。

(1) Oリングを使用する方法

Oリング溝・リーク溝は工作物形状の切欠き・貫通穴を避け，極力大きな面積が取れるようにします。Oリング溝の内側に空気の流れるリーク溝を作ります。

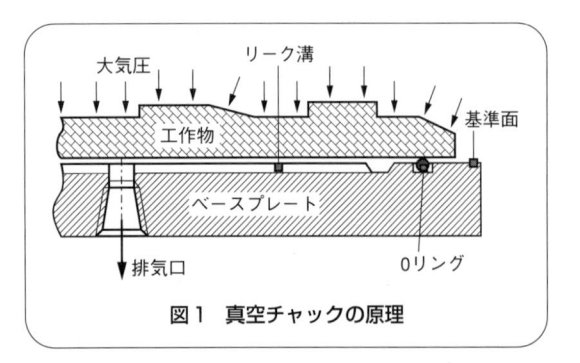

(2) Oリングを使わない方法にはいくつかあります。
① リーク溝からの排気：この方法は工作物の平面度・面粗さが良好なときに可能です。図1でOリングがない場合です。
② 小径の排気口を工作物の輪郭に沿って治具に設けます。
③ 小径の排気口をグリッド状に加工する場合です。
④ 多孔質素材（図2）―図3のように，リーク溝が広かったり，素材が薄くOリン

図2　多孔質真空チャック

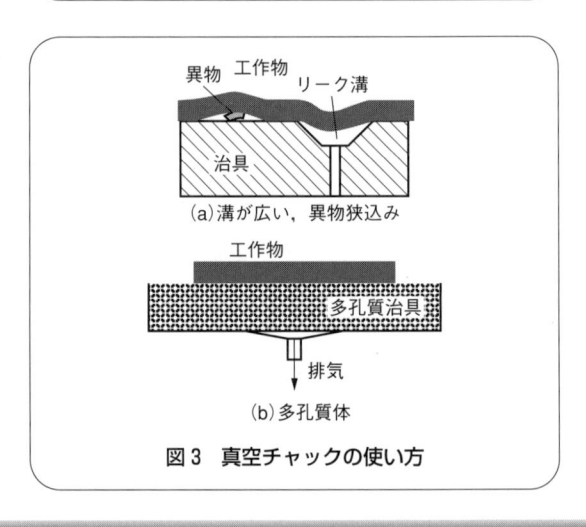

図1　真空チャックの原理

図3　真空チャックの使い方

図4　複雑形状治具

図6　旋削作業での使用例

図5　大形形状治具

図7　真空チャックを用いて加工した工作物

グ・リーク溝などでクランプ時のひずみが発生するときに使用します。排気口が細かいため吸引によるひずみが生じません。

真空チャック用プレートと加工物の例

図4は複雑形状の工作物を把持するための治具を示しています。工作物形状の変形をできるだけ少なくするため，工作物形状に合わせた専用の治具となっています。図5は大形部品加工用の治具です。工作物が薄い場合にはリーク溝の位置，Oリング溝の位置を考慮しなければなりません。図6は旋盤で使用している例です。工作物が回転するために加工中も真空を引くためのジョイントが必要です。Oリングを使用して真空度が低下しないようにして，工作物を治具に固定して加工を行い，加工後に空気を入れ，工作物を取りはずします。

図7は加工物の例です。真空チャックは，一般的に図のようにクランプする箇所が無く，クランプひずみが生じるような工作物を加工するときによく使用されます。ただし，一般に基準面は平坦でなければなりません。治具に三次元形状をもたせるような特殊な場合もあります。

掴む

●チャック方式●
磁気チャック

カネテック株式会社　月岡　徹

機械加工されるものの多くが鋼材であるために，品物を固定するのに磁気チャックが広く利用されています。機械式クランプに比べてひずみを生じにくい，ハンドル回転操作または電気スイッチ操作でワンタッチのクランプが完了する，などの有利さを存分に発揮できる把持方法です。

機械加工によって製品・部品を完成させる最終工程の多くの場合に研削加工があります。被加工物の材質が多様化してきた現状でも，その多くが磁気吸着可能な鋼材であるため，磁気チャックが幅広く利用されています。鋼プレートの研削加工を例に取れば，簡単に加工物をクランプできますし，背面から磁力吸着することで被加工面にいっさいの加工障害物が顔を出さないという特徴もあります。磁力によるクランプはミーリング加工分野でも多く利用され決して研削加工に留まるものではありませんが，ここでは研削加工周辺に使用される磁気チャックに限定して解説します。

磁気チャックの種類

磁力源を何によるかという方式の違いによって，電磁チャック，永磁チャック，永電磁チャックなどに分類されます。ここでそれぞれのチャックの構造の一例とその特長を紹介しましょう。

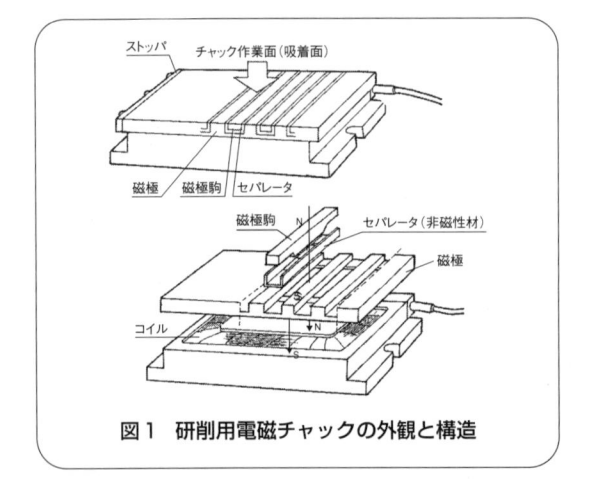

（1）電磁チャック

内蔵するコイルに流す電流によって磁力を発生させます。図1に一般的な研削用電磁チャックの外観と構造例を示します。図のように内蔵する鉄心に巻かれた励磁用コイルから吸着面にほぼ一様な分布の磁力を誘導するために，見かけとは違い磁極部分にはやや複雑な構造を必要とします。

電磁チャックの特長はその印加電圧によって容易に磁力を制御できる点にあり，次第に磁力を下げて加工を繰返すことで微細なひずみをも解消した平坦面を達成します。

電磁チャックはそれが磁力を発生させている間継続してコイルにオーム損失による発熱があり，それに伴う変位が発生します。また研削加工に伴う加工熱も磁気チャックの複雑な磁極構造に微妙な変位をもたらします。この変位を抑制するために冷却液による吸熱や気化熱による冷却作用が利用されますが，一方で電磁チャック内部に冷却水を巡らせて発熱の影響を積極的に抑制する「水冷式」なども，高精度の加工のために多く利用されています。

（2）永電磁チャック

見かけの磁極構造は電磁チャックと同じです。鉄心に代えて永久磁石材が内蔵され，その周囲に配置されたコイルへの通電によって永久磁石を着磁する／消磁するという制御を行います。

永電磁チャックに内蔵する永久磁石の制御のためには大きな電流（＝強い起磁力）を必要とします。ただそれが短時間の通電であるため，コイルに発生する発熱は時間平均で見るときわめて小さく，したがって自己発熱に起因する変位の発生を抑制できます。近年の高精度加工の要求に応えて活躍するチャックです。

図1　研削用電磁チャックの外観と構造

チャック方式

図2　永磁チャックの構造

図3　ワークの厚さと吸着力の関係（例）

図4　材質による吸着力の差（％）

図5　可傾式チャック

図6　サインバーチャック

図7　チャックブロック

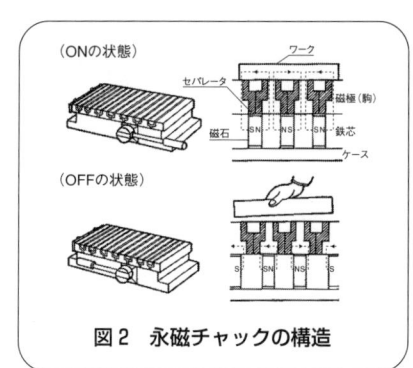

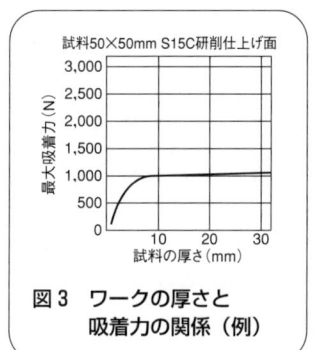

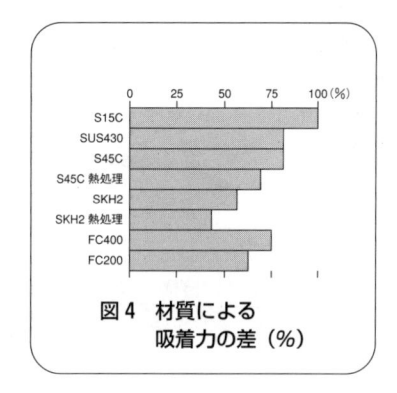

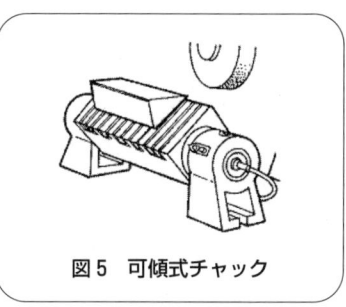

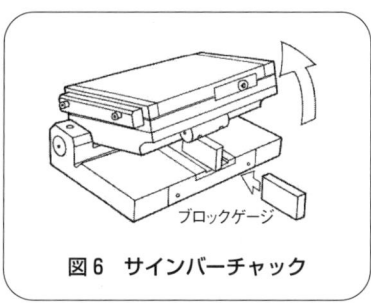

（3）永磁チャック

永磁チャックは永久磁石材を巧みに組み合わせ，また磁石材の移動機構を工夫して，手動操作などの外部力で磁力をON-OFFさせる機能を持っています。構造の一例を図2に示します。手動によって操作できるチャックの大きさには自ずと限界がありますが，電気配線・電気制御装置を必要としない設置の容易さがあり，とくに小形の加工機で多く利用されています。

マグネットチャック利用上の注意点

吸着物の磁気特性を利用するマグネットチャックには，機械式クランプとは異なる幾つかの利用上の注意が必要になります。

① 厚さ：加工物が厚くなるにしたがって吸着力が増えます。ただしある厚さ以上では吸着力は増加しません。（図3参照）
② 材質：加工物の材質によって吸着力が変化します。一般に高炭素鋼では吸着力が低下し，さらに焼入れなどで硬度が増した材料での吸着力の低下が大きくなります。図4に加工物の材質による影響例を示します。
③ すき間：加工物の吸着面が荒れていたり曲がりがあるなどでマグネットチャックとの間にすき間があると吸着力は大幅に減少します。
④ ストッパ：研削の主な加工分力は作業面に対しすべり方向ですが，その方向に対して有効な磁力（＝すべり抵抗力）は垂直方向の吸着力の数分の一になります。このクランプ力の不足を補うために，図1にあるような「ストッパ」が利用されます。

応用例

平面研削の分野でも，たとえば一定の角度を必要とする加工のための「可傾式チャック」（図5），その角度設定を高精度かつ簡便に設定するための「サインバーチャック」（図6）などが多く利用されています。

また，たとえば円柱形状を吸着保持したい場合には「チャックブロック」（図7）を磁気チャックに載せて磁気の誘導に利用することで容易に対応できることも磁気チャックの大きな特長です。

助ける・洗う

クーラント総論

ユシロ化学工業株式会社　大矢　昌宏

切削加工，研削加工や研磨加工に用いられる潤滑油をクーラントとよびます。クーラントの働きは大きく3つに分けられ，工具と工作物の潤滑作用，加工熱を除去する冷却作用，切りくずを排出する洗浄作用です。

クーラントの役割

クーラントは産業の発達と密接な関係にあり，特に機械加工の発達とともに進化してきました。1900年代当初はクーラントとしての機能が求められ，動植物油から始まり鉱物油の使用，さらに極限状態の使用に耐えるように極圧添加剤の開発が行われてきました。

自動車産業の急速な発達と消防法の改正，公害対策関連法によって，水溶性のクーラントが目覚しく普及しました。その後水質汚濁防止法労働安全衛生法，オイルショックなどの社会的背景を取り入れて，経済性の高い排水処理性の良いクーラントということで水溶性のものが開発されています。

最近では地球環境や労働環境に配慮したものづくりが最重要視されるようになって，有害な極圧添加剤に変わる添加物質の開発，クーラントの長寿命化対策，さらにクーラントの循環・供給エネルギー削減を目指したMQLが研究されています。

適切なクーラントを，適切な量，適切な箇所に供給することで，よりよい機械加工結果を得ることができます。具体的には切削工具や研削工具の寿命が伸びたり，加工物の温度を抑制することで

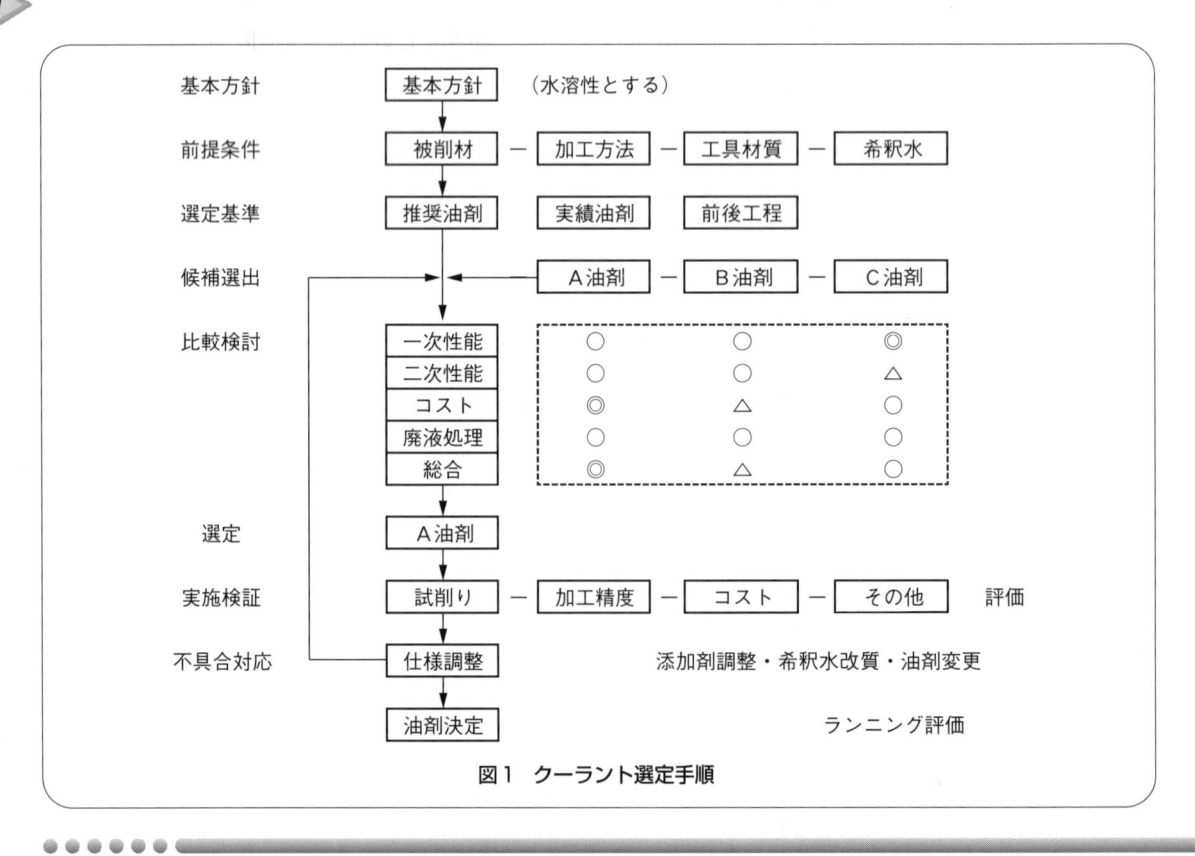

図1　クーラント選定手順

高い精度が維持できたり，仕上げ面粗さが良くなったり，切りくずの再噛み込み防止で工具のチッピングが無くなったりとものづくりの現場では非常に重要なものです。通常，エンジンオイルや油圧作動油などは摺動部品の摩擦係数と摩耗低減，エネルギー伝達性能が主な働きになります。ところが機械加工では，工具が工作物に大変形をさせて不要部分を除去するため，干渉領域は高温高圧状態になるために，クーラントには極限状態での潤滑，冷却，洗浄性能が要求されます。さらに，加工点への浸透性，工作機械と工作物への防錆作用，切りくずの耐溶着性作用が求められます。

クーラントの選択手順を図1に示します[1]。

切削油剤の種類

切削油剤の規格はJIS K 2241（切削油剤）[2]として表1～4のように定められています。切削油剤は希釈せずにそのまま使用する不水溶性切削油剤と，水で希釈して使用する水溶性切削油剤に大別され，それぞれに関してさらに細分化されています。不水溶性切削油剤は潤滑性と抗溶着性を，また水溶性切削油剤は冷却性を主眼に置いて使用されます。

（1）不水溶性切削油剤

JIS K 2241（切削油剤）において，不水溶性切削油剤はN1～N4種に分類されています。また環境問題の点から塩素系添加剤を含む切削油剤は分類から除外されています。

① N1種は鉱油および脂肪油から成り，極圧添加剤を含まないものが該当します。さらに，動粘度，脂肪油分，引火点などの相違により1～4号に細分されています。

② N2～N4種は鉱油および脂肪油を主成分としさらに極圧添加剤を含むもので，動粘度，脂肪油分，引火点，銅に対する腐食性などによって1～4号あるいは1～8号に細分されています。

（2）水溶性切削油剤

水溶性切削油剤に関しては，水に希釈したときの外観と表面張力からA1～A3種に分類されています。

① A1種は，鉱油や脂肪油などの水に溶けない成分と界面活性剤からなり，水に希釈すると外観が乳白色になるもので，エマルション形油剤ともよばれています。

② A2種は，鉱油や脂肪油など水に溶けない成分と界面活性剤など水に溶ける成分，または水に溶ける成分単独からなり，水に希釈すると外観が半透明ないし透明になるもので，ソリューブル形油剤ともよばれています。

③ A3種は，水に溶ける成分からなり，水に希釈すると外観が透明になるものでソリューション形油剤ともよばれています。なお，

表1　不水溶性切削油剤の種類

N1種	鉱油及び／又は油脂からなり，極圧添加剤を含まないもの。	
N2種	N1種の組成を主成分とし，極圧添加剤を含むもの。（銅板腐食が150℃で2未満のもの。）	
N3種	N1種の組成を主成分とし，極圧添加剤を含むもの。（硫黄系極圧添加剤を必す（須）とし，銅板腐食が100℃で2以下，150℃で2以上のもの。）	
N4種	N1種の組成を主成分とし，極圧添加剤を含むもの。（硫黄系極圧添加剤を必す（須）とし，銅板腐食が100℃で3以上のもの。）	

表2　水溶性切削油剤の種類

A1種	鉱油や脂肪油など，水に溶けない成分と界面活性剤からなり，水に加えて希釈すると外観が乳白色になるもの。
A2種	界面活性剤など水に溶ける成分単独，又は水に溶ける成分と鉱油や脂肪油など，水に溶けない成分からなり，水に加えて希釈すると外観が半透明ないし透明になるもの。
A3種	水に溶ける成分からなり，水に加えて希釈すると外観が透明になるもの。

表3 不水溶性切削油剤の種類および性状

種類		動粘度 mm²/S (40℃)	脂肪油分 質量%	全硫黄分 質量%	銅板腐食 100℃ 1h	銅板腐食 150℃ 1h	引火点 ℃	流動点 ℃	耐荷重能 MPa
N1種	1号	10未満	10未満	(1)	—	1以下	70以上	−5以下	0.1以上
	2号		10以上						
	3号	10以上	10未満				130以上		
	4号		10以上						
N2種	1号	10未満	10未満	5以下	—	2未満	70以上		0.1以上
	2号		10以上						
	3号	10以上	10未満				130以上		
	4号		10以上						
N3種	1号	10未満	10未満	(2) 1未満	2以下	2以上	70以上		0.15以上
	2号		10以上						
	3号	10以上	10未満				130以上		
	4号		10以上						
	5号	10未満	10未満	(2) 1以上 5以下			70以上		0.25以上
	6号		10以上						
	7号	10以上	10未満				130以上		
	8号		10以上						
N4種	1号	10未満	10未満	(2) 1未満	3以上	—	70以上		0.15以上
	2号		10以上						
	3号	10以上	10未満				130以上		
	4号		10以上						
	5号	10未満	10未満	(2) 1以上 5以下			70以上		0.25以上
	6号		10以上						
	7号	10以上	10未満				130以上		
	8号		10以上						

備考 N1種〜N4種のいずれも塩素系極圧添加剤を使用しない。
注(1) 硫黄系極圧添加剤に由来する硫黄分を含まない。
 (2) 硫黄系極圧添加剤を必す(須)とする。

A1〜A3種は,鋼,アルミニウム,銅への腐食性によりさらに1号〜2号まで細分されています。

近年水溶性切削油剤にはシンセティックタイプ油剤とよばれるものがあります。このシンセティックタイプ油剤とは,「鉱油等の天然成分を含まず,化学合成された潤滑成分(合成潤滑剤)を適用した油剤」と定義されており,合成潤滑剤にはポリオキシアルキレングリコールが比較的多く使用されています。シンセティックタイプ油剤は,従来の油剤に比べて潤滑性が高く,耐腐敗性に優れ,機械周りが汚れにくいなどの特長を有しており,その使用は急激に拡大しています。

クーラントの供給方法

クーラント供給方法では次の5つのことを考えなければなりません。

① 経路:工具外部,スピンドルスルー+工具オイルホール,スピンドルスルー+コレットスルー,サイドスルー,スピンドルスルー+砥石通液
② 圧力:高圧>50MPa,中圧>10MPa,低圧<10MPA
③ 状態:ウエット,ミスト,(ドライ)
④ 量:多量(フラッド),少量(MQL,セミドライ)

表4　水溶性切削油剤の種類および性状

種類		外観	表面張力 10^{-3}N/m	pH	乳化安定度 ml（室温, 24 h）				不揮発分 質量%	全硫黄分 質量%	泡立ち試験 ml (24 ± 2℃)	金属腐食 （室温, 48 h）
					水		硬水					
					油層	クリーム層	油層	クリーム層				
A1種	1号	乳白色	—	8.5以上 10.5未満	こん跡	2.5以下	2.5以下	2.5以下	80以上	5以下	1以下	変色がないこと（銅板）
	2号			8.0以上 10.5未満								変色がないこと（アルミニウム板及び銅板）
A2種	1号	半透明ないし透明	40未満	8.5以上 10.5未満	—				30以上			変色がないこと（銅板）
	2号			8.0以上 10.5未満								変色がないこと（アルミニウム板及び銅板）
A3種	1号	透明	40以上	8.5以上 10.5未満								変色がないこと（銅板）
	2号			8.0以上 10.5未満								変色がないこと（アルミニウム板及び銅板）

備考 1. A1種〜A3種のいずれも塩素系極圧添加剤及び亜硝酸塩を使用しない。
　　 2. 不揮発分及び全硫黄分は原液における性状を規定し，それ以外の項目は室温20℃〜30℃においてA1種は基準希釈倍率10倍の水溶液，A2種及びA3種は30倍の水溶液の性状を規定したものである。

⑤　温度：常温，低温，定温，（冷風）

　スピンドルスルーはクーラントを無駄なく加工点に導くことができると同時に主軸温度コントロールにも適用できるが，主軸とホースとのカップリングを定期的に監視しなければなりません。高圧クーラントは加工性能に効果があるが，加工コストの面では使用エネルギーを考慮しなければなりません。切りくず排出の点からは多量のクーラントを使用するほうが効果はあります。

　クーラントろ過装置も切削研削性能を一定に保つためやクーラントの寿命を伸ばす上でも，必要な周辺機器の1つです。切りくずの大きさや比重，形状に応じてろ過方法が考えられています。大別するとろ過には次のような方法があります。

① 沈殿式—比較的大形のタンクを利用して，自然沈殿を行う。
② マグネット式—切りくずが磁性体の場合には有効である。鉄鋼材料には適している。
③ フィルタ—ろ紙，ろ布，珪藻土を使用する。非磁性体でも可能であるがランニングコストが高い。
④ 遠心分離機—比重の高い超硬合金，ジルコニアなどの切りくずに適しているが保守が面倒である。
⑤ サイクロン—省スペース化が狙える。

　クーラントは機械加工には欠かせないものですが，これからはクーラントの効果と自然環境維持，良好な作業環境，廃液処理コスト，消費エネルギを対比させながら使用していかなければなりません。クーラントを無しでは加工できないものも多々ありますので，クーラントの寿命を延ばすこと，量を減らすことなどの手立てをして上手く使うことが肝心です。

参考文献

1) 切削油技術研究会編，切削油剤ハンドブック，工業調査会（2004）
2) JIS K 2241-2000

助ける・洗う

● クーラント供給技術 ●

セミドライ加工

名古屋工業大学　中村　隆

研削加工では加工点の冷却，潤滑および研削くずの除去を目的として大量の加工液が使われています。しかし，近年の地球温暖化対策・環境負荷低減の要求の高まりに伴い，この加工液の使用を削減する試みが行われています。高い精度が要求される研削・研磨加工での実施例は少ないことから，同じ除去加工の切削での現状を紹介し，一部行われている研削加工での適用例，研究成果について説明します。

切削加工への適用

環境対応切削加工としてもっとも広く使われているのは MQL（Minimal Quantity Lubrication）です。環境負荷の少ない植物油，あるいは合成エステルを微細なミストとして加工点に極微量供給する方法で，旋削加工では図1のように刃先の逃げ面とすくい面だけに，またドリル加工ではスピンドル中心（スピンドルスルー）から油穴を通して刃先だけにミストを噴出しています。油剤の使用量は通常の加工であれば毎時 10 mL 以下であり，加工後の工作物や切りくずにはほとんど油剤が付いてないことから「セミドライ加工」といわれます。生産加工の多くを占める鉄鋼材料の通常加工では従来の加工液と同等の工具寿命を示し，硬質被覆工具との組み合わせでは従来以上の性能が得られることが多いです。加工液を大量に使っていた工場は注意をしていても床や壁が汚れ，独特の臭いが充満しました。セミドライに切り替え新たに立ち上げた自動車部品工場では，生産工場のイメージを刷新するものになっています。

MQL の性能に冷却性を付加したものとして図2に示す油膜付き水滴加工液（OoW：Oil on Water）があります[1]。水滴の表面に MQL と同じ植物油系の油剤を膜状に付けて加工点に供給します。油剤使用量は MQL と同じであり，セミドライ加工の一種であるといえます。OoW の特徴を表す実験結果例を図3に示します。アルミニウム合金を比較的厳しい条件でエンドミル加工したときの加工力を測定した結果であり，供給する油剤を替えて比較しています。植物油を使った OoW では従来形のエマルション加工液と同等以上（加工力が小さい）の性能を示していますが，MQL に相当する油剤ミストのみでは大きな加工力となっています。加工条件が厳しいため冷却不足による焼付きが発生しています。なお，OoW において油剤を鉱油とした場合が不良となっているのは鉱油では水滴の表面に油膜を形成する特性が無いためであり，水だけを使用した結果と同じになります。

研削加工への適用

OoW に一定の冷却性能が認められることから，平面研削加工の加工液に適用し，加工面垂直方向

図1　MQL用ミストホール付きバイト
（資料提供：フジBC技研㈱）

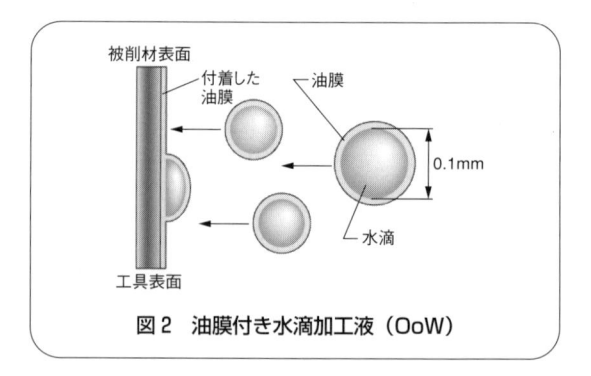

図2　油膜付き水滴加工液（OoW）

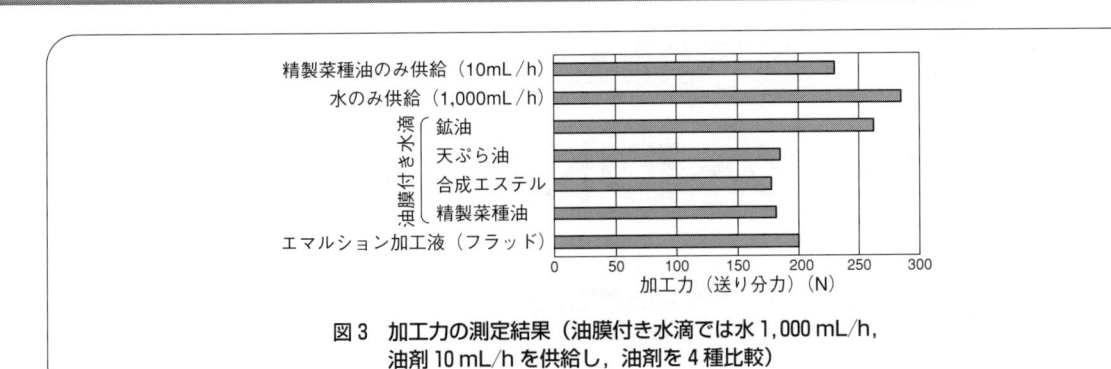

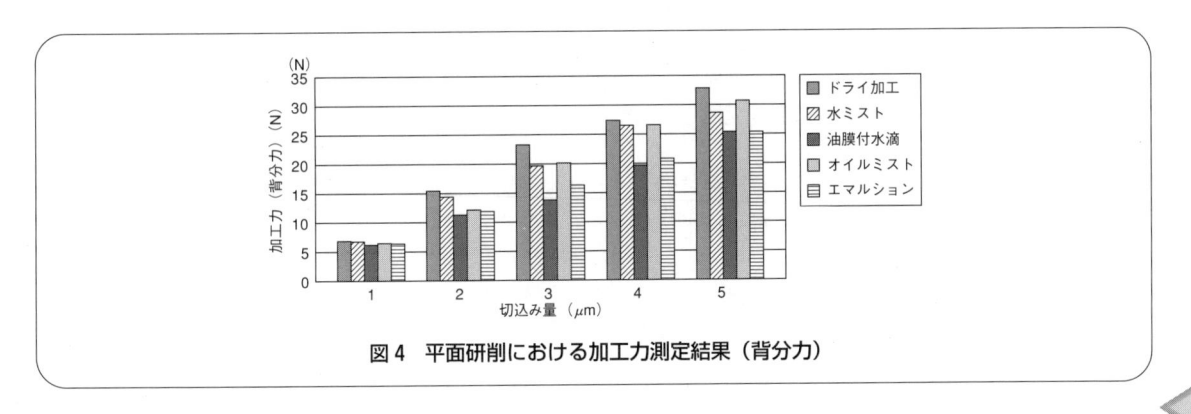

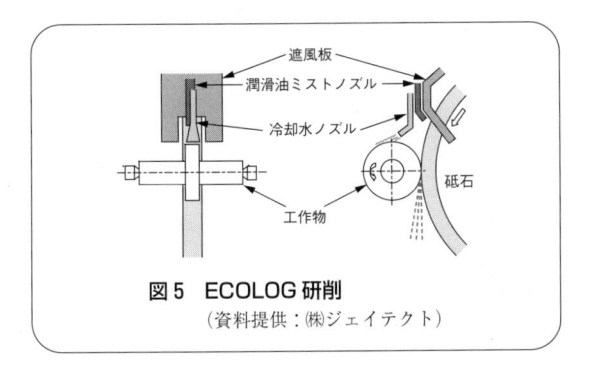

図3 加工力の測定結果（油膜付き水滴では水1,000 mL/h，油剤10 mL/hを供給し，油剤を4種比較）

図4 平面研削における加工力測定結果（背分力）

図5 ECOLOG研削
（資料提供：㈱ジェイテクト）

の加工力（背分力）を測定した例を図4に示します。砥石幅よりも小さい加工物（SCM 435焼入れ材，幅6.5 mm）に一定の切込みを与えてcBN砥石によるプランジ研削の結果です。OoWでは1回の切込みが5μmまで従来形のクーラント加工液と同等の加工力となっていますが，ドライ加工，水ミスト，オイルミストでは背分力の増加が見られます。ドライ加工，オイルミストでは切りくずの中には球形の溶融物が観察され，冷却不足が推定されます。溶融的な研削状態は研削焼けにもつながり精密加工には好ましくありません。

MQLに冷却性を付加し，円筒研削でのセミドライ加工を実用化した例を図5に示します[2]。水と油の供給を別々として，油剤を砥石に，水を加工物に供給して砥石への溶着を防ぎながら工作物の冷却を確保しています。

参考文献

1) 河田圭一，中村　隆，松原十三生，佐藤　豊，油膜付水滴加工液を用いたエンドミル加工の加工精度，精密工学会誌，**69**，9，1342-1347（2003）
2) 向井良平，吉見隆行，環境対応形研削加工システムの研究開発，砥粒加工学会誌，**48**，9，14-17（2004）

助ける・洗う

● クーラント供給技術 ●
メガソニッククーラント法

日本工業大学　鈴木　清

メガソニッククーラント法は，種々の加工液（研削液／切削液／放電加工液／など）にメガヘルツ帯域の超音波振動を重畳することで，加工特性を向上させようとする方法です。これまでに超硬合金，光学ガラス，石英ガラス，サファイア，ステンレス鋼などの精密研削（一部切削）加工などで顕著な効果を発揮しています。

メガソニッククーラント法は新しく開発された方法です。加工液にメガヘルツ（MHz）帯域の超音波振動を重畳させたときに液中に生ずる巨大な加速度を利用するものであり，キャビテーションを利用するkHz帯域の超音波振動を重畳するキロソニッククーラントとは異なります。メガヘルツ帯域の振動を重畳された液体は微細な凹凸の内部に入り込み，微細な粒子を除去する特徴を持っているため，純水によるシリコンウェハのスピン洗浄などに従来使用されていますが，これを除去加工に適用しました。

メガソニッククーラントの特性

メガソニッククーラントシステム（図1）では各種の加工方式や被加工材料，加工条件などに対応するため，3種類の振動数（1.6, 2.4, 3.0 MHz）を選択できます。ノズル内の底部にはそれぞれの振動数を発生するディスク形の振動子が挿入されています（図2）。

図3はノズルに加工液を供給し，超音波振動を重畳させたときの流水の変化を示しています。メガソニッククーラント（MSC）に十分な振動加速度が重畳されていることは，メガソニッククーラントを噴射されたアクリル材（熱電対を差し込み）が溶融していることからも理解できます（図4）。メガソニッククーラントでは物体への巻付き特性も向上し，ステンレス鋼丸棒へ水道水を噴射した場合の巻付き状況が超音波振動重畳の有無で大きく異なります（図5）。現在推定できるメガソニッククーラントの特性は，①物

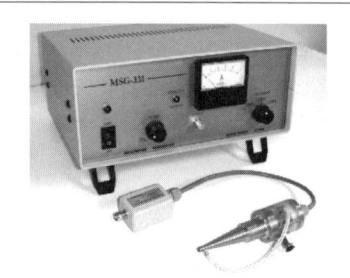

図1　3chメガソニックジェネレータ＆ノズル

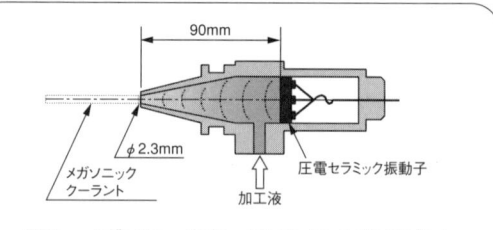

図2　メガソニッククーラント用ノズル模式図

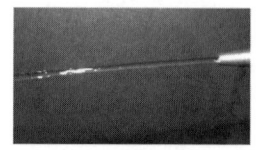

(a) 通常（超音波振動なし）　(b) メガソニッククーラント
図3　メガソニック振動重畳による加工液の変化

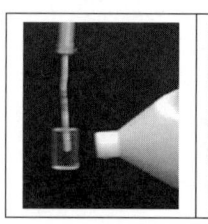

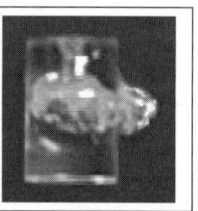

図4　MSCによるプラスチックの溶融

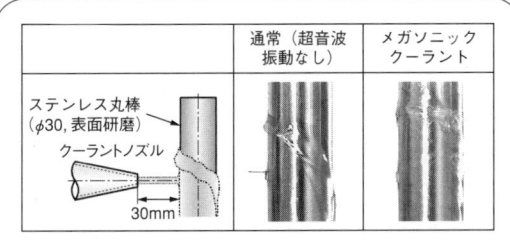

図5　メガソニッククーラントの丸棒への巻付き状況

図6　平面研削におけるMSC噴射状況

体への巻付き効果，②狭小部への侵入効果，③微細くず引剥がし効果，④加工点の冷却効果，⑤潤滑促進効果，⑥シールド効果，⑦電気的・化学的特性改善効果，などがあります。

除去加工への適用

また，切削／研削／研磨といった除去加工分野に適用した場合の効果としては，①工具摩耗の抑制，②加工面性状の向上，③加工精度の向上，④加工能率の向上，⑤難加工部位（狭小部など）への適用，などが挙げられます。各種加工への適用例と効果については以下に概説します。

高精度スライサにメガソニッククーラントノズルを装着して各種の研削実験を行い，その効果を調べました（図6）。供給クーラント量は通常法に比較してかなり少ない0.5〜2 L/minです。SD600ダイヤモンド砥石を用いて光学ガラスを研削したときの砥石摩耗量を超音波周波数との関係で調べた結果を図7に示します。周波数が1.6，2.4，3.0 MHzと高くなるにつれて砥石摩耗が抑制されました。超音波を重畳することで砥石摩耗が抑制されるのは，研削液が加工点に確実に浸透し，加工点の温度上昇を抑制しているためと考えられます。図8にSEM観察した光学ガラスの研削面性状を示します。研削液に超音波を重畳する

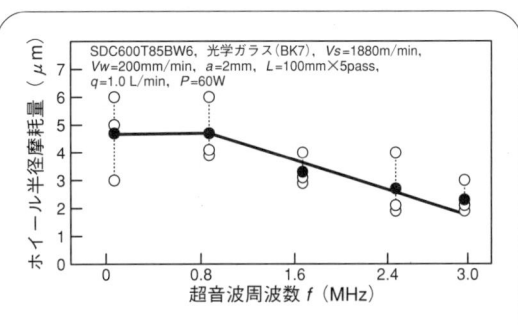

図7　超音波周波数と砥石半径摩耗量（光学ガラス）

ことにより研削条痕が浅くなるとともに，スクラッチの発生が抑制されています。

また，超精密加工機を使用した超硬合金およびスタバックスレンズ金型の超精密研削にメガソニッククーラント法を適用することで，砥石寿命，研削面性状，加工精度が大幅に向上することを確認しています。その他，メガソニッククーラント法は，旋削加工や穴あけ加工においても優れた効果を発揮することがわかっています。

参考文献
1) 鈴木　清，岩井　学，植松哲太郎，三代祥二，田中克敏，メガソニッククーラント加工法の研究，砥粒加工学会誌，**48**，2，96（2004）

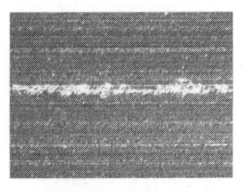

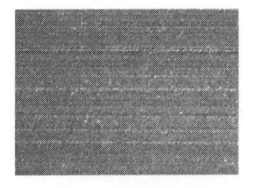

(a) 通常（超音波振動なし）　(b) メガソニッククーラント

図8　光学ガラスの研削における被削面性状の向上

助ける・洗う

● クーラント供給技術 ●

フローティングノズル法

青森職業能力開発短期大学校　二ノ宮　進一

　フローティングノズル法[1,2)]は，研削加工点に必要最小限の研削液を効率よく供給することを目的とした新しい研削液供給方法です。この供給方法によって，加工液の使用量を減らしつつ，研削性能を向上させるという効果が確認されています。

フローティングノズル法の利点

　フローティングノズル法を平面研削に適用している例を**図1**に示します。ノズル先端には砥石外周形状が転写され，引張りばねによって砥石に押付けられています。ノズル先端の上部は，砥石表面に連れ回る空気流を遮蔽する役割があります（**図2**参照）。ノズル先端の吐出口から吐出する研削液によりノズルと砥石表面との間には微小な隙間（0～0.1mm）が生じ，研削液がこの微小なノズル隙間を通過して，砥石表面に薄い膜を形成して研削点に到達するため，加工に使用する研削液流量は必然的に少量に抑えられます。ノズル隙間は，研削液の吐出圧力からなるノズル対向力とスプリング力の均衡によって自動的に一定の大きさに保持され，ノズルが研削液膜で浮いた（フローティング）状態を保ちます。フローティングノズル法の利点として，①研削点への確実な注水（高速対応），②研削液供給量の大幅な低減（通常の1/5～1/30），③自動ノズル隙間調整（砥石摩耗に対応），④各種砥石（段付/総形/薄刃）への対応，⑤研削性能の向上（研削能率，研削面粗さ，砥石摩耗），⑥切りくずの排除効果の向上，⑦ノズル取付けが容易，⑧設備費が安価，などが挙げられます。

　以下に，フローティングノズル法を実際に適用した例を示します。

適用例

（1）　平面研削

　WA 60 V 砥石で焼入れ鋼 SCM 420 材を平面プランジ研削したときの加工面をフローティングノズルと標準装備の通常ノズルの場合で比較しました（**図3**参照）。研削液供給量は，両者とも2L/minです。通常ノズル供給の場合，加工面にむしれの状態が観察され，研削焼けも確認されまし

図1　フローティングノズルによる研削液供給の概略（平面研削）

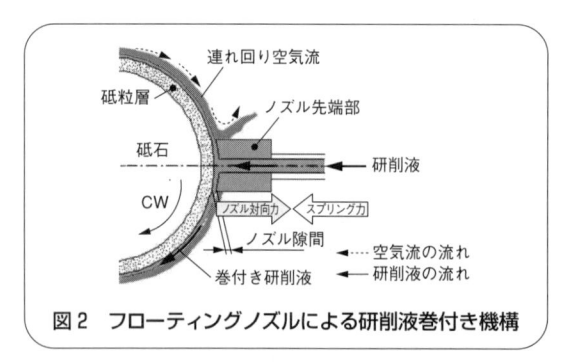

図2　フローティングノズルによる研削液巻付き機構

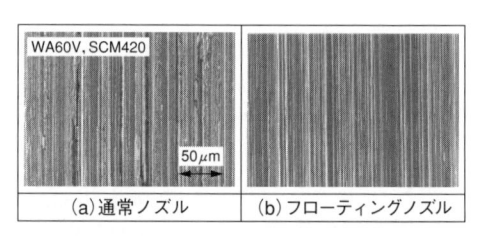

図3　SCM 420 材研削後の加工面性状（WA 60 V：2 L/min）
(V_s=30 m/s, V_w=20 m/min, a=5μm(粗)×40 pass, 2μm(仕)×40 pass)

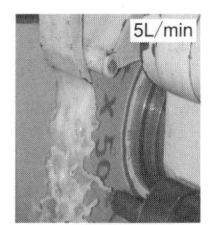

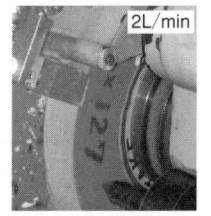

図4 円筒研削における研削液巻付き状況
(a) 通常ノズル法
(b) フローティングノズル法

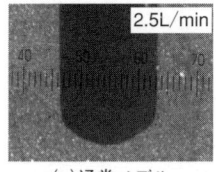

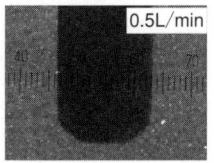

図5 溝入れ研削における砥石摩耗比較
(a) 通常ノズル
(b) フローティングノズル

図6 ガラス端面研削状況と加工面の状態
(a) 通常ノズル
(b) フローティングノズル

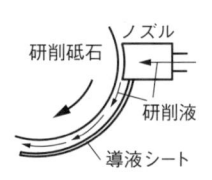

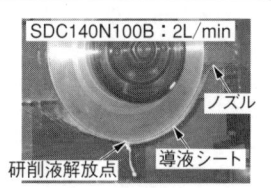

図7 フレキシブル導液シートの概略と適用状況
(a) 導液シートの模式図
(b) 導液シートの適用状態

た。一方，フローティングノズルでは加工面の状態が良好となっていることから，必要十分な研削液が研削点に確実に供給されており，砥粒と被削材が干渉する境界面で，研削液の効果（冷却，潤滑，切りくず排除など）が十分に発揮されているものと思われます。

（2） 円筒研削

図4は円筒研削における研削液巻付き状況を高速シャッタで撮影した結果です。通常ノズルでは研削液が砥石外周面に巻付いていないのに対し，フローティングノズル法では砥石外周のみに均一な層を成して巻付いています。砥石周速度を増大させると研削液の巻付き量は減じますが，かなりの高速（$V=120\,m/min$）まで対応できます。

（3） 溝研削

薄刃砥石の場合には研削液が研削点にかかり難いものです。図5はWA 100番の薄刃砥石（φ100×0.6 mm）でSKD 11材に溝入れ研削したときの砥石摩耗状況を示しています．フローティングノズルの流量は通常ノズルの1/5と少ないですが砥石のコーナ摩耗は抑制されています。

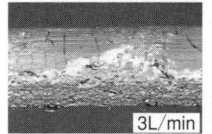

（4） ガラス端面研削

液晶ディスプレイ用ガラス基板（0.7 mm厚）の円弧端面研削にフローティングノズル法を採用したところ，研削面品位を保ちつつ研削液量の大幅な低減（3→0.1 L/min）と研削能率の向上を達成しました（図6参照）。

このほかにもフローティングノズル法は，幅広・大径砥石によるセンタレス研削や，総形研削などでも効果を発揮しており，さまざまな実用化が検討されています。

また，最近では図7のように柔軟性のあるシートを利用して，供給したすべての研削液を研削点へ導くフレキシブル導液シート法が開発されています。この方法では，砥石円周上の任意の位置にノズルを配置しても，加工点手前で飛散することなく必要量の研削液が確実に供給されます。

参考文献

1) 二ノ宮進一，東江真一，横溝精一，精密工学会誌，**66**，6，865（2000）
2) 鈴木清，二ノ宮進一，岩井学，植松哲太郎，砥粒加工学会誌，**47**，11，620（2003）

助ける・洗う

● クーラント処理技術 ●

廃液処理

株式会社 ネオス 友田 英幸

一般に，切削・研削用加工液は加工液タンクと加工部を循環しながら使用されていますが，それが長期間にわたると，加工液が劣化しその後の使用が困難になった場合，それを廃液として処分することになります。また，研磨加工に用いられる加工液は，切りくずによる研磨への影響を考慮して，その使用が1パスになる場合も多いですが，使用後はそれを廃液として処分することになります。

不水溶性および水溶性加工液の廃液処理

不水溶性加工液および水溶性加工液の廃液処理方法について述べます。また最近では環境問題からも廃液量を低減させる方法や環境対応形クーラントも開発されています。これもある意味クーラント処理技術といえます。

不水溶性加工液は，鉱油あるいは植物油を基油とする可燃物であり，消防法に定める危険物，第4類に属するため火災予防上注意が必要です。また，廃油処理については，再生と焼却が主体であり，焼却に際しては，有毒ガスを除去するため洗煙工程を併設する必要があり，さらに塩素系極圧剤を含有する加工液の場合，ダイオキシン[1]などの問題があるためその処理に関しては細心の注意および処理が必要です。最近では，塩素系極圧剤を含有する加工液は，環境問題から2000年12月にJIS K 2241 切削油剤からも削除されています。

一方，水溶性加工液の処理水[2]〜[4]は，最終的には河川に放流されることになるため，その使用者は法令に適合する処理設備を有し，定められた排水基準を満たすような廃液処理を施すことが義務づけられています。総理府令では水質汚濁物質に関わる排水基準が定められており，それらの中で水溶性加工液の廃液と関係の深いものは，pH，SS，n-ヘキサン抽出物質，COD，BOD，窒素化合物，リン化合物です。

（1） pH

水溶性加工液は，一般に錆や腐敗を防ぐためにアルカリ性に設定されています。廃液処理する場合には，pHを下げて中性に近い状態にする必要があります。

（2） SS，n-ヘキサン抽出物質

加工液廃液には微細な金属摩耗粉や不溶性の金属水酸化物などが浮遊しています。これらを総称してSSとよびます。また，油滴として存在するものも多くあります（n-ヘキサン抽出物質）。水に溶解せず，比較的揮発しにくい炭化水素，脂肪酸エステルなどは水面で油膜を形成し，水中の酸欠を引き起こします。

（3） COD，BOD

水中に存在するすべての有機物を定量することは困難です。有機物の多くが酸化分解することに着目し，酸化剤あるいは好気性微生物による分解過程で消費される酸素量（CODあるいはBOD）を求めることで，有機物による汚染の程度を間接的に知ることができます。

（4） 窒素酸化物，リン化合物

廃液中に含有される各汚染物質そのものに強力な毒性はなくとも，高濃度に蓄積された場合に自然界の生態系に多大な影響を及ぼすことになります。窒素酸化物，リン化合物は湖沼の富栄養化をもたらし赤潮などの原因になります。

水溶性加工液の廃液処理方法

表1に代表的な廃液処理方法と処理項目を示します[1]。また，図1にその処理工程を示します。水溶性加工液廃液には，固体の浮遊物や界面活性剤，アルカノールアミン，摺動面油などが含まれており，その処理に際しては廃液の種類や汚染状況に応じた処理方法を選択しなければなりません。まず切りくずなどの夾雑物や微細な研磨粉や油滴などを沈降あるいは浮上分離します。これを物理的処理といいます。その後液中に残存する微粒子

表1 廃液処理方法と処理項目

処理方法		(主な処理項目)
物理・化学的処理 (1次処理)	スクリーニング	SS
	沈降分離 ─ 自然沈降	SS
	─ 凝集沈殿	SS, COD
	浮上分離 ─ 自然浮上	n-ヘキサン抽出物
	─ 強制浮上	n-ヘキサン抽出物
	遠心分離	SS, n-ヘキサン抽出物
	ろ過分離	SS, n-ヘキサン抽出物
	中和	pH
	抽出	COD
	酸化・還元	COD
生物化学的処理 (2次処理)	活性汚泥法	BOD, COD, 窒素化合物, リン化合物
	生物膜法	
	嫌気性脱硝化法	
高次処理	活性炭吸着法	COD, 窒素化合物, 重金属, リン化合物
	イオン交換法	
	逆浸透法	
	電気透析法	

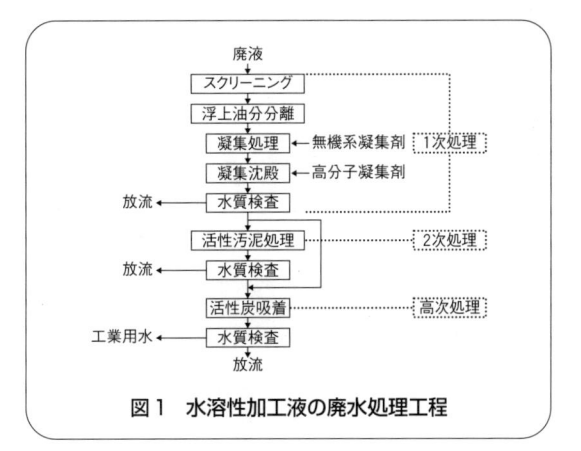

図1 水溶性加工液の廃水処理工程

廃液 → スクリーニング → 浮上油分分離 → 凝集処理 ← 無機系凝集剤 → 凝集沈殿 ← 高分子凝集剤 → 水質検査 → 放流 【1次処理】

→ 活性汚泥処理 → 水質検査 → 放流 【2次処理】

→ 活性炭吸着 → 水質検査 → 工業用水 / 放流 【高次処理】

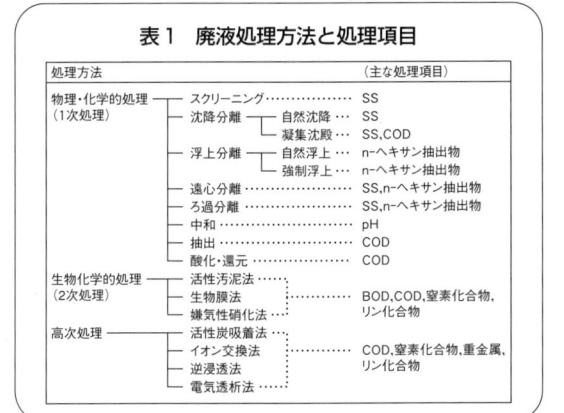

(コロイド粒子など) を高分子凝集剤などを用いて凝集させて大きなフロックとした後, 分離します (これを化学的処理といいます。)。

以上の物理・化学的処理を通常, 1次処理とよびます。さらに, この1次的処理でも除去されない水溶性有機物は, 生物化学的処理 (2次処理) に供されます。水溶性加工液に多く適用されるのは, 活性汚泥法と生物膜法です。さらに, 2次処理によっても処理できない有機系アミン化合物 (たとえば, アルカノールアミン類) などは, 高次処理とよばれる活性炭吸着法やイオン交換法などによって除去されます。

最近では, アルカノールアミンも生物化学的方法によって処理する方法が開発されています[5,6]。

以上のように, 加工液とくに水溶性の加工液を開発する場合には, 廃水処理方法, 工程などを十分に考慮した上で開発する必要があります。

(1) 廃液量を低減する方法 (水溶性加工液)

加工現場においても環境への負荷低減の観点から, 廃液量を低減する方法が模索されています。とくに, 水溶性加工液の場合には, 原液を水で数倍から数十倍に希釈して使用するため, この状態をコントロールすることも, クーラント処理のひとつといえます。その方法は, ①クーラント管理による液寿命の延長や②廃液から生ずる水の効率的除去やその水の再利用があります。

クーラント管理とは, クーラントのpHや濃度その他 (菌数, SS, 混入油など) を適正に管理することによって, その劣化を事前に察知し, 劣化傾向が見られる場合には, 適正な範囲になるように補正する対策を講ずることによって液寿命を延長することです。さらに, マグネットセパレーター, 遠心分離機, 浮上油除去装置, 種々のフィルターなどのクーラント管理機器で液寿命の延長を補助しています。

クーラント廃液に含有される水を効率的に除去する方法として, たとえば工場の廃熱を利用して, 加温減圧により水を留去する方法があります。このことにより, 廃液量を数分の一から数十分の一にできます。さらに, 得られた水をクーラントの希釈水として再利用しようとする試みもあります。

(2) 環境対応形クーラント

廃液量の低減や環境負荷を低減したクーラントが開発されています。

腐敗による液劣化を大きく低減した高寿命のシンセティッククーラントや塩素フリークーラントはすでに多くの加工現場で使用されています。また, PRTR (環境汚染物質排出登録制度) 法や労働安全衛生法57条2などの法規制に対応するクーラントが開発されています。さらに, 低CODや低BODを達成するためのアミンフリークーラントの開発なども行われています。

参考文献

1) 奥川道彦, 月刊トライボロジ, 12月号, 19 (1997)
2) 阿部聡, 機械と工具, **38**, 6, 2 (1994)
3) 小野肇, ペトロテック, **18**, 9, 729 (1995)
4) 村上つとむ, 水質汚濁研究 (日本水環境学会), **10**, 3, 155 (1987)
5) 大川直士, 米島隆, 潤滑経済, **381**, 15 (1997)

助ける・洗う

●洗浄技術●
CMPパッド洗浄

旭サナック株式会社　清家　善之

平坦化プラナリゼーションはスラリーを滴下しながら，半導体デバイスウェハをパッドに押し付けポリシングを行うものですが，再現性良く高度な平坦化処理を確保するためにはパッドのコンディショニング技術はきわめて重要な要素技術の1つです。

パッドコンディショニングの方法

パッドコンディショニングは使用するパッドの種類によって変わってきます。表1は一般的に用いられてコンディショニング方法を示します。

このようにパッドの種類に応じて，いろいろなコンディショニング方法があります。

ブラシでのコンディショニングはPVAブラシをパッド表面に押し付けてパッド表面の清浄化を行うもので，ガラス基板やシリコンウェハの研磨で広く用いられている不織布パッドやスウェードタイプのパッドに用いることができます。

ダイヤモンドプレートでのパッドコンディショニングは，半導体デバイスの製造工程で広く使用されている発泡ウレタンパッドのコンディショニングに用いられており，ダイヤモンドプレート上に散りばめたダイヤモンド粒をパッド表面に押し付けて，パッド表面を薄く剥ぎ取りパッド表面を常時新品状態にしてCMPを行うというものです。現在半導体デバイス製造のCMP工程では，このコンディショニング方法が主流になっています。最近のダイヤモンドプレートはダイヤモンド砥粒の均一化，ダイ

表1　コンディショニング方法

コンディショニング方法	特徴	対象物	対応するパッドの種類
ブラシパッドコンディショニング	ナイロンやフッ素樹脂材のブラシをパッド表面に押付けて，パッドのコンディショニングを行う。この方法ではパッド内部のスラリー残渣などが残りやすい。	○ガラス基板 ○ベアシリコンウェハ ○各種部品	○不織布パッド ○スウェードタイプパッド
樹脂プレートパッドコンディショニング	ポリマーなどの樹脂プレートをパッドに押し付けコンディショニングを行う。	○ガラス基板 ○ベアシリコンウェハ ○各種部品	○不織布パッド ○発泡ウレタンパッド
ダイヤモンドプレートパッドコンディショニング	ダイヤモンド粒を散りばめたプレートをパッドに押し付けてコンディショニングを行う。半導体デバイスCMPにおいては広く用いられている。しかしパッド表面を削るためにパッドの寿命が短くなる問題やダイヤモンドの脱粒によるスクラッチの問題を抱える。	○半導体デバイスCMP	○発泡ウレタンパッド
高圧マイクロジェットパッドコンディショニング	3～20MPaに加圧した，数十μmオーダの微小液滴を高速で噴射する。他方法と比べ，パッドを清浄化する能力に優れる。また他方法のコンディショニングとも組み合わせることができる。	○ベアシリコンウェハ ○半導体デバイスCMP ○ガラス基板 ○各種部品	○発泡ウレタンパッド ○不織布パッド ○スウェードタイプパッド

ヤモンドの脱粒を抑えたボンディング方法や長寿命化などの改善が施されています。

新しい高圧マイクロジェットパッドコンディショニング法

図1に示す高圧マイクロジェットパッドコンディショニング法は3～20 MPaの高圧水を孔径数百μmの特殊ノズルにより，マイクロメータオーダの微小液滴を数十m/sに高速化し，高エネルギー化させてパッドに噴射するものです。表1のようないろいろなコンディショニング方法の中でも，本手法はとくにパッドの清浄化に優れています。

この技術を用いることによりパッド表面の微細孔や溝内部を清浄化することができ，ダイヤモンドコンディショニングようにパッドを削り落とすことがないため，パッドの長寿命化が可能です。またブラシや樹脂プレートのコンディショニングに比べ，洗浄力が高く，非接触のコンディショニング方法であるために，パッド表面の汚れの再付着がありません。

図2は実際に50枚のシリコンウェハ上の酸化膜をCMPした後のパッド表面のSEM写真です。パッドは半導体デバイスのCMPで広く用いられている発泡ウレタンパッド（Rohm and Hass社製IC 1000）です。(a)はダイヤモンドコンディショニングを行った場合，(b)はダイヤモンドコンディショニングと高圧マイクロジェットを組み合わせた場合です。高圧マイクロジェットを施した方は，スラリーの残渣がないことがわかります。スラリー残渣をなくすことで，デバイスへの悪影響を除くことができます。

半導体デバイスウェハは300 mmウェハなどの大形化や配線の微細化とそれに伴う多層化が進み，1枚当たりの単価が高くなるために高圧マイクロジェットでのパッドコンディショニングは，歩留りを向上させるための有効な手法となっています。

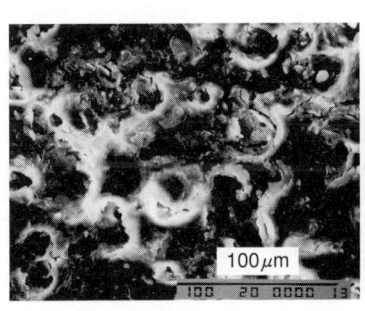

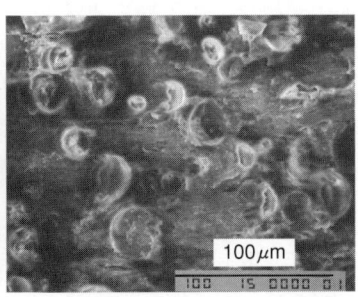

図1 高圧マイクロジェットによるパッドコンディショニング

(a) ダイヤモンドコンディショニング
(b) ダイヤモンドコンディショニングと高圧マイクロジェットの組み合わせ

図2 シリコン酸化膜を50枚加工した後のパッド表面

助ける・洗う

● 洗浄技術 ●

機械加工部品洗浄と清浄度

森合精機株式会社　森合主税・松村繁廣

生産・加工技術に関する分野において，一般的に「洗浄」とは汚れをただ単に落とすための技術だという認識がありますが，産業界においては付加価値の高い製品や高機能な部品を製造する上で必要とされる清浄度（＝機能上どこまで残留する異物付着が許容されるかの度合いをいう）を得るためには，洗浄はこれら製造プロセスでは欠かすことのできない重要な手段です。

機械加工部品の加工精度は，加工機械，工具，切削法などで高度化していますが，洗浄についてもあらゆる技術，手段などの開発，改良は大きく変化しています。そういったなかで洗浄は工業分野の製造工程における製造プロセスや生産ラインにとって不可欠な手段であるばかりでなく，日本の製造業における製品品質の確保と競争力を強化する重要な役割の一端を担っているものとして，その重要性が増しています。一般の機械加工部品の製造工程で活躍している加工部品洗浄について，最近の洗浄装置と洗浄精度測定の紹介を交えて洗浄技術を紹介します。

洗浄技術の重要性

金属材料の機械加工部品は，加工機による切削・研磨などの工程で発生する切りくず・研磨くずや，他に加工バリ・加工油脂・クーラント液・表面処理液などが主たる洗浄での除去すべき異物で，洗浄対象汚れの分類を表1に示します。

これら異物が加工後の部品表面や内部に残留すると，部品が組み込まれる製品が高機能化するに伴って，たとえば重要な高機能化部品とよばれるものを例にとれば，わずか数mgあるいは1mm以下といった極微小な残留異物がその部品の通路穴など重要な個所を閉塞させるといった障害を引起し，自動車のエンジンやミッションなどでは部品1つが自動車そのものの故障や人命にまで危険を及ぼす可能性も潜んでいるといっても過言ではありません。これら異物除去と要求の清浄度を得るために機械加工などの業界では洗浄装置が広く必要とされており，生産・加工技術の分野では砥粒加工と同様に洗浄は精密な加工技術であるといえます。

洗浄装置と洗浄技術

次に金属材料の機械加工を施された部品などに用いられる産業洗浄装置についての動向とその洗浄技術について紹介します。産業界における洗浄の現場では，大きな変化として1990年代にオゾン層破壊の問題が地球的規模で取り上げられ，またそれ以外にも地球温暖化防止への対応，PRTR法やVOC対策など法規制導入への対応により，さまざまな環境に関する要求に応じた洗浄方法や洗浄剤の見直しの必要性が生じ，これらに対応すべく従来から広く洗浄で用いられてきたフロンの使用規制による代替洗浄剤や環境リスクの低い新しい方式の洗浄装置の導入が増えています。

これらの状況における新しい洗浄の技術動向としては，電子・IT分野の半導体・液晶などの製造工程では炭化水素系や代替フロンの塩素系洗浄剤などが多く用いられ，主に洗浄剤のもつ化学的な洗浄力に依存される洗浄システムに対して，さまざまな水系の物理，機械力のもつ要素の組み合わせを主にした洗浄システムが，一般の機械加工部品の洗浄として広く採用されています。これら加工部品の産業洗浄ユーザーが自社の洗浄工程で使用する洗浄剤や洗浄装置などを検討する場合の判断のポイントとしては，汚れへの適用性，環境

表1　洗浄対象汚れ（付着物）の分類

項　目	汚れ（付着物）の種類
有機系汚れ	油脂系：熱処理，グリース，防錆油 　　　　各種加工（切削，引抜き，プレス）油 合成油系：シリコーン油，グリコール系
無機系汚れ	加工屑，バリ，研磨剤，ダスト，錆
その他	インキ，フラックス，ワックス，接着剤 マスキング剤，指紋，イオン性汚れ，繊維屑

面の配慮，経済性などを評価することが重要とされており，作業環境と安全対策への配慮から溶剤系から水系の洗浄に転換が進んでいます。要求される洗浄内容は，被洗浄対象物の用途・機能・形状・材質・製造の前後工程などによってはさまざまで，単純な洗浄からレベルの高い洗浄まで非常に幅が広いが，水系洗浄は水にアルカリ成分や界面活性剤を添加してこの洗剤のもつ化学作用や分散力とこれに加圧・攪拌・超音波などの物理力を作用させたものであり，水を媒体にした洗浄が一番環境にやさしい洗浄装置といえます。

洗浄方式と洗浄度の測定方法

加工部品で用いられる洗浄方式と洗浄後の洗浄精度評価としての残留異物測定について紹介します。図1は一般的なスプレー洗浄方式を示しています。液タンクよりポンプにて加圧された洗浄液を洗浄ノズルから被洗浄物に噴射させ，表面や加工穴内部に付着の汚れ異物を除去するもので，洗浄の圧力は汚れや異物除去の程度により最適な洗浄圧力が選定されます。この方式による洗浄装置は被洗浄物の大きさの制限が少なく，その洗浄方式は幅広く機械加工部品の洗浄に用いられています。また汚れ異物の洗浄のみならず，加工後のバリ取りもあわせて行う場合には，数十MPa以上の高圧の洗浄圧力が用いられることもあります。被洗浄物の全面を一様に洗浄するには，ノズルを上下・左右に揺動させたり，また被洗浄物を移動・回転させたりといろんな工夫がなされています。最近の洗浄技術の動向としては，被洗浄物に対してピンポイントで正確な狙い洗浄のロボット洗浄あるいは洗浄効率と洗浄時間短縮などを目的として複数の洗浄室を有するインデックス式洗浄など新たな方式の洗浄装置が生まれています。

一方，洗浄された被洗浄物の清浄度の測定方法を図2に示しますが，ほとんどは残留異物（コンタミともいう）の重量のみを測定して，それぞれの被洗浄物毎に設定された許容の残渣重量で判定されています。清浄度評価で作動油の汚染度を知る評価指標として，NAS(National Aerospace Standard)規格による清浄度等級（00～12等級）が広く用いられていますが，洗浄の分野ではこのような規格は未だなく，各ユーザーが独自に自社の基準で評価されています。しかし，自動車を例に取れば燃費や環境面さらには品質向上のための新技術メカニックなどからくる高い洗浄精度の新たな洗浄要求もあって，「重量法」のみによる評価では正確な評価が得られ難く，残留異物の発生原因や工程が明確に特定できず不良流出防止や工程対策が困難であるため，異物の「大きさ」判定も加えることにより精度の高い清浄度評価が行えるとされています。このように清浄度の品質管理の面で目視レベルの判定から異物の重量，大きさ，面積，個数などの測定（図3）が自動で行える残留異物測定器が商品化されています。

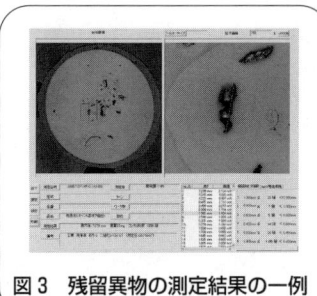

図3 残留異物の測定結果の一例

以上，加工部品洗浄の動向を含めて洗浄技術と洗浄度の測定について簡単に紹介しましたが，まだまだ多くの課題も抱えているものの，産業界での基幹技術の1つである洗浄はますます重要度が増すと予想されます。エコと環境の面から，よりエネルギー消費の少ない洗浄法あるいは環境リスクが少ない新たな洗浄技術の発展が望まれており，また洗浄の重要度が増すとともに高度な洗浄精度の評価方法とその手段も洗浄ユーザーには必要とされていくであろうと考えられます。

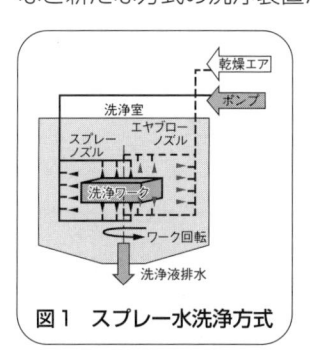

図1 スプレー水洗浄方式

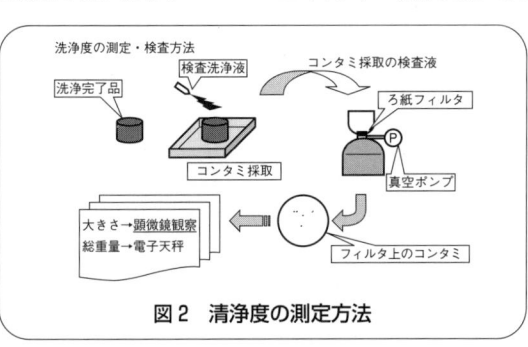

図2 清浄度の測定方法

1 はかる

計測工学総論

大阪大学　高谷　裕浩

　ものづくりの世界では，よく「はかれない"もの"はつくれない」といわれています。ものづくりにおける計測の大切さをよく表していることばです。"計測"ときくと，何か特殊で難しい技術というイメージをもっている人も多いと思いますが，計測は我々の生活と深く結びつき，大切な役割をはたしています。砥粒加工技術における計測も同様です。近年，ものづくりのグローバル化によって，世界各国で作製された部品を組み合わせた製品が増えてきており，高度な計測技術に基づいた，高精度部品の互換性確保が大きな課題となっています。また，現代のコンピュータを利用した高度な生産システムでは，膨大な生産情報を利用したものづくりが進められており，計測技術は，製品や加工状態に関する情報の源として重要な役割をはたしています。砥粒加工技術においても，計測は単に加工されたものの精度を評価するだけの役割をはたしているだけではなく，加工技術そのものの精度を向上する上で必要不可欠なものとなっています。また，品質や生産性の向上を追求した，砥粒加工技術の高精度化および高速化に伴い，計測技術にも高精度化と高速化が求められています。

計測とは

　古代エジプトやローマの王は，「天測，地測を秘技として学者や賢人にそれを究めることを求め，自分の権力の維持と拡大に利用した」[1]といわれています。計測は情報や知識の根源であり，ものごとの制御や予測を可能にすることから，「予測できる者とできない者には力の差」が生じます。すなわち，計測技術を国を支配する技術として利用し，他人よりもより多くの知識と情報を自分のものにすることが，王達の支配権の根源となっていました。そして現代でも，「測定は，(社会的)秩序を保つための基本」となっているといえます。一方，アルキメデスやガリレオがその原点となった観測や測定に基づいた理論的思考方法は，今日の科学を築く原動力となりました。測定によって，人間は知識を増大させ，普遍化された原理や法則を発見するに至りました。また，科学の発展がものごとの本質を見極めた適切な測定によって支えられてきたという事実からも，「測定とは，科学的なものの考え方の基本そのもの」であるといえます。

　一般的定義によれば，"測定"とは「ある量を，基準として用いる量と比較し，数値または符号を用いて表すこと」[2]とされていますが，本質的には，測定は「量の大きさの情報を作り出す操作」であるといえます。ここで，測定の対象となる特定の量を"測定量"[3]といいます。たとえば，測定量が長さである場合，基準となる量（1メートル）と比較し，測定する長さがこの基準量（単位）の何倍であるかを示す数値を求めることによって，"測定値"とします。したがって，量の測定結果は「数値×単位」で表され，測定値の客観性と普遍性は単位によって保証されるしくみになっています。なお，通常，測定値には"不確かさ"[4]が含まれており，測定値の信頼性は不確かさによって評価されます。

　現在，図1に示す国際単位系（SI；フランス語で Systeme International d'Unites の略）では，表1に示すような7つの基本単位が定められています。これらは基本量であり，他の量とは無関係に独立して与えられます。そして，定義や法則に基づいて，基本量を組み合わせて作られる量を組立量といいます。たとえば，力の量は，力と加速度の法則に基づいて質量（kg），長さ（m）および時間（s）で定められる組立量であり，組

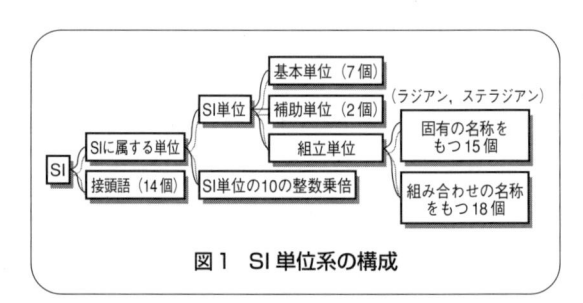

図1　SI 単位系の構成

(a) 水素原子　　(b) 地球と月の距離

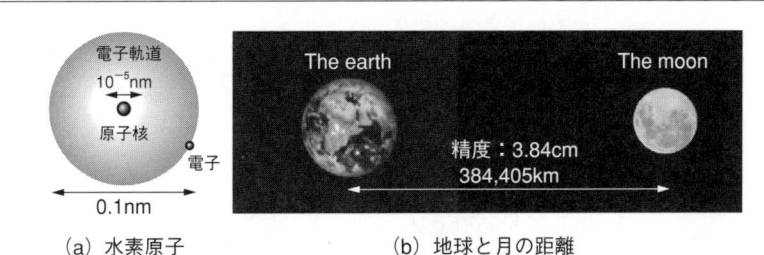

図2　長さ基準の精度

立単位は（kg·m/s²）となります。また，普段よく使われる単位として，ニュートン（N）やパスカル（Pa）などの固有の名称が定められています。さらに，10^6：メガ（M），10^3：キロ（k），10^{-3}：ミリ（m），10^{-6}：マイクロ（μ），10^{-9}：ナノ（n）などの接頭語が定められています。接頭語は 10^{-9} メートル（m）を表現する場合に，1ナノメートル（nm）のように用いられ，最近話題になっているナノテクノロジーの"ナノ"は，この接頭語の名称が由来になっています。

基本量のなかでもっとも高精度に定められているのは，長さ（m）と時間（s）です。特に長さはものづくりでもっとも重要なものさし（基準）であるため，実用上の長さ基準として，特殊な安定化レーザによって発振する光の波長が利用されています。図2に示すように，その不確かさは $1.3×10^{-10}$，すなわち，1mに対して約0.1nm（水素原子の直径とほぼ同程度！）に相当します。ちなみに，この精度で地球と月の距離384405kmを測定したとすると，その不確かさはわずか3.84cmしかないほどの正確さです。

ものづくりと計測

計測は，ものづくりにおいても，「秩序を維持し，原理・原則を明らかにする」という大きな役割を担っています。この観点から，ものづくりの基本要素である，設計，加工および計測の関係に

表1　基本単位：基本量の単位

量	名称	記号	定義
長さ	メートル	m	メートルは，1秒の299792458分の1の時間に光が真空中を伝わる行程の長さとする。
時間	秒	s	秒は，セシウム133（Cs 133）原子の基底状態の2つの超微細準位間の遷移に対する放射の9192631770周期の継続期間である。
質量	キログラム	kg	キログラムは，「国際キログラム原器」のもつ質量に等しい。（キログラム原器は4℃の空気を含まない純水1リットルの容積がもつ質量とされ，これを純白金（Pt）でこれと同じ質量の分銅としてつくられた）
温度	ケルビン	K	熱力学温度の単位ケルビンは，水の三重点の熱力学温度の1/273.16である。
電流	アンペア	A	アンペアは，真空中で1mの間隔で平行に置かれた無限に小さい円形断面積を有する無限に長い2本の直線状の導体のそれぞれに流れ，これらの導体の長さ1mごとに $2×10^{-7}$ ニュートンの力をおよぼし合う不変の電流。
物質量	モル	mol	モルは，0.012キログラムの炭素12（^{12}C）の中に存在する原子の数と等しい数の構成要素を含む系の物質量である。
光度	カンデラ	cd	カンデラは，101325パスカルの圧力のもとで白金の凝固点の温度にある黒体の1/600000平方メートルの表面の垂直方向の光度である。

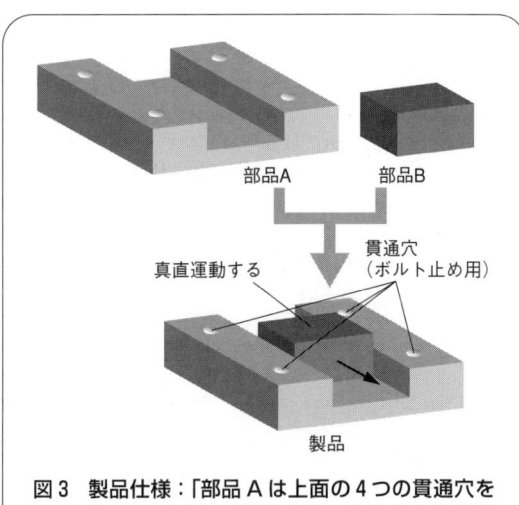

図3　製品仕様：「部品Aは上面の4つの貫通穴を使ってボルトで固定する。部品Aと部品Bの隙間は極力小さく，部品Bは部品Aの案内溝を真直にかつ滑らかに運動する」

図4 ものづくりと設計―加工―計測

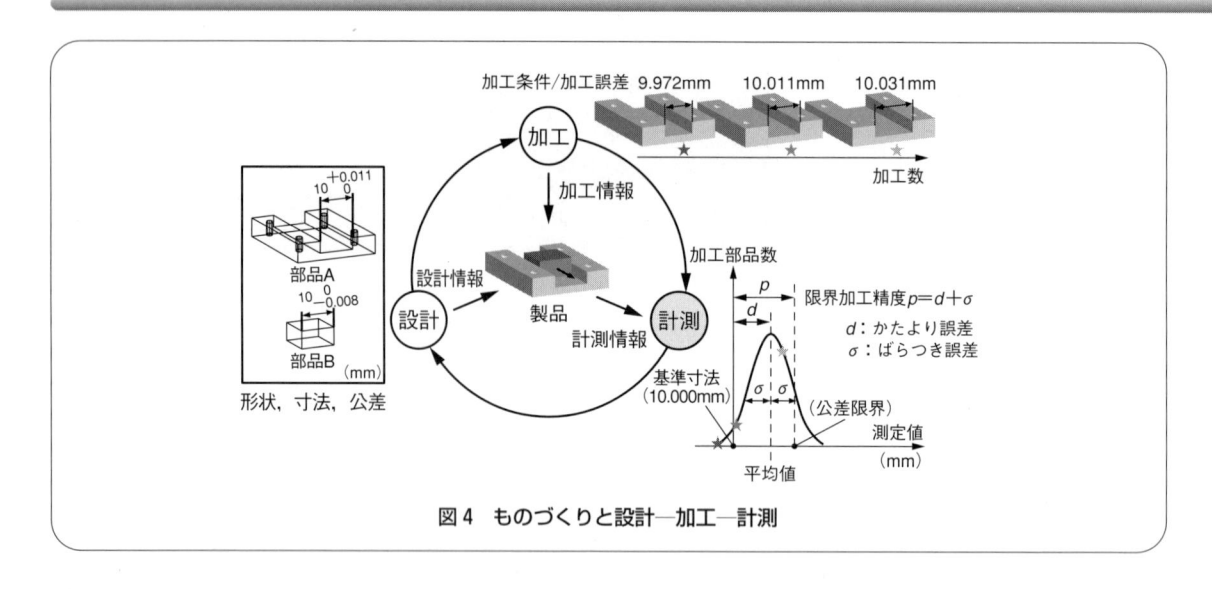

ついて考えてみましょう。

通常，製品は所定の機能を満足する仕様が決められ，仕様に基づいて設計されます。たとえば，**図3**に示す製品は，部品Bをキャリアとするステージの機能を持っており，「部品Aは上面の4つの貫通穴を使ってボルトで固定する。部品Aと部品Bの隙間は極力小さく，部品Bは部品Aの案内溝を真直にかつ滑らかに運動する」という仕様が与えられているとします。この仕様に基づいて，部品A，部品Bの寸法などを設計します。

設計どおりに加工できれば，計測はしなくても良いのでは？　と考える人がいるかも知れません。しかし，部品をいくつか作ってみたところ，部品Aに部品Bが入らない組み合わせや，逆に隙間が大きくゆるゆるの組み合わせができてしまったとします。加工のときに何が起きたのでしょうか？　そこで，加工部品を計測してどのような加工誤差が発生しているかを調べる必要が生じます。それによって，加工誤差の原因を推測し，一定の精度で加工が行われるための原理・原則を見いだすことが可能になります。

計測を行わないものづくりは，新しい進歩が望まれないことが容易に想像できます。実際に，加工機の性能や加工条件によって部品の寸法はばらつきます。たとえば，部品Aの溝幅を測定してみると，**図4**のような正規分布となる場合が一般的です。そこで，測定値の分布から得られる，かたより誤差 d やばらつき誤差 σ で決まる限界加工精度 p の情報を加工や設計にフィードバックすることによって，より正確で効率的なものづくりの秩序が保たれています。設計における"公差"も，部品の機能だけでなく，限界加工精度の範囲が考慮されます。たとえば，部品Aの溝幅（10.000～10.012 mm）や部品Bの幅寸法（9.992～10.000 mm）のように許容寸法の幅を与え，公差を満足するような精度の加工法や加工条件を選択します。これらの重要な情報はすべて計測によって得られます。そして，計測によって得られる新たな知識によって，より高精度なものづくりを実現し，製品の機能を保証することを可能にできるのです。

加工と計測

砥粒加工技術では，主に加工物と加工状態の計測が重要です。一般に，加工物の測定は，部品が与えられた仕様・機能を満足するかどうか，あるいは部品を標準化したときにその互換性を保証できるかどうか，などの評価を目的としています。たとえば，図3中の部品Aの精度が仕様を満足しているかどうかを測定評価するためには，「測定量は何か？」を考える必要があります。まず，案内溝の幅の寸法が部品Bの大きさよりもわずかに大きくなければなりません。したがって，案内溝の幅の寸法が測定量であることがすぐにわかります。しかし，寸法は正しくできていても，案内溝が曲がっていたり，部品Bの底面が接する面の表面が粗いと，部品Bを真直かつ滑らかに

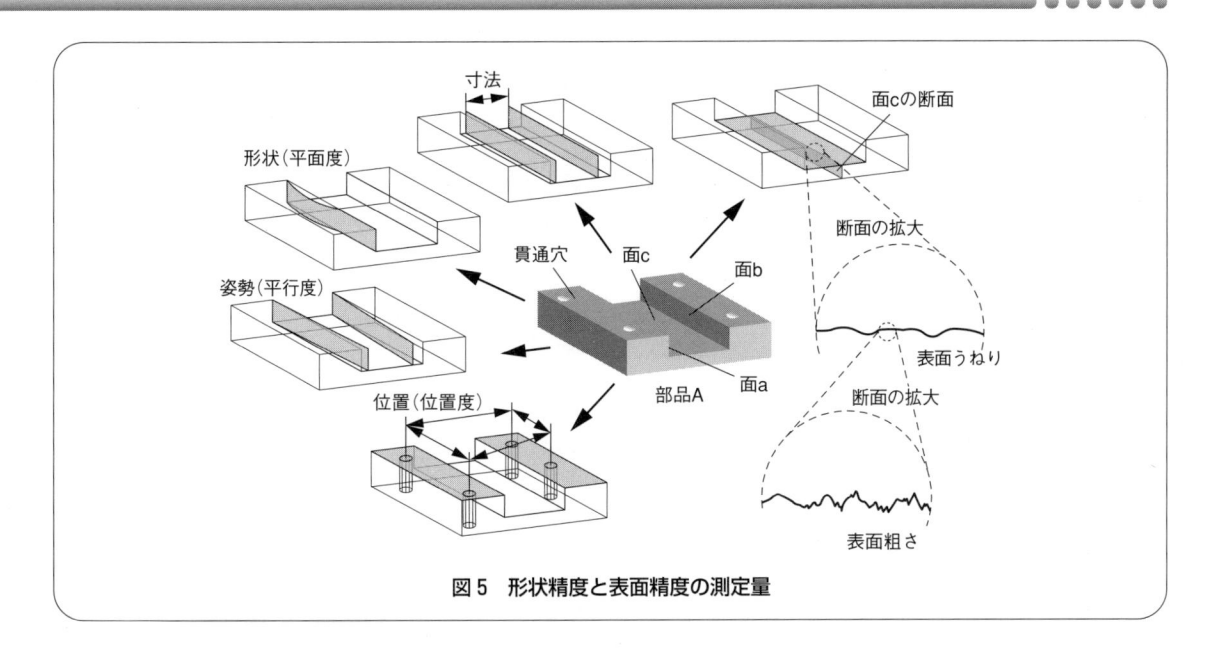

図5 形状精度と表面精度の測定量

動かすことはできません。そこで図5に示すように，面aと面bの平面度や平行度といった幾何偏差や，面cのサブミクロンオーダの表面微細形状を測定する必要があります。また，他の部品に取付ける場合を考えると，部品Aの貫通穴の位置の正確さ（位置度）も測定する必要があります。図5には，加工物の加工精度を評価するための基本的な測定量が示されています。すなわち，幾何学的な形状精度は，形体（feature）の4要素とよばれている寸法，形状，姿勢，位置，また，表面精度は，表面うねりおよび表面粗さなどが主な測定量です。さらに，加工によって加工物の表面層内部に与えられた材料特性の変化である残留応力や加工変質層といった"サーフェス・インテグリティ"が製品の機能や寿命などに影響を与える場合もあります。そのような場合は，硬さや応力などの測定量を計測します。

加工状態の測定は，加工のばらつき誤差を極力小さくするよう，加工条件の最適化や，加工機を制御することを目的としています。たとえば，熱による温度変化によって加工材料は熱膨張しますが，1mの長さの鋼の場合ですと，1度の温度変化で10μmも伸びます。全く同一の加工条件で部品を加工しても，部品の寸法が図4の分布のようにばらつくのはこのためです。加工のばらつき

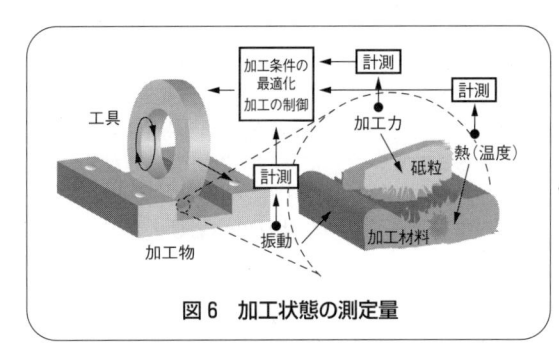

図6 加工状態の測定量

の主な要因として，図6に示すように，工具と加工物の間に作用する加工力や熱（温度）の変化，振動などが挙げられます。そこで，これらの測定量を計測し，さらに計測結果を加工条件や加工制御にフィードバックすることによって，より高精度な砥粒加工が実現されます。

参考文献

1) 大澤敏彦，測定論ノート，裳華房，4 (1997)
2) JIS X 8103-1984
3) International vocabulary of basic and general terms in metrology (VIM), second edition（国際計量基本用語集（第2版）），International Organization for Standardization, (1993)
4) 監修 飯塚孝三，ISO 国際文書 計測における不確かさの表現ガイド，日本規格協会，74-82 (1996)

1 はかる

● 加工表面性状をみる ●

サーフェス・インテグリティ

明治大学　當舎　勝次

　製品や部品は永久に長持ちすることはなく，ある時・ある所から突然壊れます。なぜ壊れるのでしょうか。また，なぜそこが壊れるのでしょうか。製品や部品を設計する場合，設計者は力の掛かるところ，つまり応力の高いところはある程度把握できますが，壊れた弱い箇所がどこかは正確にはわからないのです。なぜなら破壊は，素材の生い立ち，加工の種類と加工条件，使用環境などに大きく影響される要因が絡み合って結果的に一番弱いところから発生するからです。この材料の強さ，性能，機能とそれに影響する製造過程とをまとめて考えるのがこのサーフェス・インテグリティなのです。

　サーフェス・インテグリティの定義：製造過程で発生する表面層に生成されるあらゆる変質の記述と制御に関するもので，実際に使用された場合の材料特性や表面性能に及ぼすすべての影響を包含している概念です。さらに，被加工材の重要な工学的特性に影響を及ぼす製造過程の評価したうえでのそれら過程の選択と制御まで考慮する必要があるとも付記されています[1]。

　定義の記述を言い換えると，サーフェス・インテグリティは，①材料の生い立ち（生産過程と加工履歴），②加工の種類と加工条件，③被加工材に発生する加工変質層，④その材料で製作された部品・製品の性能・機能といった「材料の生い立ちから製品としての性能まで全体を考慮する実用的な概念」ということができます。

　この概念は，1964年にM. FieldとJ. F. Kahlesによって提唱され，1986年には米国の規格ANSI B 211.1として設定されています[2]。サーフェス・インテグリティは図1に示すようにサーフェステクスチャとあわせて考慮すべきものです。この模式図には，サーフェス・インテグリティとして図1には10項目しか提示されていませんが，定義の項で述べていますようにあらゆる変質ということですから，加工中の工具材料や雰囲気元素の拡散などもこの中に入ると思われます。ただ，図1に示した要因と疲れ強さや耐摩耗性などの特性値との定性的関連性はある程度把握されていますが，定量的関係は残念ながらわかっていません。まだまだ研究の余地があるということです。

　砥粒加工という観点で被加工材の表面層を描いたものが図2で，研削状態の違いによる硬さ分布の変化を示しています。これに関連して，原因と結果という切り口で分類したものが図3です。このように，サーフェス・インテグリティは原因，現象，機能すべてを包含しています。

　さらにそれらの機能と製品との関連性を示したものが表1です。

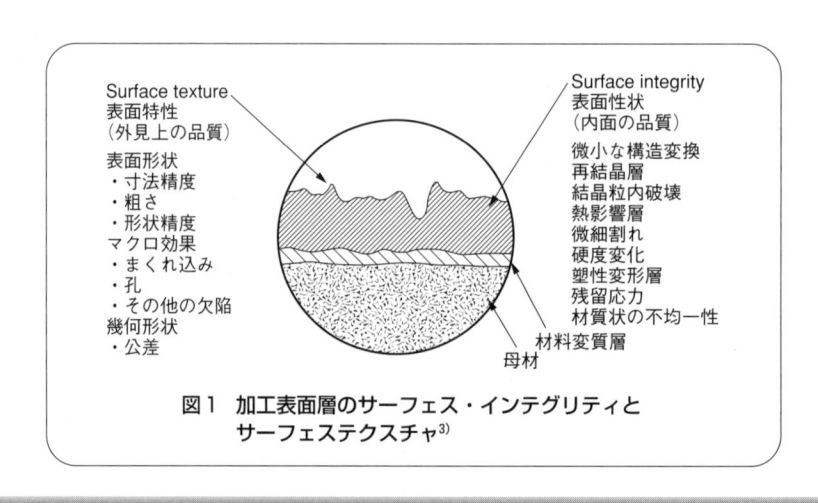

図1　加工表面層のサーフェス・インテグリティとサーフェステクスチャ[3]

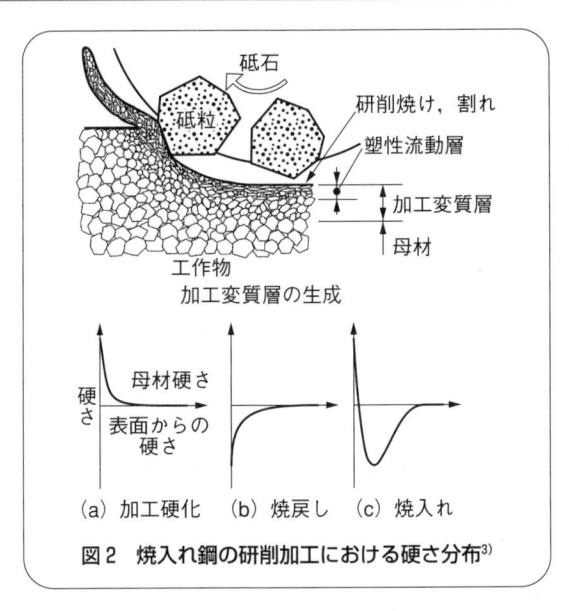

図2 焼入れ鋼の研削加工における硬さ分布[3]

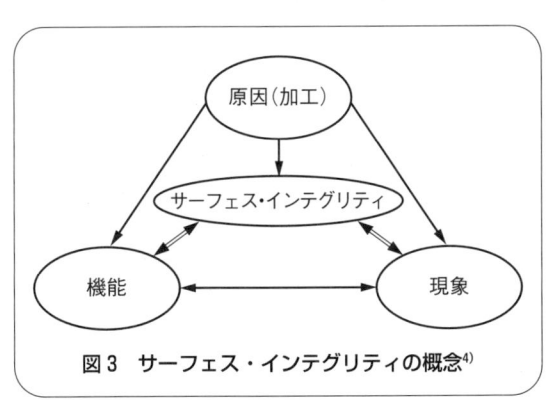

図3 サーフェス・インテグリティの概念[4]

表1 加工品表面の機能と製品のかかわり[3]

工学的機能	特徴・現象	事 例
光学的	反射，屈折	レンズ，鏡
摩擦，摩耗	真実接触面積，摩擦抵抗	軸受，整流子，磁気ヘッド
気密，清浄性	接触面すき間，表面粗さ	ピストンリング，バルブ真空ポンプ・フランジ，パイプ
接着，付着	接着面積，印刷特性	磁気ディスク，プリント基板 グラビアロール，印刷用紙
伝導性	電気抵抗，熱抵抗	電気スイッチ，熱交換器
強度的	応力集中，疲労破壊	ばね，セラミック製品
視覚，触覚	光沢度，鮮映度	建築金物，洋食器，装飾品

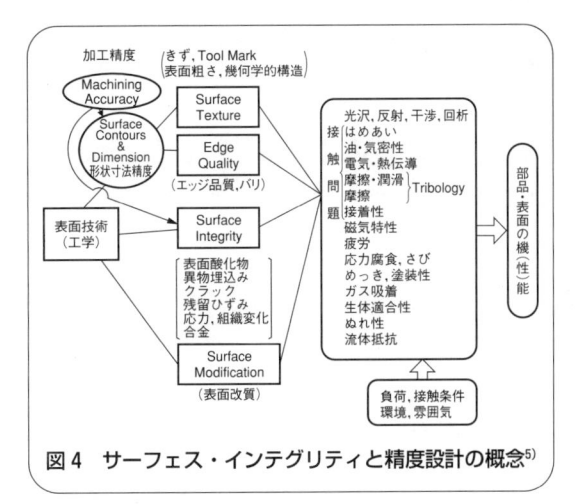

図4 サーフェス・インテグリティと精度設計の概念[5]

以上を表面工学または表面技術という観点から描いたものが**図4**です。料理と同様に，素材と包丁さばきと味付けでその料理のおいしさが決まりますが，さらに困ったことに人には好き嫌いがあるように，製品の性能や機能は使用環境や使用条件によってもその強さやパフォーマンスが異なってきます。素材の生い立ちや加工履歴に十分注意すべきです。

最後に，このサーフェス・インテグリティを積極的に利用している砥粒加工の例をあげると，ショットピーニング（圧縮残留応力生成と加工硬化），cBN研削（圧縮残留応力生成），各種の研磨（表面粗さ減少と圧縮残留応力生成），バリ取りなどがあります。

参考文献

1) Machinability Data Center(Ed.), Machining data handbook (3rd Ed.) 18. 3, 39-136 (1980)
2) 北嶋弘一，バリ取りとエッジ仕上げは製品設計の段階から考慮しても早くはない！，機械技術，**47**, 6, 76 (1999)
3) 高沢孝哉，Surface Integrity，精密工学会誌，**55**, 10, 1772 (1989)
4) 北嶋弘一他，砥粒加工におけるサーフェス・インテグリティ，砥粒加工学会誌，**47**, 3, 123 (2003)
5) 高沢孝哉，機械部品の機能とサーフェス・インテグリティ，砥粒加工学会誌，**47**, 3, 119 (2003)

1 はかる

●寸法・形状・粗さを測る●
触針を用いた計測手法

長岡技術科学大学　柳　和久

　製品づくりの高度化およびグローバル化が進んでいるなかで，従来までの技術では，製品の寸法・形状のみで設計との整合性がとれているものであれば，十分にその製品の機能を満たしていました。しかし近年，製品の寸法・形状のみならず，その表面の微細な構造に対しても設計値との整合性が必要となってきており，製品の表面構造，つまり"表面機能"に関する注目度が非常に高くなっています。またそれに伴い，接触式や非接触式など多種多様な表面形状測定機が市場に出現するようになり，評価対象によってそれらの機器を適切に使い分ける必要が出てきました。ここでは，それら微細な表面の構造を測定するための評価装置として広く用いられている触針式の輪郭形状測定機について述べます。

触針式輪郭形状測定機のシステム概要

　触針式の輪郭形状測定機とは，スタイラス（先端がダイヤモンドの触針）を保持するプローブによって，直接被測定物を倣いながら表面構造の測定と評価を行う装置です。図1にISO（International Organization for Standardization）およびJIS（Japanese Industrial Standard）で規定されている一般的な触針式の輪郭形状測定機（JISでは触針式表面粗さ測定機と称呼しています）のシステム概略図および装置の構成図を示します。

　ISO/JISに準拠した触針式表面粗さ測定機におけるデータ処理の流れは，まず，十分に細かなサンプリング間隔で量子化された測定断面曲線（ディジタルデータ）から，被測定面の傾斜や巨視的な幾何形体を差し引き，さらにλ_sより短い波長成分を取り除いて得られる"断面曲線"が基準になります。この断面曲線のうち相対的に短い波長帯域の成分を"粗さ曲線"と呼び，長い波長帯域の成分を"うねり曲線"とよびます。通常，粗さとうねりに関する情報は1つの断面曲線から得られるもので，そこから表面機能に見合うカットオフ波長（図2のλ_cやλ_f）を有する位相補償フィルタを用いて，粗さ曲線とうねり曲線に分離し，各種の表面性状パラメータを算出することにしています。なお，JISでは，工業製品表面の幾何学的性質のうち，形体や形状を除外した粗さやうねり，表面欠陥などを総称して表面性状とよぶことにしています。

　触針式の輪郭形状測定機は，主に輪郭曲線方式の二次元測定機として，古くから製品の表面構造や表面機能の評価に使用されています。そのため，ISOでは，当該測定機の特性と校正法および校正用標準片について議論を重ねてきており，多くの国際標準規格が整備されました。JISはISOと同等規格を原則として，それらを順次翻訳することにしています。ただし，面領域の三次元測定と評価に関しては，手付かずの部分が多く，測定条件や表面性状パラメータに関する共通認識が得られている訳ではありません。

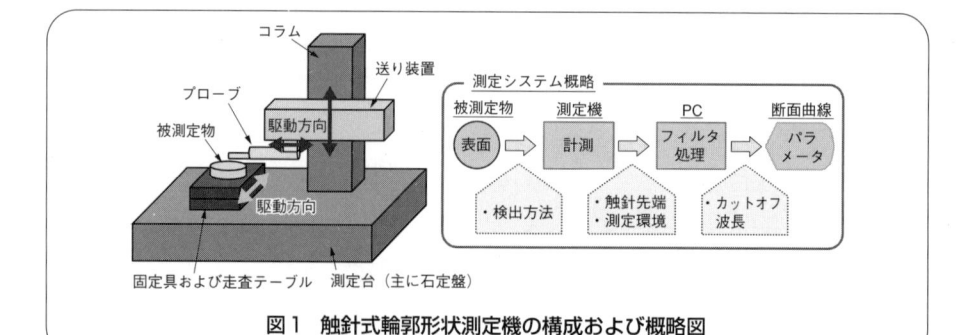

図1　触針式輪郭形状測定機の構成および概略図

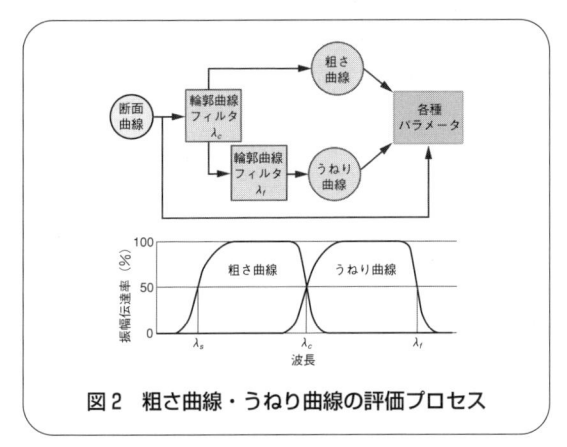

寸法・形状・粗さを測る

図2 粗さ曲線・うねり曲線の評価プロセス

表1 標準片のタイプ

タイプ	名 称
A	深さ用標準片（図4 a）
B	触針先端用標準片（図4 b）
C	間隔用標準片（図4 c）
D	粗さ用標準片（図4 d）
E	座標用標準片（図4 e）

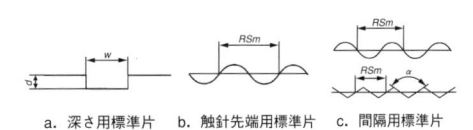

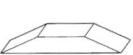

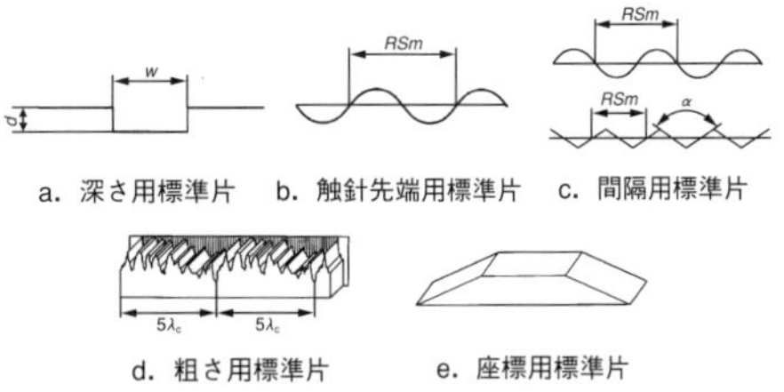

図3 2次元測定の性能評価用標準片形状

a. 深さ用標準片　b. 触針先端用標準片　c. 間隔用標準片　d. 粗さ用標準片　e. 座標用標準片

メリットとデメリット

触針式の輪郭形状測定機を用いて表面性状の評価を行う際のメリットとデメリットには次のような事柄があげられます。

〈メリット〉
① 被測定物の実表面に接触して測定を行うので，表面構造に直結した情報が得られる。
② 高い空間分解能を有し，広領域の輪郭形状測定も可能。
③ ハードウェア構成の標準化が進んでおり，機器の操作が比較的容易。

〈デメリット〉
① 被測定物に接触させて走査するので，表面に傷をつける可能性がある。
② スタイラスの飛び跳ね現象があるために，走査速度に上限がある。
③ スタイラスの損耗や装置の機械的な性能劣化に留意が必要。

メリット，デメリットそれぞれの①部分が触針式の大きな特徴の1つであるといえます。被測定物に接触する際の静的な測定力は，0.75 mN（特殊構造プローブでは4.0 mN）と決められていますが，各所でこの測定力の低減が求められており，今後の重要な課題になっています。デメリット②については，測定機メーカーの努力によりx軸の駆動速度が40 mm/s程度まで向上してきており，通常の測定ではストレスを感じることは無くなってきています。また，全自動測定タイプのCNC輪郭形状測定機も市場に現れており，作業者は被測定物を設置するのみで，無人測定が可能になっている測定機もあります。

触針式輪郭形状測定機の性能検証，つまり測定値のもっともらしさを評価するために用いられている器具が，一般には"測定標準"とよばれている標準面試料になります。これには表1および図3に示すように，さまざまなタイプの形式と用途がISO/JISで決められています。

測定機メーカーは，これらの標準片とメーカー独自の校正用器具を用いて，測定機の総合的性能の検証を行うとともに，その測定機の信頼性を保証しています。

参考文献

1) JIS B 0601 製品の幾何特性仕様（GPS）—表面性状：輪郭曲線方式—用語，定義及び表面性状パラメータ，(2001)
2) JIS B 0632 製品の幾何特性仕様（GPS）—表面性状：輪郭曲線方式—位相補償フィルタの特性，(2001)
3) JIS B 0633 製品の幾何特性仕様（GPS）—表面性状：輪郭曲線方式—表面性状評価の方式及び手順，(2001)
4) JIS B 0651 製品の幾何特性仕様（GPS）—表面性状：輪郭曲線方式—触針式表面粗さ測定機の特性，(2001)
5) JIS B 0659-1 製品の幾何特性仕様（GPS）—表面性状：輪郭曲線方式；測定標準—第1部：標準片，(2002)
6) JIS B 0670 製品の幾何特性仕様（GPS）—表面性状：輪郭曲線方式—触針式表面粗さ測定機の校正，(2001)

はかる

●寸法・形状・粗さを測る●
光の干渉性を利用した形状計測法

富山県立大学　野村　俊

光を用いた計測法によって，加工された面に触れることなくナノメートルオーダの寸法，形状，粗さを計測することが可能です。光の直進性を利用したものや光の波動性を利用したものなど，多くの方法があります。ここでは光の干渉性を利用した形状計測法について紹介します。

砥粒加工された面が鏡のように滑らかな場合には，面の形状を光の直進性や干渉性を利用して計測することができ，多くの方法があります。ここでは，レーザの干渉性を利用した形状計測法に焦点を絞って紹介します。

フィゾー干渉計

図1はフィゾー干渉計とよばれる装置です。レーザから出た光はレンズL1で発散光となります。この光の一部はビームスプリッタBSを透過して，レンズL2で平行光となり，平面の基準となる参照面に達します。ビームスプリッタは光を一部透過させ，一部を反射させることができる光学素子です。参照面もビームスプリッタでできており，入射光の一部が反射し，再び斜めに置かれたビームスプリッタで反射してスクリーンに達します。この光は平面から来る波となりますので参照光として用いることができます。一方，被検面で反射した光は，その面の凹凸の情報を持ってスクリーンに達するため，被検光として用いることができます。これら2つの光が干渉して，被検面と平面との差が図1に示す干渉縞，すなわち等高線として得られます。参照光と被検光の道筋の差（光路差）が波長の整数倍ごとに明暗が変化します。被検光は往復していますので，等高線は波長の1/2ごとに現れることになります[1]。He-Neガスレーザの波長は通常633 nmですから，317 nmごとに等高線が現れます。高精度な計測を行うには，位相シフト法やフーリエ変換法などにより，数nmの精度で凹凸を計測することができます[2),3]。

被検面が球面の場合，球面波が出るように参照面の左側にレンズを挿入します。球面からのずれ（非球面度）が大きい場合には，干渉縞の間隔が狭くなり過ぎて計測が困難になります。近年，非球面度の大きな被検面の形状計測の要望が多く，対応が困難な例が増えています。このような要望に答えて，ゾーンプレート干渉計が提案されています。

ゾーンプレート干渉計

図2はゾーンプレート干渉計の光学系を示しています。この干渉計では平面あるいは球面などの

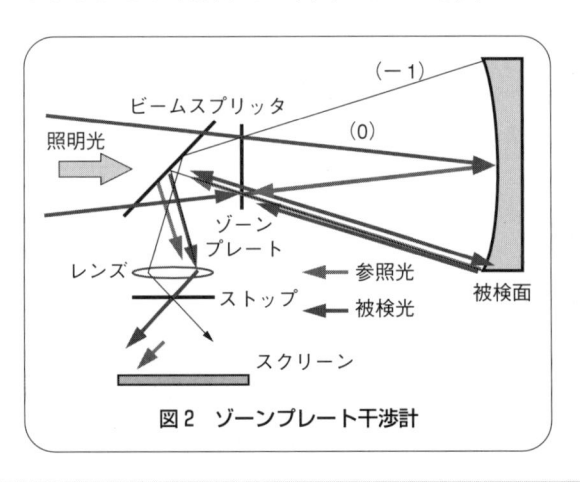

図1　フィゾー干渉計

図2　ゾーンプレート干渉計

参照面からの波面の代わりに，回折格子を用いて参照となる波面を作り出します。したがって，回折格子のパターンによって，いろいろな波面を作り出すことができます。たとえば，放物面などその形状と置かれる位置が決まれば，計算機で回折格子のパターンを計算して，描画装置でそのパターンを描き，被検面と一致した波面を作り出すことができます。計算によってその格子のパターンを描くため，ゾーンプレートのことをCGH（Computer Generated Hologram）ともよびます。

照明光は被検面の中心を照射しています。途中にゾーンプレートとよばれる同心円状の回折格子を置きます。この回折格子は照明光を設計形状の面に垂直に照射するように作られています。被検面の中心に照射された光は反射して，ゾーンプレートに達し，回折してスクリーンに至ります。この光は設計形状からの反射光と同じ光となり，参照光として用いることができます。一方，ゾーンプレートで回折した照明光は被検面に垂直に当たって反射して，ゾーンプレートをそのまま通過してスクリーンに至ります。この光は被検面の凹凸の情報を持っているため，被検光として用いることができます。これら2つの光が干渉して，設計形状からの誤差を等高線として表します。計測精度はフィゾー干渉計に準じています。

ゾーンプレート干渉計は，被検面が光軸方向へ振動しても参照光も同様に移動して光路差が変化しないため，振動の影響を受けにくい特徴があります。この特徴を生かして加工機の上に干渉計を搭載して，形状計測することが可能です[4]。

ラテラルシアリング干渉計

図3はラテラルシアリング干渉計の光学系を示しています。この干渉計では光軸に対して直角方向に波面をずらして，元の波面とずらした波面との間で干渉させます。したがって，干渉縞は波面をずらした方向に対する微分値を表します。オプチカルパラレルとよばれる平行平面板の表と裏からの反射によって波面の横ずらしを行うことがで

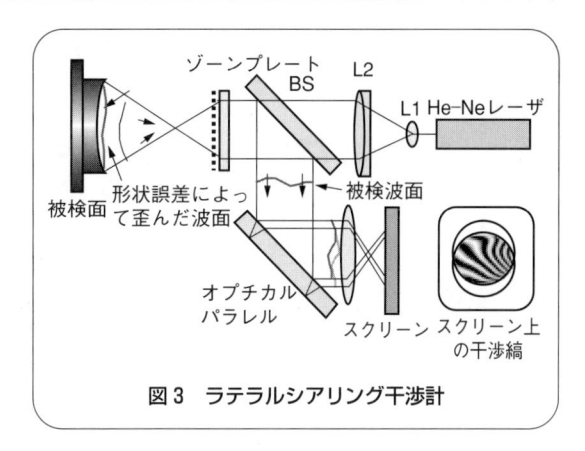

図3 ラテラルシアリング干渉計

きます。この他に回折格子を用いても横ずらしを行うことができます。

ラテラルシアリング干渉計も非球面度の大きな形状を計測することができます。また，振動などの影響を受けにくい特徴を持っており，機上計測が可能です[5]。

得られる干渉縞はその被検面の形状誤差を直接表さないため，演算して求める必要があります。被検面全体の形状計測を行うには，直交する2軸方向へのシアを行い，これらのデータを基に解析を行います。計測精度は前述の2つの方法よりは劣りますが，干渉計の構造が簡単であるという特徴を持ちます。

参考文献

1) 谷田貝豊彦，応用光学―光計測入門，128-129，丸善（1988）
2) J. H. Bruning et al, Digital wavefront measuring interferometer for testing optical surfaces and lens, Applied Optics, **13**, 11, 2693-2703（1974）
3) 武田光夫，サブフリンジ干渉計測基礎論，光学，**12**, 55-116（1983）
4) T. Nomura et al, Shape measurements of workpiece surface with a zoneplate interferometer during machine running, Precision Engineering, **15**, 2, 86-92（1993）
5) T. Nomura et al, Shape measurements of mirror surefaces with a lateral shearing interferometer during machine running, Precision Engineering, **22**, 4, 185-189（1993）

11 はかる

●寸法・形状・粗さを測る●
光を用いた計測手法

東京大学　高橋　哲

光は，多様な光波属性値（振幅，波長，位相，偏光）を用いた情報搬送が可能で，また電気的物理量に容易に変換できるため高速コンピュータ処理が可能です。さらに絶対的な長さ基準であることなど光特有の興味深い物理特性を有しています。これらの光ならではの特徴的な物理特性を最大限に利用し，目的とする対象から所望の情報を取得することが光応用計測です。

砥粒加工において仕上げられた表面の形状や粗さ，表面欠陥などの計測においても，光を用いた計測は強力な武器となります。三角測量法に代表される幾何光学的手法，白色干渉計に代表される種々の干渉測長法など，光の直進性や波動性を利用することで，砥粒加工面の形状や粗さ，欠陥などの表面性状の高速・高精度な計測が可能となります。通常，光応用計測では，暗黙のうちに「光」として「自由空間伝搬光」を意味していますが，実は「光」には「自由空間を伝搬しない光」というものが存在します。これらは近接場光，エバネッセント光とよばれ，それぞれ「自由空間伝搬光」にはない興味深い特性を有していることが知られています。ここでは最新の光計測手法の1つであるエバネッセント光を利用した計測法に着目し，特に砥粒加工技術の1つの粋である半導体ウェハ基板表面の評価（微細欠陥計測）に応用した例について紹介します。

エバネッセント光とは

図1に全反射を利用したエバネッセント光の生成の様子を示します。一般に，2つの媒質が存在するとき，伝播光波はその界面で反射・透過（屈折）し，それぞれ両媒質内を伝播します（図1(a)）。しかし光学的に密な媒質（媒質1）から疎な媒質（媒質2）に光波が伝搬していく場合は透過光が存在せず，すべてのエネルギーが反射光となる入射条件が存在します。これは以下のようにも理解できます。入射角度θを大きくしていくとスネルの法則で記述されるように，屈折角度ϕも大きくなっていきます。そして入射角度θが臨界角度$\theta_{critical}$を超えたときに，$\phi > 90°$に達します。もはや媒質2の自由空間中へ伝搬していく光波は存在できず，すべての入射光波は，界面で反射することになります（図1(b)）。しかし界面近傍に関しては，媒質2側にも光エネルギーが局在することが知られており，これをエバネッセント光といいます。その特徴としては，①エネルギーが界面から離れるにつれて指数関数的に急激に減衰し，波長程度の領域のみに局在すること，②自由空間伝搬しないことから

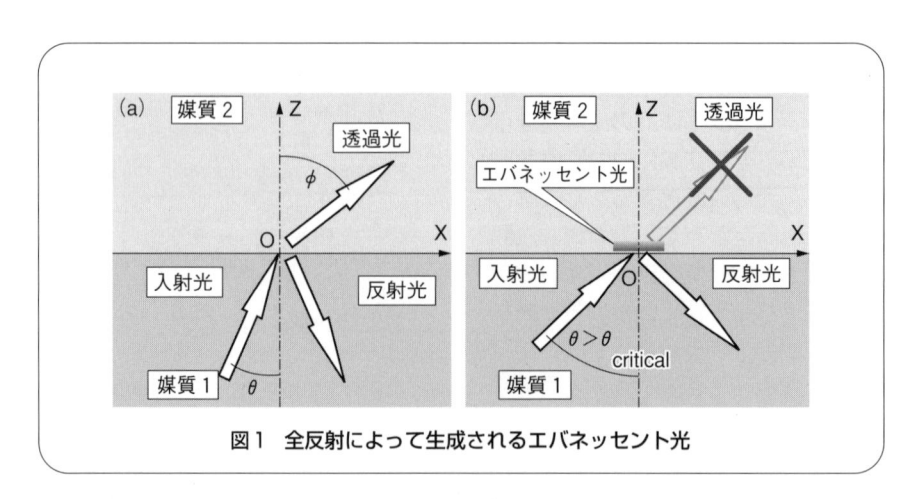

図1　全反射によって生成されるエバネッセント光

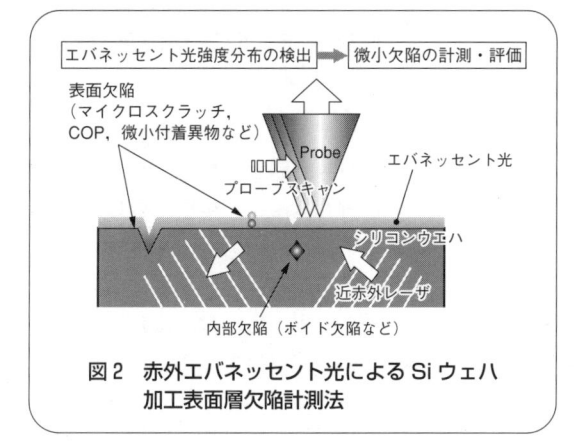

寸法・形状・粗さを測る

図2　赤外エバネッセント光によるSiウェハ加工表面層欠陥計測法

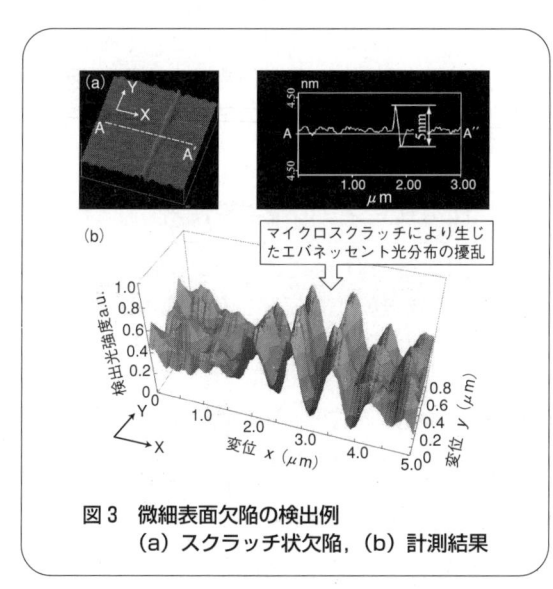

図3　微細表面欠陥の検出例
(a) スクラッチ状欠陥，(b) 計測結果

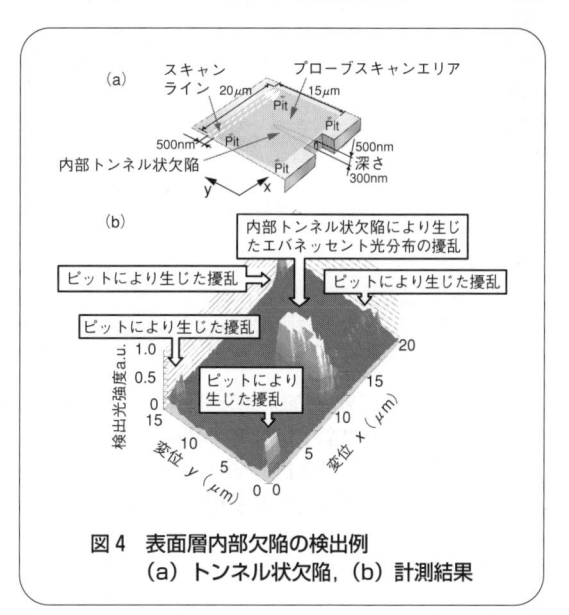

図4　表面層内部欠陥の検出例
(a) トンネル状欠陥，(b) 計測結果

回折限界に支配されないため，その面内エネルギー分布は界面におけるナノメートルスケールの微小物性分布を反映することが挙げられます。

エバネッセント光による計測

図2は，エバネッセント光を利用した半導体基板用シリコンウェハ加工表面層の微小欠陥計測法[1]の概念図です。シリコンに対して吸収の少ない赤外レーザビームを，ウェハ内部より伝搬させ，ウェハ上面にエバネッセント光を生成させます。前述のように，エバネッセント光はナノメートルオーダといった微小領域における光学特性の影響をうける（特性②）ため，表面に微小欠陥が存在すると，その微小欠陥の光学属性に応じた強度分布がウェハ上面に生成されます。この方法はそのままでは観測不可能（特性①）なエバネッセント光を先端が微細なプローブを用いて伝播光に変換することで間接的に観測し，その観測光量の変化から表面層微小欠陥の計測・評価を行うものです。検出分解能は光源波長に依存せず，プローブ先端径により決定されるため，従来法では検出が困難だった数十nmスケールの微小欠陥検出も可能です。さらにエバネッセント光の生成方法としてウェハ内部からの臨界角条件を利用していることから，表面層下の内部欠陥も検出可能です。図3，図4に実際の計測例を示します。5nm程度の凹凸を有する微細スクラッチ状表面欠陥（図3(a)）と表面層内部（深さ約300nm）に存在するトンネル状欠陥（図4(a)）の計測結果（図3(b)4(b)）です。ナノメートルスケールの表面微細凹凸や，また原子間力顕微鏡などでは測定が困難な内部空洞欠陥も検出可能なことが確認できます。

参考文献

1) 中島隆介，高橋哲，三好隆志，高谷裕浩，精密工学会誌，**69**，9，1291-1295（2003）

はかる

● 加工力を測る ●

水晶圧電式動力計による測定

日本キスラー株式会社　望月　清明

　各種材料の成形分野において，切削加工あるいは研削加工はもっとも重要な手法とされています。切削抵抗あるいは研削抵抗を利用して，多様な加工方法を評価するには優れた測定技術が必要となりますが，水晶圧電式動力計を使用することでさまざまな課題を克服することが可能となります。

水晶圧電効果

　水晶圧電効果（図1）は，1880年にキューリー兄弟により発見されましたが，1940年代以前はあまり注目されませんでした。水晶がその負荷に応じた電荷を比例的に発生させるという圧電特性は，入力インピーダンスが高いアンプが開発されるまで実用的ではなかったからです。

　1950年代にエレクトロメータチューブが量産されてから，水晶圧電式センサの商業生産が始まりました。W. P. Kistlerは，1950年にチャージアンプの原理を特許申請し，1960年代に注目を集めるようになりました。高い絶縁材料であるテフロンやカプコンの使用により，水晶圧電式センサの性能が飛躍的に向上し，近代技術と産業用途の広い分野への導入が促進されました。

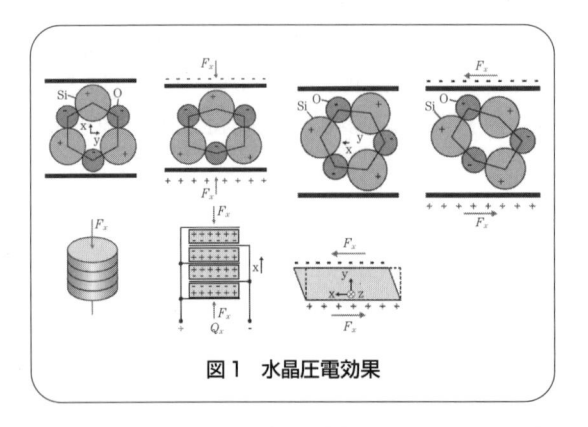

水晶圧電式センサのアプリケーション

　現在，水晶圧電式測定装置は研究機関のみならず，製造工程の装置などに組み込まれて幅広く使用されています。それらのほとんどは，力・圧力・加速度といった機械的変化量を正確に測定し，動的に記録する必要があるアプリケーションに適用されています。

　切削加工，研削加工における抵抗測定は，圧電式センサのもっとも代表的なアプリケーションであるといえ，キスラー圧電式動力計（図2）はこの分野における測定器のデファクトスタンダードといわれています。

水晶圧電式センサの基本特性

　動力計に代表される圧電式センサは，その圧電素子として物理的特性に優れた水晶（図3）を使用しています。以下にその優れたその特性を示します。

・高負荷限界：約 $150\,\text{N/mm}^2$
・500℃ までの温度耐性
・高剛性，高直線性，わずかなヒステリシス
・高絶縁性（$10^{14}\,\Omega$）

以上の特性を利用した水晶圧電式動力計は，切削加工，研削加工における抵抗測定時に求められ

図1　水晶圧電効果

図2　最新形圧電式動力計

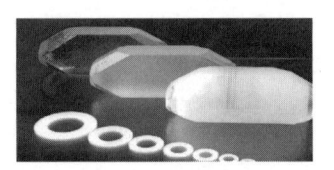

図3　水晶圧電素子

る機能を十二分に発揮します。たとえば，高固有振動数，幅広い測定範囲，高分解能，低いクロストーク（通常＜1％），小形・長寿命，などです。

水晶圧電式3成分動力計

圧電式動力計の基本である3成分動力計は，2枚の剪断方向（F_x，F_y）に反応する水晶素子と1枚の圧縮方向（F_z）に反応する水晶素子がケースに組み込まれた3成分力センサ（図4）4個により構成されています。4個の3成分力センサはベースプレートとトッププレートの間に高いプリロードを掛けて設置され，それらを並列に接続します。これら4個の3成分力センサは接地絶縁なので，ノイズの影響をほとんど受けません。また，動力計本体は防錆，防水構造となっており，切削剤の影響も受けません。

負荷荷重に応じて水晶圧電式3成分動力計から発生した電荷は，専用のチャージアンプに取り込まれ，設定したスケールに応じたアナログ電圧として出力されます。出力電圧は，任意の表示器あるいは専用のソフトウェアによりデータ化されます。

前項で述べた水晶圧電式センサの基本特性により，圧電式切削動力計は広範囲な測定範囲を有すると同時に微細な加工力測定にも対応する高分解能を有します。

しかし，このような圧電式切削動力計の機能を十分に発揮させて高精度な測定結果を得るためには，測定時に留意しなければならない点があり，それは2種類のドリフトへの対策です。

圧電効果により水晶圧電素子から発生した電荷はチャージアンプに取り込まれ，スケーリングされたアナログ電圧に変換して出力されますが，チャージアンプ入力段での絶縁は無限大ではないため，チャージアンプ入力時点で電荷の漏れが発生し，これによりゼロ基準が不安定（浮遊）になります。この現象をチャージアンプ電気回路上でのドリフトとよび，ドリフト量は時間に依存します。電気回路上のドリフトは，あらかじめ算出が可能なので，実際の加工力との相対的比較においてゼロ基準の浮遊がその測定に影響があるか否かを予測することが可能であり，許容範囲を測定時間から設定することが可能になります。

もう1つはセンサ周辺の温度変化に伴うセンサからの不必要な出力信号で，温度ドリフトとよんでいます。通常，切削動力計に組み込まれた3成分センサにはプリロードが掛かっています。センサ周辺に発生した温度変化は，センサ周りの金属部材の熱ひずみを誘発し，センサ自体のプリロードに変化を生じさせることで，不要な信号を出力します。

切削や研削加工ではクーラントがしばしば使用されますが，測定前に十分クーラントをかけて切削動力計の周辺温度の安定化を図ることで，温度ドリフトを最小限に抑えることは可能です。

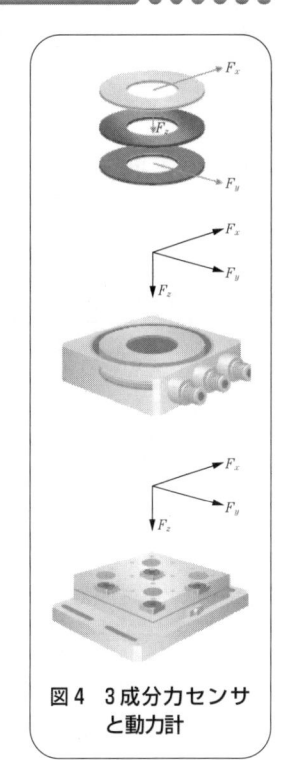

図4　3成分力センサと動力計

圧電効果の基本原理，圧電式センサの特徴，および圧電式センサによる測定時の留意事項について説明しました。以上から，水晶圧電式センサの優れた基本特性を利用した圧電式動力計は，各種機械加工時（旋削・研削・フライス・穴あけ）の加工抵抗力測定にきわめて有効です。すなわち，研究開発はもちろん，製造工程にまでも反映できる加工特性を分析するためのデータを収集することが可能です。

このようなデータは，材料，工具，機械の選択に有用で，加工条件の最適化，工具破損時の分析，切りくず形成および加工抵抗の研究に利用できます。その結果，さまざまな分野の製品は最適な条件のもとに製造され，またその品質保証の観点からも検証が行われ，信頼性の高い製品を市場に供給することが可能となります。つまり，圧電式動力計のような最良の測定機器を使用することで，最大の経済効果と最高の品質（信頼性）を得ることが可能となり得ます。

11 はかる

● 加工力を測る ●
ひずみゲージによる測定

岡山大学　大橋　一仁

物体は力の作用によって必ず変形します。この原理から工作物ホルダや工具ホルダなどの部材に生じる弾性的なひずみ（変形）を測定することによって加工抵抗を求めるもっとも安価で応用範囲の広い測定方法です。

構造と測定原理

研削抵抗や切削抵抗は工具と工作物との干渉によって発生し，工具や工作物あるいはそれらを支持する研削（切削）系の部材にわずかなひずみ（弾性変形）を発生させます。このひずみは抵抗の大きさに比例するので，ひずみゲージを用いてこれを測定することによって，加工抵抗を間接的に求めることができます。

ひずみゲージの構造とひずみの測定原理を図1に示します。ひずみゲージは，薄い樹脂膜の上に細かい金属箔回路をプリントした一種の抵抗体で，研削抵抗が作用する工作物ホルダなどの表面に貼り付けて使用します。ひずみゲージが研削抵抗によって長手方向に引張り力を受けるとプリント配線の長さは大きく，断面積が小さくなるため，ゲージの電気抵抗は増大します。逆にゲージが圧縮力を受けると電気抵抗は小さくなります。ひずみゲージはこのように，電気抵抗の変化でひずみを測定します。

研削抵抗と切削抵抗の測定

研削抵抗の測定には，研削中に静止状態にある工作物支持部などにひずみゲージを接着し，図2に示すようなブリッジ回路を構成します。そして，これから導出したリード線を動ひずみ測定器につながるブリッジボックスに接続して測定システムを構築します。この場合，ブリッジ回路上の少なくとも1つのひずみゲージが研削抵抗によるひずみを検出すれば研削抵抗を測定することはできますが，工作物支持部などで引張り作用を受ける箇所と圧縮作用を受ける箇所それぞれに2枚1組のひずみゲージを接着し，それぞれの組のひずみゲージがブリッジの対辺同士に配置されるアクティブ4ゲージ法[1]を利用した回路を構成すると，温度変化による影響もきわめて小さく，測定精度を高めることができます。

円筒プランジ研削における研削抵抗の測定法を図3に示します。工作物支持センタの心押台から

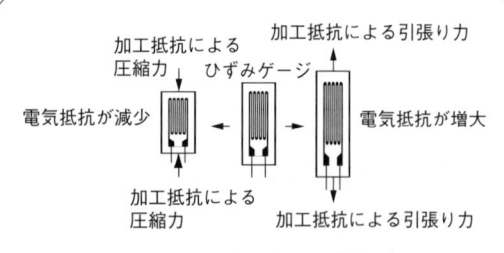

図1　ひずみゲージによる測定原理

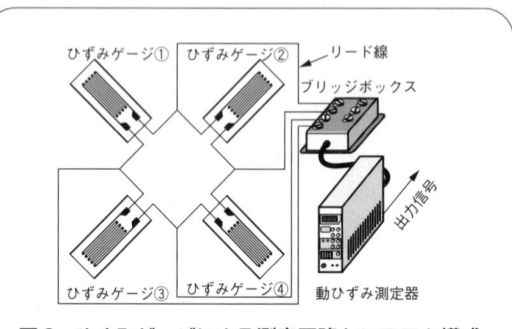

図2　ひずみゲージによる測定回路とシステム構成

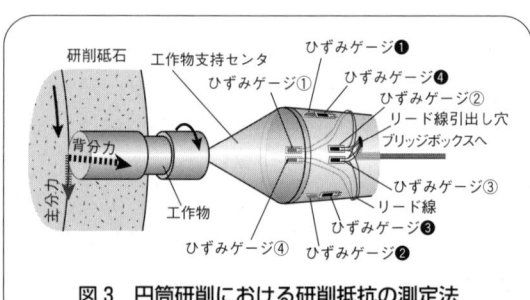

図3　円筒研削における研削抵抗の測定法

図4 平面研削における研削抵抗の測定法

図5 旋削における切削抵抗の測定法

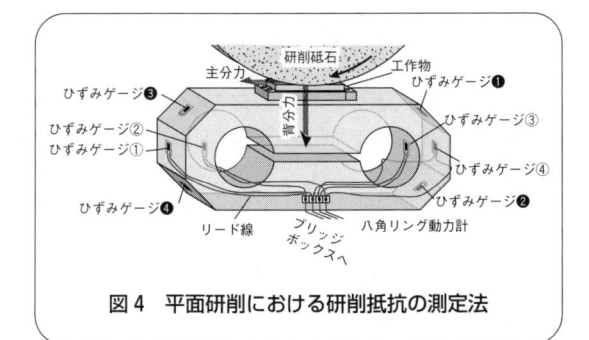

突出する円筒部分に90°ごとに2枚1組でひずみゲージを接着配置し，対向する位置にある4枚のひずみゲージによって図2のようなブリッジ回路からなる測定システムを構成します。リード線は，センタに加工した引出し穴を通してブリッジボックスに接続します。そして，研削抵抗の背分力（法線分力）および主分力（接線分力）の作用方向に各ひずみゲージの組が位置するように工作物支持センタを心押台に設置します。図では，背分力による工作物支持センタの変形によって，ひずみゲージ①と④は引張り力を受け，ひずみゲージ②と③は逆に圧縮力を受けます。また，主分力の作用によってひずみゲージ❶と❹が引張り力を受け，ひずみゲージ❷と❸は圧縮力を受けます。また，トラバース研削する場合の研削抵抗も工作物ホルダ両端の支持センタにひずみゲージを貼付することで測定することができます[2]。

平面研削における研削抵抗の測定法を**図4**に示します。平面研削では，主分力と背分力による弾性変形に対する感度が高い八角リング動力計が用いられます。つまり，八角リング動力計の本体に固定した工作物を研削することによって生じる動力計のひずみを測定することで研削抵抗を求めます。また，同様にしてエンドミルやカッタによる切削抵抗も測定することが可能です。

旋削における切削抵抗の測定法を**図5**に示します。旋削では，切刃を取付けて刃物台に固定した工具動力計によって切削抵抗を測定します。

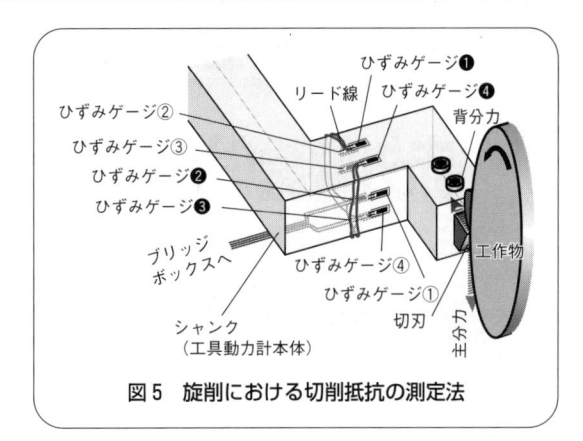

測定システムの検定

図3から5のいずれの図においても，主にひずみゲージ①～④によって背分力が，またひずみゲージ❶～❹によって主分力が検出されますが，ひずみゲージを接着した動力計本体などの研削抵抗検出体には両分力がともに作用するため，ゲージ①～④に主分力，ゲージ❶～❹に背分力の影響が若干及ぼされます。また，動力計本体の形状や寸法，材質，設置条件，さらには動力計本体におけるひずみゲージの接着位置や角度などがわずかに異なっても研削抵抗測定システムからの出力特性は敏感に変化します。したがって，研削抵抗の測定に際しては，あらかじめ研削加工の場合と同様な負荷状態で必ず荷重検定[2]を行い，これによって求めた検定結果に基づいて研削抵抗を算出する必要があります。

ひずみゲージの接着や配線方法，加工液からの保護方法や測定データの処理方法などのテクニック[2]を修得すれば，加工抵抗の有効な測定方法として活用することができます。

参考文献
1) ㈱共和電業，ひずみゲージカタログ，14-15（2003）
2) 塚本真也，大橋一仁，藤原貴典，研削加工の計測技術―最新の計測技術とそのノウハウ―，養賢堂，14-48（2005）

はかる

● 加工温度を測る ●
赤外線輻射法による測定

金沢大学　上田　隆司

温度を持つ物体からは赤外線が放射されています．輻射される赤外線エネルギーは温度の4乗に比例して大きくなり，また，高温になるほど短い波長の赤外線を強く放射するようになります．この赤外線を計測して温度を測定するのが赤外線輻射温度計です．

測定原理

一般に，輻射温度計では輻射される赤外線のエネルギー量を計測しますが，波長に注目する2色温度計もあります．赤外線のエネルギーは光電変換素子によって電気信号に変換することができ，その電気信号を計測することによって温度を知ることができます．しかし，輻射される赤外線のエネルギー量は物体の表面状態などに依存する輻射率の影響を強く受けるため，注意する必要があります．非接触で測定ができるため，温度場を乱さない，応答速度が速い，動いている物体の測温が可能である，耐久性が大きく高温の測定に適するなどの特徴があります．

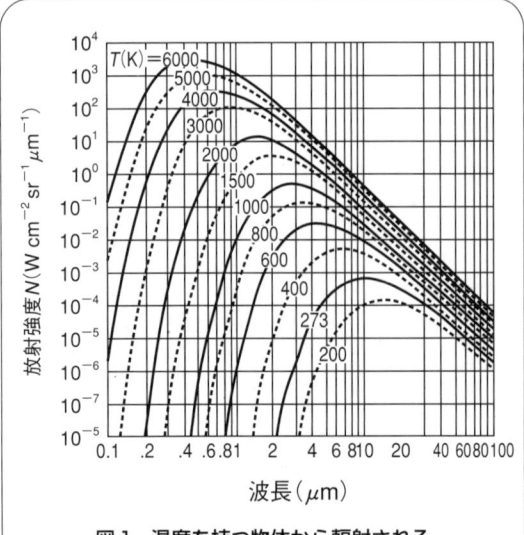

温度を持つ物体から輻射される赤外線エネルギーを図1に示します．温度が高くなるほど輻射されるエネルギーが大きくなり，短波長の赤外線が強くなることがわかります．赤外線輻射温度計はこの赤外線エネルギーを測定しますので，高温になるほど感度が上がります．

図2には赤外線エネルギーを電気信号に変換する光電変換素子を示します．縦座標は感度，横座標は波長を表しています．長波長領域で感度を持っているMCT素子は低い温度を測定することができます．逆に，短波長で高い感度を持っているGeやSi素子が高温の測定に適しています．PbS素子は代表的な光電変換素子で，感度も良く大変使いやすい素子ですが，応答速度が200～400μsと他の素子に比べて遅い欠点があります．InSbは室温から高温まで広い温度範囲をカバーすることができ，応答速度も1μsと速く，優れた光電変換素子です．しかし，液体窒素で冷却して使わなければなりません．図3にInSbセルを用いた温度計の回路図を示します．OPアンプ1個使うきわめて簡単な回路です．

温度計

（1）サーモグラフィ

サーモグラフィは赤外線輻射温度計を代表する温度計で，広い範囲の温度分布を手軽に測定できます．しかし，加工温度を測定しようとすると，微小領域の温度測定が難しく，温度変化の速い現象に追従することができません．分解能や応答速度に限界がある場合が多くなります．

（2）光ファイバ形赤外線輻射温度計

微小領域で高速で変化する温度を測定する方法として考案された方法であり，加工温度の計測に適用して，最高温度を測定することができます．原理図を図4に示します．温度を測定したい物体から輻射された赤外線を，コア径50μmの1本の光ファイバで受光して光電変換素子へ伝送する

図1　温度を持つ物体から輻射される赤外線エネルギー

図2 光電変換素子

図3 InSbセルを用いた温度計の回路図

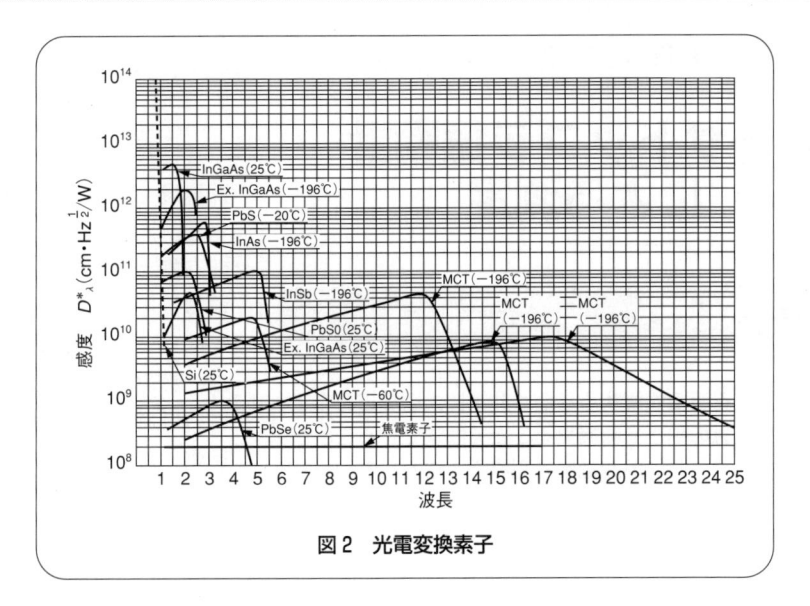

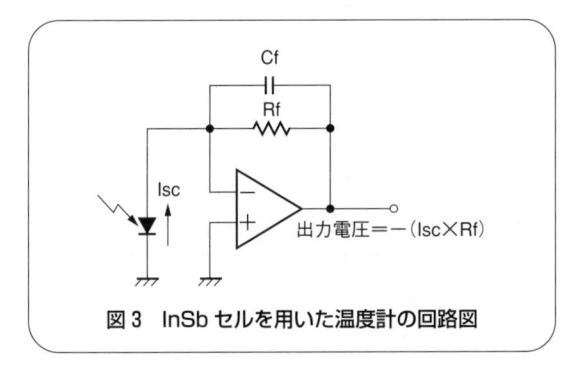

構造をしています．素子へ送られた赤外線は電気信号に変換され測定されます．光ファイバで赤外線を集光していることから，入り組んだ箇所からも簡単に赤外線を導き出すことができます．また，小さな穴を開ければ，その中に光ファイバを挿入することができますので，物体内部の温度も測定することができます．

また，光ファイバ形2色温度計があります．図4に示す光ファイバ形赤外線輻射温度計と同様1本の光ファイバで赤外線エネルギーを受光しますが，その赤外線エネルギーを2種類の光電変換素子へ導く構造になっています．異なる分光感度特性を持っている素子が使われます．たとえば，図2に示すInAsとInSbの2つの素子です．これらの素子からの電気信号の比をとることによって温度を測定することができます．輻射率の影響を抑えることができる，微小領域の温度を計測できるなどの特長があり，とくに領域内の温度が一定と見なせる場合には，精度の高い温度計測が可能となります．

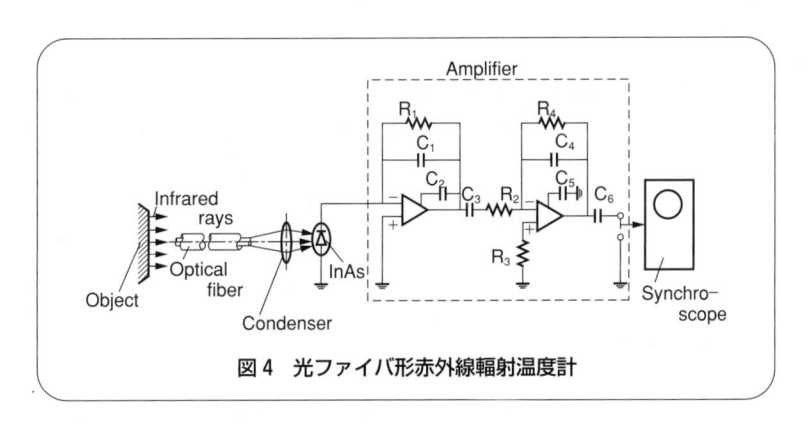

図4 光ファイバ形赤外線輻射温度計

11 はかる

●振動を測る●
レーザドップラ振動計による測定

滋賀県立大学　中川　平三郎，栗田　裕

加工中の工具の動きを直接観察することは非常に大切なことです。加工中のトラブルは工具の動きを直接見ることで解決できることが多くあります。非接触で，高い周波数まで測れる方法としてレーザドップラ振動計があります。

機械加工中に発生する振動は加工精度の低下，加工能率の低下，工具の損傷を招くばかりか，機械の寿命や精度維持にも大きな問題を起こします。一般に研削・研磨加工は機械加工の最終工程に属することが多く，各種精度，品質に高い要求がされます。したがって，この工程での振動の発生は絶対に抑制しなければなりません。強制振動は比較的容易に原因究明をし対策をとることができますが，自励びびり振動は力学的に不安定な状態のため難しいといわれています。旋削の場合は工具と工作物が1点で接触していますが，エンドミル加工の場合は線で接触をし，研削の場合は面で接触をしているために，加工系のモデルを設定する場合には注意が必要です。いずれにしても工具の挙動を測定して解析をしなければなりません。

レーザドップラ振動系の基本原理

レーザドップラ振動計は対象物の加速度，速度，変位を測ることができる計測器です。このような測定機能を持った非接触センサとしては，渦電流形変位計，静電容量形変位計があり，より安価で計測が可能ですが，数mの距離を置いて測定しなければならない場合や真空装置内の振動，高温物体の振動測定にはレーザドップラ振動計しかありません。現在では自動車関連，プラント設備関連の大形製品から，マイクロホン，膜振動の小形製品，CDやMOピックアップ，MEMS関連の微細製品の振動測定まで幅広く使用されています。工作機械の振動，回転軸の振動，工作物の振動はもちろんのこと，回転中の工具の振動や変位をモニタリングするのにも適しています。変位分解能は10nm，最小測定速度は毎秒0.1μm，最大加速度毎秒10^5m/sの測定が可能ですので，ほとんどの機械系振動については適用できます。

原理は図1のようになっています。基本原理は光の干渉現象を応用したものです。レーザ発振機から放射されたレーザ光は，基準光線として検出器に行く光と，動いている物体（工具）に分岐します。動いている物体に一定波長のレーザを照射すると，物体の振動数と変位量に応じて少しだけ周波数が変化した光が反射します。この反射光と

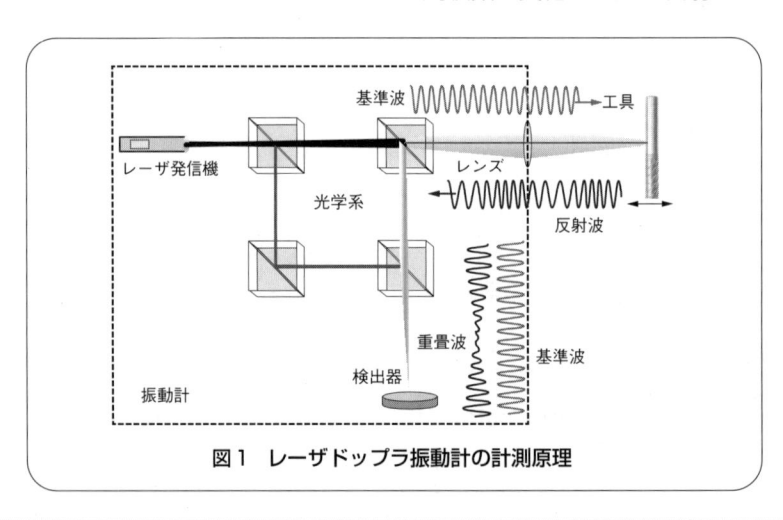

図1　レーザドップラ振動計の計測原理

基準光とを重畳することで，強度が変動するレーザが得られますので，この強度を検出器で測定して解析します。この強度変化の周波数（うなり）を計算することで物体の速度，加速度や変位を知ることができます。この測定器の特徴は次のようになっています。

① 非接触で測定でき，さらにレンズと物体（工具）との距離を数 m 離して測定できることです。物体が平面ですと 5 m くらいまでは測定可能ですから，絶対座標を基準にした振動測定ができます。

② レーザを使用しているので高い周波数応答性がある。数百 Hz から数 MHz の振動測定が可能です。

③ 物体の加速度，速度や変位が瞬時に測定できます。

より正確な測定をするためには，次のような雰囲気，環境条件を考慮しなければなりません。

① 十分な反射強度が得られること。したがって曲率の大きな小径工具の測定では反射光が拡散するために，十分な光量を得るために対物レンズを工具に近づけなければなりません。

② レンズと物体間の雰囲気の影響を受けるので，とくに加工で使用するときは切りくず，切削液やミストが反射光の外乱にならないように注意することが大切です。

レーザドップラの応用例

図2はマシニングセンタでエンドミル加工をしたときの，工具のびびり振動挙動を測定した例です。X–Y 平面内に，工具から約 2 m 離れたところに設置した 2 台の振動計で測定をしていますので安全な作業ができます。レーザは直径 10 mm のエンドミルのシャンク部分に当てています。切刃の部分では測定できません。

図3は低切削速度領域と高速切削速度領域に生じるびびり振動挙動を示します。2 台の振動計を使用することで，エンドミルの振動挙動が正確に把握できます。低切削速度領域では，エンドミルは工具と工作物の干渉領域の接線方向に振動しているのがわかりますが，高切削速度領域では工具が楕円振動をしているのがわかります。高切削速度領域ではエンドミルは工作物に叩き付けられる現象が想像できます。

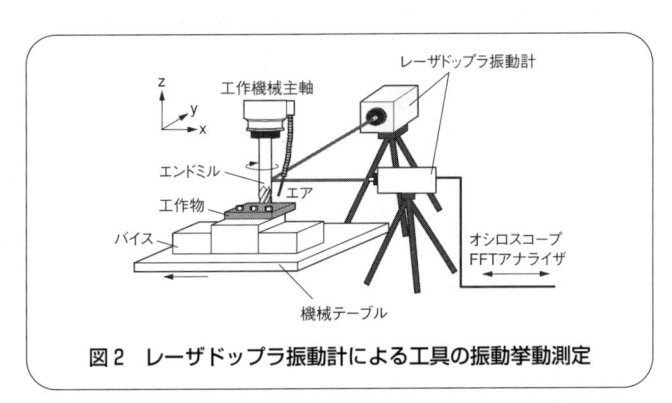

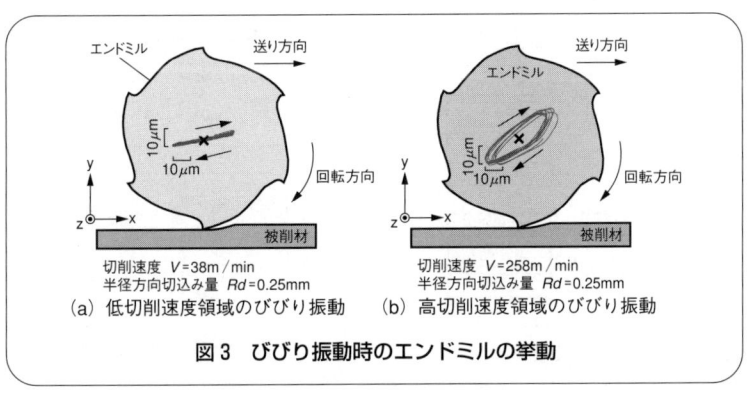

図2 レーザドップラ振動計による工具の振動挙動測定

(a) 低切削速度領域のびびり振動
切削速度 V=38m/min
半径方向切込み量 Rd=0.25mm

(b) 高切削速度領域のびびり振動
切削速度 V=258m/min
半径方向切込み量 Rd=0.25mm

図3 びびり振動時のエンドミルの挙動

はかる

●振動を測る●
加速度ピックアップ

上智大学　清水　伸二

研削盤や研磨機の振動レベルや振動方向の検出，砥石の接触検知に加速度ピックアップを使用することで，強制振動や自励振動の監視や振動の原因を突き止めることができ，より品質の良い加工を行うことが可能になります。今後の工作機械の高度自動化にも欠かせないセンサです。

　加速度の測定は，振動の様子を知る有効な手段の1つとなっています。この加速度は直接測定して知ることもできますが，速度を1回微分する，あるいは変位を2回微分することにより求めることができるので，変位，速度を測定すれば，加速度を知ることができます。したがって，**図1**に示すような各種振動ピックアップを用いることにより，測定したい振動加速度を求めることができます。しかし，変位検出形では，基準点となる固定点が必要となり，速度検出形では，高速の振動に追従ができません。両者ともに小形化が困難であるなどの問題があり，最近は，振動測定には，直接加速度を検出する加速度ピックアップが多く用いられています。

　加速度ピックアップは接触形のため，直接振動試験対象にピックアップを取付けることから，その大きさが試験対象と比較して相当小さくないと試験対象の振動特性に影響を与えてしまうので，できる限り小形であることが望まれています。

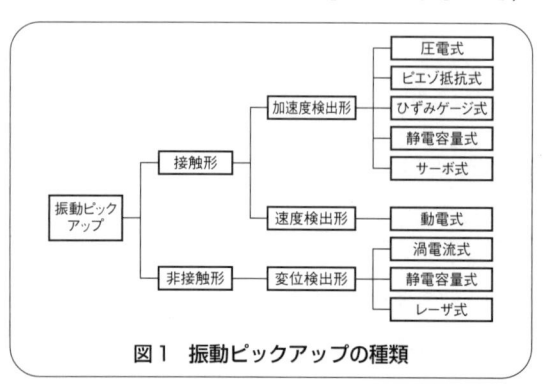

基本原理とその基本構造

　ほとんどの加速度の検出原理は，ニュートンの法則である，力(F)＝質量(m)×加速度(α)の関係式に基づいています。つまり，質量に掛かる力により変化する物理量を検出し，力を求めることにより，間接的に加速度を測定しています。以下では，現在よく使われている加速度ピックアップの基本原理と構造について述べます。

（1）　圧電式

　圧電式には，**図2**に示すように3種類のものがあります。圧縮形は，振動により圧電体に圧縮あるいは引張り力が働くことにより，それに比例した電荷が発生することを利用しています。ベースとおもりの間に圧電体がねじ止めされた構造で，機械的な強度がきわめて高く，相当強い衝撃力の測定も可能となっています。共振振動数も高くできることから，50 kHz 程度まで対応できるものもあり，振動計測以外にも，パイプラインの漏洩検出などにも使われています。せん断形は，振動により圧電体にせん断方向の力が加わることにより，それに比例した電荷を発生することを利用しています。温度変化やピックアップの取付け面のひずみなど，外乱に強いといわれています。曲げ形は，圧電体を貼付けてあるはりが加速度により曲げ変形すると圧電体に横方向の応力が加わり，それに比例した電荷を発生することを利用しています。軽量で高感度であるという特徴がありますが，静的加速度（姿勢，傾斜度）を検出することができないという欠点があります。

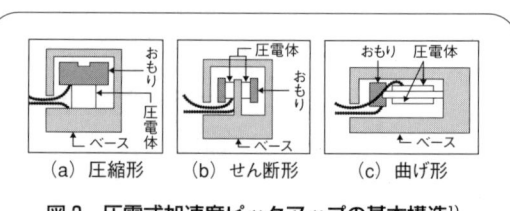

図1　振動ピックアップの種類

図2　圧電式加速度ピックアップの基本構造[1]

（2） ピエゾ抵抗式

図3にピエゾ抵抗式の基本構造を示します。(a)に示すように，はりの先端におもりが，はりの根元にはピエゾ抵抗素子が配置された構造をしています。おもりに加速度が作用するとはりに曲げ力が発生し，はりが変形します。この変形に伴いピエゾ抵抗素子に応力が加わり，その応力に比例して抵抗率が変化する，いわゆるピエゾ抵抗効果を利用しています。このような構造は，最近の半導体技術とマイクロマシニング技術により製作することができ，応力の発生する領域にピエゾ抵抗素子を形成することができます。実際には，検出感度と温度特性を改善するため，(b)に示すように，4つのピエゾ抵抗素子を形成し，ホイーストンブリッジを構成しています。DC（静的加速度）から数kHzの振動までの計測が可能であり，信頼性が高く，小形で低価格であることが特徴です。

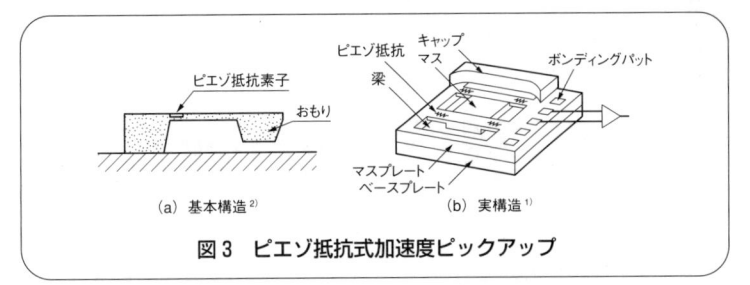

（3） ひずみゲージ式

図4にひずみゲージ式の基本構造を示します。ピエゾ抵抗式と同じ構造をしており，おもりの付いたはりの根元にひずみゲージを貼付けた構造となっています。おもりに加速度が作用すると，それに比例する変形がはりに生じ，そのときのはりのひずみ量をひずみゲージで検出する仕組みになっており，DCから7kHzくらいの振動まで計測が可能です。

（4） 静電容量式

図5に静電容量式の基本構造を示します。はりの前部に配置されたおもりの表裏面と，これと対向した固定部に電極を形成し，キャパシタを構成

図3 ピエゾ抵抗式加速度ピックアップ
(a) 基本構造[2] (b) 実構造[1]

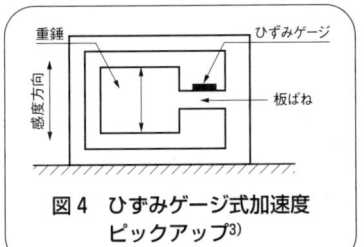

図4 ひずみゲージ式加速度ピックアップ[3]

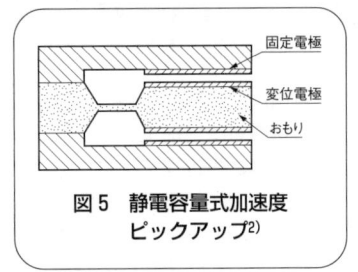

図5 静電容量式加速度ピックアップ[2]

しています。おもりに加速度が作用することにより，はりが変形し，電極間距離が変化し，静電容量が変化することを利用しています。これもピエゾ抵抗式と同じく，半導体技術とマイクロマシニング技術を用いて製作することができ，DCから200Hz程度の振動まで測定が可能で，その精度も優れています。

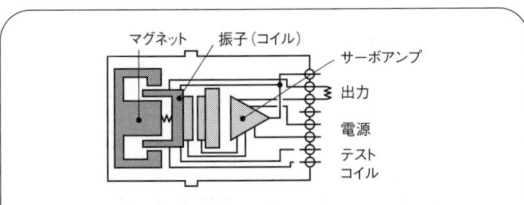

（5） サーボ式

図6は，サーボ式の基本構造を示しており，磁石，コイル（振り子）とサーボアンプから構成されています。振動により生じる振り子の動きを絶えず平衡状態に保とうとするフィードバック構造になっています。この平衡状態を保つための電流が，加速度に比例することを利用していて，計測可能な振動数範囲はDCから1kHzであり，低加速度の振動を精度よく測定できる特徴を持っています。

参考文献

1) IMV株式会社，Vibrograph Catalog［振動計総合セレクトガイド］Cat. No. 0505-①10 VM
2) 岡田和廣，特集マイクロマシン—実用化とナノ領域への展開—「慣性センサへの応用」，計測と制御，42巻，1，48-51（2003）
3) ㈱共和電業，技術資料，加速度変換器 Cat. No. 1044 o-B 3（2005年7月30日発行）
4) ㈱ミツトヨ，技術資料，振動ピックアップ Cat. No. 4351（2004年12月）

図6 サーボ形加速度ピックアップの基本構造[4]

11 はかる

●サーフェス・インテグリティを測る●
残留応力の測定

滋賀県立大学　中川　平三郎

　残留応力は部品の製造工程中には必ず発生するものです。残留応力の状態も塑性加工や除去加工など機械的加工によるものと，溶接，焼入れなど熱処理によるもの，あるいは研削加工のように切りくず生成と研削熱が複合して発生する場合があります。残留応力は加工硬化や組織変化などによって生じる応力であるために，残留応力の功罪については諸説がありますが，材料の疲労強度に対する影響は大きいと考えられています。

残留応力の機械的，化学的影響

　残留応力には材料表面に生じるような巨視的なBody Stressと，結晶粒間に生じる微視的なTextual Stressがあります。材料全体としては応力的に釣り合っている状態ですが，外力がなくても材料の表面と内部，結晶粒間，あるいは結晶内部で応力勾配が生じる現象です。残留応力が存在すると部品や製品の強度が変化したり，腐食あるいは脆化しやすくなったりしますので，残留応力の測定方法，発生メカニズム，強度への影響などの研究が数多く行われています。強度面からみると，一般的にいって圧縮残留応力は有利に，逆に引張り残留応力は有害に作用すると考えられています。

研削残留応力の発生原因

　金属材料を研削ないし切削すると，図1(a)のように加工点で大きな塑性変形が生じ，材料と工具の接触による摩擦熱と塑性変形による熱発生があります。このため仕上げ面には加工変質層といわれるものが形成され，そこにかなり大きな残留応力が発生します。その残留応力の大きさや分布は加工条件，工具材質や被削材種の組み合わせによってかなり大きな変化をします。切削加工の場合，切刃が鈍化した場合には表面に圧縮残留応力が発生する傾向にありますが，切刃の形状から考えると，研削加工ではもともと大きな負のすくい角を持った砥粒切刃によって材料が除去される加工のため，図1(c)のようにバニシ作用によって圧縮残留応力が発生すると予測されます。しかし研削加工の場合，加工速度も切削より一桁速い（毎分数千mから数万m）ために多量の熱が発生し，この熱による応力が重要な役割を演じています。

　研削直後に部分的な温度上昇があると，この部分が熱膨張をしようとしますが，周辺からの拘束のために圧縮の応力が生じます。このとき塑性的なUpsetが生じると冷却後にこの部分だけが引張り応力状態になります（図1(d)）。ただし，これは冷却時に材料が変態をしない場合であり，もしも組織的変化ないし変態が起こって容積の変化があれば，その変化に応じて残留応力が生じます。

残留応力の測定方法，応力分布と材料強度

　非破壊的に材料内の応力を測定する方法としては，X線的方法，磁気的方法，光弾性被膜を利用する方法，脆性塗料を用いて測定する方法が知られています。機械的測定方法としては，研削加工

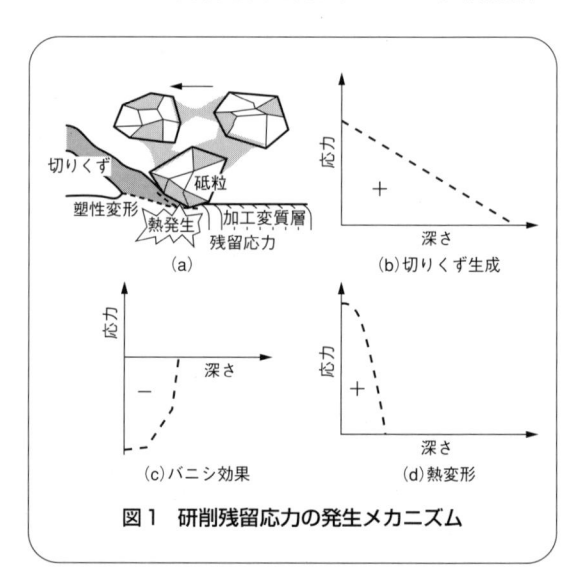

図1　研削残留応力の発生メカニズム
(a)
(b) 切りくず生成
(c) バニシ効果
(d) 熱変形

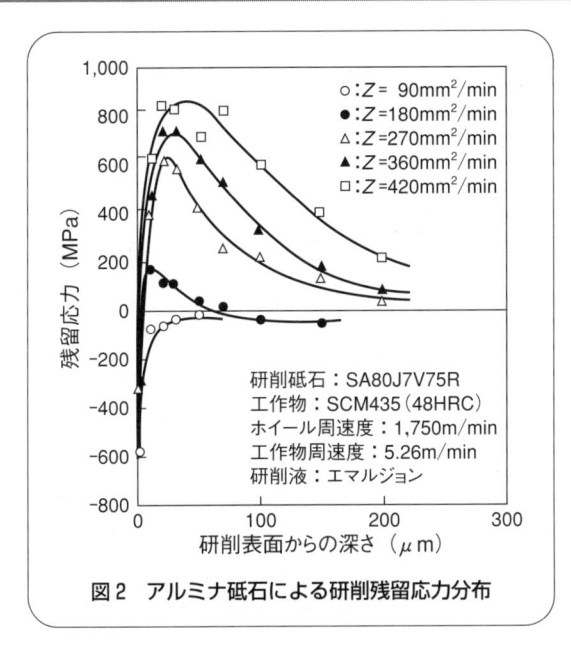

図2 アルミナ砥石による研削残留応力分布

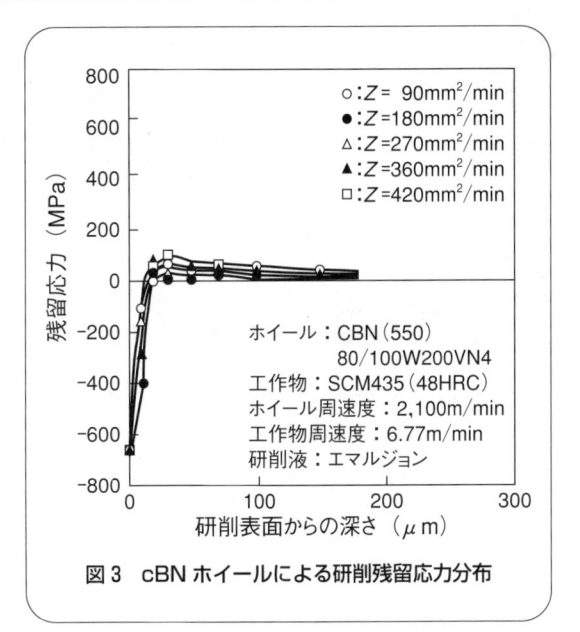

図3 cBNホイールによる研削残留応力分布

された平板やはりなどの測定では，研削面を腐食あるいは電解研磨で逐次除去を行い，表面の残留応力を解放することで残った部分に曲げを起こさせ，曲げによる曲率の変化を測定して残留応力を求める方法がよく行われています。

図2はアルミナ砥粒による，単位時間当たりの研削量と残留応力分布を示しています。切込み量を小さくすると圧縮の残留応力が生じるが，研削量を大きくするほど引張りの残留応力に転じ，その値も大きくなっています。応力勾配もきつくなり，引張りの応力が工作物の深いところまで分布しています。加工能率を上げるほど，材料の強度に悪影響を与える引張り応力が大きくなるために，材料の強度からは高能率研削は好ましくないことになります。

図3は，超砥粒のcBNホイールによる研削残留応力分布です。研削能率を大きくしても研削表面には必ず圧縮の残留応力が生じますが，これは，cBN砥粒の摩擦係数が小さいことと熱伝導度が高いためといわれています[1]。

圧縮の研削残留応力が材料の強度にどの程度影響があるのかをみたのが，図4です。cBNホイールで研削した場合，疲労強度，耐久限度が100

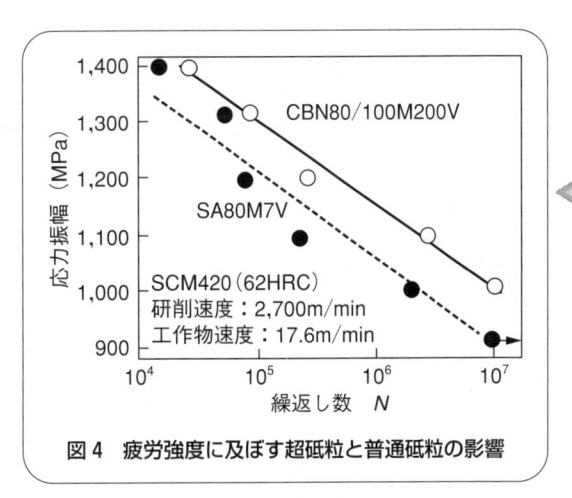

図4 疲労強度に及ぼす超砥粒と普通砥粒の影響

MPaくらい高くなっています。さらに，単位時間当たりの研削量が大きくなるほど，SA砥石では疲労強度が低下しますが，cBNホイールではほとんど疲労強度に変化がないこともわかってきました。

参考文献
1) 横川和彦ほか，CBNホイール研削加工技術，55 (1999)

11 はかる

● サーフェス・インテグリティを測る ●

加工変質層

明治大学　當舎　勝次

製品や部品を製作する場合、なんらかの機械加工や熱処理が行われますが、このとき被加工材の加工面あるいは表面層には性質の変化いわゆる加工変質が発生します。その被加工材は最終的に部品や製品に組み込まれ使用されるわけですが、その加工変質層の状態により部品や製品の強さや信頼性が大きく異なってきます。製品や部品を設計する場合、設計者は応力の高いところはある程度把握できますが、どこから壊れるかは正確にはわからないため、加工変質層を正しく評価できない場合には過剰な設計になってしまったり強度不足になったりしてしまいます。このような被加工材の加工履歴と部品や製品としての機能・性能を総合的に関連付けて評価する概念がサーフェス・インテグリティで、この考え方を活かすためには加工変質層の目的に応じた正しい評価が重要です。

サーフェス・インテグリティとは、製造過程で発生する表面層に生成されるあらゆる変質と、部品・製品の性能・機能とを関連づけて、「材料の生い立ちから製品としての性能まで全体を考慮する実用的な概念」ということができます[1]。

ここに含まれる加工変質層は、わが国では1960年初頭にはすでにかなり研究され、表1[2]に示すように分類されています。これらの加工変質層はどのような機器によって測定されているのでしょうか。これまでに考案・研究され、実用化されてきた機器あるいは手段をまとめたものが表2です。実にさまざまな方法が開発されていることがわかります。それではこの表についてさらに具体的に説明しましょう。

加工変質層の種類と測定方法

表2の（Ⅰ）は表面のきわめて浅い層に発生した変質で、これらの測定は、一般的には被測定物にプローブとよばれる電子、X線、光、イオン・中性子などを照射することで被加工物から出てくる特定の信号を検出して行います。それにより被測定物に吸着・拡散されている原子の分析から、接していたまたは置かれていた環境や異種金属・材料なども判定できます。数 keV〜数十 keV という大きな電圧で加速された電子線が被測定物に照射されたときに被測定物から出るさまざまな信号（オージェ電子、2次電子、特性X線など）を利用します[3]。オージェ電子は表面から数 nm という非常に浅い層の情報しか得られませんが、加工変質層の特性を知る上で非常に重要なものとなっています。被測定物が数 μm 程度までの薄いものでは電子線は通過し、レンズとよばれる強力な電磁石により拡大されて材料内部のナノメートルオーダの転位（欠陥）が観察できます。レーザ光を利用して測定・分析するラマン分光法とよばれる方法を用いれば、精密研削されたシリコン断面の残留応力も判定できます[4]。

表2の（Ⅱ）は変質層の種類とその測定の目的により測定機器や手段が選ばれています。(1)の結晶構造変化の場合には（Ⅰ）で述べた方法により被測定物の成分分析や構造解析が解析・分析できます。これには主にX線回折が用いられています。(2)の繊維組織に関連しては、主にエッチングとよばれている化学研磨や電解研磨などを利用して被測定物を少しずつ除去したあと観察したり写真撮影して測定します。(3)の結晶のひずみに関してはX線回折や電気抵抗を利用して測定が可能ですが、結晶ひずみはひずみ硬化を伴います

表1　加工変質層の分類

(1) 外的な元素の作用による変質層	1. 汚染 2. 吸着層（物理吸着または化学吸着） 3. 化合物層（酸化物、窒化物など） 4. 異物の埋込み（研削材、摩耗粉など）
(2) 組織の変化による変質層	1. 非晶質な金属（初期の意味のベールビー層） 2. 微細結晶 3. 転位密度の上昇 4. 双晶の形成 5. 合金中の一成分の表皮部への被覆 6. 繊維組織 7. 研磨変態 8. 加工による結晶のひずみ 9. 摩擦熱による再結晶
(3) 応力を中心に考えた変質層	1. 残留応力層

表2 加工変質層とその測定方法の種類

変質層の種類	測定に用いられている機器の例
（Ⅰ）外的な元素による作用による変質層 （汚染，吸着層，化合物層など）	・電子線利用分析装置 ・X線利用分析装置 ・イオン・中性粒子利用分析装置　など
（Ⅱ）組織的変化などによる変質層 (1) 結晶構造に関連するもの (2) 繊維組織に関連 (3) 結晶のひずみ	・X線回折・分析装置 ・化学研磨・腐食 ・硬度計 ・電気抵抗　など
（Ⅲ）応力を中心に考えた変質層 　　残留応力	・層除去法，たわみ法，局部ひずみ法 ・応力塗料（脆性塗料） ・光弾性被膜による方法 ・X線回折装置 ・磁気的方法（第2種，第3種） ・音響による方法 ・熱容量による方法　など

ので，手軽な方法として硬度計を用いて硬さ測定で検討する場合が一般的です。硬さ測定はビッカース，ブリネル，ロックウェル，ショアなどいろいろなものがあり，目的に応じて使い分けられています。硬さ測定は測定装置も比較的安価で測定方法も簡便であるため，加工変質層測定の代表格となっています。ただし，ごく浅い加工硬化層の硬さ分布を精度良く測定するには，埋込み剤とよばれる樹脂で固定し斜めに切断して距離を長くして測定します。

表2（Ⅲ）の残留応力はマクロ（第1種），ミクロ（第2種と第3種）の3種類に大別できます[5]。現在もっとも精度が高く多く用いられている方法はX線回折ですが，おおよその応力状態がわかればよいときには応力塗料とよばれる脆性塗料を用いることもあります。被測定面に塗り何らかの方法で応力変化を与えることにより生じる模様から応力状態を推定するものです。表2に示したように特殊な方法として磁気や音響などによる測定も行われていますが，X線回折による方法が非破壊で精度的にも優れているため多く用いられています。残留応力の測定にはX線を4～5段階角度を変化させて照射し，回折線のデータをパソコンに取込み応力算定式を用いて計算します。

最後に視点を変えて，X線や電子線を用いるとどのようなものが測定できるかを示しましょう。**表3**[6]および**表4**[7]はデバイス側からみた測定項目です。1つのデバイスでとても多くのことが測定できることがわかるでしょう。

参考文献

1) 高沢孝哉，Sureface Integrity，精密工学会誌，55，10，1772（1989）
2) 松永正久，表面測定，誠文堂新光社（1962）
3) 一村信吾，表面評価法と評価装置の現状，砥粒加工学会誌，50，2，65（2006）
4) 山口誠他，顕微ラマン分光による微小領域の応力・結晶性評価，砥粒加工学会誌，50，2，73（2006）
5) 日本材料学会編，X線応力測定法，35，養賢堂（1971）
6) 漆原宣昭，大岩烈，オージェ電子分光法を利用した微小異物分析，砥粒加工学会誌，50，2，77（2006）
7) 株式会社リガク製品案内より抜粋

表3 オージェ電子分光法の主なアプリケーション

分析試料	分析対象	分析対象サイズ
半導体 Siデバイス	微小異物（表面・内部）	<100 nm
	内部欠陥（異物や配線不良）	<100 nm
	再付着物・反応生成物・洗浄残渣など （ライン・トレンチ・ビアの側壁や底部）	<100 nm
	層構造（厚さ・組成・分布）	
ハードディスクメディアおよびヘッド	層構造（厚さ・組成・分布）	
	スクラッチ	<100 nm
	微小異物	<100 nm
	微小付着物	<100 nm
	表面コーティング（厚さ，均一性）	
ボンディング Al電極やAu電極，ハンダなど	表面汚染　反応生成物	<数千 nm
	層拡散，表面ピンホール	<数千 nm
	界面反応層	<300 nm
微粒子	コーティング（分布，均一性，分散）	<数百 nm
鉄鋼	微小析出物	<100 nm
	酸化膜	

表4 X線分析・回折により測定できる事例

	測定項目など
微小領域・微量資料分析	結晶構造，組成元素，格子定数と分布，微小欠陥，結晶化度，結晶方位，結晶格子欠陥　など
薄膜・表面分析	膜圧・組成分布，配向，結晶粒径，格子ひずみ，残留応力，原子配列，析出，結晶性，表面粗さなど
結晶構造解析	単結晶，局所構造，多結晶
熱特性評価	水素貯蔵合金評価，マルテンサイト変態 高分子材料の熱特性 セラミックコーティング技術評価 発生ガス分析，超耐熱構造の熱物性 各種イオン伝導体の電気特性

12 支える

加工精度設計総論

東芝機械株式会社　田中　克敏

　機械加工を行う上で，加工精度を満足させるためには被削材，工作機械，工具，加工技術・技能，計測，環境などの周辺技術が関わってきます。これらを調和させて安全性，経済性，リサイクル性を含めて目的の機能を果す部品を製作することが求められます。砥粒加工は多くの加工方法の中で高精度，超精密を実現するために最適な加工方法として活用され，近年の磁気ヘッドなどの電子部品，非球面レンズ，非球面レンズ用金型など光学部品の加工で成果を上げ，IT産業の発展に大きく貢献しています。加工精度として求められるもの，高精度加工のための工作機械のあり方，加工をサポートする周辺技術について解説します。

加工精度

　求められる加工精度の主要な評価項目に寸法，形状精度，面粗さがあり，このほか，傷，加工変質層，チッピング，クラックなどの評価があります。

　図1に示す，直径Bmmの穴に直径Ammの軸を挿入することを例に考えて見ますと，これらの組み合わせがどのような目的に使用されるかによって，はめあい（軸と穴の隙間の関係を表す）をしまりばめ，中間ばめ，すきまばめを選択することになります。たとえば，穴と軸がしゅう動あるいは回転する場合，すきまばめを選択することになり，しゅう動するときの軸の運動の真直度の許容値，回転するときの軸の振れの許容値によってそのすき間が指定されます。そのほか，穴と軸の真円度，円筒度を考慮したすき間であること，相対運動時にかじり，焼付きが発生しないような材料の組み合わせ，材料の硬度，加工面の面粗さも考慮しなければなりません。

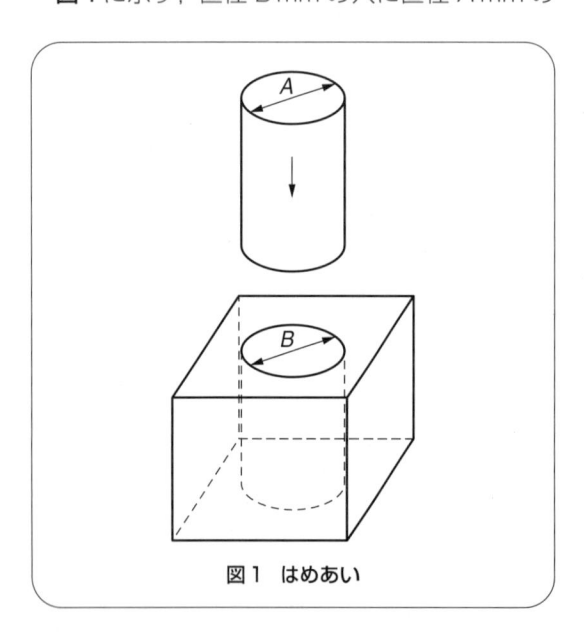

　機構に求められている精度，運動速度，負荷，寿命によって，部品としての軸と穴の直径，真円度，円筒度，面粗さの許容値，材質，硬度，加工方法（切削・研削など）が決定されます。

　機械部品の形状精度の評価項目として平面度，直角度，真円度，同心度，円筒度，真直度，位置度，輪郭度などがあり，それぞれに対応する評価方法，測定器があります。さらに，求められる精度によっても評価方法，測定器が異なります。

工作機械

　高精度加工を達成するために工作機械に何が求められるのでしょうか？　工作機械は2つに分類することができます。1つは母性原理に基づいた機械としてその運動精度（移動体の運動の真直度，回転体の回転精度など）を加工物に転写する方法があり，補正などを行わない場合，機械の運動精度以上の加工精度を得ることはできません。例として，旋盤，フライス盤，円筒研削盤，平面研削盤などがあります。一方，創成原理に基づいた機械はラップ盤，カーブジェネレータ（球面レンズの加工機）のようにラップ定盤と加工物，リング砥石とレンズの相対運動によって高精度な平面や球面が得られます。そして，テーブルや砥石軸な

図1　はめあい

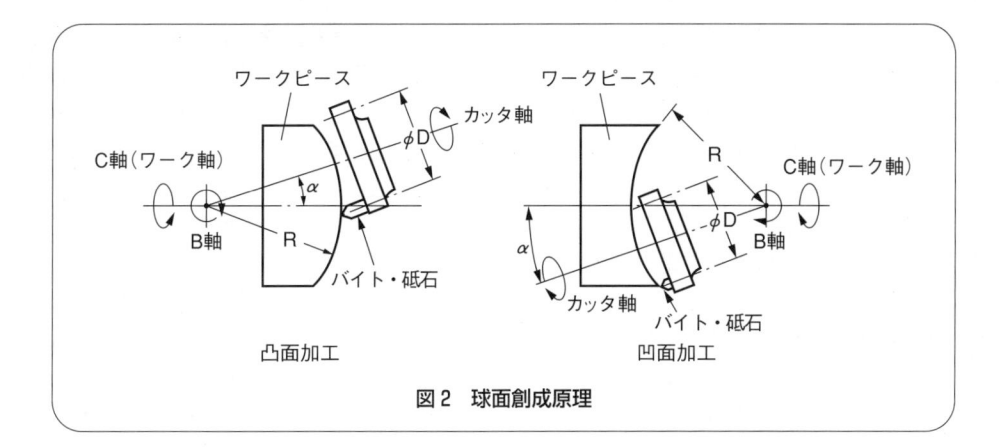

図2 球面創成原理（凸面加工／凹面加工）

ど機械要素の運動精度以上の部品精度を得ることができます（図2）。

ここでは，母性原理に基づいた運動転写形の工作機械を中心に高精度を追求するための取組みについて述べます。

工作機械を構成する構造材料には鋳鉄が多く使用されています。鋳鉄は複雑な形状に対応できるリブを適切に配置することによって高い剛性を得ることができる，減衰性が高い，案内面の材料として耐久性・耐摩耗性に優れている，機械加工が容易で高精度加工に適している，量産に適しているなどの優れた特長があります。とくに，工作機械の案内面，接合面には精度確保，潤滑性向上のためきさげ仕上げを行うことが多く，鋳鉄はきさげ（図3）に適した材料です。

部品精度の影響に加え，工作機械の運転状態で精度を損なう要因として撓み，熱変形，摩擦，振動，慣性があります。

撓みは，材料の縦弾性係数（ヤング率），断面二次モーメント，支持・荷重条件によって決まります。機械に求められる精度を確保するように構造を決定しますが，撓みで要求精度を満足させることができない場合は，自重，移動重量を考慮して部品形状を中凸あるいは中凹に製作する方法も採られています。

熱変形の要因となる熱源としてモータやスピンドル・案内・ねじの摩擦，供給される油・空気・切削液，照明，制御盤や気温の変化，時にはオペレータの体温が問題になることがあります。熱変形の対策として熱源の隔離，冷却，断熱，インバーやセラミックスなど低熱膨張材料の使用，構造の対称設計，恒温室への設置などがあります。超精密工作機械の場合，室温変化を±0.05～0.1℃に制御している例もあります。相対運動をする物体は摩擦によって発熱やスティックスリップ（低速運動時に溜まりが生じ，動きが断続的になること），摩耗が生じ，機械精度，運動精度を低下させます。軸受の形式には動圧軸受，静圧軸受，転

図3 きさげ

がり軸受などがあり，それぞれ工作機械の目的，機能により最適な形式が選択されます。

振動は加工面の面粗さの低下やびびりの原因となり，工具寿命を低下させます。振動源として，機械そのものの運転によって発生する振動のほか，鉄道・道路や周辺の工場からの振動があり，耐振基礎や防振装置により対応します。工場内の空調装置による空気の振動が影響することもあります。機械内部の振動源として，主軸や送りねじなどの回転体のアンバランス量や油静圧軸受の圧油の圧力変動，空気静圧軸受に供給する空気の圧力変動があります。配管内を流れる空気の乱流による振動が影響することもあります。とくに，主軸や砥石軸の高速・高精度化に伴い，回転体のアンバランス量の修正は回転体を剛体と考える2面修正法から弾性体と捉えた，多面修正法が求められるようになってきました。

機械要素

機械を構成する主要な機械要素に，回転軸（主軸，砥石軸，テーブル）と直線案内があります。

回転軸には旋盤，フライス盤，マシニングセンタなどの主軸，立旋盤，ロータリ形平面研削盤などのテーブル，円筒研削盤，内面研削盤，スライサ，超精密非球面研削盤などの砥石軸があり，回転軸に求められる精度，回転速度，負荷，サイズによって転がり軸受，動圧軸受，油静圧軸受，空気静圧軸受などが経済性を考慮して選択されます。

転がり軸受は旋盤やマシニングセンタなどの主軸として広く使用されています。比較的回転数が低く，高負荷の主軸には円すいころ軸受や円筒ころ軸受が使用されますが，高精度，高速回転の主軸にはアンギュラ玉軸受が使用され，潤滑，予圧，冷却を工夫することによって回転速度はDN値300万にも達しています。また，ベアリングが組みつけられラジアル方向の基準となる主軸・ハウジングの真円度，同心度，アキシャル方向の基準となる突当て面の振れ，軸心に対する直角度を高精度に保てるような部品形状に設計することによって心振れ（SPAM：Single Point Asynchronous error Motion）$0.1\mu m$以下を得ることができます。

静圧軸受は軸と軸受のすき間に介在する流体により構成部品精度の平均化効果によって容易に超精密な精度を得ることができます。空気静圧軸受は油静圧軸受に比べ，剛性，負荷容量は低いものの，流体の粘性による発熱が少なく，圧力変動を減少させることが容易であり，油の回収の必要もなく取扱いが容易であることから軽負荷加工の超精密加工に効果的に使用されています（図4）。

主軸として仕事をさせるためには軸を回転させなければなりません。主軸の回転伝達方法としてベルト，歯車，カップリングなどがありますが，主軸に直接モータのロータを組み込むことによってシンプルな構造で外乱なく駆動することができます。同期モータを主軸に組み込むことによって超精密非球面加工機の主軸ではラジアル方向，アキシャル方向の心振れ（SPAM）を10 nm以下としています。軸の心振れの評価方法としてTIR（Total Indicator Reading），リサージュ方式，

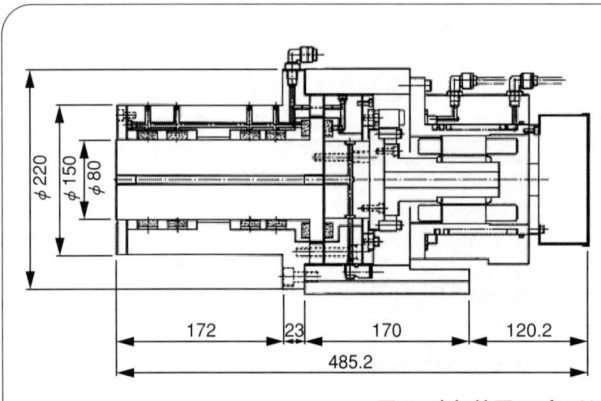

仕　　様	
主軸直径	φ80 mm
主軸回転数	10～1,500 min^{-1}
C軸割出し速度	1～36,000 deg/min
C軸分解能	0.0001 deg
エンコーダフィードバック	0.0001 deg
心振れ（SPAM） ラジアル	4 nm
心振れ（SPAM） アキシャル	3 nm
軸受剛性（供給圧0.5MPa時） ラジアル	100 N/μm
軸受剛性（供給圧0.5MPa時） アキシャル	300 N/μm
空気消費量	約30 NL/min

図4　空気静圧スピンドルの構造と仕様

図5 SPAM方式

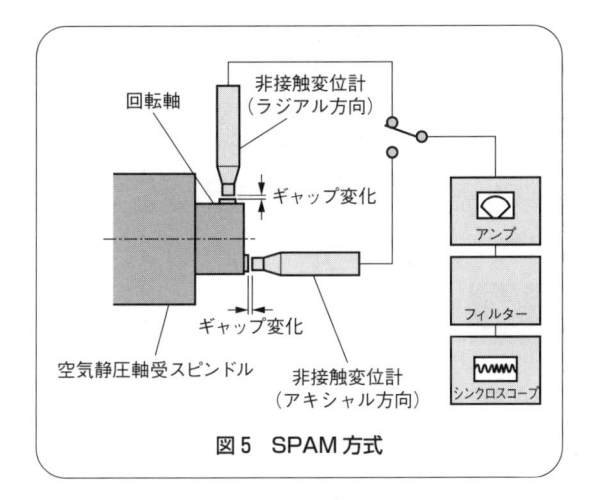

極座標方式，SPAMがあります。軸にインジケータを当てるTIR方式は静的評価方法であり，軸の真円度や面粗さも測定値に含まれます。**図5**に示すSPAM方式は回転中の非同期成分を振れとし，低速から高速回転まで対応でき，簡便で回転状態を正確に定量化できる評価方法です。

直線案内は位置決め，切削送り，早送りをする移動軸として大半の工作機械に用いられています。直線案内の主要な形式としてすべり案内（動圧軸受），転がり案内，油静圧案内，空気静圧案内があります。すべり案内はテーブルなど移動体が相対運動をすることによって案内面にある油だまり（前述したきさげの凹凸が油だまりとなる），油溝からくさび効果によって潤滑油が供給され，テーブルなどは滑らかに移動します。案内面の形状として角形案内，V-平案内，V-V案内などがあり，構造が簡単でフライス盤や旋盤の案内として使用されてきました。しかし，摩擦係数が0.2～0.3と大きく，低速移動時にスティックスリップ現象が生じ，0.1mm/min以下の低速送りや微細な位置決めを行う場合は，使用を避けた方がよいでしょう。

転がり案内はすべり案内に比べ，摩擦係数が0.01～0.001と小さく，ボールあるいはころに与圧を与えることによって剛性が高く，高速運動にも対応でき，標準化されていることから最近のマシニングセンタ，NC旋盤などに広く使用されています。転がり案内には循環形転がり案内と有限形転がり案内があり，循環形転がり案内はもっとも広く利用されている形式です。しかし，循環形転がり案内は与圧が与えられたボール・ころが循環することからボール・ころの出入り時に微小うねりが発生し，鏡面加工のように滑らかな運動が求められる案内としては使用できません。

転がり案内（低摩擦係数，高剛性）とV-Vすべり案内（高精度）の特長を生かした案内として有限形V-V転がり案内があり，超精密工作機械の案内として利用されています。有限形V-V転がり案内は移動体の自重が与圧となり，高精度な案内面とばらつきの少ないころを多数配置することによって面圧を下げ，超精密な精度（真直度100nm/300mm，微小うねり10nm以下）を得ることができます。駆動方式としてリニアモータ，高分解能スケール，高性能NC装置と組み合わせることによって移動指令に対し，1nm以下の追従性が得られています（**図6，7**）。

工作機械の使命としていろいろな機械部品を作り出しますが，機械の状態，部品の状態を定量化することによってこれらを関連づけ，機械の構造，機能，精度を改善し，加工技術を進歩させることで，より高い目標に到達できるものと思います。

図6 有限形V-V転がり案内（リニアモータ駆動）

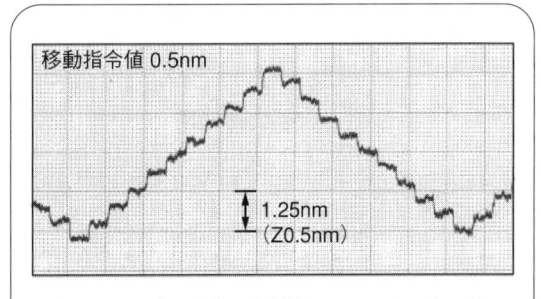

図7 テーブル運動の追従性 ULG-100D（SH[3]）

12 支える

● 高精度工作機械 ●

制　御

京都大学　松原　厚

切削や研削加工では，工具の刃先を工作物に強制的に切込んで材料を除去します。このとき，工具の運動誤差が工作物の加工面に転写されます（これを母性原則とよびます）。したがって，切削・研削加工機には，工具と工作物の相対運動を高精度に制御する機能が必要となります。これに対して，研磨加工機には，工具と工作物の間に発生する圧力を制御する機能が必要になります。つまり，工具と工作物の関係を保つための制御機能は加工法によって異なるのです。工具と工作物の相対運動を制御するには，数値制御（Numerical Control：NC と略します）技術が不可欠となります。

NC 装置

NC 技術は，ヘリコプターのロータブレードテンプレートの輪郭形状を加工するためにジョン・T・パーソンズによって発明されました[1]。つまり，NC 技術のもともとの目的は複雑な部品を自動的に加工することだったのです。その後，制御技術の発展に伴い，NC 装置の性能は年々向上しました。この結果，現在では人間では制御できないナノメートルオーダの運動制御が可能となり，NC 装置は高精度加工機に不可欠なものとなっています。

図 1 は NC 装置の構成の例を示しています。NC 装置の機能は，工具の運動を制御する NC サーボ機能と周辺装置を制御するシーケンス制御機能に分かれています。NC 部は NC プログラムを解読して，機械の送り軸サーボ制御部に位置指令，主軸サーボ制御部に位置または速度指令を送ります。サーボ制御部は，指令値に対してモータ位置（または速度）をフィードバックし，その差が 0 となるようにモータを制御します。送り軸モータの回転運動はボールねじに伝えられ，ナットを介してテーブルの直動運動に変換されます。

NC プログラムから実際の送り軸動作までの処理を図 2 に示します。送り軸サーボ制御部は，位置・速度・電流の 3 種類のフィードバック制御ループで構成されます。位置制御部は，位置の指令値と検出値との差（サーボ誤差とよびます）に位置サーボゲインという係数をかけて，速度指令を計算します。以下，同様に速度の指令値と検出値の差から電流指令値が計算され，電流の指令値と検出値からモータ電圧の指令値が計算されます。以上の処理はすべてデジタル制御で行われています。

位置フィードバック方式にはフルクローズド方式とセミクローズド方式があります。前者ではテーブルの位置をリニアエンコーダで検出し，後者

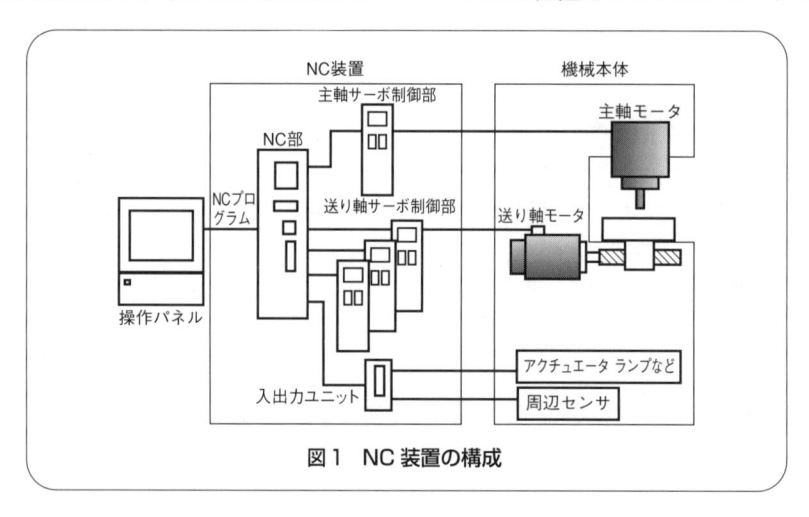

図 1　NC 装置の構成

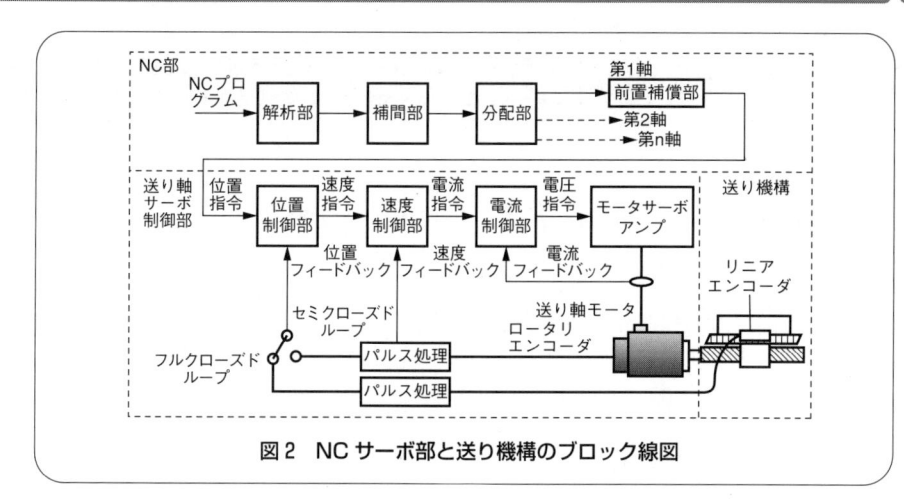

図2 NCサーボ部と送り機構のブロック線図

ではロータリエンコーダでモータ回転位置を検出してフィードバック制御を行います。

高精度化のためのポイント

運動の高精度化のために重要なポイントを述べておきます。

第1のポイントは，指令値の高精度化・スムーズ化です。NCプログラムにおいて，工具の運動は直線と円弧の組み合わせで表現されます。たとえば，金型加工では，微小な直線で曲線を近似して指令値を作ります。したがって，この近似精度を考慮して，微小線分長を設定しなければなりません。微小線分長を短くすると近似誤差は小さくなりますが，データ量は大きくなります。また，NC部は，この線分をさらに補間して各軸に位置指令を分配します。したがって，この補間単位が粗いと，指令値がスムーズになりません。すなわち，高精度でなめらかな位置指令を生成するには，補間単位が十分に小さくデータ処理能力が高いNC装置が必要となります。

第2のポイントは，サーボ誤差の抑制技術です。フィードバック制御系のサーボゲインが高いと，サーボ誤差を抑制できます。また，サーボ制御部への位置指令の前置処理として，フィードフォワード制御を行うことでも，サーボ誤差は抑制されます。フィードフォワード制御は指令値に対するサーボ誤差を低減するには有効な技術です。たとえば，円弧補間運動時に運動半径が縮小するという問題はフィードバック制御系の遅れにより発生しますが，フィードフォワード制御を用いて解決することができます。しかし，フィードフォワード制御は，切削力のような変動が激しい外乱によって発生するサーボ誤差には効き目がありません。外乱に打ち勝つためには，フィードバック制御系のハイゲイン化が必要となります。そこで，サーボ制御部ではデジタル計算処理の高速化を行うことで，ハイゲイン化しても安定なサーボ系が構成できるようにしています。

第3のポイントは機械誤差の抑制です。セミクローズドループ方式では，ボールねじのピッチ誤差や，摩擦によるボールねじの変形などの機械誤差が運動誤差に影響を与えます。フルクローズドループ制御では，このような誤差は生じません。しかし，フィードバックループ内には機械の動特性が含まれるため，送り系の固有振動数が低いと，ゲインが高く設定できなくなります。

近年，リニアモータでテーブルをダイレクトに駆動する方式が使われるようになってきました。リニアモータは高応答でボールねじのような摩擦要素や振動要素がありません。つまり，リニアモータ駆動では機械誤差を小さくできます。しかし，テーブルをダイレクト駆動するため，サーボ系が機械振動の影響を受けやすくなります。この問題に対して，実際のNC装置ではサーボ制御部に振動抑制用のデジタルフィルタを実装してサーボ誤差を抑制しています。

参考文献

1) Russ Olexa, 森文太郎訳, 第2次産業革命の父, 機械と工具, **45**, 11, 65-72 (2001)

砥粒加工学会の概要

明日を見据えた新素材・半導体・精密機器・輸送機器・電気通信機器などの先端精密加工技術の情報発信をしています。

● **砥粒加工学会のあゆみ**
- ◎ 1956年 「砥粒加工研究会（関東）」および「関西砥粒加工研究会」として同時に発足
- ◎ 1993年 「社団法人砥粒加工学会」として認可
- ◎ 1993年 「第1回国際砥粒加工会議（Int.ABTEC）」を韓国・ソウルで開催
- ◎ 1997年 「第1回国際先端砥粒加工シンポジウム（ISAAT）」をオーストラリア・シドニーで開催
- ◎ 1998年 「砥粒加工学会関西支部（現在関西地区部会に名称変更）」が発足
- ◎ 2006年 「砥粒加工学会誌・DVDアーカイブ全集」を創立50周年・支部創立10周年記念として刊行
- ◎ 2010年 「公益社団法人砥粒加工学会」として認定

● **砥粒加工学会の分野**

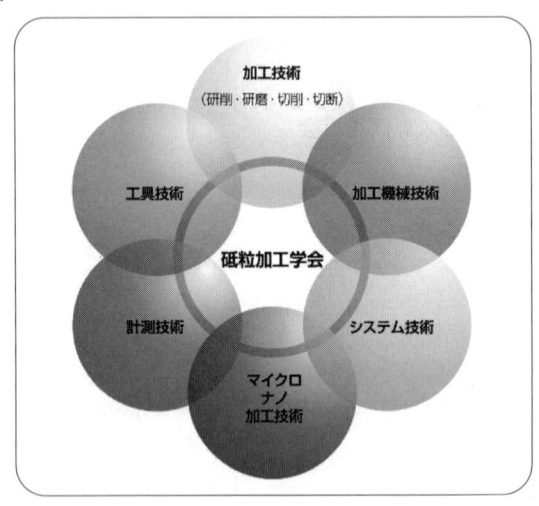

（図：加工技術（研削・研磨・切削・切断）、工具技術、加工機械技術、計測技術、システム技術、マイクロナノ加工技術　中心：砥粒加工学会）

● **学会の主な活動**
- ◎ 砥粒加工を中心とした先端加工技術情報誌「砥粒加工学会誌 Abrasive Technology」の発行
- ◎ 「学術講演会 ABTEC（Abrasive Technology Conference）」の開催
- ◎ 「先進テクノフェア ATF（Advanced Technology Fair）」の開催
- ◎ 「国際先端砥粒加工シンポジウム ISAAT（International Symposium on Advances in Abrasive Technology）」を国際砥粒加工委員会（ICAT）との共催
- ◎ 「研究分科会・専門委員会・賛助会員会・研究見学会・講習会・オープンセミナー」などの多彩なプログラムの提供
- ◎ 優秀な論文や技術に対して「砥粒加工学会賞論文賞・砥粒加工学会賞熊谷賞・砥粒加工学会技術賞・砥粒加工学会奨励賞・砥粒加工学会優秀講演論文賞」の表彰

● **会員への提供内容**
- ◎ 生産現場に直結した技術の提供
- ◎ より広い視点から砥粒加工技術を捉える機会の提供
- ◎ 日本の"ものつくり"技術の情報を世界の会員へ発信
- ◎ 学会活動を通じて会員相互が切磋琢磨し，実用的技術の完成に情熱を注ぎ，実践的知識を提供

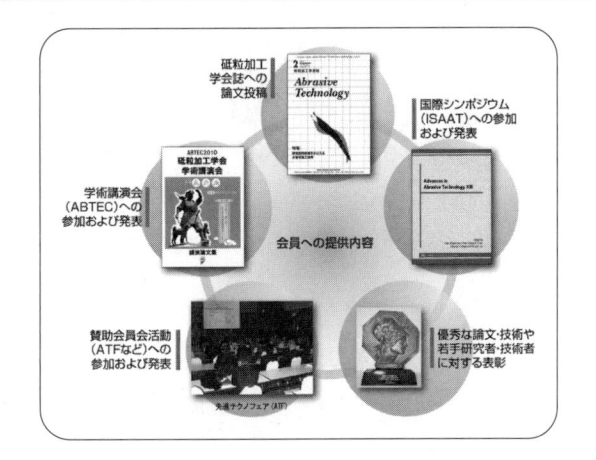

● **主な研究分科会・専門委員会**
　◎　現在，次のような研究分科会や専門委員会が活発に活動しています．
　　①　効果的除去加工技術の開発に関する研究分科会
　　②　IT産業を支援するための砥粒加工の高機能システム化専門委員会
　　③　微粒子技術専門委員会
　　④　次世代固定砥粒加工プロセス専門委員会
　　⑤　先端加工ネットワーク専門委員会
　　⑥　バリ取り加工・研磨布紙加工技術専門委員会

● **（社）砥粒加工学会のアドレス**
　〒169-0073　東京都新宿区百人町2-22-17　セラミックスビル
　http://www.jsat.or.jp/　　Tel：03-3362-4195　　Fax：03-3368-0902　　e-mail：staff@jsat.or.jp

索 引

あ

アークイオンプレーティング法 …………………… 52
アークハイト ……………………………………… 146
アイスジェット加工 ……………………………… 172
アクティブ4ゲージ法 …………………………… 210
圧縮残留応力 ……………………………………… 218
圧電式加速度ピックアップ ……………………… 216
圧電式動力計 ……………………………………… 208
アップカット研削 ………………………………… 71
圧力転写加工 ……………………………………… 13
油静圧案内 ………………………………………… 225
アブレイシブウォータージェット加工（Abrasive Water Jet Machining：AWJM）……………… 136
アブレイシブジェット加工（Abrasive Jet Machining：AJM）…………………………………… 136
アブレイシブジェットドレッシング …………… 139
粗さ曲線 …………………………………………… 202
アルミナ …………………………………………… 22
アルミナ質砥粒 …………………………………… 18
アンギュラ研削 …………………………………… 72
イオン入射角 ……………………………………… 64
イオンビーム加工（IBM）………………………… 64
位置フィードバック方式 ………………………… 226
インコネル ………………………………………… 162
インフィード研削 ………………………………… 77
ウォータージェット …………………… 122，135，172
ウォータージェット加工 ………………………… 130
うねり曲線 ………………………………………… 202
上向き切削 ………………………………………… 154
運動精度 …………………………………………… 222
運動転写加工 ……………………………………… 13
永磁チャック ……………………………………… 178
永電磁チャック …………………………………… 178
エキシマレーザ …………………………………… 59
液体ホーニング …………………………………… 142
エッジ機能 ………………………………………… 164
エッジ品質 ………………………………………… 166
エネルギー密度 …………………………………… 112
エバネッセント光 ………………………………… 206
エマルション形油剤 ……………………………… 181
エメリーペーパ …………………………………… 37
遠心式ピーニングマシン ………………… 144，146
遠心バレル ………………………………………… 107
延性・脆性遷移点 ………………………………… 67
延性モード ………………………………………… 25
延性モード研削 …………………………………… 93
延性モード切削 …………………………………… 67
エンドミル ………………………………………… 154

か

快削鋼 ……………………………………………… 47
外周刃切断法 ……………………………………… 120
外周刃ブレード …………………………………… 134
化学蒸着法（CVD）……………………………… 48
拡散 ………………………………………………… 47
可傾式チャック …………………………………… 179
加工液 ……………………………………………… 63
加工温度 …………………………………………… 212
加工精度 …………………………………………… 222
加工単位 …………………………………………… 156
加工表面性状 ……………………………………… 200
加工変質層 ……………… 32，147，152，200，218，220
嵩密度 ……………………………………………… 21
加速度ピックアップ ……………………………… 216
形直し ………………………………………… 30，67
形彫り放電加工 …………………………… 62，128
かたより誤差 ……………………………………… 198
カットワイヤショット …………………………… 145
渦電流形変位計 …………………………………… 214
金型 ………………………………………………… 61
カバレージ ………………………………………… 146
ガラスビーズ ……………………………………… 144
渦流バレル ………………………………………… 107
環境対応形クーラント …………………………… 191
乾式ラッピング …………………………………… 100
完全平面 …………………………………………… 98
機械的摩耗 ………………………………………… 46
機械要素 …………………………………………… 224
基材 ………………………………………………… 36
きさげ仕上げ ……………………………………… 223
基本単位 …………………………………………… 196
凝着 ………………………………………………… 48
凝着性 ……………………………………………… 162
凝着摩耗 …………………………………………… 46
鏡面加工 …………………………………………… 68
極圧添加剤 ………………………………………… 181
切りくず処理性 …………………………………… 163
切りくず排出性 …………………………………… 161
切れ味 ……………………………………………… 66
近接場光 …………………………………………… 206
金属基複合材料（MMC）………………………… 49
金属光造形法 ……………………………………… 60
金属被覆 …………………………………………… 21
空気式ピーニングマシン ………………… 144，146
空気静圧案内 ……………………………………… 225
クーラント ………………………………………… 180
クーラント管理 …………………………………… 191

索引

クーラント供給方法 …………………………………… 182
クーラントろ過装置 …………………………………… 183
組立単位 …………………………………………………… 197
グラファイト電極 ……………………………………… 62
クリープフィード研削 ………………………… 78, 90
グリットブラスト（grit blasting） …………… 136
珪砂 …………………………………………………………… 17
形状精度 …………………………………………………… 222
形体（feature）の4要素 …………………………… 199
結合剤 …………………………………………………… 21, 24
結合度 ……………………………………………………… 22
限界加工精度 …………………………………………… 198
研削開始圧力 …………………………………………… 93
研削抵抗 ………………………………………………… 210
研磨加工 …………………………………………………… 96
研磨パッド ……………………………………………… 40
研磨布紙 …………………………………………………… 36
研磨粒子 …………………………………………………… 39
高圧クーラント ………………………………………… 183
高圧マイクロジェットパッドコンディショニング …… 192
工具動力計 ……………………………………………… 211
工具の損傷 ……………………………………………… 46
工具摩耗 …………………………………………… 46, 151
公差 ………………………………………………………… 198
工作機械 …………………………………………… 222, 223
高次処理 ………………………………………………… 191
硬脆材料 ………………………………………… 34, 140, 143
高速エンドミル加工 ………………………………… 155
高速加工 …………………………………………………… 53
高速クリープフィード研削 ……………………… 79
硬度計 ……………………………………………………… 221
高熱伝導率 ……………………………………………… 54
高能率研削 ……………………………………………… 69
固液相反応 ……………………………………………… 119
コーティング …………………………………………… 48
コーティング材 ………………………………………… 45
コーティング膜 ………………………………………… 48
コーテッド工具 …………………………………… 45, 50
国際単位系 ……………………………………………… 196
固相反応 ………………………………………………… 119
固定砥粒 …………………………………………………… 10
固定砥粒方式ワイヤソー ………………………… 127
転がり案内 ……………………………………………… 225
転がり軸受 ……………………………………………… 224
コンタクトホイール方式 ………………………… 80
コンタリング研削 ………………………………… 70, 72
コンディショニング ………………………………… 41

さ

サーフェス・インテグリティ ………… 199, 200, 220
サーフェステクスチャ ……………………………… 200
サーボ形加速度ピックアップ …………………… 217
サーボ誤差 ……………………………………………… 226
サーマルクラック …………………………………… 55
サーモグラフィ ……………………………………… 212
サインバーチャック ………………………………… 179
柘榴石 ……………………………………………………… 16
サンドブラスト（Sand blasting） ……………… 136
残留異物 ………………………………………………… 195
残留応力 ………………………………………………… 218
紫外線硬化 ……………………………………………… 26
四角錐ダイヤモンド圧子工具 …………………… 132
歯科治療 ………………………………………………… 139
磁気研磨 …………………………………………………… 42
磁気研磨技術 …………………………………………… 108
磁気チャック …………………………………………… 178
磁気バレル加工 ……………………………………… 170
磁気ヘッド ……………………………………………… 124
自己修復機能 …………………………………………… 55
自生作用 …………………………………………… 66, 82, 153
磁性砥粒 …………………………………………………… 42
磁性ピンメディア …………………………………… 170
磁性粒子 ………………………………………………… 108
下向き切削 ……………………………………………… 154
実削除率 …………………………………………………… 79
湿式ラッピング ……………………………………… 101
樹脂プレートパッドコンディショニング …… 192
主分力 …………………………………………………… 211
潤滑作用 ………………………………………………… 180
焼結 …………………………………………………… 56, 61
焼結ダイヤモンド …………………………………… 44
焼結砥粒 …………………………………………………… 18
触針式表面粗さ測定機 …………………………… 202
触針式輪郭形状測定機 …………………………… 202
ショットピーニング ………………………… 137, 144
ショットブラスト …………………………………… 148
ショットライニング ………………………………… 148
ジルコニア砥粒 ………………………………………… 19
自励びびり振動 ……………………………………… 214
真空吸着 ………………………………………………… 175
真空チャック ………………………………………… 176
シングルカット方式 ………………………………… 124
じん性 ……………………………………………………… 16
シンセティックタイプ油剤 ……………………… 182
振動切削 ………………………………………………… 159
振動バレル ……………………………………………… 106

振動ピックアップ	216
水質汚濁物質	190
水晶圧電効果	208
水晶圧電式センサ	208
水晶圧電式動力計	208
水溶性加工液	190
水溶性切削油剤	181
数値制御（Numerical Control：NC）技術	226
スエード	40
スパークアウト研削	71
スパッタリング（Sputtering）	64
スピードストローク研削	90
スピンドルスルー	183, 184
スプレー洗浄方式	195
すべり案内	225
スラリー	42
スルフィード研削	77
静圧シール形ポーラスピンチャック	175
静圧軸受	224
清浄度	195
脆性モード	25
脆性モード研削	93
脆性モード切削	68
静電気容量式加速度ピックアップ	217
静電塗装法	38
静電容量形変位計	214
生物化学的処理	191
赤外線輻射温度計	212
積層	60
切削エネルギー	158
切削温度	46, 162
切削工具	44
切削抵抗	151
切削熱	151
切削油剤	181
切断／割断	132
切断加工	120
切断砥石	125, 134
接着剤	36
セミドライ加工	184
セラミックビーズ	144
繊維角度	134
繊維強化セラミック	45
洗浄技術	194
洗浄作用	180
洗浄装置	194
センタレス研削	76
せん断角	150, 158
せん断ひずみ	150
せん断面	150
総形研削	72
造形接合	149
創成原理	222
ゾーンプレート干渉計	204
測定標準	203
組織	22
ソリューション形油剤	181
ソリューブル形油剤	181

た

耐欠損性	52
耐酸化温度	48
耐熱性	50
耐摩耗性	50
大面積電子ビーム加工	112
ダイヤモンド工具	56, 156
ダイヤモンド電着ワイヤソー	134
ダイヤモンド砥粒	20
ダイヤモンドプレートパッドコンディショニング	192
ダイヤモンドホイール	24, 94
ダイヤモンドライクカーボン（DLC）	49
ダイヤモンドワイヤ工具	120, 127
ダウンカット研削	71
楕円振動切削	158
脱酸法	47
炭化珪素	22
炭化珪素砥粒	18
タンジェンシャルフィード研削	77
単石ドレッサ	29
断続押込み法	133
断続切削	161
タンピコブラシ（植物繊維ブラシ）	168
断面曲線	202
チタン合金	162
チッピング	163
チップソー	134
チャックブロック	179
鋳鋼ショット	144
超音波研削	86
超音波振動	87, 160, 186
超音波振動穴加工	160
超硬工具	52
超高速研削	91
超仕上げ	32
超精密CMP技術	118
超精密加工	12
超精密工作機械	223
超精密切削加工	156

索 引

超耐熱合金	162
超砥粒	20
超砥粒ホイール	24, 30
ツルア	31
ツルーイング	30
ディンプル	174
電解研磨	116
電解砥粒研磨	116
電磁チャック	178
電子ビーム加工	112
転写性	68
天然砥粒	16
砥石圧力	32
砥石スライシング	124
砥石摩耗量	74
砥石臨界圧力	83
銅タングステン電極	62
動力計	209, 211
ドライ加工	55
ドライカット	53
トラバース研削	70, 72
ドリフト	209
トリミング	59
砥粒入りナイロンブラシ	168
ドリル加工	160
ドレッシング	28, 88

な

内周刃切断法	120
流れ形切りくず	150
熱伝導率	56
熱疲労	55

は

廃液処理方法	190
ハイス工具	52
背分力	211
パウダージェットデポジション（PJD）	137, 139
爆轟法	20
白層	63
破砕性	16
八角リング動力計	211
パッドコンディショニング	192
発泡ウレタンパッド	193
バニシ作用	156, 218
ばらつき誤差	198
バリ	57
バリ取り	43, 142
バリ取り・エッジ仕上げ法	165
バリの生成メカニズム	164
バリの抑制	165
バレル研磨	106
バンドソー	134
ピエゾ抵抗式加速度ピックアップ	217
光造形	26
光ファイバ形赤外線輻射温度計	212
非球面金型	95
非球面レンズ	94
微細穴加工	63
微細加工	143
微細加工技術	140
被削性指数	162
微小欠陥計測法	207
ひずみゲージ	210
ひずみゲージ式加速度ピックアップ	217
引張り残留応力	218
ビトリファイドボンド	23
表面性状	202
表面精度	199
平刃バイト	156
ピンチャック	174
ファインセラミックス	92
フィードバック制御	226
フィードフォーワード制御	227
フィゾー干渉計	204
フィルム研磨	104
フェムト秒レーザ	59
複合材料	134
不織布	40
不水溶性加工液	190
不水溶性切削油剤	181
不確かさ	196
物理・化学的処理	191
物理蒸着法（PVD）	48
ブラシパッドコンディショニング	192
ブラスト研磨	110
プラテン方式	80
プラナリゼーション	97
プランジ研削	70, 72
フリーベルト方式	81
ブレーキドレッサ	31
ブレードソー	134
フレキシブル研削	73
フローティングノズル法	188
噴射加工（blasting）	136
粉末ハイス	53
ベラーグ	55
ベルト研削	80

233

ベルト研磨機	37	リブ溝加工	62
ポアソンバリ	164	粒子強度	21
放電加工	62	粒度	22
放電ドレッシング	29	冷却作用	180
ホーニング加工	84	レーザ加工	58
ボールねじ	227	レーザ焼結	61
母性原則	156, 222	レーザドップラ振動計	214
ポリエステルフィルム	38	レーザドレッシング	29
ポリシング	100, 102	レーダーチャート	162
		レジノイドボンド	23
		ロータリドレッサ	29
		ローラコート法	38
		ロールオーバばり	164

ま

マーキング	59		
マイクロクラック	102		
マイクロバリ	170		
マイクロブラスト加工	140		
マグネットチャック	179		
摩擦係数	48		
マスキング	140		
磨製石器	10		
マルチカット方式	124		
マルチブレードソー	122		
マルチホイール研削	73		
マルチワイヤソー	122, 126		
メガソニッククーラント	186		
メカノケミカル	35		
目こぼれ	22, 28		
目立て	67		
メッシュサイズ	20		
目つぶれ	22, 28		
目づまり	22, 35, 40, 84		
目直し	28		

わ

ワイピングアクション	169
ワイヤスライシング	126
ワイヤソー	134
ワイヤブラシ	168
ワイヤ放電加工	62, 128

英数

2重シール形真空ピンチャック	174
3成分力センサ	209
AWJM（Abrasive Water Jet Machining）	130
cBN	44
cBN工具	54
cBN砥粒	20
cBNホイール	24
CMP（Chemical Mechanical Polising）	19, 41, 174, 193
CO_2 レーザ	59
CVD	48, 50
EEM	114
ELID	29
ELID鏡面研削	88
ELID研削法	88
EPD砥石	34
FPD用ガラス板材	132
MQL（Minimal Quantity Lubrication）	49, 180, 184
PVD	48, 52
RP砥石	26
X線回折	220
YAGレーザ	59

や

遊離砥粒	10, 38
遊離砥粒方式ワイヤソー	127
油膜付き水滴加工液	184
ヨーク	42

ら

ラッピング	100
ラッピングフィルム	38, 104
ラップ	101
ラップ剤	101
ラテラルシアリング干渉計	205
ラピッドプロトタイピング	60
リソグラフィ	65
リニアモータ駆動	227

図解 砥粒加工技術のすべて		ⓒ (社)砥粒加工学会 2011	
2011年7月26日　第1版第1刷発行		【本書の無断転載を禁ず】	

編　　者　(社)砥粒加工学会
発 行 者　森北博巳
発 行 所　森北出版株式会社
　　　　　東京都千代田区富士見 1-4-11（〒102-0071）
　　　　　電話 03-3265-8341／FAX 03-3264-8709
　　　　　http://www.morikita.co.jp/
　　　　　日本書籍出版協会・自然科学書協会・工学書協会　会員
　　　　　JCOPY ＜(社)出版者著作権管理機構 委託出版物＞

落丁・乱丁本はお取替えいたします　　　印刷・製本/美研プリンティング

Printed in Japan／ISBN978-4-627-66881-2